炼油化工企业
水平衡测试技术与应用

刘雪鹏　刘富余　吴盛文　邓　春　等编著

石油工业出版社

内容提要

本书介绍了炼油化工企业及新型煤化工企业开展水平衡测试的目的、意义、专业术语和步骤方法，针对炼油化工企业常见的生产装置、辅助生产装置和附属生产单元，描述了装置中各处用水点的用途和原理、对水源的要求、排水的去向及相关节水措施，并展示了水平衡图示例。此外，还介绍了一些炼油化工和新型煤化工企业的水平衡及水系统优化案例。

本书适合炼油化工和新型煤化工企业的节能节水管理人员以及水平衡测试企业的技术人员参考。

图书在版编目(CIP)数据

炼油化工企业水平衡测试技术与应用/刘雪鹏等编著. —北京：石油工业出版社，2020.9

ISBN 978-7-5183-4103-0

Ⅰ.①炼… Ⅱ.①刘… Ⅲ.①化工企业-工业用水-水量平衡-测试-中国 Ⅳ.①TU991.4

中国版本图书馆 CIP 数据核字(2020)第 109325 号

出版发行：石油工业出版社
(北京安定门外安华里 2 区 1 号楼 100011)
网 址：www.petropub.com
编辑部：(010)64523546 图书营销中心：(010)64523633
经 销：全国新华书店
印 刷：北京晨旭印刷厂

2020 年 9 月第 1 版 2020 年 9 月第 1 次印刷
787×1092 毫米 开本：1/16 印张：20.5
字数：500 千字

定价：120.00 元
(如出现印装质量问题，我社图书营销中心负责调换)

《炼油化工企业水平衡测试技术与应用》

编　写　组

组　长：刘雪鹏

副组长：刘富余　吴盛文　邓　春

成　员：(按姓氏笔画排序)

于　水　王　庆　王　丽　王子瑜　韦海鸥
边永生　刘　建　刘文智　刘宇同　闫庆贺
江　苇　孙启虎　李　超　李忠泽　吴　卓
冷传英　宋玉国　宋晓辉　宏晓晶　张　壮
张也石　张书涛　赵艳微　钟国财　耿金剑
顾培臣　席作家　唐国强　蒋　昊　虞永清
薛永旭　戴英健　魏　翔

前　言

随着我国国民经济的持续发展，水资源紧缺问题也愈加严重。国家对水资源利用的管理和用水效率的要求，也愈加严格。水平衡测试是工业企业尤其是炼油化工企业开展节水工作的关键步骤之一。国家和地方政府的相关部门、行业协会和企业集团，发布了各类国家标准、行业标准、地方标准和企业标准，用于指导炼油化工企业开展水平衡测试工作，但是尚缺乏较为详细的工作指导性质的相关材料和应用案例。本书的编写人员主要来自北京圣金桥信息技术有限公司(大庆石化检测信息技术中心北京项目部)、中国石油规划总院节能中心、中国石油大学(北京)和中国石油大庆石化公司，主要编写人员均具有十余年的炼油化工企业水平衡测试管理和实施工作经验。本书主要包含对水平衡测试的目的和专业术语的解读、水平衡测试各阶段工作的详细描述、炼油化工常见的用水单元详解和水平衡图示例，同时也介绍了几类典型的水系统数据平衡及优化分析方法，并简要展示了几类水平衡测试及优化分析软件的功能和使用方法。在本书的最后，还展示了编写组公开发表或亲自实施的炼油化工企业水系统优化分析案例，希望能为广大炼油化工企业的节水管理和水平衡测试人员提供帮助。由于近年来煤化工项目掀起建设高潮，且新型煤化工用水量巨大，同时所处地域大部分为水资源十分紧张的地区，因此本书增加了对煤化工企业用水的描述内容。

本书共分7章，第1章由刘富余、耿金剑等编写，第2章由李忠泽、孙启虎等编写，第3章由吴盛文、王子瑜等编写，第4章由宏晓晶、宋玉国等编写，第5章由王庆、于水等编写，第6章由刘宇同、蒋昊等编写，第7章由邓春、江苇等编写，席作家等完成了部分稿件的整理和校对工作。全书由刘雪鹏和刘富余负责统稿审核。

本书在编写过程中，得到了中国化工信息中心原总工程师杨友麒、中国石油大庆石化科技与规划发展处原处长任敦泾和北京化工集团公司计量站原副站长马建国三位专家的悉心指导和帮助，书中部分思想直接来自三位专家的实际经验和多年积累。此外，还得到了中国石油炼油与化工分公司生产技术处原处长章龙江、北京圣金桥信息技术有限公司原总经理庄芹仙的悉心指导，在此一并表示衷心感谢！

由于水平有限，书中难免存在不足或不妥之处，殷切希望读者提出宝贵意见，以便进一步修改完善。

前 言

目　　录

1 概　述

国民经济社会的持续稳定快速发展离不开水资源的有力支撑，同时水资源短缺也是制约我国经济社会可持续发展的瓶颈因素。水平衡测试工作为水资源管理的基础性工作，能够为企业用水定额制定、用水计划编制、节水技术改造和用水效率评价等工作提供基础数据，是企业摸清用水现状、收集用水数据、提升用水水平的重要支撑。企业应该在建立健全节水管理组织架构、配备节水管理人员的基础上，定期开展水平衡测试工作，并编制水平衡测试报告，不断提升用水管理水平。

1.1　我国水资源开发利用概况和节水管理工作要求

1.1.1　我国水资源开发利用概况

我国水资源总量约为 $2.8\times10^{12}m^3$，居世界第六位，但由于人口众多，人均水资源量仅为世界平均水平的1/4左右，人多水少，水资源时空分布不均，水土资源与经济社会发展布局不相匹配是我国的基本国情。水资源短缺、水污染严重、水生态环境恶化等问题日益突出，已成为制约经济社会可持续发展的主要瓶颈。

2018年，全国供水总量达 $6015.5\times10^8m^3$，占当年水资源总量的21.9%。其中，地表水源供水量为 $4952.7\times10^8m^3$，占供水总量的82.3%；地下水源供水量为 $976.4\times10^8m^3$，占供水总量的16.2%；其他水源供水量为 $86.4\times10^8m^3$，占供水总量的1.5%。全国用水总量为 $6015.5\times10^8m^3$。其中，生活用水为 $859.9\times10^8m^3$，占用水总量的14.3%；工业用水为 $1261.6\times10^8m^3$，占用水总量的21.0%；农业用水为 $3693.1\times10^8m^3$，占用水总量的61.4%；人工生态环境补水为 $200.9\times10^8m^3$，占用水总量的3.3%。全国耗水总量为 $3207.6\times10^8m^3$，耗水率(消耗总量占用水总量的百分比)53.3%，废水排放总量为 750×10^8t。我国北方地区水资源短缺，普遍存在过度开发问题，开发平均利用率为50%左右，远高于国际公认开发利用率的上限30%。

1.1.2　国家节水管理主要工作要求

1.1.2.1　国家用水管理法律和政策要求

(1)《中华人民共和国水法》。

《中华人民共和国水法》是节水工作的基本遵循，其第八条规定：“国家厉行节约用水，大力推行节约用水措施，推广节约用水新技术、新工艺，发展节水型工业、农业和服务业，建立节水型社会。各级人民政府应当采取措施，加强对节约用水的管理，建立节约用水技术开发推广体系，培育和发展节约用水产业。单位和个人有节约用水的义务。”第四十七条规定：“国家对用水实行总量控制和定额管理相结合的制度。”第五十一条规定：“工业用水应当采用先进技术、工艺和设备，增加循环用水次数，提高水的重复利用率。”

（2）节水相关管理制度要求。

2010 年 12 月 31 日，《中共中央国务院关于加快水利改革发展的决定》正式印发，作为 2011 年的中央一号文件，为今后一段时期内水利改革发展奠定了基础。其中，“实行最严格的水资源管理制度”作为第六章专门陈述，要求建立用水总量控制、用水效率控制、水功能区限制纳污及水资源管理责任和考核四方面制度。

2012 年 1 月，国务院印发了《关于实行最严格水资源管理制度的意见》(国发〔2012〕3 号)，提出了今后一段时间用水管理的三条红线：一是确立水资源开发利用控制红线，到 2030 年全国用水总量控制在 $7000\times10^8m^3$ 以内；二是确立用水效率控制红线，到 2030 年用水效率达到或接近世界先进水平，万元工业增加值用水量(以 2000 年不变价计)降低到 $40m^3$ 以下，农田灌溉水有效利用系数提高到 0.6 以上；三是确立水功能区限制纳污红线，到 2030 年主要污染物入河湖总量控制在水功能区纳污能力范围之内，水功能区水质达标率提高到 95%以上。

国家“十三五”规划纲要明确提出“实行最严格的水资源管理制度，以水定产、以水定城，建设节水型社会”等要求。2016 年 10 月，水利部、国家发展和改革委员会(以下简称国家发改委)联合印发了《“十三五”水资源消耗总量和强度双控行动方案》(水资源〔2016〕379 号)，该方案指出加强重点用水单位监督管理。对重点用水单位的主要用水设备、工艺和水消耗情况及用水效率等进行监控管理。引导重点用水单位建立健全节水管理制度，实施节水技术改造，提高其内部节水管理水平。开展水效领跑者引领行动，定期公布用水产品、用水企业、灌区等领域的水效领跑者名单和指标，带动全社会提高用水效率。《节水型社会建设“十三五”规划》(发改环资〔2017〕128 号)中提出，严格实行用水定额管理，对重点工业用水户开展水平衡测试，提出节水整改优化方案，测试结果作为取水许可审批的重要参考。

2019 年 4 月，国家发改委和水利部联合印发《国家节水行动方案》(发改环资规〔2019〕695 号)，明确提出到 2020 年，万元国内生产总值用水量、万元工业增加值用水量较 2015 年分别降低 23%和 20%，规模以上工业用水重复利用率达到 91%以上，农田灌溉水有效利用系数提高到 0.55 以上，全国公共供水管网漏损率控制在 10%以内的目标。《国家节水行动方案》提出到 2020 年建立覆盖主要农作物、工业产品和生活服务业的先进用水定额体系，工业节水减排方面，重点企业要定期开展水平衡测试、用水审计及水效对标。对超过取水定额标准的企业分类分步限期实施节水改造。到 2020 年，水资源超载地区年用水量 $1\times10^4m^3$ 及以上的工业企业用水计划管理实现全覆盖。

1.1.2.2　炼油化工企业用水管理要求

（1）深入推进节水型企业建设。

建设节水型企业是落实最严格水资源管理制度的重要措施。目前，全国工业用水量占全国总用水量的 1/5 左右。随着工业化进程的不断加快，工业用水需求呈增长趋势，水资源供需矛盾进一步凸显。建设节水型企业，全面提高工业用水效率，减少工业废水排放，是控制工业用水总量、缓解水资源供需矛盾的重要措施。2012 年 9 月，工业和信息化部（以下简称工信部）、水利部和全国节约用水办公室联合印发了《关于深入推进节水型企业建设工作的通知》（工信部联节〔2012〕431 号），提出在石油炼制、钢铁、纺织染整、造纸等重点用水行业开展节水型企业创建活动，树立一批行业内有代表性、产品结构合理、用水管理基础较好、用水指标达到行业领先水平的节水标杆企业典范，发布行业节水标杆指标。引导其他企业向标杆企业对标达标，推进节水型企业建设。节水型企业建设具体要求中提出要编制详细的供水排水管网图和计量网络图，定期开展水平衡测试，加强用水效率和总量分析。通知要求，到 2015 年底前，钢铁、纺织染整、造纸、石油炼制等重点用水行业企业全部达到节水型企业标准，并在工业领域形成节水型企业建设长效机制。

水平衡测试是节水型企业评价的一项重要内容，定期开展水平衡测试对分析企业用水现状、提高企业用水效率、合理控制企业用水总量具有重要意义。此外，国家还发布了企业水平衡测试通则、节水型企业评价导则和工业企业用水管理导则等相关标准用于规范企业水平衡测试工作。

2013 年 9 月 25 日，工信部、水利部、国家统计局和全国节约用水办公室联合印发《重点工业行业用水效率指南》（工信部联节〔2013〕367 号），提出了石化和化工行业单位产品取水量指标（表 1.1），为工业企业开展节水对标达标、加强节水技术改造、推进节水型企业建设提供了指导。

表 1.1　石化和化工行业单位产品取水量指标

分类		单位产品取水量（m^3/t）			
		先进值	平均值	限定值	准入值
石油炼制		0.50	0.70	0.75	0.60
合成氨	天然气	12	15	13	—
	煤	12	23	27	—
硫　酸	硫铁矿制酸	4.2	4.6	4.5	—
	硫黄制酸	3.2	3.5	3.3	—
烧　碱	离子膜法（30%）	6.0	7.5	20.0	—
	隔膜法（42%）	8.0	9.0	38.0	—
聚氯乙烯	电石法	9.0	12.0	16.5	—
	乙烯法	7.5	10.0	14.5	—
尿　素	汽提法	3.0	3.5	3.3	—
	水溶液全循环法	3.5	3.8	3.6	—
纯　碱	氨碱法	12.0	16.0	15.0	—
	联碱法	3.0	10.0	22.0	—
乙　烯	乙烯生产（不含煤制烯烃）	8	12	15	12

（2）开展水效领跑者引领行动。

2016年4月21日，国家发改委、水利部等6部委联合印发了《水效领跑者引领行动实施方案》（发改环资〔2016〕876号），该方案提出牢固树立创新、协调、绿色、开放、共享五大发展理念，按照“节水优先、空间均衡、系统治理、两手发力”治水方针，落实最严格水资源管理制度，在工业、农业和生活用水领域开展水效领跑者引领行动，制定水效领跑者指标，发布水效领跑者名单，树立先进典型。综合考虑企业的取水量、节水潜力、技术发展趋势以及用水统计、计量、标准等情况，从火力发电、钢铁、纺织染整、造纸、石油炼制、化工等行业中，选择技术水平先进、用水效率领先的企业实施水效领跑者引领行动。用水企业水效领跑者的基本要求如下：①符合相关节水标准，单位产品取水量指标达到行业领先水平。②有取用水资源的合法手续，近3年取水无超计划。③建立健全节水管理制度，各生产环节有配套的节水措施；建立了完备的用水计量和统计管理体系，水计量器具配备满足国家标准 GB 24789《用水单位水计量器具配备和管理通则》要求。④无重大安全和环境事故，无违法行为。

2017年1月22日，工信部办公厅等联合印发了《重点用水企业水效领跑者引领行动实施细则》（工信厅联节〔2017〕16号），明确了评选程序和评价指标。2017年12月5日，工信部和水利部等4部委联合发布了2017年度钢铁、纺织染整、造纸、乙烯、味精行业水效领跑者引领行动，遴选出达到行业水效领先水平的领跑者企业11家，以及符合重点用水企业水效领跑者入围条件要求的入围企业11家。其中，中国石油化工股份有限公司镇海炼化分公司获得“乙烯行业领跑者”荣誉称号，中国石油天然气股份有限公司独山子石化分公司获得“乙烯行业入围企业”荣誉称号。

1.2 炼油化工企业用水特点和节水管理工作要求

1.2.1 炼油化工企业用水特点

炼油化工企业由于生产工艺的复杂性，用水类型多样，主要包括新鲜水、化学水、循环水、凝结水和净化水等不同类型。典型炼油化工企业用水状况如图1.1所示。

水是炼油化工企业的生命线，它不仅作为冷却介质使用，还参与部分生产工艺过程。炼油能力为1000×10^4t/a炼厂的年用水量高达500×10^4m^{3}左右，炼油化工一体化企业，年用水量可高达上千万立方米或几千万立方米，对当地水资源供给具有较大影响。目前，我国经济发展与水资源的矛盾日益突出，而水是炼油化工企业生产的重要辅助资源，水资源短缺已经严重影响企业的发展。在南方沿海、沿江、沿河等水资源丰富地区，企业供水情况较好，但存在取水定额、水质性缺水问题和节水减排压力；北方地区，尤其是黄河流域，东北、西北、华北等地区的炼油化工企业，均存在不同程度的供水不足现象，企业的生存发展在很大程度上受到水危机的困扰，同时企业还承受很大的节能减排压力；西北地区，新建炼油化工企业及以煤为原料的炼油化工企业，政府的批建要求已经到了必须实行废水零排放的程度。目前，多数炼油化工企业新建、改扩建时不能增加用水指标，严重影响企业的可持续发展。因此，各炼油化工企业必须不断加强节水减排管理，实施节水技术

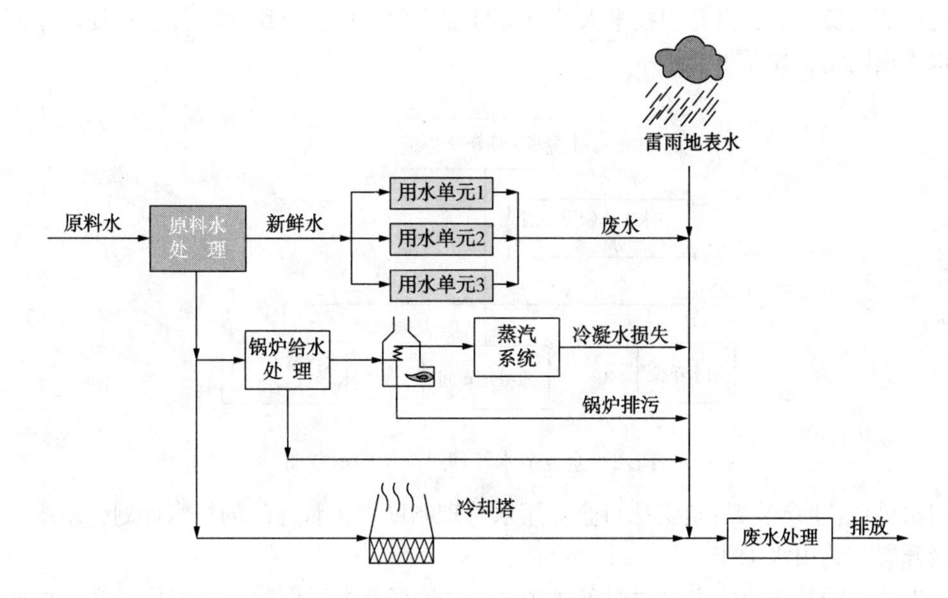

图 1.1 典型炼油化工企业用水示意图

改造，提高水资源利用效率，以确保企业正常发展。

为了推进企业持续不断提高用水效率，国家先后发布了 GB/T 21534—2008《工业用水节水 术语》、GB/T 12452—2008《企业水平衡测试通则》、GB 24789—2009《用水单位水计量器具配备和管理通则》和 GB/T 7119—2018《节水型企业评价导则》等标准，还发布了包含石油炼制、乙烯生产和合成氨等领域的取水定额以及节水型企业评价系列标准。

自 2000 年以来，中国石油和中国石化等大型企业集团根据国家节水工作要求，逐步建立完善了工业水管理制度、循环水场达标管理考核办法、污水回用技术导则等规章制度，建立了节水管理人员队伍，同时大力开展节水管理，针对化学水系统、循环水系统、污水处理系统以及蒸汽冷凝水回收系统等进行了大量的技术改造，用水量显著下降，用水效率不断提升。比如，中国石化 2000 年新鲜水取水量为 $21.79\times10^8m^3$，加工吨原油用新鲜水量最低的为 $0.9m^3$，最高的为 $4m^3$，是国外加工吨原油用水量的 2～8 倍，平均值为 $2.44m^3/t$；而到 2015 年，在原油加工量同比 2002 年翻一番的基础上，工业取水量下降到 $9.58\times10^8m^3$，用水效率显著提升，中国石化旗下的镇海炼化 2010 年加工吨原油用新鲜水量已降至 $0.292m^3$，吨油污水排放仅 $0.066m^3$，基本实现了零排放，居国际领先水平。

1.2.2 炼油化工企业节水管理要求

1.2.2.1 节水管理组织架构

炼油化工企业节水管理首先是建立节水管理组织架构。在炼油化工企业建立健全节水工作领导小组，由公司领导任节水工作领导小组组长，统一协调生产、计划和科技等部门职责，开展节水规划、科技研发和重大节水技术推广应用等工作。明确节水管理归口部门，明确部门负责人，设专职技术人员负责日常管理工作，与用水单位、水处理车间等形成节水管理网络，如图1.2所示。

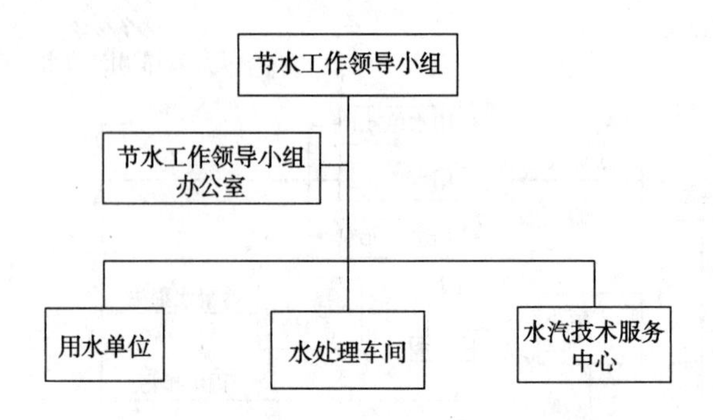

图1.2　企业节水管理组织架构示意图

用水单位(生产装置)负责执行企业用水管理制度和主管部门的用水计划，组织单位职工积极开展节约用水工作。

水处理车间是企业的主要生产车间之一，是搞好节水工作的基层单位。必须保质保量提供生产所需的工业用水，确保工业水系统稳定正常运行。

炼油化工企业可结合本单位的机构，设立水汽技术服务中心，承担本公司工业水处理的技术开发、科学试验、日常监测、技术管理和现场服务等工作。

1.2.2.2　节水管理主要工作要求

炼油化工企业节水管理主要包括加强节水组织领导、建立节水目标责任制和强化节水基础管理等方面，分别简述如下：

(1) 加强节水组织领导。

成立以企业主要领导为组长的节水工作领导小组，定期研究部署节水工作，召开节水形势分析会议。明确节水综合管理部门，配备满足工作需要的节水管理人员。建立健全节水规章制度和节水管理体系，相关管理部门节水职责明确。

(2) 建立节水目标责任制。

建立节水目标责任制以及把节水目标纳入各级业绩考核，建立健全节水激励约束机制。编制节水规划和年度节水计划，根据企业生产经营情况核定年度用水指标，年度节水考核指标主要包括用水总量、万元产值用水量、节水量、加工吨原油新水量以及化工产品新水量等定量指标，并纳入对企业主要负责人的经营业绩考核指标体系。

(3) 强化节水基础管理。

① 加强用水计量器具配备。

按照GB 24789—2009《用水单位水计量器具配备和管理通则》和GB/T 20901—2007《石油石化行业能源计量器具配备和管理要求》等标准要求配备满足需要的计量器具，完善三级计量仪表。配备用水计量器具，建立完整、规范的原始记录和统计台账，健全节水统计制度。编制详细的供水排水管网图和计量网络图，定期开展水平衡测试，加强用水效率和总量分析。建立日常巡查和检修制度，防止跑、冒、滴、漏。具体要求见表1.2和表1.3。

表 1.2　水计量器具配备要求　　　　单位:%

考核项目	用水单位	次级用水单位	主要用水设备(用水系统)
水计量器具配备率	100	≥95	≥80
水计量率	100	≥95	≥85

表 1.3　水计量器具准确度等级要求

计量项目	准确度等级要求	计量项目	准确度等级要求
取水、用水的水量	优于或等于 2 级水表	废水排放	不确定度优于或等于 5%

② 开展用水统计工作。

企业机关和二级单位均配备用水统计人员，水资源消耗的统计台账完整规范，原始记录完整、真实、齐全、准确，并按相关规定存档。按时上报国家和地方政府需要的用水统计资料。

③ 取水定额管理。

依据国家、地方和行业制定的取水定额，结合本企业的生产技术水平，制定和完善取水定额，同时加强监督管理，制止各种超额取水问题。向先进水平对标达标，严格执行国家和地方取(用)水定额指标和标准，按照定额指标选择适合的用水工艺和技术，实施企业内部节水评价。向节水标杆企业和标杆指标进行对标达标，不断提升用水效率。炼油化工企业主要国家标准规定的取水定额见表 1.4。

表 1.4　主要炼油化工企业生产取水定额

分类			定额值(m^3/t)	标准号
石油炼制			(1)现有企业≤0.75; (2)新建企业≤0.60	GB/T 18916.3—2012
乙烯生产			(1)现有企业≤15; (2)新建企业≤12	GB/T 18916.13—2012
合成氨生产	现有企业	无烟块煤(型煤)作原料	≤14.0	GB/T 18916.8—2017
		烟煤作原料	≤18.0	
		褐煤作原料	≤22.0	
		天然气作原料	≤12.0	
	新建和改扩建企业	无烟块煤(型煤)作原料	≤10.0	
		烟煤、褐煤作原料	≤14.0	
		天然气作原料	≤7.5	
	先进企业	无烟块煤(型煤)作原料	≤7.0	
		烟煤、褐煤作原料	≤10.0	
		天然气作原料	≤7.0	

水利部 2019 年 12 月 9 日印发了《钢铁等十八项用水定额的通知》(水节约〔2019〕373 号)，2020 年 2 月 1 日起施行。其中，部分炼油化工企业生产用水定额指标情况见表 1.5。

表 1.5　炼油化工企业生产用水定额　　单位：m^3/t

产品名称	领跑值	先进值	通用值
原(料)油	0.31	0.41	0.56
氨纶	14	16	20
对二甲苯	0.7	1.7	3.3
精对苯二甲酸(非海水冷却)	5.8	6.8	9.8
精对苯二甲酸(海水冷却)	3.0	3.4	4.0

其中，领跑值为节水标杆，用于引领企业节水技术进步和用水效率提升，可供严重缺水地区新建(改建、扩建)企业的水资源论证、用水许可审批和节水评价参考使用；先进值用于新建(改建、扩建)企业的水资源论证、用水许可审批和节水评价；通用值用于现有企业的日常节水管理和节水考核。

④ 建设项目节水管理。

新建、改建和扩建项目应采用节水型工艺、设备和器具，配套建设节水设施。在项目可行性研究报告中应编制节水篇(章)，加强对水资源的论证分析。节水设施应与主体工程同时设计、同时施工、同时投入使用。

优先选用《国家鼓励的工业节水工艺、技术和装备目录》中推荐的先进适用节水工艺、技术和装备。按照《关于开展规划和建设项目节水评价工作的指导意见》(水节约〔2019〕136 号)中规定要求，应在取水许可阶段开展节水评价，在水资源论证报告书中将用水合理性分析等内容强化为节水评价章节。重点分析用水节水相关政策的符合性，节水工艺技术、循环用水水平、用水指标的先进性等，评价建设项目取用水的必要性和规模的合理性。

⑤ 加强重点用水设备管理，定期对重点用水设备实施监测。

一是加强疏水器管理，降低蒸汽损失率，炼油化工企业是用汽大户，以一个 1000×10^4t/a 炼油、80×10^4t/a 乙烯炼油化工一体化企业为例，配置疏水器 5500 只左右，损坏、失效占比 2%左右，每年蒸汽损失量达到上万吨。二是加强保温保冷管理，降低蒸汽损失量。三是在有物料泄漏隐患的水系统上配备在线监测设备，及时发现涉及水系统的泄漏，缩短泄漏处置周期。四是加强用水设施的日常维护、管理和监测，杜绝“跑、冒、滴、漏”等现象，杜绝长流水，重点用水设备定期进行节水监测。

⑥ 加强节水管理信息化工作。

运用节能节水管理系统、综合统计信息系统、MES 生产执行系统和 LIMS 实验室管理系统等开展节水管理信息化工作。

(4) 加强节水技术进步，提高工业水重复利用率。

积极推广和采用节水新技术，定期开展水平衡测试，推广水夹点和循环水夹点等系统优化技术，优化循环水系统运行，回收利用凝结水，污水处理回用，提高工业水重复利用率。充分开发利用雨水、海水、苦咸水和再生水等非传统水资源，降低新鲜水消耗量。炼油、乙烯和合成氨企业节水型企业评价指标见表 1.6 至表 1.8。

表 1.6 炼油生产节水型企业技术考核指标及要求

评价内容	技术指标	指标值
取水量	加工吨原(料)油取水量(m^3/t)	≤0.7
重复利用	重复利用率(%)	≥97.5
	浓缩倍数	≥4.0
	软化水、除盐水制取系数	≤1.0
	蒸汽冷凝水回收率(%)	≥60
	含硫污水汽提净化水回用率(%)	≥60
	污(废)水回用率(%)	≥50
用水漏损	用水综合漏失率(%)	≤7
排水	加工吨原(料)油排水量(m^3)	≤0.35

注：引自 GB/T 26926—2011《节水型企业　石油炼制行业》。

表 1.7 乙烯生产节水型企业技术考核指标及要求

评价内容	技术指标	指标值
取水量	单位乙烯取水量(m^3/t)	≤6.5
	化学水制取系数(m^3/m^3)	≤1.1(离子交换树脂工艺)
		≤0.7(反渗透工艺)
重复利用	重复利用率(%)	≥98
	循环水浓缩倍数	≥5
	蒸汽冷凝水回收率(%)	≥80
排水	单位乙烯排水量(m^3/t)	≤1.8

注：引自 GB/T 32164—2015《节水型企业　乙烯生产》。

表 1.8 合成氨生产节水型企业技术考核指标及要求

评价内容	技术指标		指标值
取水量	吨合成氨取水量(m^3/t)	以无烟块煤(型煤)为原料	≤9
		以粉煤、褐煤为原料	≤12
		以天然气(焦炉气)为原料	≤7.5
	吨尿素取水量(m^3/t)		≤2.5
重复利用	间接冷却水循环率(%)		≥97
	重复利用率(%)		≥95
用水漏损	用水综合漏失率(%)		≤2
达标排放	废水排放达标率(%)		100

注：引自 GB/T 36895—2018《节水型企业　氮肥行业》。

在提高回用水方面，主要是采用新技术、新工艺，提高污水回用率，做好雨水回收利用，同时应考虑提高污水回用水水质，如考虑将品质较高的回用水替代部分新鲜水作为除盐水原水，以提高除盐水制水比，减少脱盐水浓水排放。

提高冷凝水回收率，排查冷凝水系统，做到可回收尽回收，尽可能按照温度、水质质量分别回收、利用。

在提高串联水使用方面，研究各用水单元或系统在生产过程中产生或使用后，再用于其他单元或系统的接续利用。例如，用循环水排水作为洗涤、冲洗用水；利用酸性水汽提装置产生的净化水作为电脱盐装置注水、富气洗涤水等。

在使用循环水方面，虽增加循环水用量在表观上能够提高工业用水重复利用率，但循环水用量增加后，循环水补水将同步上升，对节水目标产生负面效应。因此，应研究减少循环水用量，如根据物料温度和换热实际情况及时调整单元设施、设备循环水用量；对暂停使用的水冷器盲板隔离氮气保护；使用在线监测设备，同时加强日常巡查，发现泄漏及时处理。还应通过选用高效药剂及先进工艺，改善补水水质，以提高循环水浓缩倍数，减少排放量，降低补水量。将直冷机泵改造为循环水冷却，减少排放损失。

(5) 执行国家节水法律法规，大力开展节水宣传工作。

认真执行国家节水法律法规，按照规定时间淘汰国家明令禁止使用的高耗水工艺、设备和产品。结合“世界水日”和“中国水周”等组织开展节水宣传教育活动，普及节水知识，提高全员的节水意识。鼓励员工积极参与节约用水活动，对节约用水提出合理化建议并取得实效的给予适当奖励。

1.3 水平衡测试的基本概念和作用

1.3.1 水平衡测试基本概念

1.3.1.1 企业水平衡

以企业为考察对象的水量平衡，即该企业的用水单元或系统的输入水量之和应该等于输出水量之和。

1.3.1.2 水平衡测试

水作为工业生产中的原料和载体，在任一用水单元或系统内存在着水量的平衡关系。通过对用水单元或用水系统的水量进行系统的测试、统计、分析得出水量平衡关系的过程，称为水平衡测试。

1.3.2 水平衡测试的目的

水平衡测试能够揭示企业用水的控制节点和用水工艺的优劣，能够为企业节水管理提供改进方向和实践指导，是企业加强用水科学管理，最大限度地节约用水和合理用水的一项基础工作。它涉及用水单位管理的各个方面，同时也表现出较强的综合性、技术性。炼油化工企业通过水平衡测试可达到以下主要目的：

(1) 摸清企业用水现状。收集企业用水现状基本情况，包括用水技术水平和管理水平等方面数据。例如，水系统管网分布情况，各类用水设备、设施、仪器、仪表分布及运转状态，用水总量和各用水单元之间的定量关系和用水目标以及用水管理及考核等规章制度，获取准确的实测数据。

（2）进行合理化用水分析，为企业节水潜力分析提供基础数据。依据掌握的资料和获取的数据，通过对企业用水相关指标进行计算，分析和评价有关用水技术经济指标，找出用水管理的薄弱环节和节水潜力，制订出切实可行的技术、管理措施和规划。

（3）提高用水管理水平。根据水平衡测试提出的整改措施，健全企业三级计量仪表，开展查漏、堵漏工作，堵塞跑、冒、滴、漏，减少用水量，提高用水水平。同时建立健全节水考核评价制度，充分调动各方面节水积极性。

（4）建立完善企业用水档案。收集企业用水原始记录、实测数据、分析结果等数据资料，按照要求进行汇总和处理分析，形成翔实完整的用水档案，培养一批熟悉本企业用水现状的管理人员。

（5）提高企业用水水平。根据水平衡测试结果，对照同行业节水先进企业标准，为制定企业工业产品供水、排水定额标准积累基础数据。依据企业水平衡数据，采用水夹点技术优化用水网络，使得企业新鲜水用量趋于最小。

（6）为企业制订节水减排方案提供基础数据。依据企业水平衡数据，企业可以更加合理地制订废水处理、凝水回收、提高循环水浓缩倍数等节水减排方案。

（7）提高节水意识。通过开展水平衡测试工作，可以提高企业职工，特别是用水管理人员的节水意识，有利于提高企业节水管理、节水水平和节水管理人员的业务水平。

1.3.3 水平衡测试与水资源论证的区别

水平衡测试是对用水单位进行用水科学管理行之有效的方法，它的意义在于，通过水平衡测试能够全面了解用水单位管网状况、各部位(单元)用水现状，画出水平衡图，依据测定的水量数据，找出水量平衡关系和合理用水程度，采取相应的措施挖掘用水潜力，达到加强用水管理、提高合理用水水平的目的。

水资源论证是根据国家相关政策、国家以及当地水利水电发展规划、水功能区管理要求，采用水文比拟法对已有的数据进行年径流计算、设计径流月分配等，对建设项目取用水的合理性、可靠性与可行性，取水与退水对周边水资源状况及其他取水户的影响进行分析论证。同时指依据江河流域或区域综合规划以及水资源专项规划，对新建、改建、扩建的建设项目的取水、用水、退水的合理性以及对水环境和他人合法权益的影响进行综合分析论证的专业活动。我国为促进水资源的优化配置和可持续利用，保障建设项目的合理用水要求，根据《取水许可和水资源费征收管理条例》，制定了《建设项目水资源论证管理办法》。业主单位在向具有审批权限的取水许可审批机关提交取水许可申请材料时，应当一并提交建设项目水资源论证报告书，作为取水许可审批的重要依据。未提交建设项目水资源论证报告书且经一次告知仍不补正的，视为放弃取水许可申请。

水资源论证根据论证对象不同，可划分为地表水水资源论证和地下水资源论证。根据论证对象用水量不同，可编制水资源论证报告书或水资源论证报告表。

水平衡测试主要针对现有用水单位而言，侧重评估企业用水合理性，挖掘企业节水潜力。水资源论证主要针对新建、改建和扩建项目的用水合理性以及对当地水资源影响进行分析，侧重于从用水源头进行控制，努力控制不合理用水增量需求。

1.4　企业用水分类和水平衡测试相关指标定义

水平衡测试就是对用水单元或系统的水量进行系统测试、统计和分析。水平衡测试时，需要分别对企业不同的用水单元按类别或按用水性能需求进行测试，然后再分类对用水考核评价指标进行计算。采用合适的方法对用水进行分类，将有效提高水平衡测试结果的科学性和可用性。

1.4.1　企业用水分类

1.4.1.1　根据水的来源分类

企业生产过程所用全部淡水(或包括部分海水)的引取来源，称为企业用水水源。根据水源分类如下：

(1) 地表水。地表水包括陆地表面形成的径流及地表贮存的水(如江、河、湖、水库等水)。

(2) 地下水。地下水指地下径流或埋藏于地下的，经过提取可被利用的淡水(如潜水、承压水、岩溶水、裂隙水等)。

(3) 自来水。由城市给水管网系统供给的水。

(4) 城市污水回用水。经过处理达到工业用水水质标准，又回用到工业生产的那部分城市污水。

(5) 海水。沿海城市的一些用作工业冷却水水源或为其他目的所取的那部分海水(城市污水回用水与海水是水源的一部分，但目前对这两种水暂不考核，不计在取水量之内，只注明使用水量以做参考——编者注)。

(6) 其他水。有些企业根据本身的特定条件使用上述各种水以外的水作为取水水源，称为其他水。

1.4.1.2　根据水的用途分类

在对企业工业用水进行分类时，按用水用途可以分为生产用水和生活用水。

(1) 生产用水。

直接用于工业生产的水，称为生产用水。生产用水包括间接冷却水、工艺用水和锅炉用水。

① 间接冷却水。在工业生产过程中，为保证生产设备能在正常温度下工作，用来吸收或转移生产设备的多余热量，所使用的冷却水(此冷却用水与被冷介质之间由热交换器壁或设备隔开)称为间接冷却水。

② 工艺用水。在工业生产中，用来制造、加工产品以及与制造、加工工艺过程有关的这部分用水称为工艺用水。工艺用水包括产品用水、洗涤用水、直接冷却水和其他工艺用水。产品用水指在生产过程中，作为产品的生产原料的那部分水(此水或为产品的组成部分，或参加化学反应)。洗涤用水指在生产过程中，对原材料、物料、半成品进行洗涤

处理的水。直接冷却水指在生产过程中，为满足工艺过程需要，使产品或半成品冷却所用与之直接接触的冷却水(包括调温、调湿使用的直流喷雾水)。产品用水、洗涤用水和直接冷却水之外的工艺用水，称为其他工艺用水。

③ 锅炉用水。为工艺或采暖、发电需要产汽的锅炉用水及锅炉水处理用水统称为锅炉用水。锅炉用水包括锅炉给水和锅炉水处理用水。直接用于产生工业蒸汽进入锅炉的水称为锅炉给水。锅炉给水由两部分水组成：一部分是回收由蒸汽冷却得到的冷凝水；另一部分是补充的软化水。为锅炉制备软化水时，所需要的再生、冲洗等项目用水称为锅炉水处理用水。

(2) 生活用水。

厂区和车间内职工生活用水及其他用途的杂用水统称为生活用水。

以上各类水之间的关系如图 1.3 所示。

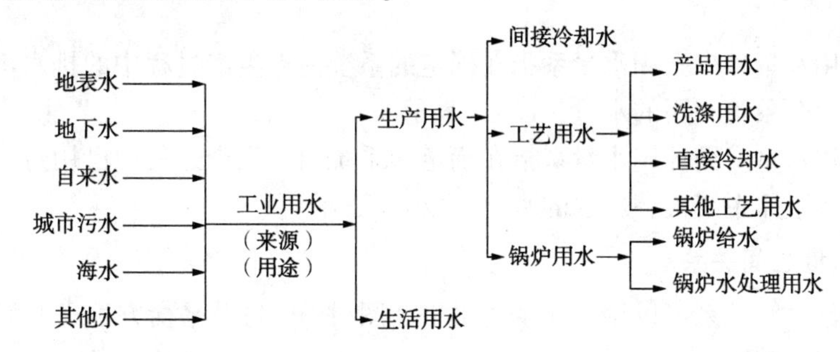

图 1.3　工业用水的水源分类与用途分类示意图

各企业基建用水不包括在企业取水量之内，基建项目可报供水部门申请用水指标。

1.4.2　工业用水的水量定义

用水量参数是指水平衡测试中需实际测试的各类水量值，包括总用水量、取水量(新水量)、耗水量、漏溢水量、排水量和重复利用水量。用水量参数的确定是水平衡测试的关键环节。

1.4.2.1　总用水量 *Y*

在确定的用水单元或系统内使用的各种水量的总和，即新水量和重复利用水量之和。

1.4.2.2　取水量(新水量)*Q*

工业企业直接取自地表水、地下水和城镇供水工程以及企业从市场购得的其他水或水产品的总量(新水量——企业内用水单元或系统取自任何水源被该企业第一次利用的水量)。

1.4.2.3　耗水量 *H*

在确定的用水单元或系统内，生产过程中进入产品、蒸发、飞溅、携带及生活饮用等所消耗的水量。

1.4.2.4　漏溢水量 *L*

企业供水及用水管网和用水设备漏失的水量。

1.4.2.5 排水量 P

对于确定的用水单元，完成生产过程和生产活动之后排出企业之外以及排出该单元进入污水系统的水量。

1.4.2.6 重复利用水量 C

在确定的用水单元或系统内，使用的所有未经处理和处理后重复使用的水量的总和，即循环水量和串联水量的总和。

重复利用水量是工业企业内部，生产用水和生活用水中循环利用的水量和直接或经过处理后回收再利用的水量，即工业企业中所有未经处理或经处理后重复使用的水量的总和，以 C 表示。

为了进一步地明细水的使用形式，将重复利用水量又分为串联用水量和循环用水量两类。

(1) 串联用水量。串联用水量系指在确定的系统内，生产过程中的排水不经处理或经处理后，被另一个系统利用的水量，以 $C_{串}$ 表示。

(2) 循环用水量。循环用水量系指在确定的系统内，生产过程中已用过的水无须处理或经过处理再用于原系统代替新水的水量，以 $C_{循}$ 表示。

1.4.2.7 各水量之间关系

上述各水量之间关系可以用工业企业水平衡图(图 1.4)及平衡方程式表示。

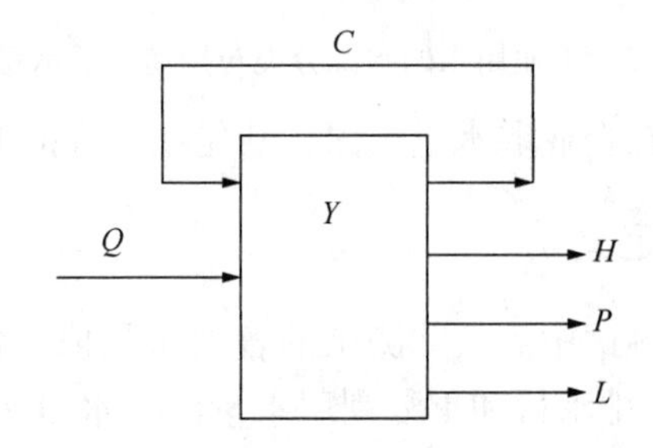

图 1.4 几种主要水量之间关系示意图

图 1.4 所示系统内，各输入水量之和为：

$$C+Q=Y$$

各输出水量之和为：

$$C+H+P+L=Y$$

则输入水量与输出水量平衡方程式为：

$$C+Q=C+H+P+L$$

1.4.3 水平衡测试相关技术经济指标定义

(1) 水系统计量器具配备率：水计量器具实际的安装配备数量与测量全部水量所需配备的水计量器具数量的百分比。

(2) 化学水制取系数：制化学水取水量与化学水水量的比值，也可称为化学水制水比。

(3) 水重复利用率：在一定的计量时间内，生产过程中使用的重复利用水量与用水量的百分比。

(4) 冷却水循环率：在一定的计量时间内，一个单元生产过程中使用的循环水量与用水量的百分比。

(5) 循环水浓缩倍数：在敞开式循环冷却水系统中，由于蒸发使循环水中的盐类不断累积浓缩，循环水的含盐量与补充水含盐量的比值。

(6) 工艺水回用率：在工业生产中，工艺用水中回用水量占工艺用水量的百分比。

(7) 蒸汽冷凝水回用率：在一定的计量时间内，蒸汽冷凝水回用量占锅炉蒸汽发汽量的百分比。

(8) 单位产品新水量：在一定计量时间内，生产单位产品的取水量。

(9) 单位产品污水排放量：在一定计量时间内，生产单位产品的排水量。

(10) 污水达标排放率：在一定的计量时间内，达到排放水质标准的外排水量与外排水量的百分比。

(11) 污水回用率：在一定的计量时间内，企业内生产的生活污水和生产污水，经处理再利用的水量与排水量的百分比。

(12) 企业内职工人均生活用水量：企业内居民住区及职工生活区的用水量。

(13) 万元工业增加值用水量：在一定的计量时间内，实现一万元工业增加值的取水量。

(14) 企业水管网综合漏失率：漏失水量与新水量的百分比。

2 炼油化工企业水平衡测试工作标准、要求和步骤

炼油化工企业水平衡测试应遵循相关标准及规定定期开展，一般可遵循国家标准、行业标准和企业标准规定执行，中国石油和中国石化要求所属企业每3年开展一次水平衡测试工作。水平衡测试主要包括准备阶段、实测阶段、汇总阶段和分析阶段4个主要步骤，通过思想、组织、技术和物质等方面做好充分准备后方可开展水平衡测试工作，汇总整理水平衡测试数据，进行纵向和横向对比分析，进而分析企业各用水系统的节水潜力，提出节水优化改造建议，最后编制水平衡测试报告。

2.1 企业水平衡测试工作标准

2.1.1 企业水平衡测试国家标准

2.1.1.1 GB/T 7119—2018《节水型企业评价导则》

本标准规定了节水型企业的相关术语和定义、评价原则、评价指标体系及要求。

本标准适用于工业企业的节水评价工作，其他企业节水评价工作可参照本标准。

主要内容为：范围、规范性引用文件、术语和定义、评价原则、评价指标体系及要求、考核要求等。

2.1.1.2 GB/T 12452—2008《企业水平衡测试通则》

本标准规定了企业水平衡及其测试的方法、程序、结果评估和相关报告书格式。

本标准适用于工业企业，其他用水单位可参照使用。

主要内容为：范围、规范性引用文件、术语和定义、用水种类、企业用水技术档案、水平衡图示与水平衡方程式、水量测试方法、企业水平衡测试程序、企业水平衡测试数据的统计等。

2.1.1.3 GB/T 21534—2008《工业用水节水术语》

本标准规定了工业用水和节水的术语。

本标准适用于工业用水和节水的宏观管理、计量统计、企业的生产活动、技术研究等工作，其他相关领域的用水节水工作也可参考使用。

主要内容为：范围、水源、用水类别、水量、评价指标、工艺和设备、综合与管理等。

2.1.1.4 GB 30250—2013《乙烯装置单位产品能源消耗限额》

本标准规定了乙烯装置单位产品能源消耗(以下简称能耗)限额的技术要求、统计范围

和计算方法、节能管理与措施。

本标准适用于以石油烃类为原料，经蒸汽热裂解、急冷、压缩、分离工艺，生产乙烯、丙烯、混合碳四、裂解汽油和氢气等产品的乙烯装置能耗的计算、考核以及对新建项目的能耗控制。

主要内容为：范围、规范性引用文件、术语和定义、技术要求、统计范围和计算方法、节能管理与措施等。

2.1.1.5 GB/T 50441—2016《石油化工设计能耗计算标准》

本标准适用于以石油、天然气及其产品为主要原料的炼油厂、石油化工厂、化肥厂和化纤厂的全厂，装置和公用工程系统的新建和改造工程的设计能耗计算以及项目投产验收的实测能耗计算。

主要内容为：总则、术语、一般规定、能耗计算等。

2.1.1.6 GB 8978—1996《污水综合排放标准》

按照本标准污水排放去向，分年限规定了69种水污染物最高允许排放浓度及部分行业最高允许排水量。

本标准适用于现有单位水污染物的排放管理，以及建设项目的环境影响评价、建设项目环境保护设施设计、竣工验收及其投产后的排放管理。

主要内容为：主题内容和适用范围、引用标准、定义、技术内容、监测、标准实施监督等。

2.1.1.7 GB 31570—2015《石油炼制工业污染物排放标准》

本标准规定了石油炼制工业企业及其生产设施的水污染物和大气污染物排放限值、监测和监督管理要求。

本标准适用于现有石油炼制工业企业或生产设施的水污染物和大气污染物排放管理及石油炼制工业建设项目的环境影响评价、环境保护设施设计、竣工环境保护验收及其投产后的水污染物和大气污染物排放管理。

本标准适用于法律允许的污染物排放行为。

主要内容为：适用范围、规范性引用文件、术语和定义、水污染物排放控制要求、大气污染物排放控制要求、污染物监测要求、实施与监督等。

2.1.1.8 GB 50015—2019《建筑给排水设计规范》

本标准适用于民用建筑、工业建筑与小区的生活给水排水以及小区的雨水排水工程设计。

主要内容为：总则、术语和符号、给水、生活排水、雨水、热水及饮水供应等。

2.1.1.9 GB/T 13234—2018《用能单位节能量计算方法》

本标准规定了用能单位节能量计算的总则、整体法、措施法以及节能率的计算、节能量计算的要求和报告。

本标准适用于用能单位、次级用能单位或用能单位组成部分的节能量的计算。

主要内容为：范围、规范性引用文件、术语和定义、总则、整体法计算节能量、措施法计算节能量、节能率的计算、要求、报告等。

2.1.1.10　GB/T 15587—2008《工业企业能源管理导则》

本标准规定了工业企业建立能源管理系统，实施能源管理的一般要求。

本标准适用于新建、扩建、既有工业企业能源管理。

主要内容为：范围、规范性引用文件、管理、能源规划及设计管理、能源输入管理、能源加工转换管理、能源分配和传输管理、能源使用管理、能源计量检测、能耗分析、节能技术进步等。

2.1.1.11　GB/T 21367—2008《化工企业能源计量器具配备和管理要求》

本标准规定了化工企业能源计量器具的配备与管理要求。

本标准适用于化工行业生产性质的企业(以下简称用能单位)。

主要内容为：范围、规范性引用文件、术语和定义、能源计量器具配备、能源计量管理要求等。

2.1.1.12　GB 24789—2009《用水单位水计量器具配备和管理通则》

本标准规定了用水单位水计量器具配备和管理的基本要求。

本标准适用于独立核算的工业企业，其他用水单位参照使用。

主要内容为：范围、规范性引用文件、术语和定义、水计量器具配备、水计量器具的管理要求等。

2.1.1.13　GB/T 1576—2018《工业锅炉水质》

本标准规定了工业锅炉运行时给水、锅水、蒸汽回水以及补给水的水质要求。

本标准适用于额定出口蒸汽压力小于3.8MPa，且以水为介质的固定式蒸汽锅炉、汽水两用锅炉和热水锅炉。

本标准不适用于铝材制造的锅炉。

主要内容为：范围、规范性引用文件、术语和定义、水质标准、水质分析方法等。

2.1.1.14　GB/T 12145—2016《火力发电机组及蒸汽动力设备水汽质量》

本标准规定了火力发电机组及蒸汽动力设备在正常运行和停(备)用机组启动时的水汽质量。

本标准适用于锅炉主蒸汽压力不低于3.8MPa(表压)的火力发电机组及蒸汽动力设备。

主要内容为：范围、规范性引用文件、术语与定义、蒸汽质量标准、锅炉给水质量标准、凝结水质量标准、锅炉炉水质量标准、锅炉补给水质量标准、减温水质量标准、疏水和生产回水质量标准、闭式循环冷却水质量标准、热网补水质量标准、水内冷发电机的冷却水质量标准、停(备)用机组启动时的水汽质量标准、水汽质量劣化时的处理等。

2.1.1.15　GB/T 18916.1—2012《取水定额　第1部分：火力发电》

本部分规定了火力发电取水定额的术语和定义、计算方法及取水量定额等。

本部分适用于电力工业火力发电厂企业在生产、设计过程中取水量的管理。

主要内容为：范围、规范性引用文件、术语和定义、计算方法、取水定额、定额使用说明等。

2.1.1.16　GB/T 18916.3—2012《取水定额　第3部分：石油炼制》

本部分规定了石油炼制取水定额的术语和定义、计算方法及取水量定额等。

本部分适用于现有和新建石油炼制企业取水量的管理。

主要内容为：范围、规范性引用文件、术语和定义、计算方法、取水定额、定额使用说明等。

2.1.1.17　GB/T 18916.8—2017《取水定额　第8部分：合成氨》

本部分规定了合成氨生产取水定额的术语和定义、计算方法和取量定额。

本部分适用于以煤和天然气为原料的现有、新建和改扩建合成氨生产企业取水量的管理。

主要内容为：范围、规范性引用文件、术语和定义、计算方法、取水定额、定额使用说明等。

2.1.1.18　GB/T 18916.13—2012《取水定额　第13部分：乙烯生产》

本部分规定了乙烯生产取水定额的术语和定义、计算方法及取水量定额等。

本部分适用于现有和新建乙烯生产企业取水量的管理。

主要内容为：范围、规范性引用文件、术语和定义、计算方法、取水定额、定额使用说明等。

2.1.1.19　GB/T 26926—2011《节水型企业　石油炼制行业》

本标准规定了石油炼制行业节水型企业的相关术语和定义、评价指标体系及要求。

本标准适用于石油炼制企业的节水评价工作。

主要内容为：范围、规范性引用文件、术语和定义、评价指标体系及要求等。

2.1.1.20　GB/T 32164—2015《节水型企业　乙烯行业》

本标准规定了乙烯行业节水型企业评价的术语和定义、评价指标体系及要求。

本标准适用于乙烯行业节水型企业的评价工作。

主要内容为：范围、规范性引用文件、术语和定义、评价指标体系及要求等。

2.1.1.21　GB/T 30887—2014《钢铁联合企业水系统集成优化实施指南》

本标准规定了钢铁联合企业水系统集成优化的相关术语和定义、水系统现状调查、水系统集成优化、效果评估。

本标准适用于钢铁联合企业水系统集成优化，其他钢铁企业可参考执行。

主要内容为：范围、规范性引用文件、术语和定义、水系统现状调查、水系统集成优化、效果评估等。

2.1.2　企业水平衡测试行业标准

2.1.2.1　CJ 41—1999《工业企业水量平衡测试方法》

本标准用于指导企业进行工业用水水量平衡测试工作。

主要内容为：企业水平衡测试的定义、目的、工作程序、工作内容、数据汇总、结果分析及合理化用水规划等。

2.1.2.2　CJ/T 454—2014《城镇供水水量计量仪表的配备和管理通则》

本标准规定了城镇供水水量计量仪表(以下简称“水表”)的术语和定义、水表选择、水表配备、水表安装、水表检测和管理要求。

本标准适用于城镇供水单位和用水单位水表的配备和管理。

主要内容为：范围、规范性引用文件、术语和定义、水表选择、水表配备、水表安装、水表检测、管理要求等。

2.1.2.3　HJ/T 125—2003《清洁生产标准　石油炼制业》

本标准适用于石油炼制业燃料型炼油厂的清洁生产审核、清洁生产潜力与机会的判断、清洁生产绩效评定和清洁生产绩效公告制度。燃料—润滑油型、燃料—化工型石油炼制企业可参照执行。

主要内容为：范围、规范性引用文件、定义、要求、数据采集和计算方法、标准的实施等。

2.1.2.4　JJF 1001—2011《通用计量术语及定义技术规范》

本规范规定了计量工作中常用术语及其定义。

本规范适用于计量领域各项工作，相关领域亦可参考使用。

主要内容为：范围、引用文件、量和单位、测量、测量结果、测量仪器、测量仪器的特性、测量标准、法制计量和计量管理等。

2.1.2.5　JJF 1004—2004《流量计量名词术语及定义》

主要内容为：一般术语、测量仪表和方法、流量标准装置、字母符号等。

2.1.2.6　SH 3099—2000《石油化工给水排水水质标准》

石油化工厂给水水质应满足生产、生活需要；排水水质应分级控制，其水质应符合后续污水处理或环境保护的要求。

本标准适用于石油化工厂的给水和排水。

主要内容为：总则、给水水质、排水水质等。

2.1.2.7　SY/T 6722—2016《石油企业耗能用水统计指标与计算方法》

本标准规定了石油企业生产耗能、用水的主要统计指标与计算方法。

本标准适用于油(气)田、长输管道及其他石油企业的耗能、用水管理。

主要内容为：范围、规范性引用文件、术语和定义、耗能用水统计指标计算等。

2.1.3　企业水平衡测试企业标准

2.1.3.1　Q/SY 1212—2009《能源计量器具配备规范》

本标准规定了用能组织划分和能源计量器具的配备要求。

本标准适用于中国石油各项生产经营业务。

主要内容为：范围、规范性引用文件、用能组织划分、能源计量器具配备等。

2.1.3.2 Q/SH 0104—2007《炼化企业节水减排考核指标》

本标准规定了与炼化企业取水、用水、排水有关的考核指标和回用水质控制指标。

本标准适用于中国石化所属各炼油化工生产企业节水减排及污水回用的监督考核。

主要内容为：范围、规范性引用文件、术语和定义、一般规定、计算方法、节水减排考核指标、回用水质控制指标等。

2.1.3.3 Q/SY 1820—2015《炼油化工水系统优化技术导则》

本标准规定了炼油化工水系统优化技术的工作流程、主要内容和技术要求，包括应用原则、工作步骤、现状调查和水平衡测试、潜力分析以及优化方案的研究制订和实施等内容。

本标准适用于炼油化工企业水系统优化工作，其他企业可参照使用。

主要内容为：范围、规范性引用文件、术语和定义、应用原则、工作步骤、现状调查和水平衡测试、潜力分析及优化方案研究制订、优化方案实施等。

2.2 企业水平衡测试原则和要求

2.2.1 企业水平衡测试原则

（1）工业企业水平衡测试工作应在当地节水行政主管部门的监督下定期进行，以作为评价工业企业合理用水的考核依据之一。

（2）工业企业水平衡测试必须依照有关国家标准进行：GB/T 12452—2008《企业水平衡测试通则》和 GB/T 7119—2018《节水型企业评价导则》。需要注意的是，GB/T 7119—1993《节水型企业评价导则》中，规定了企业安装的水表精确度和用水计量率的相关要求，但在最新修订的 GB/T 7119—2018《节水型企业评价导则》中删去了此部分内容，但编者认为，有关仪表计量的要求对于企业开展水平衡测试工作非常重要，因此在本小节的内容中，仍然引用了 GB/T 7119—1993《节水型企业评价导则》的相关要求。

（3）水平衡测试中所用水表等各类计量仪表，在安装使用前须经有关主管部门校验，以保证所测数据的准确性。GB/T 7119—1993《节水型企业评价导则》规定，水表精确度应不低于±2.5%。

（4）水量计量仪表的配置，要保证企业、车间、用水设备三级水表计量率、装表率、完好率达到有关要求。GB/T 7119—1993《节水型企业评价导则》中规定：企业、车间用水计量率应达到100%，设备用水计量率不低于90%。

（5）水量测试时，必须在有代表性或正常工作下进行，以使被测数据准确真实地反映用水状况。即水平衡测试必须在用水单位生产(或经营)正常、设备运行稳定、无异常泄漏的条件下进行测试。水平衡测试范围内无停工、检修装置。

（6）水量测试和计算时，须按自下而上的程序进行：单台设备(工序)—车间—企业。

（7）测试过程中，所得数据应全部填制于水平衡测试表，不允许漏项，待测试结束后进行整理汇总。

2.2.2 企业水平衡测试的时间要求

2.2.2.1 企业水平衡测试的频次

水平衡测试是对用水单位进行科学管理行之有效的方法，也是进一步做好城市节约用水工作的基础。

为了在城市节水管理工作中推广应用这一科学管理方法，建设部于 1987 年 4 月发布了部颁标准 CJ 20—1987《工业企业水量平衡测试方法》，2008 年国家质量监督检验检疫总局、国家标准化管理委员会发布国家标准 GB/T 12452—2008《企业水平衡测试通则》。部分省、市人民政府也把水平衡测试纳入地方性行政法规、规章，如《河北省城市节约用水管理实施办法》第十二条规定："城市用水单位应当依照国家标准，定期对本单位的用水情况进行水量平衡测试和合理用水评价，改进本单位的用水工艺。"用水单位按规定进行水平衡测试已经成为法定义务。

水平衡测试不是只做一次就一劳永逸的，中国石化水务管理技术更是要求水系统应每 3 年组织一次水平衡测试，以为该区域节水管理提供参考。

中国石油天然气集团有限公司(以下简称中国石油)规定，所属企业应依据中国石油节能节水年度监测计划，制订本企业年度节能节水监测计划，并委托具有相应资质的节能监测机构承担监测任务，或在节能监测机构的监督、指导下进行自检。主要用能用水设备每 5 年至少要进行一次节能节水监测。炼油化工企业应每 3 年进行一次水平衡测试。

2.2.2.2 企业水平衡测试的周期和时段

水平衡测试周期是为建立一个完整的、具有代表性的水量平衡图而划定的时间范围。它应同工业生产周期相协调。在水平衡测试周期内一定能够衡量企业正常生产的用水情况。水平衡测试时段是指为测定用水系统的一组或数组有效水量值所需的时间。一个水平衡测试周期应包含若干个具有代表性的水平衡测试时段。

无论统计计算或实测计算，都应考虑到生产、季节等影响因素，选取有代表性的时段。测试可根据企业生产特点自定，但一般不少于 3 次。

工业企业水平衡测试周期和时段的选择主要取决于生产类型(3 种类型)及其他条件，详见表 2.1。

表 2.1 水平衡测试周期和时段的选择

序号	生产类型	测试周期	测试时段
1	连续均衡型	(1) 无生产或非生产因素影响时，测试周期较短； (2) 有某些生产或非生产因素影响时，测试周期较长	取正常生产条件下具有代表性时段(每个时段水量测定次数不小于 3 次)
2	连续批量型	测试周期可选择一个生产年度	选择测试时段原则要求： 能反映正常生产条件下实际用水情况；要便于测定计算

续表

序号	生产类型	测试周期	测试时段
3	非连续批量型	测试周期可选择一个批量生产周期	选择测试时段时原则要求：能反映正常生产条件下实际用水情况；要便于测定计算

2.2.2.3　企业水平衡测试的方法

企业规模不同，采用的测试方法不同，所花费的时间也有差异。企业水平衡测试方法主要有在测试管道泄漏量基础上的一级平衡测试法、逐级平衡测试法和综合平衡测试法（表2.2）。

表2.2　水平衡测试方法

序号	测试方法	含义	适用条件
1	一级平衡测试法	是指对工业所有用水系统的水量测定工作均在“瞬时”同步进行，并获得水平衡的一种方式	适用于用水系统简单、用水过程稳定的情况
2	逐级平衡测试法	是按工业企业水量平衡测试单元，自下而上、从局部到总体逐级进行水量平衡的一种方式	适用于可逐层分解的用水系统且易于选取具有代表性测试时段的工业企业
3	综合平衡测试法	是指在较长的水量平衡测试周期内，在正常生产条件下每隔一定时间，分别进行水量测定，并综合历次测试数据以取得水量总体平衡图的一种方式	适用于连续批量型或非连续批量型生产情况

（1）管道泄漏量测试方法。

管道泄漏量的测试是水平衡测试的重要内容之一。测试方法有两种：一是静态测试法，即关闭所有分表的阀门，打开总供水阀门，使总水表处于运行状态，经过2h以上，总水表如果不运行，则管道的泄漏量视为零。如果运行，必须查找泄漏管线及泄漏点，并采取措施进行处理，待不漏为止。二是动态测试法，连续生产的工厂不能停水，可采用动态法，使总水表及各车间（部门）的分水表处于运行状态，经过2h以上后读总水表及各分表在这段时间内运行的水量，总水表的水量应等于各分表的水量之和，即$Q_{总}=\sum Q_{分}$。若考虑分表本身有误差及管道合理泄漏量，可按$Q_{总}=\sum Q_{分}\pm 3\%\sum Q_{分}$计算。

（2）水平衡测试方法。

① 一级平衡测试法。

一级平衡测试法是指对企业所有用水系统的测定工作均在“瞬时”同步进行，并获得水平衡的一种方式，只适用于用水系统比较简单、用水过程比较稳定的企业。

做管道泄漏量测试，然后在24h内将全厂所有生产用水设备、辅助生产设备、附属生产设施及全厂生活设施的供水、循环水、排水、耗水等情况同时进行测试。

一级平衡测试法是在同一时段内对全厂所有的用水点进行测试，连续测试天数应该根据企业的用水周期而定，但最低不得低于4d。我国目前实行5d工作制，许多大型企业生产虽不间断，但附属生产部门甚至辅助生产部门也实行双休或多数人员照常休息，这些部门不用水或用水很少，因此一般选择7~8d为一个测试周期比较合理。每日水表的抄表时间应固定不变，否则无法进行日水量对比。

其优点是：总表和分表及各种设备水量之间比较容易平衡；时间短，人力集中，便于组织领导。一级平衡测试法作为瞬时测试，精度极高，是比较理想的测试方式，对于生产周期小于24h的用水设备以及辅助生产、生活设施均可适用，对生产周期大于24h的均匀用水设备也适用。缺点是：对于生产周期大于24h的不均匀用水设备，其误差较大，不能反映这类设备的实际情况。同时，由于全部测试任务集中在24h内完成，需要组织庞大的测试队伍，一般适用于中小企业或用水比较简单的企业。

② 逐级平衡测试法。

逐级平衡测试法是按企业水平衡测试单元，自上而下、从局部到整体逐级进行水平衡测试的方法，是化整为零、积零为整的测试过程。各级的用水系统水平衡测试应在具有相同代表性的各测试时段内按一级平衡方式进行，适用于可以逐级分解的用水系统且易于选择有代表性测试时段的企业。在分析测试结果时，可参考日常统计数据进行修正，使测试成果能代表测试季节的实际水平，并为全年统计提出调整参数。

首先做管道的泄漏量测试，然后在生产情况稳定的条件下，先进行设备水平衡，再做车间的水平衡，然后是全厂水平衡。

逐级平衡测试法是建立在用水点的基础上，能比较好地反映出各个不同用水设施的用水情况，特别是一些生产周期长、用水量不均匀的设备或设施更为适用。由于逐级平衡法是在若干天内完成的，参加测试的人员可以大大减少，测试组织工作比较好做。其缺点是：测试时间拉得较长，在设备运行工况不稳定以及企业职工流动性较大的情况下，企业内的各种水量之间难以平衡。

③ 综合平衡测试法。

综合平衡测试法是指在较长的测试周期内，在正常生产条件下每隔一定时间分别进行水平衡测定，然后综合历次测试数据以取得总体平衡的一种方式。它适用于难以确定具有代表性时段的企业。

首先做管道的泄漏量测试，然后根据用水单元的实际情况综合利用一级平衡测试法和逐级平衡测试法进行测试。

综合平衡测试法能够完成具有复杂用水系统和用水时段不具有代表性企业的水平衡测试，但是因企业用水的不确定度较高，其测试的准确度相对较低，因此在应用综合平衡法的时候需要多次测量，并根据相应的用水统计数据进行测试结果的修正。

2.2.3 企业水平衡测试的参数要求

2.2.3.1 水量参数

水量参数包括新鲜水、循环冷却水、支流冷却水、除盐水、除氧水、蒸汽、蒸汽凝水、回用水及外排污水等。

企业水平衡测试前，可根据生产流程和供水管路等特点划分企业水平衡测试的子系统。

(1) 水源供水测试。

要测试水源日供水量、水压、水温、水质参数。

测试供水干支管线漏溢水量：可以在生产动态或停产静态的条件下，通过各级水表测量数值的平衡分析加以确定。

(2) 设备或工序水量的测试。

根据设备或工序的生产周期及该周期内用水量的变化，确定测试水量的时间，并按要求逐台测试水量、水温及水质参数。填写设备水平衡测试表。

在填写设备水平衡测试表时应注意如下事项：

填写水平衡测试表必须是在稳定、正常的生产工艺条件下测得的数据，否则测得的数据再准确也无代表性。若有稳定、可靠的水表统计资料者，可以直接使用。设备用水定额稳定、可靠者，可采用设备的用水定额值。

(3) 测试车间附属生产用水量。

车间生产的附属设施(浴室、卫生间等)应根据本车间生产特点进行测试，并填写相应水平衡测试表，绘出相应水平衡图。

2.2.3.2 水质参数

水质参数包括新水水质、循环水水质、除盐水水质、除氧水水质、蒸汽凝水水质、回用水水质，以及在各车间排掉的用后的循环水、凝水、新鲜水、除盐水等污水水质等。

由于车间设备的用水情况复杂，要求车间对每种用水进行水质检测将是一项很庞大的工作。但是车间用水具有一定的规律性，即很多车间都使用全厂的系统管网。因此，对于系统管网用水(如新鲜水、循环冷却水、除盐水、除氧水、蒸汽等)，全厂具有统一的数据，各用水车间没有必要再测量其水质。但是，除此以外的那些用水(包括设备的进水和出水)，原则上应该测量其相应的水质情况。

测量水质的目的是寻求水重复利用的机会，由于某些用水可能含有多种杂质，当测量所有杂质的浓度比较困难时，可以只选取那些含量相对较高、对设备影响较大的杂质进行测量。

在应用水系统集成技术进行水系统优化时，使用的水质数据并非实际水质，而是经过估计或实验确定的极限用水数据。若获取的极限用水数据过于保守(即偏小)，则不能达到较好的节水效果；而若极限数据过大，则设备有可能无法正常运行。极限用水数据包括：各设备的最大进出口浓度，过程污染物负荷等。各个设备的入口水流中的杂质浓度最大不能超过某一特定数值，否则将不能够满足该设备正常、稳定运行的要求，这一数值就称为最大进口浓度。同理，为了获得最小的设备用水量，各个设备都有最大出口浓度，它们的数值都应大于或等于其对应实际浓度的数值。这两个数据可以通过实验、调研和同类装置类比等方法获得，例如电脱盐可采用汽提净化水，机泵冷却水可采用循环水。除了应预估设备中实际存在的污染物浓度外，还应估计全厂其他污染物的允许浓度范围，因为含有其他杂质设备的排水有可能回用于此设备。

由于要准确地确定设备的极限用水数据可能需要通过实验手段，这将大大增加这一过程的工作量。因此，为了减少工作量，在用水优化之前，参照历史上最大容许浓度，先通过经验估计出设备的极限用水数据。除了应预估设备中实际存在的污染物浓度外，还应估计全厂其他污染物的允许浓度范围，因为含有其他杂质设备的排水也可能回用于此设备。在用水优化工作中，再通过实验确定在水系统中具有特殊地位的设备的极限浓度数据。

水质的控制参数对于不同类型的水、同类水在流程中的不同位置是不同的，各个企业之间也有所差别，应以企业自己的操作规程为准。

各类型水质的待测参数见表2.3。

表2.3 水质类型及待测参数

序号	项目名称	指 标
1	新水	pH值、电导率、碱度、SiO_2、钙离子、总硬度和浊度等
2	循环水	pH值、电导率、含油量、总氮、总铁、COD、残氯、细菌含量、浊度和悬浮物等
3	蒸汽冷凝水	总铁、含油量、氧含量等
4	机泵冷却水	含油量、悬浮物等
5	外排水	pH值、含油量、COD、总氮、总磷等
6	回用水	pH值、含油量、COD、总氮、总磷等

注：COD为化学需氧量。

水质测试和预估见表2.4。

表2.4 水质测试和预估表

装置： 设备：

用水类型		水量（m^3/d）		水温（℃）		水压（MPa）	

水质检测项目	进口浓度	出口浓度	最大进口浓度	最大出口浓度
pH值				
浊度(mg/L)				
电导率(μS/cm)				
总铁(mg/L)				
氧含量(mg/L)				
COD(mg/L)				
总固(mg/L)				
溶固(mg/L)				

续表

水质检测项目	进口浓度	出口浓度	最大进口浓度	最大出口浓度
SiO_2(mg/L)				
氯离子(mg/L)				
硫酸根(mg/L)				
总硬度(mg/L)				
钙离子(mg/L)				
总碱(mg/L)				
含油量(mg/L)				
总磷(mg/L)				
总氮(mg/L)				
细菌含量(个/L)				

2.2.3.3 水温参数

水温参数包括循环水供回水温度，各车间排放的用后的循环水、除盐水、蒸汽冷凝水、新鲜水等水温数据。

水温类型及要求见表2.5。

表2.5 水温类型及要求

序号	项目名称	要求
1	循环水	各装置进、出口；循环水场进、出口水温
2	蒸汽冷凝水	装置出口
3	蒸汽	装置进、出口

2.2.4 企业水平衡测试的成果要求

2.2.4.1 水平衡报表

(1) 企业(单位)近年用水情况表。

表格内容主要包括新水量、重复利用水量、其他水量及考核指标(表2.6)。其中，重复利用水量包括直接冷却水循环量、间接冷却水循环量、其他循环水量、蒸汽冷凝水回用量、回用水量及其他串联水量；其他水量包括排水量、漏失水量和耗水量；考核指标包括单位产品取水率、重复利用率、直接冷却水循环率、间接冷却水循环率、蒸汽冷凝水回用率、废水回用率、漏失率、达标排放率及非常规水资源替代率。

表 2.6 企业(单位)近年用水情况表

年份	新水量(10^4m^3)			重复利用水量(10^4m^3)						其他水量(10^4m^3)			考核指标								
	自来水	地表水	地下水	直接冷却水循环量	间接冷却水循环量	其他循环水量	蒸汽冷凝水回用量	回用水量	其他串联水量	排水量	漏失水量	耗水量	单位产品取水量	重复利用率(%)	直接冷却水循环率(%)	间接冷却水循环率(%)	蒸汽冷凝水回用率(%)	废水回用率(%)	漏失率(%)	达标排放率(%)	非常规水资源替代率(%)

（2）企业（单位）生产情况统计表。

表格内容主要包括工业生产原料、产品名称、设计产量、实际产量、取水量及单位产品取水量（表2.7）。

表2.7　企业（单位）生产情况统计表

序号	时间	工业生产原料	产品名称	设计产量	实际产量	取水量	单位产品取水量

（3）企业（单位）计量水表配备情况表。

表格内容主要包括水表编号、所在位置、计量范围、水表型号及水表精度（表2.8）。

表2.8　企业（单位）计量水表配备情况表

序号	水表编号	所在位置	计量范围	水表型号	水表精度	备注

（4）用水单元水平衡测试表。

表格内容主要包括工序或设备名称、输入水量和输出水量（表2.9）。其中，输入水量包括新水量、循环水量和串联水量；输出水量包括循环水量、串联水量、排水量、漏失水量及耗水量。

（5）企业（单位）水平衡测试汇总表。

表格内容主要包括企业管理分类、新水量、重复利用水量、其他水量、排水率及重复利用率（表2.10）。其中，根据用水种类又分为主要生产用水、辅助生产用水及附属生产用水。

2.2.4.2　工业企业水平衡图的绘制

工业企业水平衡图是由若干个用水单元水平衡图依据其相互间的用水关系组合而成的水量平衡示意图。它是分析工业企业节水潜力与评价企业用水水平的重要依据。

工业企业水平衡图的绘制要求：

（1）要有统一的图例；

（2）图中要清楚反映各类用水情况（包括水源情况、用水种类、各类水量、各用水单元的用水方式等）；

（3）每个用水单元的各用水量之间必须保持平衡。

表 2.9　用水单元水平衡测试表

日期	工序或设备名称	输入水量($10^4 m^3$)											输出水量($10^4 m^3$)									
		新水量				循环水量			串联水量				循环水量			串联水量				排水量	漏失水量	耗水量
		自来水	地表水	地下水	其他水资源	直接冷却水循环量	间接冷却水循环量	其他循环水量	化学水	蒸汽	蒸汽冷凝水回用量	回用水量	直接冷却水循环量	间接冷却水循环量	其他循环水量	化学水	蒸汽	蒸汽冷凝水回用量	回用水量			

表 2.10 企业(单位)水平衡测试汇总表

企业管理分类	车间(部门)	新水量						重复利用水量							其他水量			排水率(%)	重复利用率(%)
		常规水资源			非常规水资源														
		自来水	地表水	地下水	雨水	中水	海水	直接冷却水循环量	间接冷却水循环量	其他循环水量	蒸汽冷凝水回用量	回用水量	其他串联水量	水量总计	耗水量	漏水水量	排水量		
主要生产用水																			
辅助生产用水																			
附属生产用水																			
总计																			

2.2.4.3 水平衡报告

第一章：前言。陈述本次水平衡测试的目的和达到的目标，必要时给出方案中出现的术语的解释。

第二章：水平衡测试组织机构。详细列出水平衡测试领导小组、工作小组人员的姓名、职责分工、联系方式等。

第三章：水平衡测试范围。详细列出水平衡测试的范围，按部门详细到装置，并指定各个装置的负责人。

第四章：水平衡测试子系统。按车间或装置划分子系统，指定负责人和测试人员。

第五章：水平衡测试的工作内容及分工。指定仪表安装人员、仪表校对人员、查漏(或配合查漏)人员，明确各子系统的测试点、测量方法和测试人。

第六章：水平衡测试的周期和时段。根据各个子系统过程的具体情况确定全公司或全厂的测试周期和时段，所确定的测试周期和时段要能够测试所有子系统的正常水量。

第七章：水平衡测试过程中需要生产过程配合的工作。列出水平衡测试过程中不影响正常生产操作，但需要生产操作人员配合的工作。

第八章：水平衡测试的进度安排。制定水平衡测试各个阶段的进度，测试工作可能要按小时计。

第九章：水平衡测试中的注意事项。列出水平衡测试中的注意事项，尤其是安全注意事项，做好安全预案。

第十章：附表。附上各种需填写数据的测试记录表格。

2.3 炼油化工企业水平衡测试工作步骤及内容

企业水平衡测试一般可概括为4个阶段，即准备阶段、实测阶段、数据汇总计算阶段、分析及优化阶段。各阶段对应的具体工作流程如图2.1所示。

2.3.1 企业水平衡测试准备阶段

2.3.1.1 思想准备

思想准备工作主要是针对职工进行宣传，使之认识什么是水平衡、水平衡测试的目的和意义以及所要达到的要求。

企业水平衡测试各相关单位，尤其是主管节水的石化公司和分厂领导对于水平衡测试工作应予以高度重视，带头引导开展工作，并积极协调水平衡测试工作过程中出现的问题。

2.3.1.2 组织准备

成立负责水平衡测试的专门组织机构。这一机构的成立目的在于对水平衡测试工作中所涉及的生产、技术、管理等各方面，有一个统一、协调的领导，以确保测试工作的顺利开展。例如：

(1) 成立以企业有关领导为组长的水平衡测试领导小组，负责协调测试工作。对于石

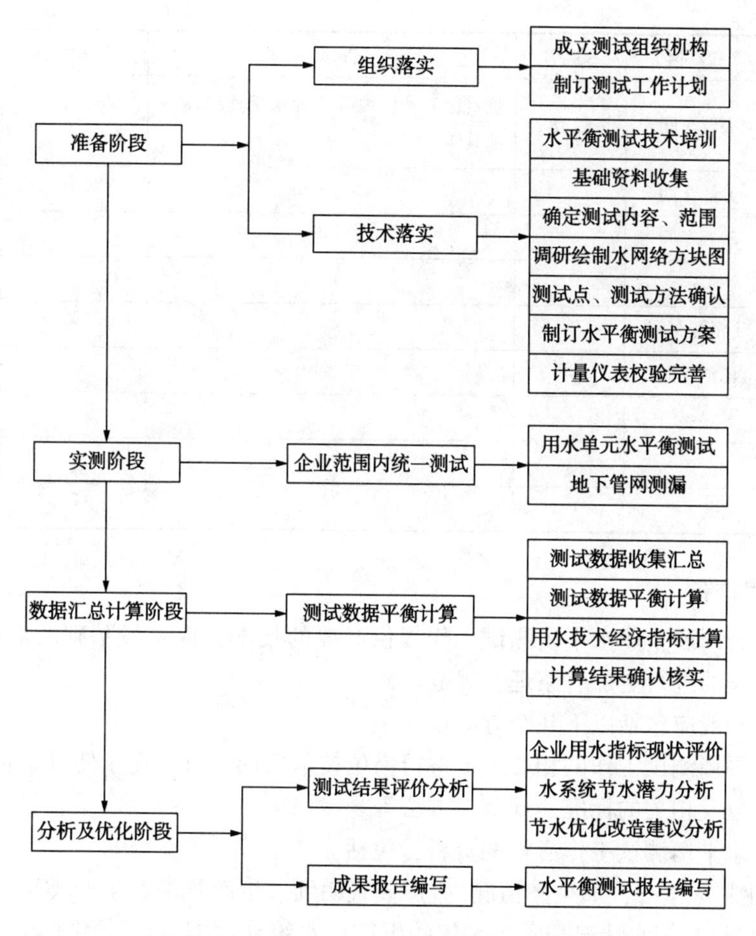

图 2.1　企业水平衡测试工作流程示意图

化公司，组长一般由主管节能节水的公司领导担任，领导小组成员由公司主管节能节水处室人员、分厂领导组成。

（2）成立由熟悉生产工艺和用水状况的工程技术人员参加的测试小组，该小组中还应配备一定数量的仪表工程师。该小组可按分厂细划分为几个分组，由各分厂领导小组分别协调工作。所有用水装置和单位都必须派人加入测试小组。

某石化公司水平衡测试工作组成员构成见表 2.11。

表 2.11　某石化公司水平衡测试工作组成员名单(示例)

类别		单位/部门	姓名	职责	联系电话	电子邮箱
领导小组	组长	石化公司	李××	领导全公司水平衡测试工作	13×××××××××	li××@ ×××. com
	组员	节能部	王××	协助全公司水平衡测试工作		
	组员	化工一厂	张××	负责协调化工一厂水平衡测试工作		
	组员	化工二厂	刘××	负责协调化工二厂水平衡测试工作		
	……	……	……	……		

续表

<table>
<tr><th colspan="2">类别</th><th>单位/部门</th><th>姓名</th><th>职责</th><th>联系电话</th><th>电子邮箱</th></tr>
<tr><td rowspan="9">测试小组</td><td rowspan="4">化工一厂</td><td>裂解车间</td><td>赵××</td><td>负责化工一厂裂解装置水平衡测试各项具体工作</td><td></td><td></td></tr>
<tr><td>芳烃车间</td><td></td><td></td><td></td><td></td></tr>
<tr><td>碳四车间</td><td></td><td></td><td></td><td></td></tr>
<tr><td>……</td><td></td><td></td><td></td><td></td></tr>
<tr><td rowspan="3">化工二厂</td><td>丁辛醇车间</td><td></td><td></td><td></td><td></td></tr>
<tr><td>醋酸车间</td><td></td><td></td><td></td><td></td></tr>
<tr><td>……</td><td></td><td></td><td></td><td></td></tr>
<tr><td>……</td><td>……</td><td></td><td></td><td></td><td></td></tr>
<tr><td>……</td><td>……</td><td></td><td></td><td></td><td></td></tr>
</table>

2.3.1.3 技术准备

技术准备为开展企业水平衡测试工作提供必要的技术支撑是最基础的准备工作之一，以确保该项工作的进行更加有条理、规范。

技术准备一般应包括以下几个方面：

(1) 对水平衡测试工作的相关人员进行岗位技术培训，目的在于使其掌握水平衡测试的意义、原则以及相关的标准、规范、方法等。

(2) 收集水平衡测试工作必需的资料，包括：

① 本企业基本概况，如生产情况(生产装置明细、生产规模、生产类型、工艺技术改造及发展方向等)、用水情况(近3~5年的生产用水统计数据、设计用水数据、用水定额情况等)及水系统基础设施情况(公用工程系统配套装置介绍、计量水表配备台账、供排水管网管线图、近年来开展的节能节水减排技措及未来改造方向等)。

② 对于工业企业用水水源情况，应查清各类水源(地表水、地下水、海水、自来水、自备井)的取水量，取水形式，进水管管径、水压、水量和水质等各种技术参数值。

③ 厂区给排水管网情况，还应查清厂区给排水管网的管径、走向、位置等。对已有的厂区给排水管网图，需根据当前实际情况进行修改、复核；对没有厂区给排水管网图的，要按一定比例和给排水标准图例绘制给排水管网图。

(3) 确定企业水平衡测试范围，划分用水单元(表2.12)。

确定被调查的企业包括哪些生产厂、辅助生产厂或部门单位，以及具体包括哪些生产车间/装置、公用设施等信息，明确企业用水种类(表2.13)。

为了便于进行水平衡测试，把相对独立的用水部门划分为若干个用水单元。例如，根据生产流程或供水管网的特点，把相对独立的生产车间(装置)、工序(设备)或行政区域(车间、部门)定为一个用水单元，即水平衡测试的子系统。

为确保测试有条不紊地进行，每个子系统应指派一个测试小组人员负责，层层落实责任。

表 2.12 某石化公司水平衡测试范围及用水单元表(示例)

分厂/部门	用水单元
水汽厂	工业水车间、空分车间、热网车间、除盐水车间、污水车间、供水车间
热电厂	锅炉车间、化学车间、蒸汽机车间、电气车间
化工一厂	裂解车间、BG 车间、芳烃抽提车间、MTBE 车间、动力车间、原料车间、系统车间
化工二厂	丁辛醇车间、醋酸车间、丙烯腈车间、丙酮氰醇车间、硫铵车间、硫氢酸钠车间
……	……

表 2.13 某石化公司用水种类表(示例)

用水种类		
用水	生产用水	新鲜水(地表水、深井水)、除盐水、除氧水、循环水、热媒水、蒸汽及其凝结水等
	生活用水	办公楼、浴池、食堂、职工宿舍楼等
	其他用水	绿化、基建用水、消防用水以及外供水等
排水	工艺废水	含硫污水、含碱/酸污水、含油污水等
	冷凝水排污	
	含盐污水	循环水排污、锅炉排污、除盐水排污等
	生活污水	
	其他排水	雨排水等

(4) 绘制子系统水网络方块图。

按已划分的用水单元(子系统),各子系统的成员根据本单元用水、排水的特点,绘制水网络方块图(图 2.2 至图 2.6)。可根据不同的用水种类,按设备或工序进行分块。一般包括新水、除盐水、除氧水、循环水、蒸汽及冷凝水网络图等。

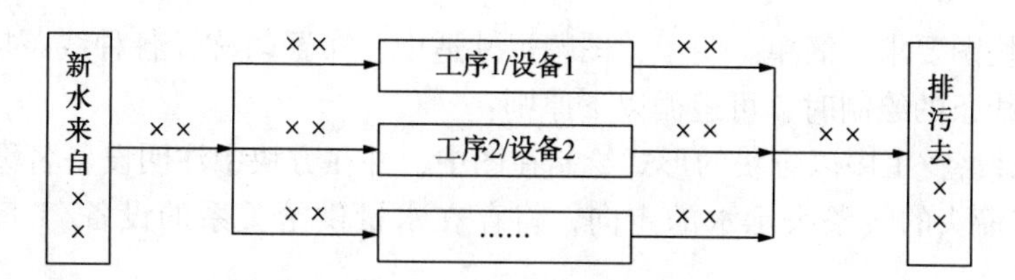

图 2.2 ××装置新水网络图示例

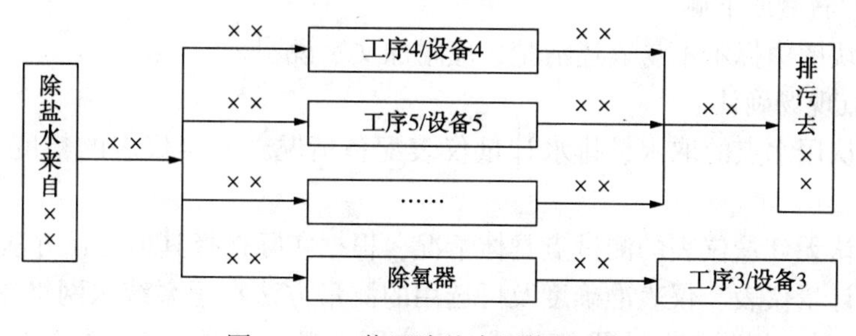

图 2.3 ××装置除盐水网络图示例

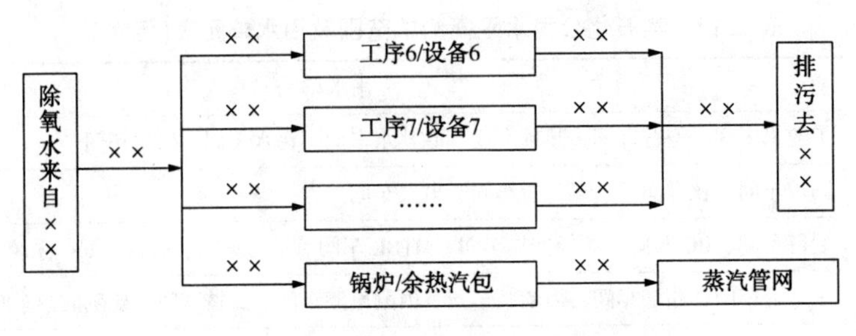

图 2.4　××装置除氧水网络图示例

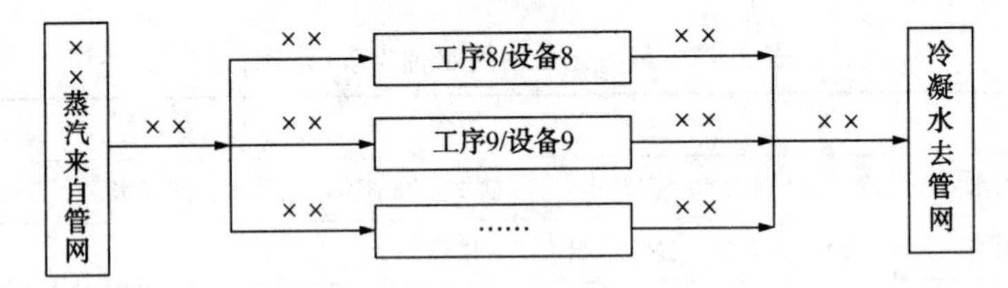

图 2.5　××装置蒸汽及冷凝水网络图示例

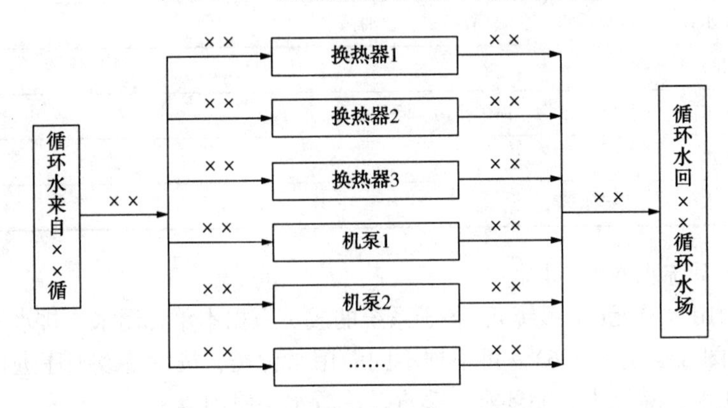

图 2.6　××装置循环冷却水网络图示例

水网络方块图要求、简单、明了，图幅尺寸适中，布置匀称，各种线条应尽可能避免交叉。在进行线条的绘制时，可遵循以下原则：

① 将用水设备/工序以方块的形式绘制在图中，并在方块中注明设备名称。

② 用带有箭头的线条表示水的走向，将存在水量供给关系的设备/工序用线条连接起来。

③ 表示单元输入走向的设备/工序画在框图左侧或上侧，表示单元输出走向的设备/工序画在框图的右侧或下侧。

④ 如果方块图中标示不易表述清楚，应附加文字说明。

（5）测试点现场确认。

① 现场确认用水点的取水、排水计量仪表配备情况，核实仪表的精度、安装位置和完好状况。

② 现场确认无计量仪表的测试点具体情况，根据实际选择其他测量方法。

③ 将有无计量仪表、仪表准确度及可选用的测量方法在子系统水网络图中标注出来，并用表格进行统计，以供制订水平衡测试方案之用。报表示例可参考表 2. 14。

表 2.14 ××子系统水平衡测试测量点统计示例

测量方法	序号	测试点位置	用水种类	位号	备注	小计
读计量表	1	新鲜水进本装置总流量	新鲜水	FIC001	准确仪表	19
	2	T1101 汽提蒸汽流量	蒸汽	FI201	需校正仪表	
	3	……				
便携超声波仪测量	1	循环水进本装置总流量	循环水			1
容积法	1	P101 机泵冷却水排放	循环水			2
	2	D101 配剂用水量	除盐水		间歇配置	
按设备额定量计算	1	污水泵 P101 排水流量	污水			2
	2	D201 除氧器乏汽量	蒸汽			
其他计算法	1	减压阀 V-112 蒸汽量	蒸汽		经验估算	1
		……				

(6) 制订切实可行的水平衡测试方案。

根据在准备阶段调查、了解的企业的具体情况，水平衡测试工作组制订切实可行的测试方案。水平衡测试方案主要内容应包括：

① 前言。陈述本次水平衡测试的目的和预期达到的目标，必要时给出方案中出现的术语的解释。

② 明确水平衡测试的组织机构。详细列出水平衡测试领导小组、测试小组人员的姓名、职责分工、联系方式等。

③ 明确水平衡测试的范围。详细列出水平衡测试的范围，例如按分厂详细到具体的车间或装置，并指定各个分厂的负责人。

④ 明确水平衡测试子系统。按车间或装置划分子系统，指定各子系统的负责人和测试人员。

⑤ 明确水平衡测试工作具体分工。根据前期调查结果，指定仪表安装人员和校对人员，指定查漏(或配合查漏)人员，明确各子系统的测试点、测量方法和测试人。

⑥ 明确水平衡测试的时段和周期。根据各个子系统生产具体情况，选取代表性工况，确定全公司的统一测试时段和周期，所选周期内应能够测试得到所有子系统的正常水量。

⑦ 明确水平衡测试过程中需要生产过程配合的工作。列出水平衡测试过程中不影响正常生产，但需要生产操作配合的工作等事项。

⑧ 制定水平衡测试的进度安排。制定水平衡测试实测期间各项工作的进度计划安排，测试工作可能要按小时计。

⑨ 明确水平衡测试中的注意事项。列出水平衡测试中的注意事项，尤其是安全注意事项，做好对应安全预案。

⑩ 附上各种需填写的测试表格。

2.3.1.4 物质准备

在开展现场统一实测前，应按照现场调查的情况及水平衡测试方案要求，做好相关物质准备，主要有如下工作：

（1）按照测试方案中统计情况，安装、校验相关仪表。凡每日(24h)新水量达到 $10m^3$ 以上的用水单元(车间、工段、设备)均应安装水表。所安装水表的精确度，按照分厂、车间、用水设备三级水表计量率、装表率、完好率须达到有关要求，具体可参见 GB/T 7119—1993《评价企业合理用水技术通则》中有关规定。

（2）备齐测试所需要的水表、流量计、秒表、容器等各种测量工具。

（3）打印各种用水数据测试记录表格，水平衡测试表格包括设备水平衡测试表、车间级/装置级水平衡测试表、公司级/全厂水平衡测试表。不同表格侧重点不同，例如：公司级/全厂水平衡测试表、车间级/装置水平衡测试表注重各单元的用水量情况；而设备水平衡测试表除了关注用水量情况外，还涉及了水质、水温等其他用水优化所涉及的数据。车间水平衡测试表以设备水平衡测试表为基础，公司级/全厂水平衡测试表则以车间级/装置水平衡测试表为基础。水平衡测试表应由低到高，逐级平衡、逐级填写。具体的水平衡测试表格可参考表 2. 15 至表 2. 17 形式。

2. 3. 2　企业水平衡测试实测阶段

水平衡测试实测阶段所提取获得的企业用水、排水数据，是水平衡测试工作后续评价、分析的基础数据。因此，选择适宜的测试时间，以获取具有代表性的用水、排水数据，对于评价企业用水水平以及水系统的潜力分析尤为重要。

进行现场实测时，应严格遵循水平衡测试工作标准和要求，按照准备阶段制订的水平衡测试方案进行测试，读数务必准确，认真填写各类水平衡表格，被测数据要能真实准确地反映用水状况。测试过程中，如某子系统工艺过程不正常或出现其他问题，要及时与测试领导小组联系，确定后续补充测试工作安排。

2. 3. 3　企业水平衡测试数据汇总计算阶段

2. 3. 3. 1　汇总、整理水平衡测试数据图表

前面已经提及水平衡测试表可分为设备水平衡测试表、车间级/装置水平衡测试表和公司级/全厂水平衡测试表三级。在测试过程中，随时按水平衡测试表逐项填写，测试工作全部完成后，应完成设备级水平衡测试表的填写，并且按照装置各种水的分类绘制了水网络方块图，因此在汇总阶段，可利用这些已有的数据表和方块图，以各设备水平衡测试数据为基础汇总工段或车间级/装置水平衡测试表，以各车间水平衡测试数据为基础汇总公司级/全厂水平衡测试表。

(1) 首先，求取设备水平衡测试表测定的 3 组数据的平均值，将所得数据填写到在准备阶段绘制的各个子系统的水网络图上，形成子系统的水平衡网络图，在填写数据时需要注意，将数据尽可能地填写在表示输入或输出流股的线条的附近，例如：对于水平线条，可以将数据填写到该线条的上方；对于竖直线条，可以将数据填写到该线条的右侧，以免造成歧义。检查子系统各种水进出是否平衡，若不平衡，检查是否有漏测或计算误差。

表 2.15 ××设备或工序水平衡测试表示例

单位：t/h

<table>
<tr><td colspan="3">设备或工序名称</td><td colspan="5"></td><td colspan="5">型号规格</td><td colspan="3"></td><td colspan="9">设备用水时间(常规、间歇、季节)</td><td></td></tr>
<tr><td colspan="3">测试方法</td><td colspan="13"></td><td colspan="4">测试时间</td><td colspan="6"></td></tr>
<tr><td rowspan="14">测试结果</td><td rowspan="5">次数</td><td rowspan="5">总用水量</td><td colspan="10">输入水量</td><td colspan="12">输出水量</td><td rowspan="5">备注</td></tr>
<tr><td rowspan="4">新水量</td><td colspan="9">重复利用水量</td><td rowspan="4">耗水量</td><td rowspan="4">漏溢水量</td><td rowspan="4">排水量</td><td colspan="9">重复利用水量</td></tr>
<tr><td colspan="4">串联用水量</td><td colspan="5">循环利用水量</td><td colspan="4">串联用水量</td><td colspan="5">循环利用水量</td></tr>
<tr><td rowspan="2">化学水量</td><td rowspan="2">蒸汽量</td><td rowspan="2">待处理污水</td><td rowspan="2">其他</td><td rowspan="2">间接冷却水回用量</td><td rowspan="2">蒸汽冷凝水</td><td colspan="3">工艺水回用量</td><td rowspan="2">化学水量</td><td rowspan="2">蒸汽量</td><td rowspan="2">待处理污水</td><td rowspan="2">其他</td><td rowspan="2">间接冷却水回用量</td><td rowspan="2">蒸汽冷凝水</td><td colspan="3">工艺水回用量</td></tr>
<tr><td>处理后污水</td><td>直接回用水量</td><td>其他</td><td>处理后污水</td><td>直接回用水量</td><td>其他</td></tr>
<tr><td>1</td><td></td><td></td><td></td><td></td><td></td><td></td><td></td><td></td><td></td><td></td><td></td><td></td><td></td><td></td><td></td><td></td><td></td><td></td><td></td><td></td><td></td><td></td><td></td><td></td></tr>
<tr><td>2</td><td></td><td></td><td></td><td></td><td></td><td></td><td></td><td></td><td></td><td></td><td></td><td></td><td></td><td></td><td></td><td></td><td></td><td></td><td></td><td></td><td></td><td></td><td></td><td></td></tr>
<tr><td>3</td><td></td><td></td><td></td><td></td><td></td><td></td><td></td><td></td><td></td><td></td><td></td><td></td><td></td><td></td><td></td><td></td><td></td><td></td><td></td><td></td><td></td><td></td><td></td><td></td></tr>
<tr><td>平均</td><td></td><td></td><td></td><td></td><td></td><td></td><td></td><td></td><td></td><td></td><td></td><td></td><td></td><td></td><td></td><td></td><td></td><td></td><td></td><td></td><td></td><td></td><td></td><td></td></tr>
<tr><td>水温</td><td></td><td></td><td></td><td></td><td></td><td></td><td></td><td></td><td></td><td></td><td></td><td></td><td></td><td></td><td></td><td></td><td></td><td></td><td></td><td></td><td></td><td></td><td></td><td></td></tr>
<tr><td>实际水质</td><td></td><td></td><td></td><td></td><td></td><td></td><td></td><td></td><td></td><td></td><td></td><td></td><td></td><td></td><td></td><td></td><td></td><td></td><td></td><td></td><td></td><td></td><td></td><td></td></tr>
<tr><td>允许最差水质</td><td></td><td></td><td></td><td></td><td></td><td></td><td></td><td></td><td></td><td></td><td></td><td></td><td></td><td></td><td></td><td></td><td></td><td></td><td></td><td></td><td></td><td></td><td></td><td></td></tr>
<tr><td>水的用途</td><td></td><td></td><td></td><td></td><td></td><td></td><td></td><td></td><td></td><td></td><td></td><td></td><td></td><td></td><td></td><td></td><td></td><td></td><td></td><td></td><td></td><td></td><td></td><td></td></tr>
<tr><td>水的来源与去向</td><td></td><td></td><td></td><td></td><td></td><td></td><td></td><td></td><td></td><td></td><td></td><td></td><td></td><td></td><td></td><td></td><td></td><td></td><td></td><td></td><td></td><td></td><td></td><td></td></tr>
</table>

表 2.16　××装置级水平衡测试表示例

单位：t/h

用水设备或工序	总用水量	输入水量											输出水量													备注
		新水量		重复利用水量									耗水量	漏溢水量	排水量		重复利用水量									
				串联用水量				循环利用水量									串联用水量				循环利用水量					
										工艺水回用量													工艺水回用量			
		生产用水	生活用水	化学水量	蒸汽量	待处理污水	其他	间接冷却水回用量	蒸汽冷凝水	处理后污水	直接回用水量	其他			生产污水	生活污水	化学水量	蒸汽量	待处理污水	其他	间接冷却水回用量	蒸汽冷凝水	处理后污水	直接回用水量	其他	

表 2.17 ××公司级水平衡测试表示例

单位：t/h

<table>
<tr><th rowspan="4">装置</th><th rowspan="4">总用水量</th><th colspan="11">输入水量</th><th colspan="13">输出水量</th><th rowspan="4">备注</th></tr>
<tr><th colspan="2" rowspan="2">新水量</th><th colspan="9">重复利用水量</th><th rowspan="3">耗水量</th><th rowspan="3">漏溢水量</th><th colspan="2" rowspan="2">排水量</th><th colspan="9">重复利用水量</th></tr>
<tr><th colspan="4">串联用水量</th><th colspan="5">循环利用水量</th><th colspan="4">串联用水量</th><th colspan="5">循环利用水量</th></tr>
<tr><th>生产用水</th><th>生活用水</th><th>化学水量</th><th>蒸汽量</th><th>待处理污水</th><th>其他</th><th>间接冷却水回用量</th><th>蒸汽冷凝水</th><th>工艺水回用量：处理后污水</th><th>工艺水回用量：直接回用水量</th><th>工艺水回用量：其他</th><th>生产污水</th><th>生活污水</th><th>化学水量</th><th>蒸汽量</th><th>待处理污水</th><th>其他</th><th>间接冷却水回用量</th><th>蒸汽冷凝水</th><th>工艺水回用量：处理后污水</th><th>工艺水回用量：直接回用水量</th><th>工艺水回用量：其他</th></tr>
<tr><td></td><td></td><td></td><td></td><td></td><td></td><td></td><td></td><td></td><td></td><td></td><td></td><td></td><td></td><td></td><td></td><td></td><td></td><td></td><td></td><td></td><td></td><td></td><td></td><td></td><td></td><td></td></tr>
<tr><td></td><td></td><td></td><td></td><td></td><td></td><td></td><td></td><td></td><td></td><td></td><td></td><td></td><td></td><td></td><td></td><td></td><td></td><td></td><td></td><td></td><td></td><td></td><td></td><td></td><td></td><td></td></tr>
<tr><td></td><td></td><td></td><td></td><td></td><td></td><td></td><td></td><td></td><td></td><td></td><td></td><td></td><td></td><td></td><td></td><td></td><td></td><td></td><td></td><td></td><td></td><td></td><td></td><td></td><td></td><td></td></tr>
<tr><td></td><td></td><td></td><td></td><td></td><td></td><td></td><td></td><td></td><td></td><td></td><td></td><td></td><td></td><td></td><td></td><td></td><td></td><td></td><td></td><td></td><td></td><td></td><td></td><td></td><td></td><td></td></tr>
<tr><td></td><td></td><td></td><td></td><td></td><td></td><td></td><td></td><td></td><td></td><td></td><td></td><td></td><td></td><td></td><td></td><td></td><td></td><td></td><td></td><td></td><td></td><td></td><td></td><td></td><td></td><td></td></tr>
<tr><td></td><td></td><td></td><td></td><td></td><td></td><td></td><td></td><td></td><td></td><td></td><td></td><td></td><td></td><td></td><td></td><td></td><td></td><td></td><td></td><td></td><td></td><td></td><td></td><td></td><td></td><td></td></tr>
<tr><td></td><td></td><td></td><td></td><td></td><td></td><td></td><td></td><td></td><td></td><td></td><td></td><td></td><td></td><td></td><td></td><td></td><td></td><td></td><td></td><td></td><td></td><td></td><td></td><td></td><td></td><td></td></tr>
<tr><td></td><td></td><td></td><td></td><td></td><td></td><td></td><td></td><td></td><td></td><td></td><td></td><td></td><td></td><td></td><td></td><td></td><td></td><td></td><td></td><td></td><td></td><td></td><td></td><td></td><td></td><td></td></tr>
<tr><td></td><td></td><td></td><td></td><td></td><td></td><td></td><td></td><td></td><td></td><td></td><td></td><td></td><td></td><td></td><td></td><td></td><td></td><td></td><td></td><td></td><td></td><td></td><td></td><td></td><td></td><td></td></tr>
<tr><td></td><td></td><td></td><td></td><td></td><td></td><td></td><td></td><td></td><td></td><td></td><td></td><td></td><td></td><td></td><td></td><td></td><td></td><td></td><td></td><td></td><td></td><td></td><td></td><td></td><td></td><td></td></tr>
<tr><td></td><td></td><td></td><td></td><td></td><td></td><td></td><td></td><td></td><td></td><td></td><td></td><td></td><td></td><td></td><td></td><td></td><td></td><td></td><td></td><td></td><td></td><td></td><td></td><td></td><td></td><td></td></tr>
<tr><td></td><td></td><td></td><td></td><td></td><td></td><td></td><td></td><td></td><td></td><td></td><td></td><td></td><td></td><td></td><td></td><td></td><td></td><td></td><td></td><td></td><td></td><td></td><td></td><td></td><td></td><td></td></tr>
<tr><td></td><td></td><td></td><td></td><td></td><td></td><td></td><td></td><td></td><td></td><td></td><td></td><td></td><td></td><td></td><td></td><td></td><td></td><td></td><td></td><td></td><td></td><td></td><td></td><td></td><td></td><td></td></tr>
</table>

(2) 由于水平衡测试有时不能在企业各个用水单元同步测试，因此各用水单元测试数据汇总后和工厂实际用水情况有一定差异。为使测试工作保证质量，一般要求在测试阶段所得各类水取水量(生产、生活)之和与同期全厂实际日取水量平均值之间的相对误差不大于5%，此时认为测试结果符合要求，可较好地反映现场实际情况；否则，应继续查找有无漏测和计算错误，直至差值小于5%为止。

(3) 一般来说，企业开展水平衡测试获取所有子系统用水数据量是相对庞大的，在进行数据的汇总、平衡计算时，就需要投入大量的人力和时间，同时由于参与人员多还容易造成计算的偏差等问题。因此，进行本阶段工作，就可以考虑借助先进的专业水平衡测试相关软件来具体开展，还可以利用软件中的数据校正功能，把各装置没有计量仪表或计量仪表不准确的主要用水流量进行数据校正，提高计算分析的效率和准确度。

(4) 在汇总、整理各类用水数据后，当各类用水均达到水量平衡时，还需要将结果与相关装置工艺人员进行确认，确保计算分析正确。最后得到的装置水网络平衡图可参见图2.7至图2.11，车间级/装置和公司级/全厂的水平衡测试表可参见表2.18和表2.19。

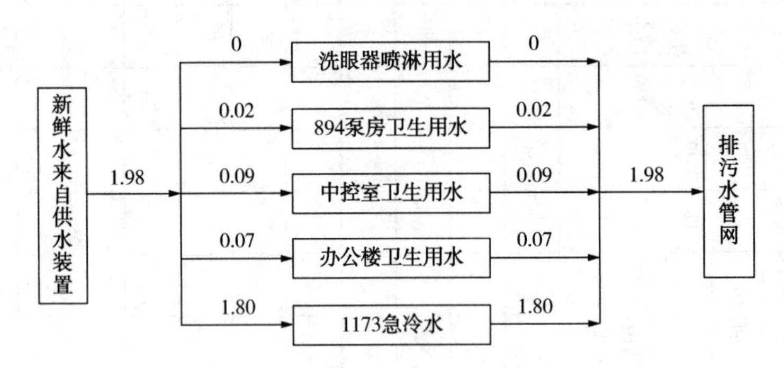

图2.7 ××装置新水平衡图示例(单位：t/h)

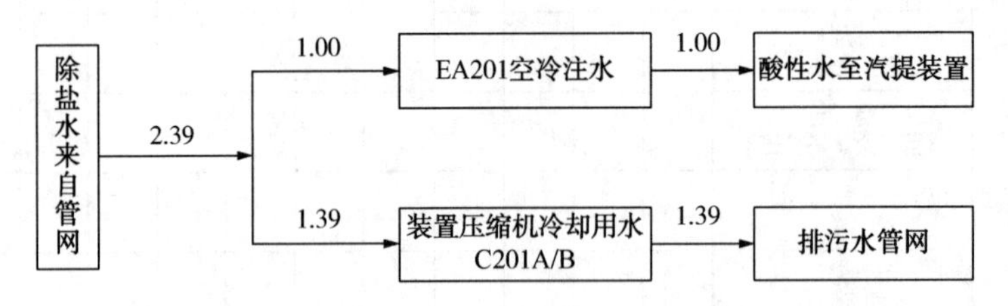

图2.8 ××装置除盐水平衡图示例(单位：t/h)

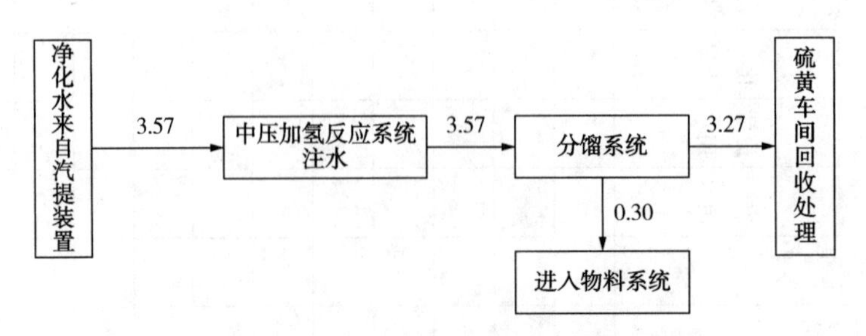

图2.9 ××装置净化水平衡图示例(单位：t/h)

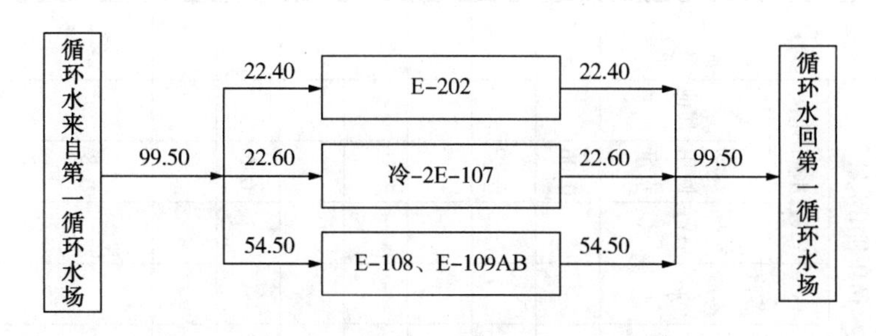

图 2.10 ××装置循环水平衡图示例(单位：t/h)

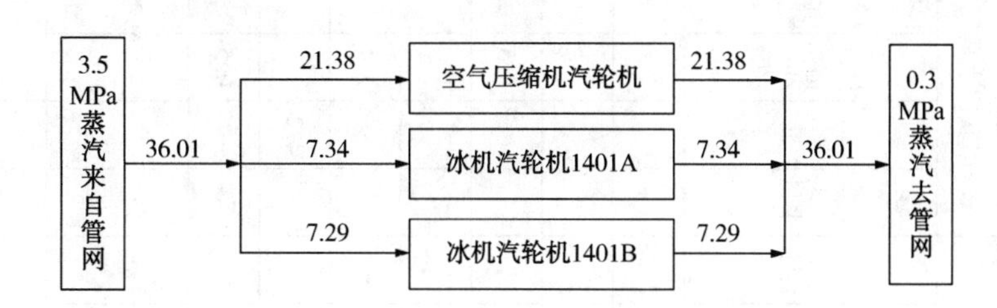

图 2.11 ××装置蒸汽平衡图示例(单位：t/h)

2.3.3.2 绘制公司级/全厂水平衡方块图

公司级/全厂水平衡方块图是在对企业水平衡数据测试、整理和分析后，将能反映企业用水现状的数据标示在企业用水结构图中，最终绘制而成的。

公司级/全厂水平衡方块图具体绘制方法与实测阶段装置内各种水网络方块图绘制方法相同。一般按车间或装置分块，可以画出公司级/全厂的新鲜水系统平衡图、除盐水系统平衡图、循环冷却水系统平衡图、蒸汽冷凝水系统平衡图、污水系统平衡图等。将全公司或全厂各种水的使用排放情况在一张图上表示，即得到了公司级/全厂的水平衡方块图。

各种水平衡方块图如图 2.12 至图 2.17 所示。

2.3.3.3 计算用水技术经济指标

用水技术经济指标是企业用水考核的数据依据，是评定企业是否达到节水型企业要求的重要参考参数。了解企业用水考核指标是进行水平衡测试的基础，对评价企业用水水平及挖掘节水潜力具有重要意义。

炼化企业的用水技术经济指标在各类标准规范中都有明确的定义和要求，诸如 GB/T 12452—2008《企业水平衡测试通则》、GB/T 26926—2011《节水型企业—石油炼制行业》、GB/T 32164—2015《节水型企业　乙烯行业》、GB/T 18916《取水定额》和 QSH 0104—2007《炼化企业节水减排考核指标与回用水质控制指标》等。

通常情况下，企业水平衡测试计算和评价的指标有：加工吨原油取水量/单位产品取水量、万元工业增加值取水量、重复利用率、直接冷却水循环率、间接冷却水循环率、循环水浓缩倍数、化学水制取系数、冷凝水回用率、含硫污水汽提净化水回用率、废水回用率、用水综合漏失率、加工吨原油排水量/单位产品排水量、达标排放率、非常规水资源代替率和水表计量率。以下详细介绍各指标的定义及计算方法。

表 2.18　××装置水平衡测试表示例

单位：t/h

用水设备或工序	总用水量	输入水量											输出水量													备注
		新水量		重复利用水量									耗水量	漏溢水量	排水量		重复利用水量									
				串联用水量				循环利用水量									串联用水量				循环利用水量					
										工艺水回用量													工艺水回用量			
		生产用水	生活用水	化学水量	蒸汽量	待处理污水	其他	间接冷却水回用量	蒸汽冷凝水	处理后污水	直接回用水量	其他			生产污水	生活污水	化学水量	蒸汽量	待处理污水	其他	间接冷却水回用量	蒸汽冷凝水	处理后污水	直接回用水量	其他	
生活用水	2.13		2.13													2.07								0.06		
机泵冷却	3.96			3.96																				3.96		
配破乳剂	0.5			0.5															0.5							
电脱盐用水	6									6					8											
加热炉注汽	2.4				2.4														2.4							
蒸汽发生器	4.8			3.6					1.2									4.2						0.6		
焦炭塔	2.2				2.2										1.7				0.5							
各冷却器和高压水泵	1435							1435					2								1432.2			0.8		
……																										

表 2.19 ××公司水平衡测试数据表示例

单位：t/h

装置或车间名称	总用水量	输入水量											输出水量													备注
		新水量		重复利用水量									耗水量	漏溢水量	排水量		重复利用水量									
				串联用水量				循环利用水量									串联用水量				循环利用水量					
										工艺水回用量													工艺水回用量			
		生产用水	生活用水	化学水量	蒸汽量	待处理污水	其他	间接冷却水回用量	蒸汽冷凝水	处理后污水	直接回用水量	其他			生产污水	生活污水	化学水量	蒸汽量	待处理污水	其他	间接冷却水回用量	蒸汽冷凝水	处理后污水	直接回用水量	其他	
一车间	454.54	135.54	0.1	65.63	10.69			223.6	18.98				110.32		25.32	0.1	95.3				223.6					
二车间	440.394		0.279	8.975	8.54			417.92		4.68			1.0		14.035	0.279		4.1	1.88	1.18	417.92					
三车间	1876.44		1.04		5.4		170	1700								1.04				170	1700.4	3.2			1.8	
四车间	244.83	1.5	0.3	21				220				2.03			4.7	0.3		1.27	3.53	6	223	4		2		
五车间	127.023		0.17	4.115	0.738			122							0.17			0.738	4.115		122					
六车间	47.483		0.083	4.1	12.3			31					1.6		0.8	0.08		9.2	4.8		31					
七车间	151.38		0.15	1.23				150								0.15			1.23		150					
八车间	412.74		0.14	3.1	2.5			407					0.5		2.2	0.14		2.3			407			0.6		
九车间	303.06	3	0.3		0.064	300									203.06	0.3							100			
十车间	290.381		0.141	2.45	2.315			99.17		4.34	1.965	180	0.225		8.88	0.141					99.17			1.965	180	
十一车间	1463.06		2.13	8.39	10.34			1435	1.2	6			2		9.7	2.07		7.34	4.93		1432.2	1.2		5.62		
二十车间	65.8	0.5	1.0		10.3	51			3				2.5		60.1	1.0						2.2				
二十一车间	0.347		0.283		0.064								0.064			0.283										
……																										

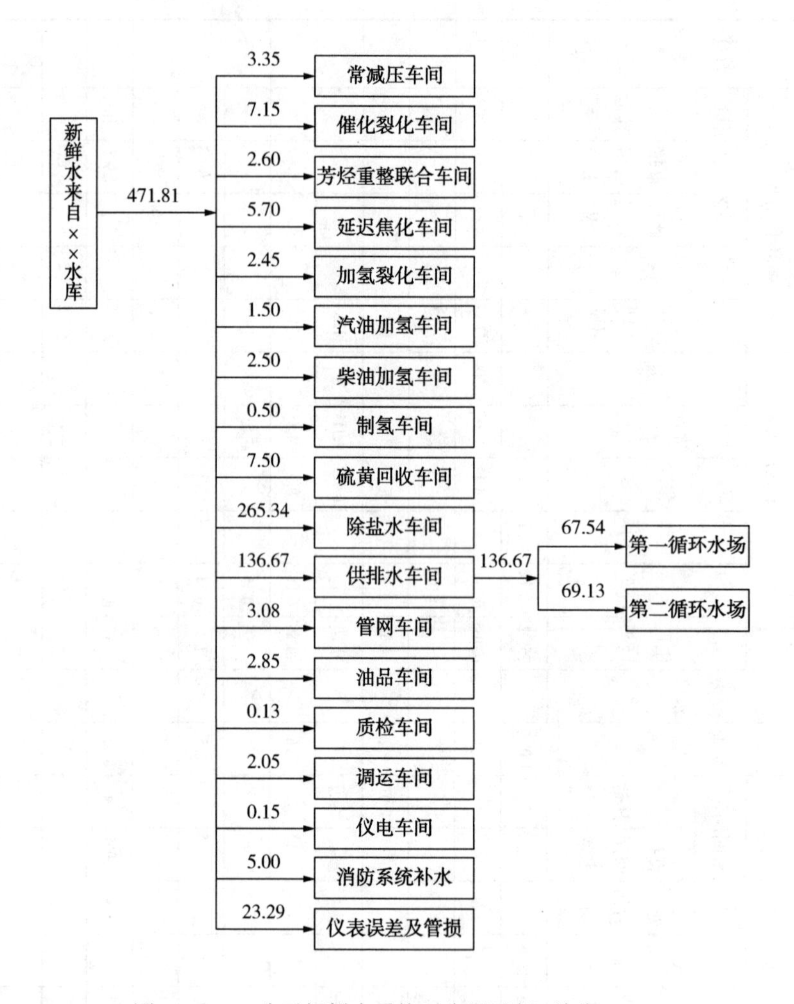

图 2.12　××公司新鲜水系统平衡图示例(单位：t/h)

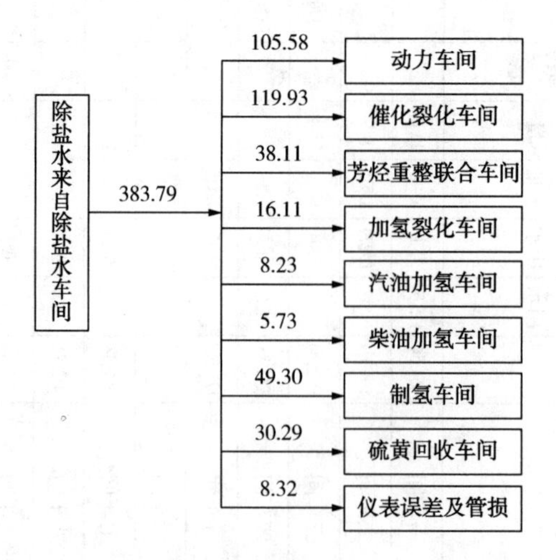

图 2.13　××公司除盐水系统平衡图示例(单位：t/h)

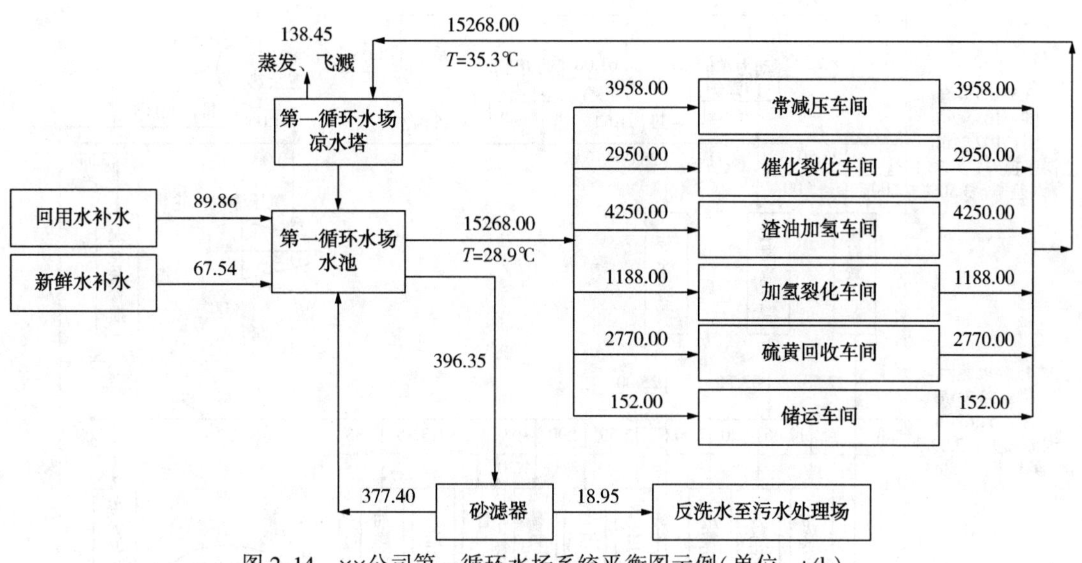

图 2.14　××公司第一循环水场系统平衡图示例(单位：t/h)

(1) 加工吨原油取水量/单位产品取水量。

加工吨原油取水量/单位产品取水量是指加工每吨原油/生产每吨产品所需要的取水量，可表示为：

$$V_{ui} = V_i / Q \tag{2.1}$$

式中：V_{ui}为加工吨原油取水量/单位产品取水量，m^3/t；V_i为在一定的计量时间内企业的取水量，m^3；Q为在一定计量时间内的加工原油量/生产产品量，t。

(2) 万元工业增加值取水量。

万元工业增加值取水量指在一定的计量时间内每万元工业增加值需要的取水量，可表示为：

$$V_{vai} = V_i / V_a \tag{2.2}$$

式中：V_{vai}为万元工业增加值取水量，m^3/万元；V_i为在一定的计量时间内企业的取水量，m^3；V_a为在一定计量时间内的工业增加值，万元。

(3) 重复利用率。

重复利用率指在一定的计量时间内生产过程中所使用的重复利用水量与总用水量之比，可表示为：

$$R = V_r / (V_i + V_r) \times 100\% \tag{2.3}$$

式中：R为重复利用率,%；V_r为在一定的计量时间内企业的重复利用水量，m^3；V_i为在一定的计量时间内企业的取水量，m^3。

(4) 直接冷却水循环率。

直接冷却水循环率指直接冷却水循环量占其与系统补充水量之和的比例，可表示为：

$$R_d = V_{dr} / (V_{dr} + V_{df}) \times 100\% \tag{2.4}$$

式中：R_d为直接冷却水循环率,%；V_{dr}为直接冷却水循环量，m^3/h；V_{df}为直接冷却水循环系统补充水量，m^3/h。

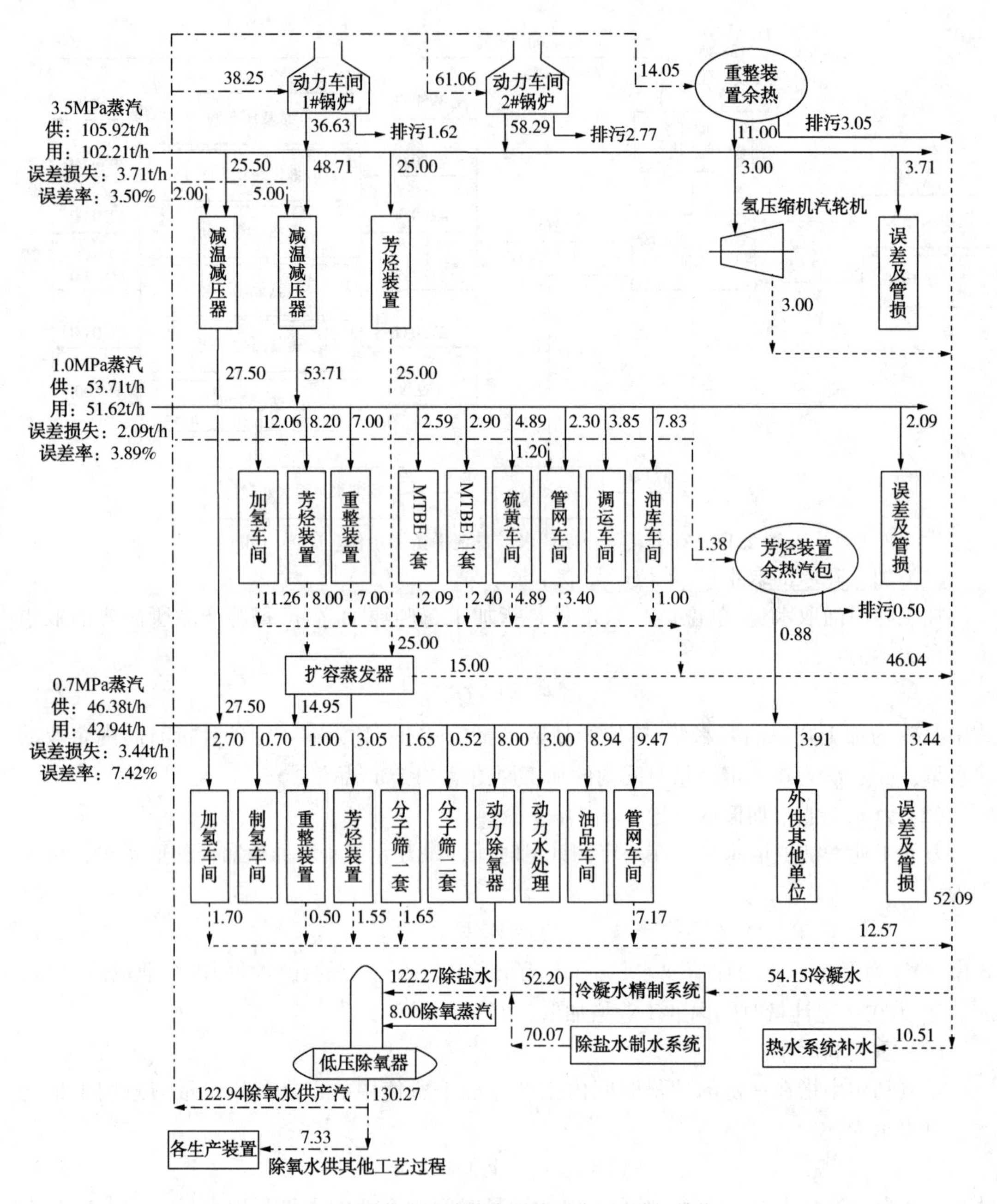

图 2.15　××公司蒸汽及冷凝水系统平衡图示例(单位：t/h)

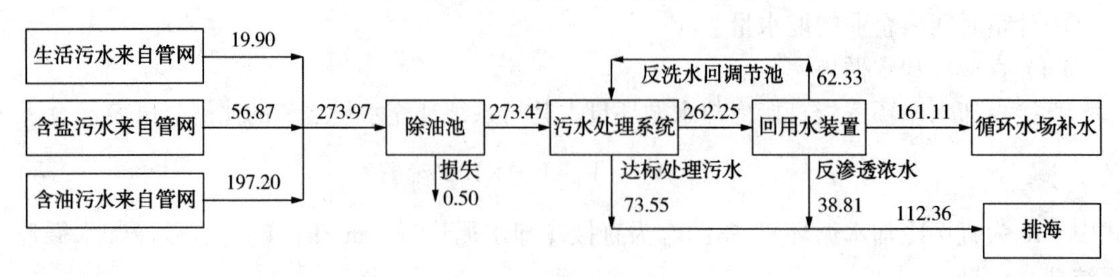

图 2.16　××公司污水系统平衡图示例(单位：t/h)

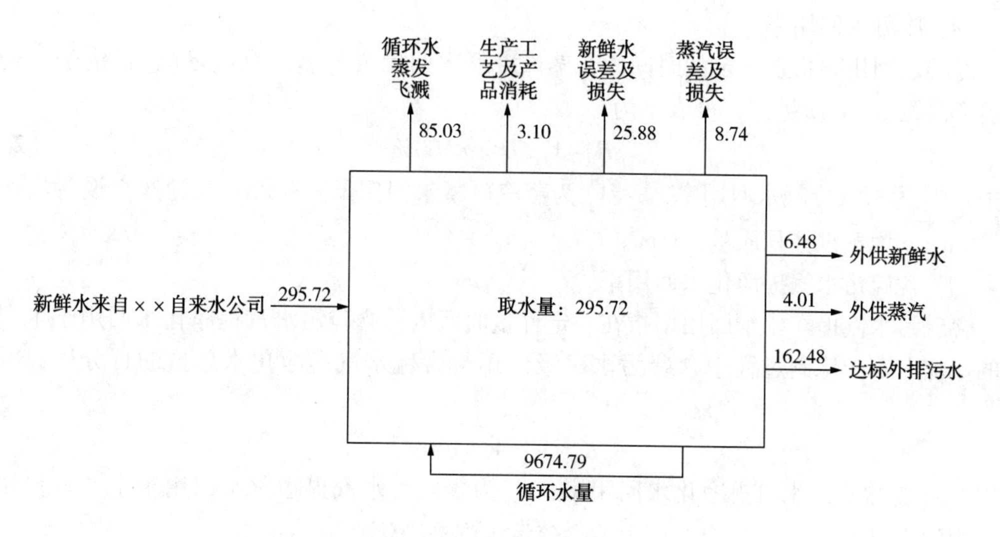

图 2.17　××公司水平衡总貌图示例(单位：t/h)

（5）间接冷却水循环率。

间接冷却水循环率指间接冷却水循环量占其与系统补充水量之和的比例，可表示为：

$$R_c = V_{cr}/(V_{cr}+V_{cf})\times 100\% \tag{2.5}$$

式中：R_c 为间接冷却水循环率,%；V_{cr}为间接冷却水循环量，m^3/h；V_{cf}为间接冷却水循环系统补充水量，m^3/h。

（6）循环水浓缩倍数。

循环水浓缩倍数指循环冷却水系统中某种离子含量与其补充水中该离子含量之比，可表示为：

$$N = K_1^+/K_2^+ \tag{2.6}$$

式中：N 为循环水浓缩倍数；K_1^+ 为间接循环水冷却水实测某离子浓度，mg/L；K_2^+ 为间接冷却水循环系统补充水实测某离子浓度，mg/L。

为了得到企业浓缩倍数平均水平，采用加权平均的方法，计算平均浓缩倍数如下：

$$\sum(R_i/R_T)\times N_i \tag{2.7}$$

式中：R_i 为第 i 循环水场的循环量，m^3/h；R_T 为所有循环水场的循环量之和，m^3/h；R_i/R_T为权重；N_i 为第 i 循环水场的浓缩倍数。

（7）化学水制取系数。

化学水制取系数指在一定计量时间内，制取化学水所用的取水量与产水量的比值，可表示为：

$$K_i = V_{cin}/V_{ch} \tag{2.8}$$

式中：K_i 为化学水制取系数；V_{cin}为在一定计量时间内制取化学水的取水量，m^3；V_{ch}为在一定计量时间内的化学水产量，t。

注：当企业外购化学水，无计算资料及数据时，其折算成新鲜水的折算系数可取 1.1。

(8) 冷凝水回用率。

冷凝水回用率指在一定的时间内，蒸汽冷凝水回用量与蒸汽总产量(包括锅炉、余热汽包产蒸汽量)的质量比，可表示为：

$$R_b = V_{br}/D \times \rho \times 100\% \tag{2.9}$$

式中：R_b 为蒸汽冷凝水回用率,%；V_{br}为蒸汽冷凝水回用量，m^3/h；D 为产汽设备的产汽量，t/h；ρ 为蒸汽体积质量，t/m^3。

(9) 含硫污水汽提净化水回用率。

含硫污水汽提净化水回用率指在一定计量时间内，含硫污水汽提净化水回用于生产装置的量加上石油炼制过程中含硫污水串级使用与含硫水汽提净化水总量的百分比，可表示为：

$$K_s = V_{sw}/V_s \times 100\% \tag{2.10}$$

式中：K_s 为含硫污水汽提净化水回用率；V_{sw} 为含硫污水汽提净化水回用于生产装置和串级使用的水量，m^3；V_s 为企业产生的含硫污水汽提净化水量，m^3。

(10) 废水回用率。

废水回用率指在一定的计量时间内，经过处理后回用的污水量与处理的污水量总量之比，可表示为：

$$K_w = V_w/(V_d + V_w) \times 100\% \tag{2.11}$$

式中：K_w 为污水回用率,%；V_w 为在一定的计量时间内，企业对外排污水处理后的回用水量，m^3；V_d 为在一定的计量时间内，企业向外排放的污水量，m^3。

(11) 用水综合漏失率。

用水综合漏失率指企业的漏失水量占其取水量的比例，可表示为：

$$K_l = V_l/V_i \times 100\% \tag{2.12}$$

式中：K_l 为新水管网损失率,%；V_l 为在一定的计量时间内企业的漏失水量，m^3；V_i 为在一定的计量时间内企业的取水量，m^3。

(12) 加工吨原油排水量/单位产品排水量。

加工吨原油排水量/单位产品排水量指加工每吨原油/生产每吨产品企业最终向系统外环境排放的废水量，可表示为：

$$V_{un} = V_n/Q \tag{2.13}$$

式中：V_{un}为加工吨原油排水量/单位产品排水量，m^3/t；V_n 为在一定的计量时间内企业向外环境排放的废水量，m^3；Q 为在一定计量时间内的加工原油量/生产产品量，t。

(13) 达标排放率。

达标排放率指在一定的计量时间内，企业的达标排放水量占企业总排水量的比例，可表示为：

$$K_p = V_{p'}/V_p \times 100\% \tag{2.14}$$

式中：K_p 为达标排放率,%；$V_{p'}$为在一定的计量时间内企业达到排放标准的排水量，m^3；V_p 为在一定的计量时间内企业的排水量，m^3。

（14）非常规水资源替代率。

非常规水资源替代率指非常规水资源（再生水、海水、雨水、矿井水和苦咸水等）利用总量占企业取水量的比例，可表示为：

$$K_h = V_{ih}/(V_i + V_{ih}) \times 100\% \tag{2.15}$$

式中：K_h 为非常规水资源替代率，%；V_{ih} 为在一定的计量时间内非常规水资源所替代的取水量，m^3；V_i 为在一定的计量时间内企业的取水量，m^3。

（15）水表计量率。

水表计量率指在一定的计量时间内，企业或企业内各级用水单元的水表计量的用水量与其对应级别的全部水量的百分比，可表示为：

$$K_m = V_{mi}/V_i \times 100\% \tag{2.16}$$

式中：K_m 为水表计量率，%；V_{mi} 为在一定的计量时间内企业或企业内各级用水单元的水表计量的用（或取）水量，m^3；V_i 为在一定的计量时间内企业或企业内各级用水单元的用（或取）水量，m^3。

2.3.4 企业水平衡测试数据分析阶段

2.3.4.1 企业用水技术经济指标横纵向对比分析

对企业用水技术经济指标进行对比分析，可清晰定位企业用水所处水平，便于企业针对性挖掘存在的差距及问题。

一般可从两种形式来开展对比分析，即指标横向对比分析：可将企业的指标与同类型企业以及行业设定标准进行对比，分析评价具体企业用水水平。指标纵向对比分析：对本企业的历史同期指标数据进行对比，分析企业用水水平是否有所改进提高。

2.3.4.2 企业用水节水管理制度分析

企业用水节水管理制度是衡量企业对用水节水重视程度的基本指标，是最基础的节水管理工作。考核企业用水节水管理制度各项工作是否完善，可从表2.20中几个方面进行。

表2.20 企业用水节水管理制度主要项目

序号	考核项目名称	具体要求
1	管理制度文件	（1）有科学合理的节约用水管理制度； （2）制订节水规划和用水计划； （3）有健全的节水统计制度，应定期向相关管理部门报送统计报表
2	管理机构和人员	（1）节水管理组织机构健全，岗位职责明确； （2）有主要领导负责用水、节水工作，有用水、节水管理部门和专（兼）职用水、节水管理人员
3	管网（设备）管理	（1）用水情况清楚，有详细的供水管网图、排水管网图和计量网络图； （2）有日常巡查和保修检修制度； （3）有问题及时解决，定期对管段和设备进行普查、检修

续表

序号	考核项目名称	具体要求
4	水计量配备和管理	(1) 原始记录和统计台账完整规范并定期进行分析，企业总取水和非常规水资源的水表计量率为100%，企业内主要用水单元的水表计量率≥90%，重要设备或各重复利用水系统的水表计量率≥90%，水表的精确度不低于±2.5%； (2) 按要求，不定期对水计量器具进行检定、维护； (3) 内部实行定额管理，节奖超罚
5	生产工艺和设备	(1) 开展节水技术改造； (2) 企业所采用的生产工艺和设备，应符合国家产业政策、技术政策和发展方向，采用节水型设备
6	水平衡测试	(1) 按规定周期依据 GB/T 12452 进行水平衡测试； (2) 保存有完整的水平衡测试报告书及有关文件
7	节水宣传	经常性开展节水宣传教育，职工有节水意识

2.3.5 企业用排水系统节水潜力分析阶段

企业用排水系统节水潜力分析是在结合调研阶段企业水系统相关资料，并依据水平衡测试结果及技术指标评价的进一步分析，其目的在于挖掘企业水系统中存在的节水潜力，为提出优化方案建议确定出发点。

根据炼油化工企业用排水系统的特点及水系统流程，可将用排水系统分为 7 个子系统环节，即水管网输送系统环节、制水系统环节、工艺水系统环节、蒸汽及凝结水系统环节、循环水系统环节、生活水系统环节和污水处理及回用系统环节。结合水系统调研阶段发现的节水潜力点和企业节水需求，从用水管理、水系统计量水平、节水工艺及设备、凝结水回收及处理回用、水夹点优化、循环水浓缩倍数、污水处理回用等方面，找出各个用水环节的节水机会。

2.3.5.1 水管网输送系统节水潜力分析

水管网输送系统的节水潜力分析主要在于评估输水管网系统计量表配备情况，识别管网的泄漏损失，加强漏损控制是企业节水工作的关键。因多数输水管网为埋地式敷设，随使用年限增加，管线出现不同程度的腐蚀老化，不可避免地会产生泄漏损失。根据 GB/T 26926—2011《节水型企业　石油炼制行业》中节水型企业技术考核指标要求，水输送系统的综合漏失率应控制在企业取水量的 7%以内。

2.3.5.2 制水系统节水潜力分析

一般来说，制水系统指化学水(或除盐水)制水系统，化学水制水是指利用各种水处理工艺，除去悬浮物、胶体以及无机的阳离子、阴离子等水中杂质后得到的成品化学水。但并不意味着水中盐类被全部去除干净，由于技术方面的原因以及制水成本上的考虑，根据不同用途，允许化学水含有微量杂质，化学水中杂质越少，纯度越高。

目前使用较为广泛的化学水制水工艺有阴阳离子床制水工艺和超滤反渗透制水工艺。

当然，对于一些特殊的生产要求，也有采用结合以上两种工艺的制水工艺。

根据制水系统的工艺路线及特点，该系统的节水潜力分析，首先是对比化学水制取系数：若采用阴阳离子床或混床制水工艺，则要求化学水制取系数不大于1.1；若采用反渗透工艺，则要求化学水制取系数应不大于1.25。若化学水制取系数超过对应制水工艺的要求值，则需结合制水工艺、设备情况及原水水质等多方面因素分析，以提高原水的利用率，节约原水使用量。

2.3.5.3 循环冷却水系统节水潜力分析

循环冷却水系统是指以水作为冷却介质并循环使用的一种冷却水系统，主要由换热设备(换热器、冷凝器)、冷却设备(如冷却塔、空气冷却器等)、水泵、管道及其他有关设备组成。在循环水系统中，冷却水被反复使用，大大提高了水的重复利用率。循环冷却水系统节水潜力分析可以从以下几个方面展开。

(1) 在循环冷却水系统中，系统补水量占石化企业取水量的30%~45%。补充水用于维持系统的蒸发损失、飞溅损失、排污损失和泄漏损失的平衡。其中，蒸发损失和排污占比最大，因此减少循环系统补水的重点方向是减少蒸发损失和排污，具体可采用以下手段进行。

① 减少蒸发损失：通过对现有冷却塔进行改造，强化塔的通风冷却效果或直接回收塔顶蒸发的水汽。此外，对于循环冷却水的取热过程进行深入分析，工艺生产的富余热量是否有效充分进行热联合，回收可利用的热量后再进行循环水冷却。

② 减少排污损失：循环水系统排污是为了控制冷却水循环过程中因蒸发而引起的盐分浓缩，必须人为地排掉一部分水量，使得循环水系统浓缩倍数相对稳定。可投用高效自动旁滤系统，既可以改善水质又可以减少排污。

③ 减少泄漏损失：泄漏可分为暗漏和明漏。对于系统明漏(多数为人为造成的)，应加强现场管理，杜绝“跑冒滴漏”现象；对地下供水管线及换热器管板的暗漏损失，要经常进行漏水普查工作，进行水质监控，发现泄漏及时修补，从而减少暗漏损失。

④ 减少飞溅损失：飞散损失又称风吹损失，与冷却塔质量尤其与收水器的效率有关，可以通过更换冷却塔填料提高凉水塔效率，以及更新收水器来减少系统的飞溅损失。

(2) 由于石化企业需要冷却移除的热量很多，冷却水用量也就非常大，因此，合理控制循环水取热是减小循环水用量的有效途径。

① 合理控制循环水系统温差：系统温差是指冷却水塔进出口水温之差(设计温差一般为10℃)，循环水系统允许温差是判断冷却塔效率的重要指标。冷却塔的温差随着季节温差、昼夜温差、空气湿度以及风力风向等变化而改变，可通过改变风机的速度和启停风机来调节温差。另外，对于使用循环水的换热设备，在工艺许可的条件下应适当增大循环水在设备中的温升，减少循环冷却水用量。

② 采用循环水串级利用技术：目前，循环水冷却系统中换热器网络普遍采用“平行设计”，即从冷却塔出来的循环冷却水分别供给每一个换热器，移除热量汇集后一并送回冷却塔。显然，在平行设计中，送回冷却塔的冷却水温度达到最低而且流率达到最大，这种条件下冷却塔效率很低。生产过程中需要冷却的热流通常具有不同温位，冷却水移除了一个较低温位热流的热量后，还有可能在保证足够传热温差的条件下用于移除另一个较高温

位热流的热量。如果采用串级利用方式(序列设计)使进入一部分换热器的冷却水部分或全部由其他换热器出来的冷却水供给，则送回冷却塔的冷却水具有较高的温度和较低的流率，这样可以明显降低循环冷却水用量。

(3) 合理确定循环水系统浓缩倍数：在循环水的控制指标中，浓缩倍数表明了系统中盐分的浓缩程度，其值等于循环水的含盐量与补充水的含盐量之比，常以某种不易挥发、不易沉积而且不往水中添加的离子，如钾离子、氯离子、钙离子等的浓度计算。

循环水浓缩倍率低，意味着系统排污量大，系统中含量少；反之，浓缩倍率越高，排污水量越小，对节约补水有一定影响。但随着浓缩倍率的增加，节水量就不明显了，而且随着浓缩倍率的不断提高，会使循环冷却水的硬度、碱度和浊度升得太高，结垢倾向增大，还会使循环冷却水中的腐蚀性离子(例如，氯离子和硫酸根离子)和腐蚀性物质(例如，硫化氢、二氧化硫和氨)的含量增加，水的腐蚀性增强；过多地提高浓缩倍数，还会使药剂等处理费用大大增加，在经济上是不合理的。因此，在保证循环水系统正常运行的情况下，确定循环冷却水最适宜的浓缩倍率尤为重要，根据节水型企业标准的相关要求，对于炼油企业循环水系统，浓缩倍数不小于4，化工企业循环水浓缩倍数不小于5。

(4) 优化循环水补水方式：循环水系统必须不断地补充水来维持系统中的水平衡，补水方式多数是补充新鲜水。随着节水减排工作的开展，再生水也逐渐成为循环水补水的一种重要水源，这是企业节约新鲜水用量的主要手段。为了最大限度地采用再生水作为补水，需考虑加入再生水补水后对循环水系统水质的变化影响。可采用流程模拟技术来预测不同比率的再生水引起的循环水水质变化，以便确定混合补水的混合比率。

2.3.5.4 蒸汽凝结水系统节水潜力分析

蒸汽冷凝水的回收利用情况用蒸汽冷凝水回用率来衡量。

冷凝水回收后的去处，按其水质高低(或经济价值大小)，依次可有以下选择：

(1) 进入除氧水系统，直接成为锅炉补水。

(2) 进入除盐水系统，成为除盐水供给各用户装置。

(3) 当成工业新鲜水使用，成为除盐水制水系统的补水。

(4) 作为其他工艺生产用水的补水。

(5) 作为循环冷却水的补水。

2.3.5.5 工艺水系统节水潜力分析

工艺水系统一般是指工艺用新水和化学水的设备和装置，其水的用途包括反应用水、各种工艺注水及洗涤用水等。工艺水系统应遵循高水高用、低水低用的原则，其节水潜力可通过水系统集成技术加以识别。通过确定工艺水系统的水源和水阱，再按水质重新进行匹配，采用水夹点优化技术来获得最佳方案。

2.3.5.6 生活水系统节水潜力分析

生活水系统节水潜力的分析主要基于 GB 50015—2003《建筑给水排水设计规范》，评价人均生活用水消耗量以及基建和消防用水量的合理性，诊断出用水不合理环节。车间生活用水按每人每班 30~50L 计算。食堂用水按每人次 20~25L 计算。厂区绿化用水按每天每平方米 1~3L 计算，干旱地区可酌情增加。浴池用水按照洗浴用水定额及各车间实际情况计算有浴池车间的洗浴用水量。

2.3.5.7 污水处理回用系统节水潜力分析

污水处理回用系统应遵循清污分流、分质处理的原则，节水潜力分析主要着眼于以下几个方面：

（1）摸清污水的类别：炼油化工企业中排出的污水，根据生产来源不同可分为生活污水、生产污水及雨排水。

① 生活污水：主要来源于生活辅助设施的排水，如办公楼卫生间、食堂等，通常排入污水处理场统一处理。

② 生产污水：主要来源于生产加工及储运等过程中排放的污水。对炼油厂而言，生产污水主要包括含油污水、含硫污水、含碱污水、含盐污水和含酚污水。

a. 含油污水：这是生产过程中排放量最大的一种污水，含油污水主要来自装置凝缩水，油气冷凝水，油品油气水洗水，油泵轴封、油罐切水及油罐等设备洗涤水，化验室排水等。水中主要含有原油、成品油、润滑油及少量的有机溶剂和催化剂等，水中的油多以浮油、分散油、乳化油及溶解油的状态存在。

b. 含硫污水：主要来自炼油厂催化裂化、催化裂解、焦化、加氢裂解等二次加工装置中塔顶油水分离器、富气水洗、液态烃水洗、液态烃储罐脱水以及叠合汽油水洗等装置的排水。污水中除含有大量硫化氢、氨、氮外，还含有酚、氰化物和油类污染物，并且具有强烈的恶臭，对设备有极强的腐蚀性。这部分污水不宜直接排入集中处理厂，应进行汽提预处理。

c. 含碱污水：来自常减压蒸馏、催化裂化等装置中柴油、航空煤油、汽油碱洗后的水洗水以及液态烃碱洗后的水洗排水。污水中含有游离状态的烧碱、石油类及少量的酚和硫等。

d. 含盐污水：主要来自原油电脱盐脱水罐排水及生产环烷酸盐类的排水。污水中含盐量高、含油量大且含有其他杂质，油类污染物乳化严重，不易处理。

e. 含酚污水：主要来自常减压蒸馏、催化裂化、延迟焦化、电解精制等生产装置。其中，催化裂化装置分馏塔顶油水分离器排出的污水含酚量很高，约占炼厂外排污水总酚量的一半以上。该污水如不经过处理直接排放，将对人体、农作物、自然水体造成严重影响。

③ 厂区雨排水：厂区的雨水以及排放至厂区雨排系统的部分污水。可能包括生活污水、循环水排污水、除盐水反洗水、部分机泵冷却水、循环水过滤溢流、设备储罐喷淋水等。

（2）按质回收各类污水，即“污污分流”：由上述的污水分类可知，各类污水的来源不同，其所含杂质的种类也不同，处理的难易程度和对环境的影响不同。因此，按照主要杂质的种类分别回收各类污水，有利于降低处理的难易程度以及增加处理后污水回用的可能性。一般来说，炼油厂都分有生活污水管网和生产污水管网，部分先进的炼油厂还将生产污水管网分为含硫污水（加氢型和非加氢型）管网、含盐污水管网和含油污水管网。

（3）分质处理各类污水，分质回用处理后污水：一般的炼油化工企业都单独处理含硫污水，这类污水通过汽提处理后可回用于常减压电脱盐注水，以及某些加氢类装置的反应注水；部分先进炼厂还将加氢型和非加氢型含硫污水分别分开处理，分质回用。一般来说，炼油化工企业的含油污水和含盐污水需要分开分别处理，含油污水处理合格后，可以进一步深度处理实现污水回用；而含盐污水处理合格后普遍直接排放，回用处理的成本较高；对于含碱污水和含酚污水，一般也经过特殊处理合格后排放。

2.3.6 企业节水优化改造建议分析阶段

节水优化改造建议分析是在节水潜力分析的基础上进一步提升，是节水优化工作的重点阶段，其目的是针对分析得出的节水潜力，结合企业的实际情况，提出在技术上和经济上可行的优化改造建议。改造建议的提出需要调查国内外先进成熟的各种节水技术，如地下水管网测漏技术、化学水高效制水技术、工艺水夹点及循环水夹点优化技术、循环水处理技术、冷凝水回收技术、污水回用技术、工艺水系统集成技术等。

2.3.6.1 节水优化改造建议的制定方法步骤

节水优化改造建议的形成主要遵循如下方法步骤：

(1) 直观经验法。

直观经验法，即根据现有获取的数据或用水指标，参考成熟技术或经验做法可以直接初步确定的节水优化改造建议，通常包括：

① 蒸汽冷凝水的回收利用。在回收冷凝水时，应根据分流回收、按质用水的原则。来自不同系统的冷凝水水质是不同的，大致可分为透平冷凝水、工艺冷凝水和疏水3类，不同水质的冷凝水应进入各自的收集系统，分别回收利用。冷凝水应尽量回冷凝水管网，重新用作锅炉给水，尤其是高温冷凝水的回收，90℃以上的高温冷凝水应该直接进入锅炉。不能回冷凝水管网的，也应用到需求高水质的场合，而不能简单地回用到一个对水质要求很低的单元，更不能直接排放。

② 直流冷却用水的节水措施。直流冷却用水一般指采用新水作为冷却水源且用后直接排放的情况。直流冷却用水造成了新水的浪费，严格来说，只要循环水的水温及水质能够满足用户要求，就应该用循环水；循环水不能满足冷却要求的，可以用新水或除盐水等其他水源冷却，但用后的水应合理地再回收利用。

③ 机泵冷却水用水节水措施。根据冷却用水方式可以分成轴封冷却水和机座冷却水两种类型，通常用水类别有新水冷却和循环水冷却。轴封冷却水是指机泵轴封处冷却过程中的用水，这部分水一般含油，回用之前需要进行除油处理。机座冷却水是指热泵机座冷却过程中的用水，这部分水一般不含油或含极微量油，可以直接回收回用。

④ 合理确定循环水浓缩倍率。提高浓缩倍数可以节约新水补充量，减小外排污水量。在保证循环水系统正常工作的情况下，应尽可能地提高浓缩倍数，但浓缩倍数过高时，会引起系统内部结垢和腐蚀问题严重。因此，对于具体的循环水系统，应参照相关规范及标准要求，确定出一个合理的浓缩倍数。

⑤ 化学水制水水平优化提高。根据化学水制水工艺不同，一般有阴阳离子床制水工艺和超滤反渗透制水工艺两种。按要求，采用阴阳离子床制水工艺，制取系数不大于1.1；采用反渗透工艺，制取系数不大于1.25。当制取系数超过对应制水工艺的要求值时，则需通过改进制水工艺，提高原水的利用率。

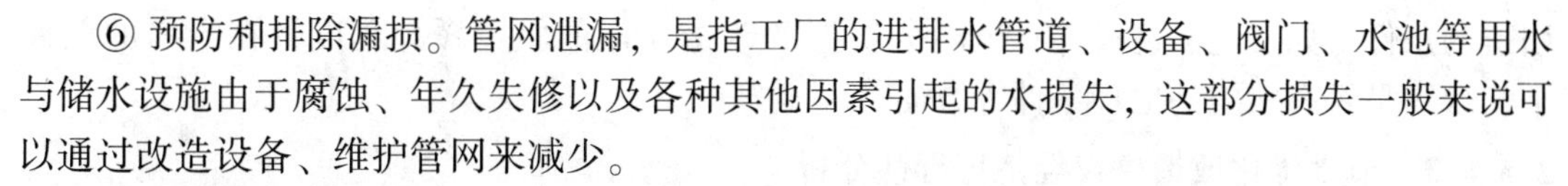

⑥ 预防和排除漏损。管网泄漏，是指工厂的进排水管道、设备、阀门、水池等用水与储水设施由于腐蚀、年久失修以及各种其他因素引起的水损失，这部分损失一般来说可以通过改造设备、维护管网来减少。

(2)系统集成法。

系统集成法是采用软件工具或计算理论等手段分析得出优化改造建议，主要有夹点法和数学规划法。两者具有不同的优缺点，见表 2.21。

表 2.21 水夹点技术与数学规划法的对比

技术	优点	缺点
水夹点技术	(1) 物理概念强，易于理解； (2) 求解结果使用图表，简洁直观； (3) 对单组分系统而言，可以求得全局最优解	(1) 一般不用于多组分系统； (2) 用此方法仅能直接给出新水目标值，构造相应水网络时，需要人为经验参与进行网络调优
数学规划法	(1) 既可用于单组分系统，又可用于多组分系统； (2) 求解模型可直接得到新水目标值和一个达到最小目标要求的水分配网络； (3) 可以在数学模型中加入其他约束，以使得网络结构具有所需特性	(1) 由于是黑箱模型，使用者无法了解模型求解过程； (2) 由于数学模型的非线性性质和对初值的强烈依赖性，使得求解结果不能保证全局最优； (3) 即使能够求得全局最优解，通常也存在多个最优解，虽然新水用量均达到最小，但其工程性能各不相同，例如经济性、可操作性等各不相同

(3) 节水优化改造建议的调整与确定。

确定节水优化改造建议初步方案之后，还需考虑如下方面对其进行调整，以确定最终的优化建议方案。

① 在初步建议方案的确定过程中存在一个假设：二次水源的水可以代替等量的一次水源的水，即水阱部分或全部采用二次水源的水时用水量不变。在工程实际中，某些用水单元进水水质下降可能会导致需水量增加，如洗涤等过程，这样就需要增大一些水阱的进水量。

② 某二次水源和某水阱可能是同一个设备或工序，当该水阱的进水部分或全部采用回用污水时，其进水水质下降，则相应设备或工序的出口(二次水源)的水质也可能下降，从而给其他水阱供水就会受到影响。因此，需要确定水阱进水水质改变对对应二次水源水质的影响，这就需要采取适当的措施消除这种影响，如补充新鲜水给水阱或删除该二次水源向部分水阱的供水。

③ 由于在确定初步方案时只考虑了关键杂质，在确定最终方案时还要考虑其他可能限制污水回用的杂质，以检查初步回用方案的可行性。

④ 最终的节水方案还需考虑技术和经济可行性。

2.3.6.2 节水优化改造建议技术可行性分析

技术可行性分析是对节水改造建议从技术上分析实现的可能性，在水平衡项目当中也需要初步分析改造建议的技术可能性。技术可行性分析通常包括技术分析、资源分析和风险分析。技术分析一般指改造建议中提出的相应技术的成熟程度；资源分析指企业是否有引进的条件，如资金、途径等；风险分析涉及改造建议的轻重缓急程度，在当前的条件下，现场是否有实施的地理条件等方面。

2.3.6.3 节水优化改造建议经济可行性分析

对节水优化改造建议的投资、成本、直接或间接利润、投资的回收期等经济指标进行初步核算分析，从而确定其经济可行性。初步核算的改造投资一般包括建筑物、机器设备、工具器具等；成本指项目改造后需要增加的运营费用，如人员工资、药剂费、日常维护费等；利润通常是指节水改造产生的节水效益、减排效益；最后根据项目的投资、成本及效益核算简单的项目静态回收期。

2.3.6.4 节水优化改造建议效果评价

在提出节水改造建议后，需要对企业实施各项改造可带来的效果进行评价，例如，评价可产生的节水量以及各项用水技术经济指标的变化情况，主要指标包括单位产品取水量、重复利用率、冷凝水回用率、净化水回用率、污水回用率、达标排放率等，评价水系统优化后的总体节水效果。

2.3.6.5 节水优化改造建议规划制定

经过技术分析和经济评价后的节水改造建议，根据节水量的大小、工艺要求的轻重、环保政策的缓急、效益见效的快慢程度以及企业资金的限制等因素，按规划逐步实现节水改造建议措施，这样既可以使企业在节水减排中得到效益，又不至于由于节水工作的开展给企业造成较大的资金压力。

用水规划应分近期规划和中远期规划。

(1) 近期规划：节水量较大、投资成本相对较少的节水措施往往是企业优先规划的内容。因为这些措施相对容易实施，甚至不需要外部力量仅靠企业自身的技术力量就可以实现。比如，直流冷却水的再回收利用、工艺水的串联使用等节水项目，投资周期较短，一般为半年甚至几个月就可见到效益。

(2) 中远期规划：对于那些虽然节水量大，但投资相对也大的项目，或投资较少但节水量也少的项目，可作为中期规划。还有一些节水措施，由于与之配套的节水技术(比如水处理)还未尽完善，还需要企业在详细开展市场调研的基础上进行项目论证，可能属于长期规划的节水措施。限制节水项目被采纳的障碍除了一些技术的不成熟外，还主要来源于水资源利用费用偏低(比如，新鲜水价较低、排污费也较低)的情况。因此，技术上的不成熟以及水资源利用费用的偏低不会影响节水措施本身的正确性，它的实现给企业带来的效益，会隐含于企业在整个市场竞争力的提高。随着技术的发展完善、水资源利用费用的增加，一些目前看上去不可行的项目会逐渐变为可行。

2.3.6.6 节水优化改造建议的实施

根据以上工作提出的节水优化改造建议，结合制定的实施规划，企业在实施节水优化改造时，应做好用水与节水新技术的引进，做好与用水系统改造的各项衔接工作，做好技术保障、资金保障和组织管理保障工作，这是保障节水优化改造方案顺利实施的前提。

优化建议方案的实施是将节水改造方案转变为成果的阶段，也是检验节水优化工作的重要内容。方案的实施是一个复杂的工作，还需要完成改造工作相关流程，通常包括编写项目建议书(大型项目要编写可行性研究报告)、立项、经费的申请和审批、技术招标、设计、施工等步骤。

节水改造实施之后，炼油化工企业应选择合适时间，重新组织水平衡测试和标定工作，检验、评价节水优化建议实施的效果。

2.3.6.7 节水优化工作的持续性

企业开展节水优化是一项长期的持续性工作，随着节水技术的不断发展以及节能减排要求的提高，必然要求企业在用水过程中不断突破进步。水平衡测试是对用水企业进行科学管理行之有效的方法，也是进一步做好企业节水工作的基础。

因此，如何快速高效地摸清企业用水现状，评估用水水平，并挖掘节水潜力，就成为日常生产和管理工作的关注点。因此，采用高效智能的软件工具，减少企业开展水平衡测试的工作量，提高工作效率，降低人工成本就显得尤为必要；水平衡测试软件能够直观地提供企业详细的用水网络图，建立企业用水数据库，做到水平衡数据平衡计算分析，测试报表自动生成，提高数据汇总的效率和准确率，保存历史测试分析数据等，可以协助企业的水平衡测试工作实现日常化、计算机化，高效准确地完成这项节水工作。

2.3.7 企业水平衡测试报告主要内容

企业水平衡测试报告大致可分为四部分：企业用水及节水技术应用现状；水平衡调查、测试工作程序；水平衡测试计算结果；节水潜力分析及优化建议。

（1）企业用水及节水技术应用现状主要内容包括：公司生产概况；公司供水系统概况；公司排水系统概况；公司计量水表配备情况；公司节水技改及技术应用现状；公司近3年用水统计现状。

（2）水平衡调查、测试工作程序主要内容包括：调查目的；调查范围；调查内容；水平衡测试时间和基准；水平衡测试的步骤及方法。

（3）水平衡测试计算结果主要内容包括：企业用水总貌及分布、各水系统平衡计算结果；企业用水技术经济指标计算结果；各车间/装置水平衡测试数据平衡计算结果；企业水质分析情况。

（4）节水潜力分析及优化建议主要内容包括：企业用水技术经济指标对标评价分析；企业用排水系统节水潜力分析；企业节水优化改造建议分析。

3　炼油化工企业水平衡测试工作方法及工具

水平衡测试工作主要包括获取测试数据、处理测试数据以及进行优化分析等过程。测试数据获取可采用仪表计量法、堰测法、容积法及其他估测方法等，可以获取企业取水量、重复用水量、耗水量以及排水量等数据。在获取基础测试数据后，可采用最小二乘法、Excel 软件建模、流程模拟软件或炼油化工企业水平衡测试软件建模进行数据处理。最后，可选取企业用水系统七环节分析法、三层次分析法、水夹点法或数学规划法等进行优化，分析节水潜力。

3.1　水平衡测试数据采集方法和工具

3.1.1　水平衡测试的手段

水平衡测试采用的手段为仪表计量法、堰测法、容积法及其他估测方法。

3.1.1.1　仪表计量法

仪表计量法是水量平衡测试的主要方法，对已安装的水表，并且经过校正，采取水表读数计量，取 3 个时间段读表得到平均水量。

3.1.1.2　堰测法

堰测法是采用薄壁式计量堰来测定明渠水流量的方法。根据计量堰溢流口的形状不同，通常分为三角堰、梯形堰和矩形堰。此种测定方法对水质无特殊要求，但测量精确度较低。

3.1.1.3　容积法

容积法是利用已知容积的水槽或水池，在一定时间内测得流入液体的体积，通过计算得到需计量的水量。

容积法具有操作简便、计量较准确、对待测定水质无特殊要求等优点，可适用于难以用水表测定水量的情况。

容积法测定水量的计算公式如下：

$$Q=V/t \tag{3.1}$$

式中：Q 为流量，m^3/s；t 为测定时间，s；V 为一定时间内流入水槽或水池内的液体体积，m^3。

3.1.1.4 其他估测方法

除上述3种工业企业水平衡测试中常用的水量测定方法以外，测定水量的方法还有：

(1) 按水泵特性曲线估算水量。

(2) 按用水设备铭牌的额定水量估算水量。

(3) 对于没有安装仪表的重要用水、供水过程以及用水量比较大的过程，采用的是超声波仪测量法。

(4) 工艺计算。采用通用工艺软件计算，例如，已知一管段的出、入压力，管段长度、内径，便可计算其流量。

(5) 采用标准估算。对于一些确实无法测量也没有安装计量仪表的间歇用水、排水过程，比如各车间卫生用水，以及炼油厂绿化用水、食堂用水、浴池用水则根据GB 50015—2003《建筑给水排水设计规范》计算(表3.1)。

表3.1 卫生器具的一次用水量、小时用水量及使用水温

<table>
<tr><th>序号</th><th colspan="3">卫生器具名称</th><th>一次用水量(L)</th><th>小时用水量(L)</th><th>使用水温(℃)</th></tr>
<tr><td rowspan="5">1</td><td rowspan="5">住宅、旅馆、别墅、宾馆</td><td colspan="2">带有淋浴器的浴盆</td><td>150</td><td>300</td><td>40</td></tr>
<tr><td colspan="2">无沐浴器的浴盆</td><td>125</td><td>250</td><td>40</td></tr>
<tr><td colspan="2">淋浴器</td><td>70~100</td><td>140~200</td><td>37~40</td></tr>
<tr><td colspan="2">洗脸盆、盥洗槽水嘴</td><td>3</td><td>30</td><td>30</td></tr>
<tr><td colspan="2">洗涤盆(池)</td><td>—</td><td>180</td><td>50</td></tr>
<tr><td rowspan="3">2</td><td rowspan="3">集体宿舍、招待所、培训中心淋浴器</td><td colspan="2">有淋浴小间</td><td>70~100</td><td>210~300</td><td>37~40</td></tr>
<tr><td colspan="2">无淋浴小间</td><td>—</td><td>450</td><td>37~40</td></tr>
<tr><td colspan="2">盥洗槽水嘴</td><td>3~5</td><td>50~80</td><td>30</td></tr>
<tr><td rowspan="4">3</td><td rowspan="4">餐饮业</td><td colspan="2">洗涤盆(池)</td><td>—</td><td>250</td><td>50</td></tr>
<tr><td rowspan="2">洗脸盆</td><td>工作人员用</td><td>3</td><td>60</td><td>30</td></tr>
<tr><td>顾客用</td><td>—</td><td>120</td><td>30</td></tr>
<tr><td colspan="2">淋浴器</td><td>40</td><td>400</td><td>37~40</td></tr>
<tr><td rowspan="6">4</td><td rowspan="6">幼儿园、托儿所</td><td rowspan="2">浴　盆</td><td>幼儿园</td><td>100</td><td>400</td><td>35</td></tr>
<tr><td>托儿所</td><td>30</td><td>120</td><td>35</td></tr>
<tr><td rowspan="2">淋浴器</td><td>幼儿园</td><td>30</td><td>180</td><td>35</td></tr>
<tr><td>托儿所</td><td>15</td><td>90</td><td>35</td></tr>
<tr><td colspan="2">盥洗槽水嘴</td><td>15</td><td>25</td><td>30</td></tr>
<tr><td colspan="2">洗涤盆(池)</td><td>—</td><td>180</td><td>50</td></tr>
<tr><td rowspan="3">5</td><td rowspan="3">医院、疗养院、休养所</td><td colspan="2">洗手盆</td><td>—</td><td>15~25</td><td>35</td></tr>
<tr><td colspan="2">洗涤盆(池)</td><td>—</td><td>300</td><td>50</td></tr>
<tr><td colspan="2">浴盆</td><td>125~150</td><td>250~300</td><td>40</td></tr>
</table>

续表

序号	卫生器具名称			一次用水量(L)	小时用水量(L)	使用水温(℃)
6	公共浴室	浴盆		125	250	40
		淋浴器	有淋浴小间	100~150	200~300	37~40
			无淋浴小间	—	450~540	37~40
		洗脸盆		5	50~80	35
7	办公楼洗手盆			—	50~100	35
8	理发室、美容院洗脸盆			—	35	35
9	实验室	洗脸盆		—	60	50
		洗手盆		—	15~25	30
10	剧场	淋浴器		60	200~400	37~40
		演员用洗脸盆		5	80	35
11	体育场馆沐浴器			30	300	35
12	工业企业生活间	淋浴器	一般车间	40	360~540	37~40
			脏车间	60	180~480	40
		洗脸盆或盥洗槽水嘴	一般车间	3	90~120	30
			脏车间	5	100~150	35
13	净身器			10~15	120~180	30

3.1.2 针对用水设备的水平衡测试方法

3.1.2.1 一般用水设备

单台用水设备一般测定4个基本用水参数(即新水量、耗水量、排水量和重复利用水量)，选择正常生产条件下具有代表性工况进行测定，连续测定3次，取其平均值。有水温变化的用水设备，测定其进出口水温。所测新水量和排水量要标明其来源和去向。

3.1.2.2 间歇性用水设备

其日用水情况可由测得的单位时间用水参数乘以每日实际用水时间得出。

3.1.2.3 季节性用水设备

此类设备(如空调设备、采暖锅炉等)的测定需在用水季节分别进行。

3.1.3 各种水量的水平衡测试方法

3.1.3.1 取水量测定

有水表计量的用水单元，以水表读数为准；没有水表计量的用水单元，可以采用容器法或安装临时水表(如超声波测量仪)等方法进行测试。

3.1.3.2 重复利用水量测定

有水表计量的重复利用水系统，以水表读数为准；没有办法安装水表的重复利用水系统，可以用水泵的额定流量方法测定：

$$重复利用水量=水泵额定流量\times实际开泵时间 \tag{3.2}$$

3.1.3.3 排水量的测定

有水表计量的用水单元排水量，以水表读数为准。没有水表计量的用水单元的排水量测定可以采用容器法和安装临时水表的方法解决。密闭用水的单元，可忽略耗水量，将取水量的值作为排水量的值。

车间和全厂的排水量是由实际测定的各个用水单元排水量数值加和而求得，有条件的单位可采用其他方法进行校核。

3.1.3.4 耗水量的测定

（1）一般用水设备耗水量测定采用间接测定方法：

$$H=Q-P \tag{3.3}$$

式中：H 为耗水量，m^3/h；Q 为取水量，m^3/h；P 为排水量，m^3/h。

（2）间接冷却循环水系统耗水量测定：

$$H_{冷}=F+G \tag{3.4}$$

式中：F 为吹散水量，m^3/h；G 为蒸发损失水量，m^3/h。

由于吹散水量 F 和蒸发损失水量 G 不好测量，可用式(3.5)估算：

$$F=Y_{冷}K \tag{3.5}$$

式中：$Y_{冷}$ 为循环冷却水量，m^3/h；K 为吹散损失系数，见表3.2。

表3.2 吹散损失系数(K)

冷却构筑物类型	喷水池	开放喷水式冷却塔	机械通风式冷却塔	风筒式冷却塔
K 值(%)	1.5~3.5	1.5~2	0.2~0.5	0.5~1.0

$$G=C_{冷}S\Delta t\% \tag{3.6}$$

式中：S 为蒸发损失系数，见表3.3；$C_{冷}$ 为循环水冷水流量，m^3/h；Δt 为冷却水进出水温差,℃。

表3.3 蒸发损失系数(S)

气温(℃)	-10	-5	0	5	10	15	20	25	30
冷却池	0.06	0.07	0.08	0.09	0.095	0.10	0.11	0.12	0.13
喷水池冷却塔	0.08	0.09	0.10	0.11	0.12	0.13	0.14	0.15	0.16

（3）直接进入产品中的水量及职工生活饮用水量的总和，以计量水表为准。

3.1.3.5　全厂管道及设备漏水量的测定

组织人员按照各种水的管网图现场检查是否有阀门、法兰等泄漏，是否有地面反水现象，发现漏水现象及时维修。

有条件的单位选择几个公休日，关闭全部用水阀门，如各种水源进水表继续走动，则水表的读数可以近似认为是厂区的总漏水量。

没有停产条件的单位，则一级水表计量数值和二级水表计量数值之差大于一级水表计量数 2%时，可以近似认为其大于部分为该厂区的漏水量。

采用测漏仪检测漏水，若通过以上方法发现漏水现象，则可利用漏水检测仪找出漏水部位，及时维修。

3.1.4　水平衡测试数据采集工具

3.1.4.1　流量数据采集工具

流量计英文名称是 flow meter，全国科学技术名词审定委员会把它定义为：指示被测流量和(或)在选定的时间间隔内流体总量的仪表。简单来说，就是用于测量管道或明渠中流体流量的一种仪表。流量计按测量原理可做如下分类：

(1) 按流量计工作原理分类。

① 力学原理：属于此类原理的仪表有利用伯努利定理的差压式、转子式；利用动量定理的冲量式、可动管式；利用牛顿第二定律的直接质量式；利用流体动量原理的靶式；利用角动量定理的涡轮式；利用流体振荡原理的旋涡式、涡街式；利用总静压力差的皮托管式、容积式、堰式和槽式等。

② 电学原理：用于此类原理的仪表有电磁式、差动电容式、电感式、应变电阻式等。

③ 声学原理：利用声学原理进行流量测量的有超声波式、声学式(冲击波式)等。

④ 热学原理：利用热学原理测量流量的有热量式、直接量热式、间接量热式等。

⑤ 光学原理：激光式、光电式等是属于此类原理的仪表。

⑥ 原于物理原理：核磁共振式、核辐射式等是属于此类原理的仪表。

⑦ 其他原理：有标记原理(示踪原理、核磁共振原理)、相关原理等。

(2) 按流量计结构原理分类。

按当前流量计产品的实际情况，根据流量计的结构原理，大致上可归纳为以下几种类型：

① 容积式流量计。

容积式流量计相当于一个标准容积的容器，它接连不断地对流动介质进行度量。流量越大，度量的次数越多，输出的频率越高。容积式流量计的原理比较简单，适于测量高黏度、低雷诺数的流体。根据回转体形状不同，目前生产的产品分：适于测量液体流量的椭圆齿轮流量计、腰轮流量计(罗茨流量计)、旋转活塞和刮板式流量计；适于测量气体流量的伺服式容积流量计、皮膜式和转筒流量计等。

② 叶轮式流量计。

叶轮式流量计的工作原理是将叶轮置于被测流体中，受流体流动的冲击而旋转，以叶轮旋转的快慢来反映流量的大小。常见的叶轮式流量计是水表和涡轮流量计，其结构可以是机械传动输出式或电脉冲输出式。一般机械传动输出式的水表准确度较低，误差约±2%，但结构简单，造价低，国内已批量生产，并标准化、通用化和系列化。电脉冲输出式的涡轮流量计的准确度较高，一般误差为±(0.2%~0.5%)。

③ 差压式流量计(变压降式流量计)。

差压式流量计由一次装置和二次装置组成。一次装置称为流量测量元件，它安装在被测流体的管道中，产生与流量(流速)成比例的压力差，供二次装置进行流量显示。二次装置称为显示仪表。它接收测量元件产生的差压信号，并将其转换为相应的流量进行显示。差压流量计的一次装置常为节流装置或动压测定装置(皮托管、均速管等)。二次装置为各种机械式差压计、电子式差压计、组合式差压计配以流量显示仪表。差压计的差压敏感元件多为弹性元件。由于差压和流量呈平方根关系，故流量显示仪表都配有开平方装置，以使流量刻度线性化。多数仪表还设有流量积算装置，以显示累积流量，以便经济核算。这种利用差压测量流量的方法历史悠久，比较成熟，世界各国一般用在比较重要的场合，约占各种流量测量方式的70%。发电厂主蒸汽、给水、凝结水等的流量测量都采用这种表计。目前，生产的产品分为孔板流量计、楔形流量计、文丘里管流量计、平均皮托管。

④ 变面积式流量计(等压降式流量计)。

放在上大下小的锥形流道中的浮子受到自下而上流动的流体的作用力而移动。当此作用力与浮子的“显示重量”(浮子本身的重量减去它所受流体的浮力)相平衡时，浮子即静止。浮子静止的高度可作为流量大小的量度。由于流量计的通流截面积随浮子高度不同而异，而浮子稳定不动时上下部分的压力差相等，因此该型流量计称为变面积式流量计或等压降式流量计。该式流量计的常见仪表是转子(浮子)流量计。

⑤ 动量式流量计。

利用测量流体的动量来反映流量大小的流量计称为动量式流量计。由于流动流体的动量 P 与流体的密度及流速 v 的平方成正比，当通流截面确定时，v 与体积流量 Q 成正比。设比例系数为 A，则 $Q=A$，因此，测得 P，即可反映流量 Q。这种形式的流量计，大多利用检测元件把动量转换为压力、位移或力等，然后测量流量。这种流量计的常见仪表是靶式流量计和转动翼板式流量计。

⑥ 冲量式流量计。

利用冲量定理测量流量的流量计称为冲量式流量计，多用于测量颗粒状固体介质的流量，还用来测泥浆、结晶型液体和研磨料等的流量。流量测量范围从每小时几千克到近万吨。常见的仪表是水平分力式冲量流量计，其测量原理是当被测介质从一定高度自由下落到有倾斜角的检测板上产生一个冲力，冲力的水平分力与质量流量成正比，故测量这个水平分力即可反映质量流量的大小。按信号的检测方式，该型流量计分为位移检测型和直接测力型。

⑦ 电磁流量计。

电磁流量计是应用导电体在磁场中运动产生感应电动势，而感应电动势又和流量大小成正比，通过测电动势来反映管道流量的原理而制成的。其测量精度和灵敏度都较高。工业上多用以测量水、矿浆等介质的流量。可测大管径达 2m，而且压损极小。但导电率低的介质，如气体、蒸汽等则不能应用。

电磁流量计造价较高，且信号易受外磁场干扰，影响了在工业管流测量中的广泛应用。为此，产品在不断改进更新，向微机化发展。

⑧ 超声波流量计。

超声波流量计是基于超声波在流动介质中传播的速度等于被测介质的平均流速和声波本身速度的矢量和的原理而设计的。它也是通过测定流速来反映流量大小的。超声波流量计虽然在 20 世纪 70 年代才出现，但由于它可以制成非接触形式，并可与超声波水位计联动进行开口流量测量，对流体又不产生扰动和阻力，因此很受欢迎，是一种很有发展前途的流量计。

超声波流量计可分为多普勒式超声波流量计和时差式超声波流量计。

多普勒式超声波流量计：换能器 1 发射频率为 f_1 的超声波信号，经过管道内液体中的悬浮颗粒或气泡后，频率发生偏移，以 f_2 的频率反射到换能器 2，这就是多普勒将就，f_2 与 f_1 之差即为多普勒频差 f_d。设流体流速为 v，超声波声速为 c，多普勒频移 f_d 正比于流体流速 v。当管道条件、换能器安装位置、发射频率、声速确定以后，c、f_1、θ 即为常数，流体流速和多普勒频移成正比，通过测量频移就可得到流体流速，进而求得流体流量。

时差式超声波流量计：利用声波在流体中顺流传播和逆流传播的时间差与流体流速成正比这一原理来测量流体流量的。

⑨ 流体振荡式流量计。

流体振荡式流量计是利用流体在特定流道条件下流动时将产生振荡，且振荡的频率与流速成比例这一原理设计的。当通流截面一定时，流速与导容积流量成正比。因此，测量振荡频率即可测得流量。这种流量计是在 20 世纪 70 年代开发和发展起来的。由于它兼有无转动部件和脉冲数字输出的优点，很有发展前途。目前，常见的产品有涡街流量计、旋进旋涡流量计。

⑩ 质量流量计。

由于流体的体积受温度、压力等参数的影响，用体积流量表示流量大小时需给出介质的参数。在介质参数不断变化的情况下，往往难以达到这一要求，而造成仪表显示值失真。因此，质量流量计就得到广泛的应用和重视。质量流量计分直接式和间接式两种。直接式质量流量计利用与质量流量直接有关的原理进行测量，目前常用的有量热式、角动量式、振动陀螺式、马格努斯效应式和科里奥利力式等质量流量计。间接式质量流量计是利用密度计读数与体积流量直接相乘求得质量流量的。

还有适用于明渠测流的各种堰式流量计、槽式流量计；适于大口径测流的插入式流量计；测量层流流量的层流流量计；适于二相流测量的相关法流量计；激光法、核磁共振法流量计和多种示踪法、稀释法测流等。

3.1.4.2 温度数据采集工具

温度测量仪表是测量物体冷热程度的工业自动化仪表。

温度测量仪表的种类繁多，但可按作用原理、测量方法和测量范围做如下分类。

(1) 按作用原理分类。

温度的测量是借助于物体在温度变化时，它的某些性质随之变化的原理来实现的。但是，并不是任意选择某种物理性质的变化就可做成温度计。用于测温的物体的物理性质要求连续、单值地随温度变化，不与其他因素有关，而且复现性好，便于精确测量。

目前，按作用原理制作的温度计主要有膨胀式温度计、压力式温度计、电阻温度计、热电偶高温计和辐射高温计等几种。它们是分别利用物体的膨胀、压力、电阻、热电势和辐射性质随温度变化的原理制成的。

(2) 按测量方法分类。

温度测量时按感温元件是否直接接触被测温度场(或介质)而分成接触式温度测量仪表(膨胀式温度计、压力式温度计、电阻温度计和热电偶高温计属此类)和非接触式温度测量仪表(如辐射式高温计)两类。

接触式测温法的特点是测温元件直接与被测对象相接触，两者之间进行充分的热交换，最后达到热平衡，这时感温元件的某一物理参数的量值就代表了被测对象的温度值。这种测温方法的优点是直观可靠，缺点是感温元件影响被测温度场的分布，接触不良等都会带来测量误差。另外，温度太高和腐蚀性介质对感温元件的性能和寿命也会产生不利影响。

非接触式测温法的特点是感温元件不与被测对象相接触，而是通过辐射进行热交换，故可避免接触式测温法的缺点，具有较高的测温上限。此外，非接触式测温法热惯性小，可达1ms，便于测量运动物体的温度和快速变化的温度。由于受物体的发射率、被测对象到仪表之间的距离以及烟尘、水汽等其他介质的影响，这种测温方法一般误差较大。

(3) 按测量范围分类。

通常将测量温度在600℃以下的温度测量仪表称为温度计、如膨胀式温度计、压力式温度计和电阻温度计等。测量温度在600℃以上的温度测量仪表通常称为高温计，如热电高温计和辐射式高温计。

3.1.4.3 压力数据采集工具

压力表是指以弹性元件为敏感元件，测量并指示高于环境压力的仪表，应用极为普遍，它几乎遍及所有的工业流程和科研领域。在热力管网、油气传输、供水供气系统、车辆维修保养厂店等领域随处可见。尤其在工业过程控制与技术测量过程中，由于机械式压力表的弹性敏感元件具有很高的机械强度以及生产方便等特性，使得机械式压力表得到越来越广泛的应用。

压力表种类很多，它不仅有一般(普通)指针指示型，还有数字型；不仅有常规型，还有特种型；不仅有接点型，还有远传型；不仅有耐震型，还有抗震型；不仅有隔膜型，还有耐腐型等。压力表系列完整，它不仅有常规系列，还有数字系列；不仅有普通介质应用系列，还有特殊介质应用系列；不仅有开关信号系列，还有远传信号系列，它们都源于实践需求，先后构成了完整的系列。压力表的规格型号齐全，结构形式完善。从公称直径看，有ϕ40mm、ϕ50mm、ϕ60mm、ϕ75mm、ϕ100mm、ϕ150mm、ϕ200mm、ϕ250mm等。从安装结构形式看，有直接安装式、嵌装式和凸装式，其中嵌装式又分为径向嵌装式和轴向嵌装式，凸装式也有径向凸装式和轴向凸装式之分。直接安装式，又分为径向直接安装式和轴向直接安装式。其中，径向直接安装式是基本的安装形式，一般在未指明安装结构形式时，均指径向直接安装式；轴向直接安装式考虑其自身支撑的稳定性，一般只在公称直径小于150mm的压力表上才选用。所谓嵌装式压力表和凸装式压力表，就是常说的带边(安装环)压力表。轴向嵌装式即轴向前带边，径向嵌装式是指径向前带边，径向凸装式(也称为墙装式)是指径向后带边。从量域和量程区段看，在正压量域分为微压量程区段、低压量程区段、中压量程区段、高压量程区段和超高压量程区段，每个量程区段内又细分出若干种测量范围(仪表量程)；在负压量域(真空)又有3种负压(真空表)；正压与负压联程的压力表是一种跨量域的压力表。其规范名称为压力真空表，也称为真空压力表。它不但可以测量正压压力，也可测量负压压力。压力表的精度等级分类十分明晰。常见精度等级有4级、2.5级、1.6级、1级、0.4级、0.25级、0.16级、0.1级等。精度等级一般应在其度盘上进行标识，其标识也有相应规定，如“①”表示其精度等级是1级。对于一些精度等级很低的压力表，如4级下的，还有一些并不需要测量其准确的压力值，只需要指示出压力范围的，如灭火器上的压力表，则可以不标识精度等级。

压力表按其测量精确度，可分为精密压力表和一般压力表。精密压力表的测量精确度等级分别为0.1级、0.16级、0.25级和0.4级；一般压力表的测量精确度等级分别为1.0级、1.6级、2.5级和4.0级。

(1) 压力表按其指示压力的基准不同，分为一般压力表、绝对压力表和差压表。一般压力表以大气压力为基准；绝对压力表以绝对压力零位为基准；差压表测量两个被测压力之差。

(2) 压力表按其测量范围，分为真空表、压力真空表、微压表、低压表、中压表及高压表。真空表用于测量小于大气压力的压力值；压力真空表用于测量小于和大于大气压力的压力值；微压表用于测量小于60000Pa的压力值；低压表用于测量0~6MPa压力值；中压表用于测量10~60MPa压力值。

(3) 压力表按其显示方式，分为指针压力表和数字压力表。

(4) 压力表按其使用功能不同，可分为就地指示型压力表和带电信号控制型压力表。

一般压力表、真空压力表、耐震压力表、不锈钢压力表等都属于就地指示型压力表，除指示压力外无其他控制功能。

带电信号控制型压力表输出信号主要有开关信号(如电接点压力表)、电阻信号(如电阻远传压力表)和电流信号(如电感压力变送器、远传压力表、压力变送器等)。

(5) 压力表按测量介质特性不同，可分为一般型压力表、耐腐蚀型压力表、防爆型压力表和专用型压力表。

其中，一般型压力表用于测量无爆炸、不结晶、不凝固、铜和铜合金无腐蚀作用的液体、气体或蒸汽的压力；耐腐蚀型压力表用于测量腐蚀性介质的压力，常用的有不锈钢型压力表、隔膜型压力表等；防爆型压力表用于环境有爆炸性混合物的危险场所，如防爆电接点压力表、防爆变送器等。

(6) 按照压力表的用途，可分为普通压力表、氨压力表、氧气压力表、电接点压力表、远传压力表、耐震压力表、带检验指针压力表、双针双管或双针单管压力表、数显压力表、数字精密压力表等。

3.1.4.4 水质数据采集工具

炼油化工企业对水系统中水质的化验项目主要包括pH值、电导率、总硬度、总碱度、钙离子、铁离子、氯离子、油含量、磷含量、总溶解性固体、COD、微生物等。上述分析化验项目中，大部分项目采用药剂标定等方法进行分析，部分项目需要采用专用分析仪器开展测试，下面介绍在水质分析化验工作中常用的几类分析仪器。

（1）pH计。

pH计是指用来测定溶液酸碱度值的仪器。pH计是利用原电池的原理工作的，原电池两个电极间的电动势依据能斯特定律，既与电极的自身属性有关，还与溶液的氢离子浓度有关。原电池的电动势和氢离子浓度之间存在对应关系，氢离子浓度的负对数即为pH值。pH计是一种常见的分析仪器，广泛应用在农业、环保和工业等领域。在pH值测定过程中，应考虑待测溶液温度及离子强度等因素。

在进行操作前，应首先检查电极的完好性。由于复合电极使用比较广泛，以下主要讨论复合电极。

实验室使用的复合电极主要有全封闭型和非封闭型两种，全封闭型比较少，主要是由国外企业生产。复合电极使用前首先检查玻璃球泡是否有裂痕、破碎，如果没有，用pH缓冲溶液进行两点标定，定位与斜率按钮均可调节到对应的pH值时，一般认为可以使用；否则可按使用说明书进行电极活化处理。非封闭型复合电极，里面要加外参比溶液即3mol/L氯化钾溶液，所以必须检查电极里的氯化钾溶液是否在1/3以上，如果不到，需添加3mol/L氯化钾溶液。如果氯化钾溶液超出小孔位置，则把多余的氯化钾溶液甩掉，使溶液位于小孔下面，并检查溶液中是否有气泡，如有气泡要轻弹电极，把气泡完全赶出。

在使用过程中应把电极上面的橡皮剥下，使小孔露在外面，否则在分析时会产生负压，导致氯化钾溶液不能顺利通过玻璃球泡与被测溶液进行离子交换，会使测量数据不准确。测量完成后应把橡皮复原，封住小孔。电极经蒸馏水清洗后，应浸泡在3mol/L氯化钾溶液中，以保持电极球泡湿润。如果电极使用前发现保护液已流失，则应在3mol/L氯化钾溶液中浸泡数小时，以使电极达到最好的测量状态。在实际使用时，发现有的分析人员把复合电极当作玻璃电极来处理，放在蒸馏水中长时间浸泡，这是不正确的，这会使复合电极内的氯化钾溶液浓度大大降低，导致在测量时电极反应不灵敏，最终导致测量数据不准确，因此不应把复合电极长时间浸泡在蒸馏水中。

（2）电导率仪。

电导率是以数字表示溶液传导电流的能力。水的电导率与其所含无机酸、碱、盐的量有一定的关系，当它们的浓度较低时，电导率随着浓度的增大而增加，因此，该指标常用于推测水中离子的总浓度或含盐量。

① 测量原理。

水溶液的电导率直接和溶解固体浓度成正比，而且溶解固体浓度越高，电导率越大。电导率和溶解固体浓度的关系近似表示为：1.4μS/cm＝1mg/L（以$CaCO_3$计）或2μS/cm＝1mg/L（以$CaCO_3$计）。利用电导率仪或总固体溶解量计可以间接得到水的总硬度值，为了近似换算方便，1μS/cm＝0.5mg/L（以$CaCO_3$计）。

引起离子在被测溶液中运动的电场是由与溶液直接接触的两个电极产生的。此对测量电极必须由抗化学腐蚀的材料制成。实际中经常用到的材料有钛等。由两个电极组成的测量电极被称为尔劳施(Kohlrausch)电极。

电导率的测量需要弄清两方面：一个是溶液的电导，另一个是溶液中 L/A 的几何关系，电导可以通过电流、电压的测量得到。这一测量原理在当今直接显示测量仪表中得到应用。

$$K=L/A \tag{3.7}$$

式中：A 为测量电极的有效极板；L 为两极板的距离。

K 值则被称为电极常数。在电极间存在均匀电场的情况下，电极常数可以通过几何尺寸算出。当两个面积为 $1cm^2$ 的方形极板之间相隔 1cm 组成电极时，此电极的常数 $K=1cm^{-1}$。如果用此对电极测得电导值为 1000μS，则被测溶液的电导率为 1000μS/cm。

② 仪器介绍。

笔形电导率仪一般制成单一量程，测量范围狭窄，为专用简便仪器。笔形电导率仪还可制成 TDS 计(用于测量饮用水质量)和盐度计(测量溶液盐度等)。

便携式和实验室电导率仪测量范围较广，为常用仪器，不同点是便携式采用直流供电，可携带到现场。实验室电导率仪测量范围广，功能多，测量精度高。

工业用电导率仪的特点是要求稳定性好、工作可靠，有一定的测量精度，环境适应能力强，抗干扰能力强，具有模拟量输出、数字通信、上下限报警和控制功能等。

③ 使用步骤。

a. 开电源开关前，观察表针是否指零，可调正表头上的螺丝，使表针指零。

b. 将校正测量开关扳在“校正”位置。

c. 插接电源线，打开电源开关，并预热数分钟(待指针完全稳定下来为止)调节“调正”调节器使电表指示满度。

d. 当使用(1)—(8)量程来测量电导率低于 300μS/cm 的液体时，选用“低周”，这时将高/低周开关扳向低周即可。当使用(9)—(10)量程来测量电导率为 105~300μS/cm 的液体时，则将扳向“高周”。

e. 将量程选择开关扳到所需要的测量范围，如预先不知被测溶液电导率大小，应先把其扳到最大电导率测量挡，然后逐渐下降，以防表针打弯。

f. 电极的使用：使用时用电极夹夹紧电极的胶木帽，并把电极夹固定在电极杆上。当被测溶液的电导率低于 0.3μS/cm 时，使用 DJS-0.1 型电极，这时应把“电极常数补偿调节器”调节在所配套电极常数的 10 倍位置上：例如，配套电极常数为 0.090，则应把其调节到 0.90 位置上。当被测溶液的电导率低于 10μS/cm 时，使用 DJS-0.1 型电极，这时应把“电极常数补偿调节器”调节在所配套电极常数相对应位置上：例如，配套电极常数为 0.95，则应把其调节到 0.95 位置上；又若配套电极常数为 1.1，则应调节在 1.1 位置上。

g. 将电极插头插入电极插口内，旋紧插口上的紧固螺丝，再将电极浸入待测溶液中。

h. 接着校正[当用(1)—(8)量程测量时，校正时扳到低周；当用(9)—(12)量程测量时，则校正扳到高周]，扳到“校正”，调节校正调节器，使指示在满度。

i. 当用 0~0.1μS/cm 或 0~0.3μS/cm 这两挡测量高纯水时，先把电极引线插入电极插孔，在电极浸入溶液前，调节电容补偿调节器，使电表指示为最小值(此最小值即电极铂片间的漏电阻，由于此漏电阻的存在，使得调电容补偿调节器时电表指针不能达到零点)。

(3) 分光光度计。

分光光度计，又称光谱仪(Spectrometer)，是将成分复杂的光分解为光谱线的科学仪器。测量范围一般包括波长范围为380~780nm的可见光区和波长范围为200~380nm的紫外光区。不同的光源都有其特有的发射光谱，因此可采用不同的发光体作为仪器的光源。钨灯光源所发出的380~780nm波长的光谱光通过三棱镜折射后，可得到由红、橙、黄、绿、蓝、靛、紫组成的连续色谱。该色谱可作为可见光分光光度计的光源。

① 测量原理。

分光光度计采用一个可以产生多个波长的光源，通过系列分光装置，从而产生特定波长的光源，光线透过测试的样品后，部分光线被吸收，计算样品的吸光值，从而转化成样品的浓度。样品的吸光值与样品的浓度成正比。

单色光辐射穿过被测物质溶液时，被该物质吸收的量与该物质的浓度和液层的厚度(光路长度)成正比，其关系如下：

$$A=-\lg(I/I_0)=-\lg T=kLc \tag{3.8}$$

式中：A为吸光度；I_0为入射的单色光强度；I为透射的单色光强度；T为物质的透射率；k为摩尔吸收系数；L为被分析物质的光程，即比色皿的边长；c为物质的浓度。

物质对光的选择性吸收波长，以及相应的吸收系数是该物质的物理常数。当已知某纯物质在一定条件下的吸收系数后可用同样条件将该供试品配成溶液，测定其吸收度，即可由式(3.8)计算出供试品中该物质的含量。在可见光区，除某些物质对光有吸收外，很多物质本身并没有吸收，但可在一定条件下加入显色试剂或经过处理使其显色后再测定，故又称比色分析。由于显色时影响呈色深浅的因素较多，且常使用单色光纯度较差的仪器，故测定时应用标准品或对照品同时操作。

② 使用步骤。

a. 接通电源，打开仪器开关，掀开样品室暗箱盖，预热10min。

b. 将灵敏度开关调至“1”挡(若零点调节器调不到“0”时，需选用较高挡)，根据所需波长转动波长选择钮。

c. 将空白液及测定液分别倒入比色杯3/4处，用擦镜纸擦清外壁，放入样品室内，使空白管对准光路。

d. 在暗箱盖开启状态下调节零点调节器，使读数盘指针指向$t=0$处。

e. 盖上暗箱盖，调节“100”调节器，使空白管的$t=100$，指针稳定后逐步拉出样品滑杆，分别读出测定管的光密度值并记录。

f. 比色完毕，关上电源，取出比色皿洗净，样品室用软布或软纸擦净。

(4) COD测定仪。

COD是一种常用的评价水体污染程度的综合性指标。它是英文chemical oxygen demand的缩写，中文名称为“化学需氧量”或“化学耗氧量”，是指利用化学氧化剂(如重铬酸钾)将水中的还原性物质(如有机物)氧化分解所消耗的氧量。它反映了水体受到还原性物质污染的程度。由于有机物是水体中最常见的还原性物质，因此COD在一定程度上反映了水体受到有机物污染的程度。COD越高，污染越严重。中国《地表水环境质量标准》规定，生活饮用水源 COD 浓度应小于 15mg/L，一般景观用水 COD 浓度应小于 40mg/L。

① 工作原理。

COD 在线分析仪由采样系统、反应系统和控制系统三大部分组成。其工作原理是样品、重铬酸钾消解溶液、硫酸银溶液(硫酸银作为催化剂加入可以更有效地氧化直链脂肪化合物)以及浓硫酸的混合液加热到 165℃，重铬酸钾被水中有机物还原为三价铬，在特定波长下测定三价铬含量，再根据三价铬离子的量换算出消耗氧的质量浓度(消耗的重铬酸根离子量相应于可氧化的有机物量)计算出 COD 值。

还原性的无机物，例如亚硝酸盐、硫化物和亚铁离子，会提高测量结果，它们的耗氧量会加到 COD 值中。氯离子的干扰可以通过加入硫酸汞消除，因为氯离子能与汞离子形成非常稳定的氯化汞。

② 使用步骤。

a. 在设备内加入 5 种标准试剂，包括重铬酸钾、硫酸银、浓硫酸、标准溶液和标准零点溶液。

b. 采样系统从监护水池中吸入水样等待，打开进水电磁阀，由微控电动机带动活塞泵将水样吸入测量管，测量壁上有两个红外线定位器，当水样到达刻度时，红外线定位器检测量液体关闭进样电磁阀，随后打开入口电磁阀，活塞泵将水样压入消解管中。

c. 采用同样的方法打开相对应溶液电磁阀，活塞泵分别吸入重铬酸钾、硫酸银、浓硫酸，全部注入消解管中加热到 175℃，待消解、冷却完成后，设备通过安装在消解管壁上的光度计测量并进行比色换算得出 COD 值，同时将信号转换成 4～20Ma 模拟量标准信号远传到监控中心可编程控制器(PLC)上。

d. 打开入口阀将废液吸入测量管，打开排液电磁阀经测量管将废液排掉，清洗。

3.2 水平衡测试数据处理方法和工具

3.2.1 数据校正——最小二乘法

最小二乘法又称最小平方法，是一种数学优化技术，它通过最小化误差的平方和寻找数据的最佳函数匹配。水平衡测试过程的数据校正，即把各装置没有计量仪表或计量仪表不准确的主要用水流量进行校正求解，利用最小二乘法可以简便地求得未知的用水数据，并使得这些求得的数据与实际数据之间误差的平方和最小。

数据校正的原理即是采用加权的最小二乘法：

$$\mathrm{Min}\ Z = \sum_{i=1}^{n}\left(\frac{x_i - x'}{tx_i}\right) \tag{3.9}$$

其中：

$$|x_i - x'| \leqslant tx_i$$

式中：x_i 为变量估计值；x' 为变量校正值；t 为加权因子，是用户输入的每个变量的容差值。

3.2.2 利用 Excel 软件建模及平衡数据

对于企业来说，通常情况下，借助 Excel 工具进行水平衡数据平衡计算分析处理是最为常见的。Excel 具有操作方便、易上手、应用广泛等特点，其基本职能是对数据进行记录、计算与分析，可完成表格输入、统计、分析等多项工作，生成精美直观的表格、图表；也可以在 Excel 表格中绘制水网络流程图，按照要求定制各类水平衡表格，提高水平衡数据分析计算的效率和准确性。

但利用 Excel 软件建模和平衡数据的缺陷在于智能化程度不够高，形成各类图表需要用户手动选取所需数据范围进行分析及定制；该软件用于水平衡测试相关工作针对性和专业性不够强，因此有一定的使用局限性。

3.2.3 利用流程模拟软件建模及平衡数据

在更加专业的水平衡软件开发出来之前，采用当前的一些流程模拟软件也可以进行水平衡工作的简单建模和数据平衡计算，但这类流程模拟软件主要还是面向工艺装置流程模拟，软件中的模块设备很少涉及公用工程模型，又或者这类软件在公用工程方面的应用偏向于节能降耗减排优化，对于水量的平衡分析不具备针对性的统计、分析等功能。

3.2.4 利用炼油化工企业水平衡测试软件建模及平衡数据

炼油化工企业水平衡测试软件是针对炼油化工企业生产装置特点开发的水平衡测试专业计算软件。该软件结合计算机、网络、石油化工、夹点技术、节水优化技术等多学科技术，归纳、总结水平衡测试计算规律，将测试结果图形化、数据计算机化。通过使用该软件，可消除数据处理过程中的误差，实现用水技术经济指标计算和各类水平衡报表统计自动化，自动审核数据平衡状态并可以自动校正，可从软件中导出 Word 版本的水平衡图和 Excel 版本的各种统计报表，并可以自动生成水平衡测试报告；企业的公用工程和工艺技术管理人员可以对公用工程装置运行状态进行计算、评价，对企业用水、用汽等存在的问题进行分析和研究，最终实现公用工程的费用最小化和企业经济利益最大化。

以下详细介绍炼油化工企业水平衡测试软件的主要功能，以及如何使用该软件进行水平衡建模的主要过程。

3.2.4.1 炼油化工企业水平衡测试软件主要功能

炼油化工企业水平衡测试软件的系统功能模块如图 3.1 所示。

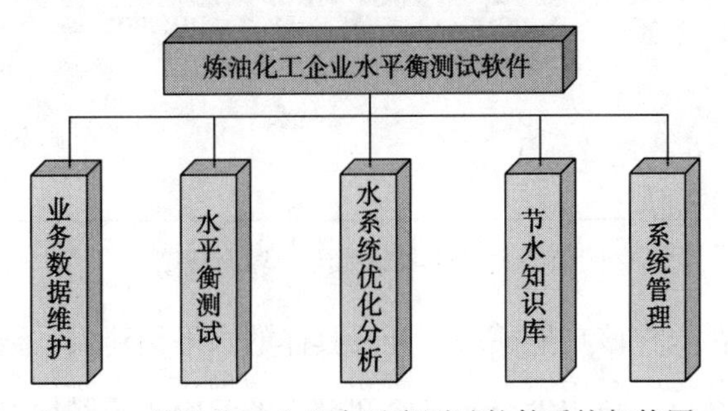

图 3.1 炼油化工企业水平衡测试软件系统架构图

(1) 业务数据维护：作为一个水平衡测试项目进行最基础的配置，是整个项目后续建模、运算和统计的基础。具体包括车间类别、用水种类、水用途、指标维护、同类企业名称维护和用水量查询设置。软件应用界面如图 3. 2 所示。

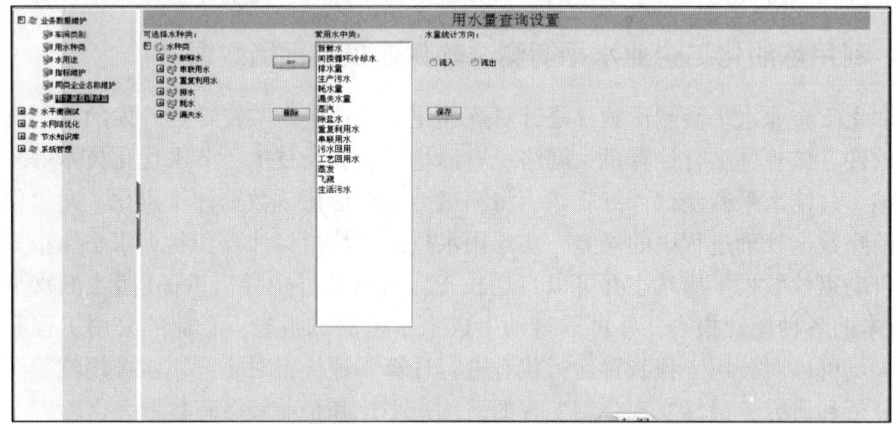

图 3. 2　业务数据维护界面截图

（2）水平衡测试：水在该功能模块下开展具体的水平衡建模、数据平衡分析计算。

（3）水系统优化分析：利用水夹点方法和数学规划法，在测试获取的水量数据和水质数据基础上，集成优化水网络结构(图 3. 3)。

（4）节水知识库：是节水知识、水平衡测试知识的一个共享平台，包括知识类别、知识管理和知识查询功能(图 3. 4)，业务人员可以在线浏览或下载资料学习，从而丰富业务人员的节水知识。

系统数据操作

导出EXCEL
完成
删除水阱
删除水源
删除行
计算
直接计算
循环计算
输入再生后浓度
约束条件

组分数	过程水阱	水阱名称	水阱流率(t/h)	水阱浓度(mg/L)	过程水源	水源名称	水源流率(t/h)	水源浓度(mg/L)
1	0	集管	21.8700		0	装置用新鲜水...	2.5400	
1	1	集管	21.8700		1	装置用蒸汽凝...	19.3300	
1	2	污水处理系统	21.8700		2	集管-污水处...	21.8700	
1	3	集管	0.0000		3	净化水来自污...	0.0000	
1	4	常压塔顶注水	0.0000		4	集管-常压塔...	0.0000	
1	5	减压塔顶注水	0.0000		5	集管-减压塔...	0.0000	
1	6	集管	0.0000		6	常压塔顶注水...	0.0000	
1	7	集管	0.0000		7	减压塔顶注水...	0.0000	
1	8	含盐污水	0.0000		8	集管-含盐污水	0.0000	
1	9	电脱盐注水	0.0000		9	集管-电脱盐注水	0.0000	
1	10	集管	0.0000		10	电脱盐注水-集管	0.0000	
1	11	压缩机	16.2730		11	集管-压缩机	16.2730	
1	12	汽提塔用汽	0.1000		12	集管-汽提塔用汽	0.1000	
1	13	蒸汽往复泵	1.1270		13	集管-蒸汽往复泵	1.1270	
1	14	污水汽提	0.1000		14	汽提塔用汽-...	0.1000	
1	15	集管	16.2730		15	压缩机-集管	16.2730	
1	16	0.3MPa蒸汽	1.1270		16	集管-0.3MPa蒸汽	1.1270	
1	17	无油凝结水管网	16.2730		17	集管-无油凝...	16.2730	
1	18	集管	1.1270		18	蒸汽往复泵-集管	1.1270	

夹点参数
新鲜水浓度
再生后浓度
流率最大值
夹点浓度
再生水流率
再生循环
最优再生浓度
最优再生水流率
最小新鲜水流率

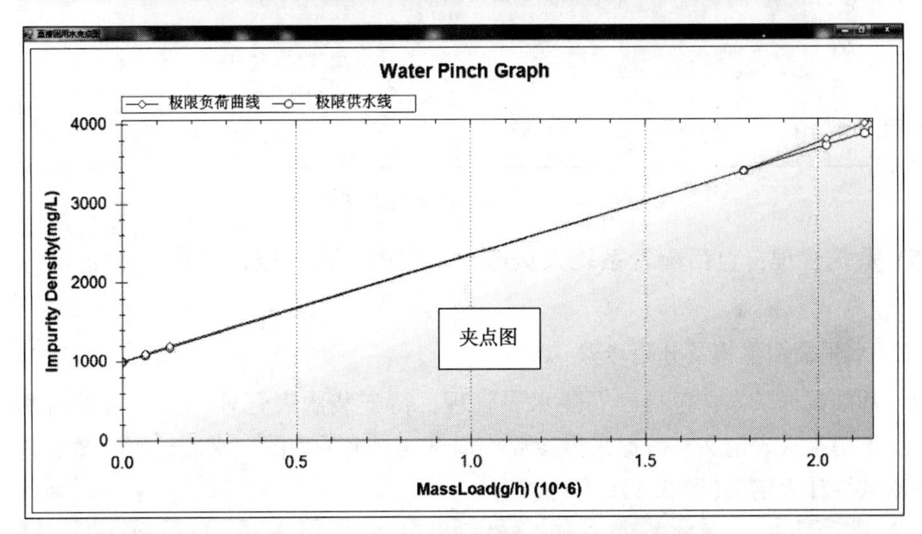

图 3.3　水夹点优化分析功能界面截图

业务数据维护
水平衡测试
2012年春季测试
2012年夏季测试
2013年夏季测试
油品质量升级项目
水网络优化
水网络优化
配置管理器
节水知识库
知识类别
知识管理
知识查询
系统管理

知识种类
节能标准
石油天然气节能标准
石油化工节能标准
化工节能标准
清洁生产标准
综合节能标准
其他
节水标准
国家节水标准
石油化工节水标准
石油天然气节水标准
其他
会议文献
第二届石油和化工节能节水
第三届石油和化工节能节水
第四届石油和化工节能节水
第三届石油和化工节能节水

详细列表　保存　删除

知识类别

	名称	是否可用	备注
1	知识种类	☐	根结点
2	节能标准	☑	
3	石油天然气节能标准	☑	
4	石油化工节能标准	☑	
5	化工节能标准	☑	
6	清洁生产标准	☑	
7	综合节能标准	☑	
8	其他	☑	
9	节水标准	☑	
10	国家节水标准	☑	
11	石油化工节水标准	☑	
12	石油天然气节水标准	☑	
13	其他	☑	

图 3.4　节水知识库界面截图

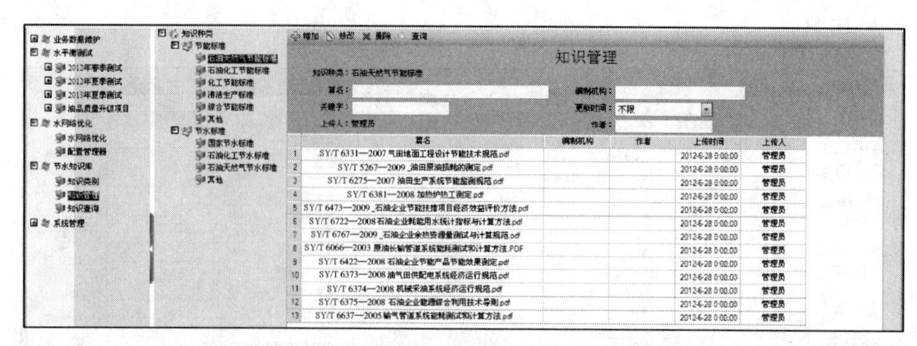

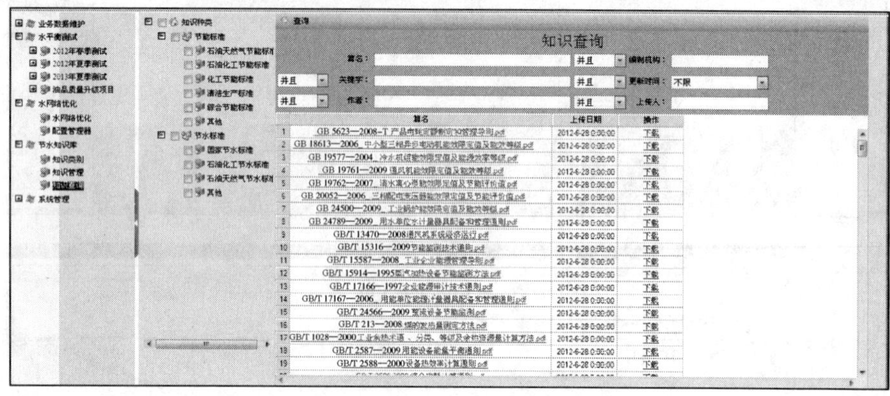

图 3.4 节水知识库界面截图(续)

(5) 系统管理：包括配置系统人员账户、权限分配，以及系统数据备份等管理功能项。

3.2.4.2 水平衡图建模及分析步骤

(1) 基础数据录入：包括已安装水表管理、待安装水表管理、单元水平衡测试表定义、企业年用水报表定义、数据采集参数管理、复制水平衡图、水表数据采集管理、企业水平衡测试统计表定义(图 3.5)。

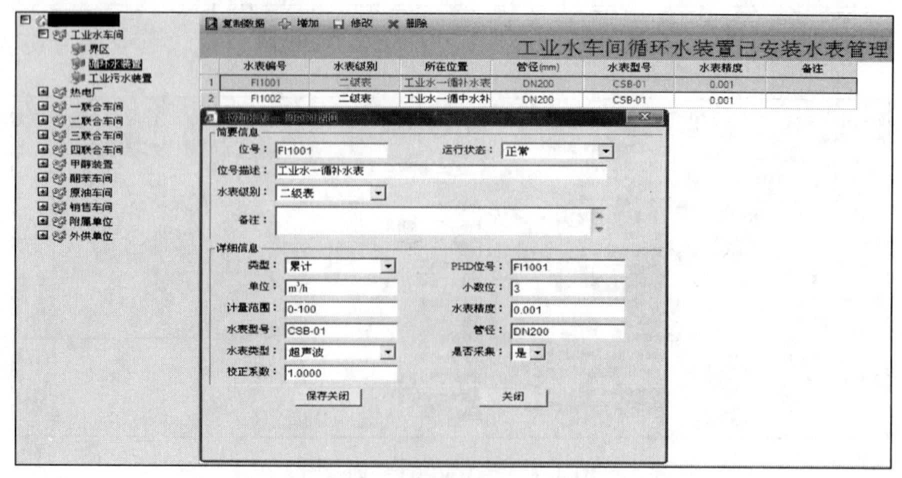

图 3.5 基础数据功能模块界面截图

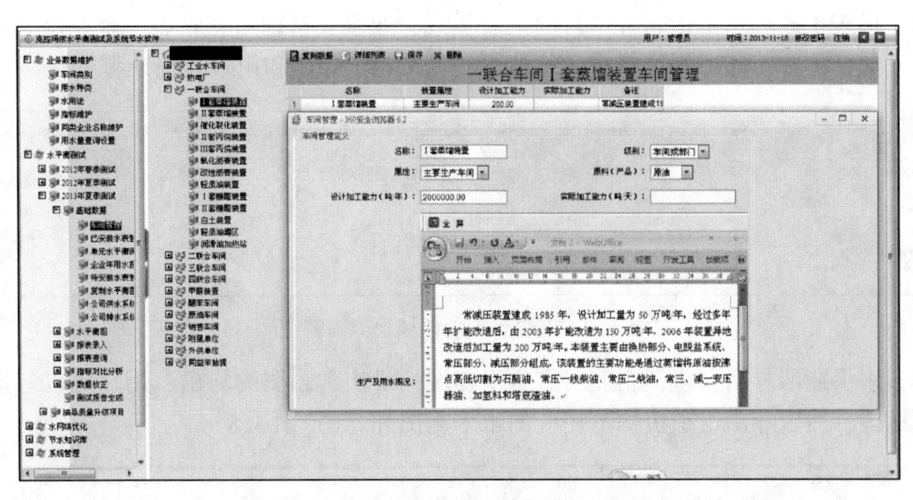

图 3.5 基础数据功能模块界面截图(续)

(2) 水平衡图建模：在水平衡图管理中，用户可以绘制水平衡图、定义流股属性、输入流股数据等。这些数据是后续形成的报表统计、查询以及指标维护的数据基础(图 3.6)。

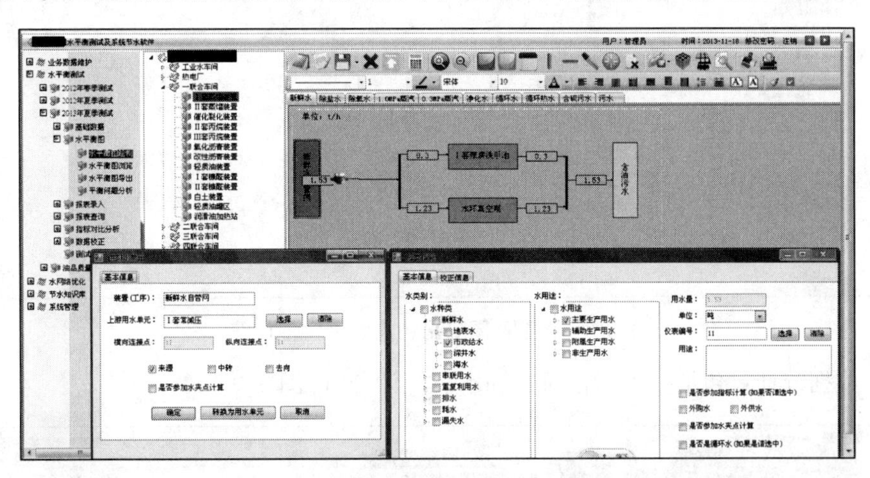

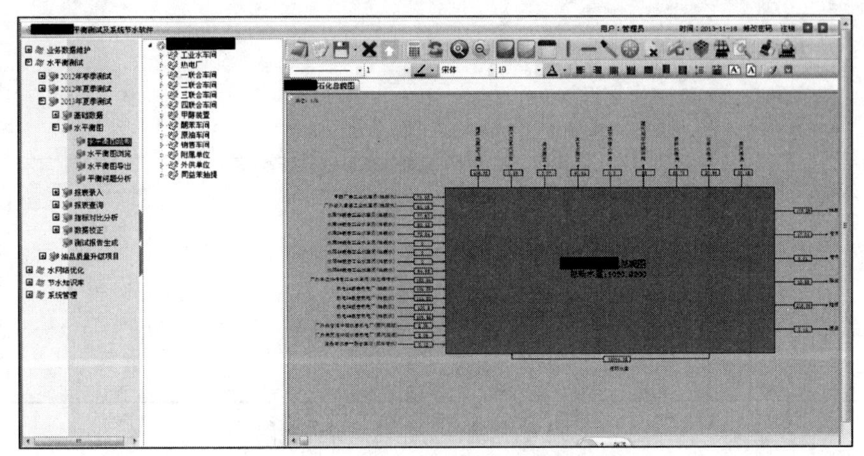

图 3.6 水平衡图管理模块界面截图

(3) 报表生成：水平衡软件可自动汇总生成企业水表基础信息报表、企业水表配备报表、单元水平衡表、循环水场生产运行情况统计表(图 3.7)和用水量统计表等。

Excel导出

循环水场生产运行情况统计表

	厂名	循环水场名称	补新水量(t/h)	补回用水(t/h)	循环水输出(t/h)	循环水回水(t/h)	蒸发飞溅量(计算量)(t/h)	水场排污量(t/h)	总排污及损失量(t/h)	浓缩倍数
1	工业水车间	第二循环水场	0.0000	35.2900	4077.0000	4077.0000	35.2900	0.0000	0.0000	3.85
2		第三循环水场	20.7900	87.8300	2545.0000	2543.7500	109.6700	0.0000	1.2500	3.59
3		第一循环水场	15.2100	28.7100	2824.0000	2824.0000	43.9200	0.0000	0.0000	3.45
4		第四循环水场	95.4600	7.2200	6978.7300	6978.5000	102.4500	0.0000	0.2300	3.86
5	甲醇装置	循环水场	64.9300	23.1600	1941.0000	1941.0000	67.5900	20.5000	20.5000	5.00
6	热电厂	循环水场	10.8000	43.8800	1980.0000	1978.0000	46.4300	6.2500	8.2500	4.10

图 3.7　报表管理功能模块界面截图

(4) 水平衡图导出：包括企业所有水平衡图的导出和总图的导出，用户可以勾选企业的组织机构，然后导出组织机构下相应的水平衡图和总图(图 3.8)。

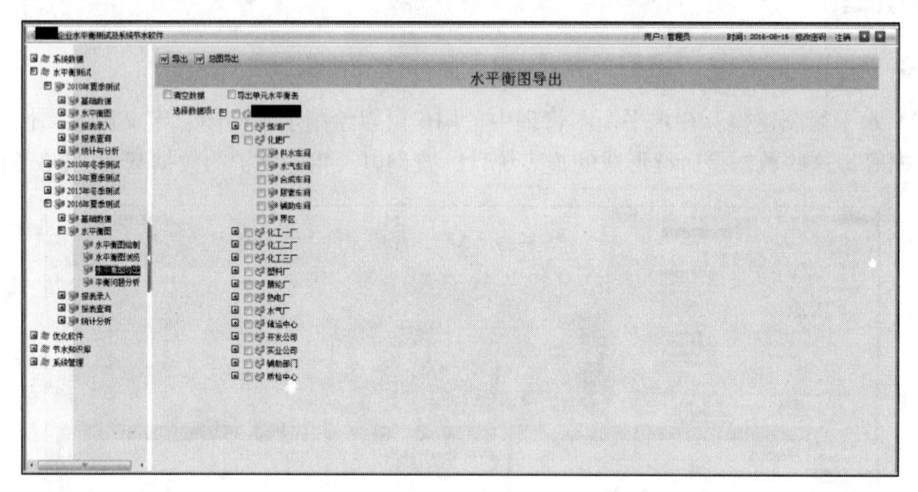

图 3.8　水平衡图导出功能模块界面截图

(5) 数据统计：包括技术指标对比和水表统计分析(图 3.9)。

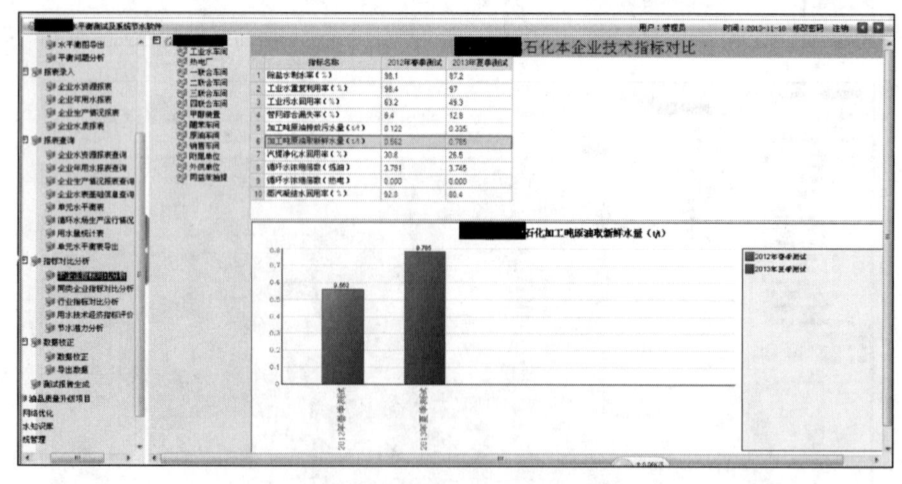

图 3.9　数据统计对比功能界面截图

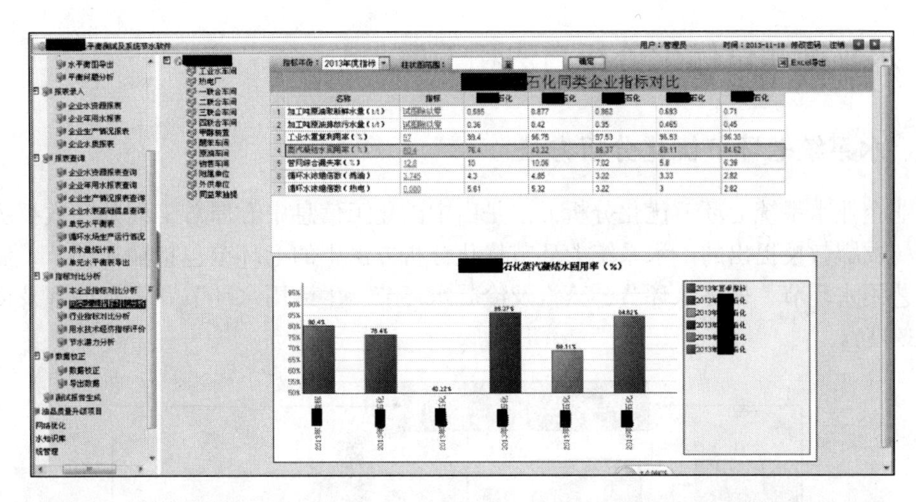

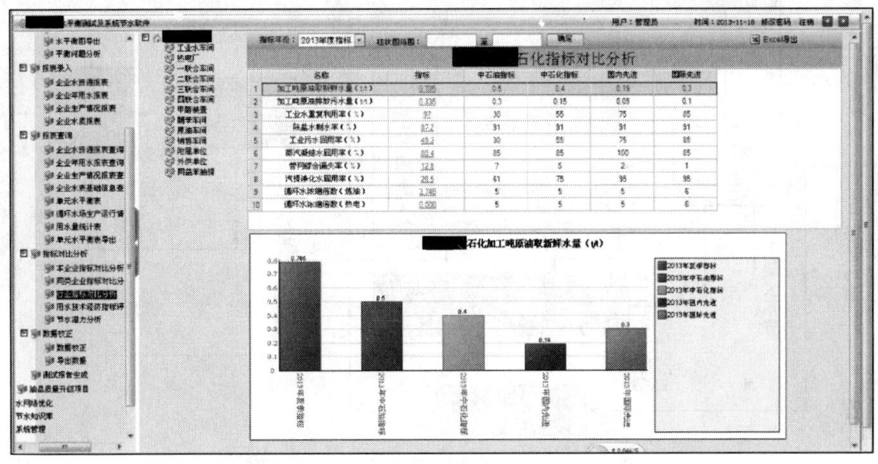

图 3.9 数据统计对比功能界面截图(续)

(6) 水平衡测试报告生成：包括企业所有测试报告的生成，用户可以勾选企业的组织机构，然后生成整个企业或相应组织机构下的水平衡测试报告(图 3.10)。

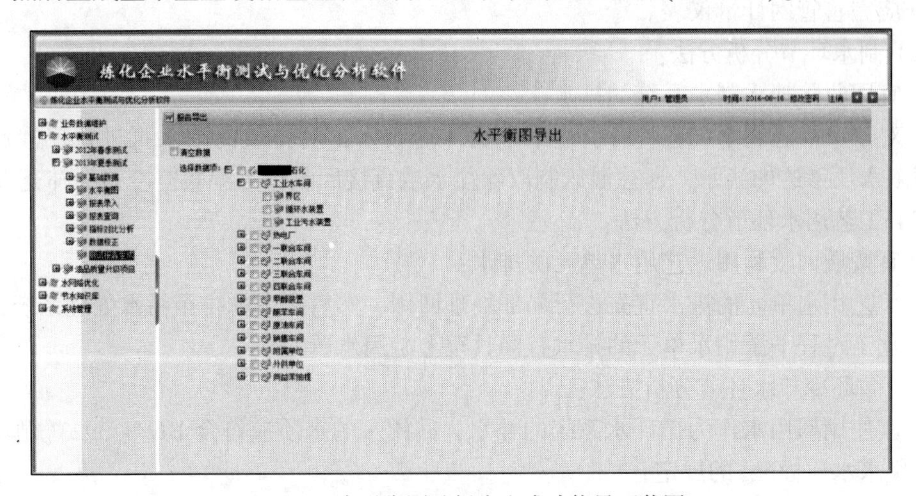

图 3.10 水平衡测试报告生成功能界面截图

3.3 水平衡测试优化分析方法和工具

3.3.1 水系统七环节优化分析方法

工业企业水系统七环节优化分析方法是由中国化工信息中心原总工程师、教授级高级工程师杨友麒教授提出的。水系统七环节优化分析方法中的七环节包括输送环节、制水环节、工艺用水环节、循环水环节、蒸汽及冷凝水环节、生活用水环节和污水处理及回用环节(图3.11)。

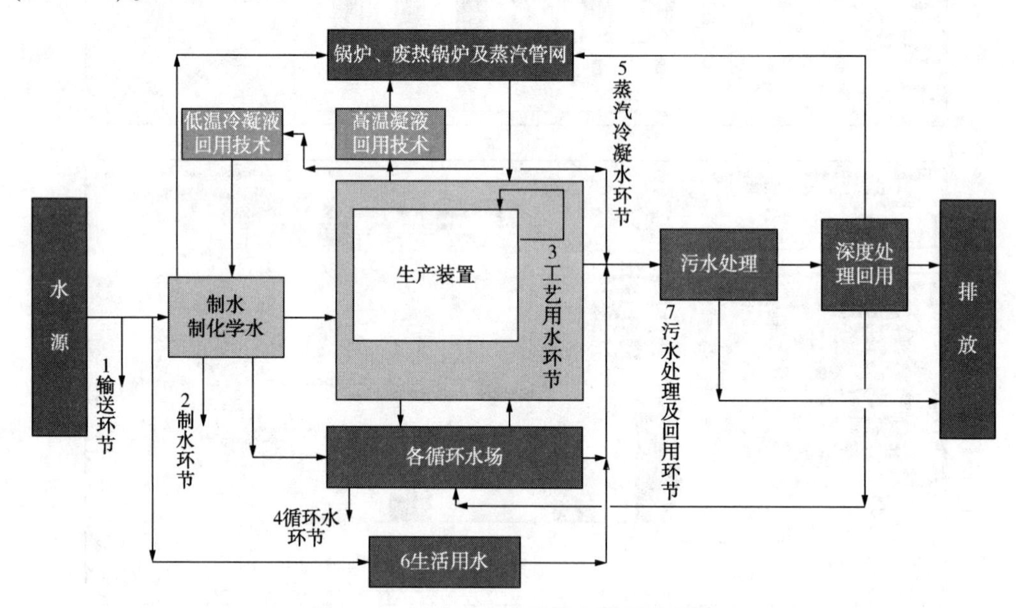

图3.11 工业企业水系统七环节示意图

(1) 水输送环节分析方法：

① 宜采用管网测漏技术，识别水输送管网的泄漏点。

② 应完善管网计量仪表。

(2) 制水环节分析方法：

① 宜回收除盐水制水系统的排水；

② 对于反渗透制水工艺，可引进浓水反渗透技术，对排放的浓水再进行反渗透，回收利用浓水反渗透的淡水，送往混床制取除盐水或直接回收作为湿式空冷器的补充水。

(3) 工艺用水环节分析方法：

① 宜按质回收利用工艺用水单元的排水；

② 工艺用水单元的排水宜先进行局部处理回用，然后再考虑排至污水处理系统；

③ 化工过程下游用水单元的排水宜回收至上游用水单元。

(4) 循环冷却水环节分析方法：

① 宜使用回用水作为循环水系统的补水，回用水的水质应符合HG/T 3923《循环冷却水用再生水水质标准》的规定；

② 循环冷却水系统的温差不宜低于8℃；

③ 循环冷却水不应作直流水使用；

④ 循环冷却水系统的排污水、旁流过滤冲洗排水和放空排水，宜进入回收水处理系统处理后回用。

(5) 蒸汽及冷凝水环节分析方法：

① 蒸汽冷凝水宜回收至蒸汽冷凝水管网，尤其是高温蒸汽冷凝水(温度超过85℃)应进行高温精处理，处理后达标的蒸汽冷凝水宜回收至混床制取除盐水；

② 宜按质回收利用蒸汽冷凝水，避免蒸汽冷凝水的降级使用。

(6) 生活用水环节分析方法：

① 装置或车间生活用水每人每班不宜超过0.05m^3；

② 食堂用水每人次不宜超过0.025m^3；

③ 厂区绿化用水每平方米每天不宜超过0.003m^3，干旱地区可酌情增加；

④ 有浴池的装置或车间的洗浴用水量每人次不宜超过0.1m^3。

(7) 污水处理及回用环节分析方法：

① 污水经过适当处理，达到循环冷却水补充水的水质指标，宜部分或全部替代新水。外排污水经过深度处理，达到除盐水水质指标后，宜替代除盐水使用；

② 宜使用城市污水再生水作为工业用水水源，水质基本控制项目及指标限值应符合GB/T 19923《城市污水再生利用　工业用水水质》的规定。

③ 宜采用水系统集成优化技术，识别工艺用水系统和污水处理回用系统中可能的废水直接利用、废水再生利用方式，以及循环冷却水系统中可能的串级利用方式。

3.3.2 单位产品耗水指标三层次分析方法

工业企业单位产品耗水指标三层次分析方法是由中国石油大庆石化公司科技与规划发展处原处长、大庆石化公司副总工程师任敦泾提出的。

炼油化工企业在对用水现状做用水指标计算和节水评价分析时，主要依据相关国家标准及行业标准，如GB/T 26926—2011《节水型企业　石油炼制行业》、GB/T 7119—2006《节水型企业评价导则》、SY/T 6722—2008《石油企业耗能用水统计指标与计算方法》等。其中，最为关键的一项指标是单位产品取水量，如加工吨原油取水量、加工吨乙烯取水量和加工吨合成氨取水量等。该指标综合反映了企业在加工产品过程中用水节水的最终情况，是评价企业用水和节水水平的有力工具。但该指标的评价作用过于单一和片面，而且对节水优化分析的支持力度不大，所以计算及分析基于单位产品取水量的其他层次指标，意义就显得尤为重要。

3.3.2.1 单位产品取水量三层次指标的计算

为避免对该指标的不同层次产生混淆，同时以加工吨原油取水量为研究对象做分析介绍，将加工吨原油取水量的三个层次命名为：加工吨原油基础取水量、加工吨原油中间取水量和加工吨油最终取水量(即加工吨原油取水量)。下面以炼油厂为例，介绍该用水指标三个层次计算方法及实际意义。

(1) 加工吨原油基础取水量计算。

加工吨原油基础取水量为炼油厂在加工每吨原油过程中实际所取用的所有水种的水量总和，包括外购的新鲜水(或自采新鲜水)、蒸汽、除盐水等外购水，炼油厂自身回收利用的回用水、中水、汽提净化水、蒸汽冷凝水以及清净污水等水种的总量。

该指标反映出炼油生产装置的基础用水水平，即炼油厂所选用生产工艺的水耗情况。

(2) 加工吨原油中间取水量计算。

加工吨原油中间取水量为炼油厂加工每吨原油过程中所使用的外购新鲜水(或自采新鲜水)、蒸汽、除盐水等外购水，炼油厂自身回收利用的回用水、中水及清净污水等水种的总量，不包括回用的蒸汽冷凝水量和汽提净化水量。

与加工吨原油基础取水量相比，该指标减去了炼油厂回用的蒸汽冷凝水量和汽提净化水量。该指标反映了炼油厂在回用污水前的新鲜水用量，其与加工吨原油基础取水量的差值，则反映了炼油厂回用蒸汽冷凝水量和汽提净化水量等高品质排水对取水指标下降的影响程度。

(3) 加工吨原油最终取水量计算。

加工吨原油最终取水量为炼油厂加工每吨原油过程中实际所外购的新鲜水(或自采新鲜水)、蒸汽、除盐水等外购水，即炼油生产装置生产过程中由厂外所补充进来的水量。

与前两个层次的指标相比，加工吨原油最终取水量指标的计算，将各种回收利用的水量全部减去，反映了炼油厂通过实施凝结水回收、净化水回用和污水处理回用等措施后全厂取水量的最终水平，是炼油厂用水和节水工作水平的最直接体现。

3.3.2.2 单位产品取水量三层次指标分析方法

上述三个层次的加工吨原油取水量指标，在节水优化分析中的意义和分析方法各不相同。还以炼油厂为例，按照源头优化、重点优化和顺序优化的系统节水优化分析原则，首先分析加工吨原油基础取水量，然后分析加工吨原油中间取水量，最后分析加工吨原油最终取水量。

(1) 加工吨原油基础取水量分析。

优化加工吨原油基础取水量为源头优化，是从用水工序直接优化分析，是首先要进行的节水工作，是节水工作的基础。用水系统的优化是降低基础取水量的重要措施，也是节水优化工作的基本方向。针对加工吨原油基础取水量的分析，应首先重点关注用水比例较大的几个部分，按照用水比例次序展开分析。对该指标的分析过程如下：

该厂锅炉发汽用水所占比例最大，为44%，所占指标值为0.626t/t。经与其他炼油厂的加工吨油蒸汽用量对比发现，该厂蒸汽单耗较大，为1.058t/t，分析其原因主要有：①该厂加氢装置较多，氢气需求量大，制氢装置生产规模达到了$17\times10^4m^3/h$，所以制氢反应消耗蒸汽量相对较高。制氢装置反应消耗了87.87t/h的蒸汽，占3.8MPa蒸汽总量的9.5%；②该厂还存在部分凝汽式透平机组，所用蒸汽量为87.43t/h，占3.8MPa蒸汽总量的9.4%；③该厂存在1.0MPa蒸汽管网向0.4MPa蒸汽管网的减温减压蒸汽，共109.177t/h，占1.0MPa蒸汽总量的31.1%；④该厂锅炉装置排污率为3.8%~5.9%，排污率较高。同时该厂除盐水装置采用双膜过滤工艺，除盐水制水率为79.8%，制水率较低，导致用水量较大。

针对该厂蒸汽用量较大的情况，其加工吨原油基础取水量优化工作应集中在：优化氢气网络减少新氢生产负荷以减少制氢装置蒸汽消耗量，增加热电联产发电量以减少或消除减温减压蒸汽量，优化锅炉排污控制减少排污量以及优化除盐水制水工艺提高制水率等措施，同时应考虑加大装置间的热联合优化力度，减少加热蒸汽用量。

该厂循环水场补水所用水量比例为31%，所占指标值为0.448t/t。该厂循环水场补水率为2.06%，属于达标水平，但该厂循环水场浓缩倍数为3，低于国家节水型企业的达标水平。这直接导致了补水量的增加，也使得排污量增加，并加大了污水处理场的处理负荷。

针对循环水场补水量大的问题，其节水优化工作应集中在分析循环水场补水水质、优化循环水场补水水源配置以提高循环水场浓缩倍数方面；另外，还应系统优化全厂能量系统，减少循环水冷却负荷，进而减少循环水用量，并最终减少循环水场的补水量。

该厂生产工艺过程中用水量所占比例为21%，所占指标值为0.295t/t。针对这部分用水的优化分析，应立足于实际生产操作过程，在保证正常生产和安全的前提下，减少每个工艺用水工序的用水量，或更新生产工艺及设备，多采用节水型生产工艺及设备，从工艺生产基础上减少水的使用。

该厂其他用水量所占比例为4%，主要是生活用水量和未预见水量，这部分用水量的优化工作方向是加强生活管理，从制度入手，提高公司全员节水意识，减少浪费等情况的发生。

(2) 加工吨原油中间取水量分析。

加工吨原油中间取水量是在炼油厂将厂内自产的汽提净化水和蒸汽凝结水等高品质排水回用之后，污水深度处理回用之前所得出的用水指标。该指标反映了炼厂对高品质排水回用的水平，即厂内高品质排水回用量越多，该指标数值越低。

根据国内炼油化工企业的实际经验，加工吨原油中间取水量的达标值不大于0.7t，即在不投用污水深度处理回用装置前，仅依靠回用厂内产生的高品质排水，应使该指标降低到0.7t以下，之后才可以建设污水深度处理装置。若炼油厂该指标未达标，说明该厂的高品质排水仍有优化的潜力，其节水优化工作重点仍放在高品质排水的回用方面。当炼油厂加工吨原油中间取水量不大于0.7t后，应结合污水收集总量、污水处理难度和该指标与加工吨原油最终取水量先进水平的差距，来确定污水深度处理回用装置的设计规模和采取的工艺，保证设计规模、设计工艺的合理性和适度性。

经过计算可得知，在回用了汽提净化水和蒸汽凝结水后，加工吨原油中间取水量为0.809t，该指标未达标。结合该厂的净化水回用率78.7%和蒸汽凝结水回用率90.23%的高水平，分析认为该厂在汽提净化水回用方面仍有部分潜力，但蒸汽凝结水的回用方面已基本无潜力。

同时，该厂加工吨原油中间取水量与加工吨原油最终取水量先进水平0.45t的差距为0.259t，结合该厂原油加工量和含油污水总量，可确定该厂污水深度处理装置设计产水规模为400t/h最佳。

(3) 加工吨原油最终取水量分析。

加工吨原油最终取水量，是炼油厂实际从厂外所取的新水量，即水系统补充水量，也是经炼油生产装置使用之后最终排到厂外的水量，即水系统损失量，损失的途径包括蒸发飞溅、生产消耗和污水外排等。

加工吨原油最终取水量的优化分析，应主要关注这部分水量的具体去向，减少水系统的消耗量和排放量。

该炼油厂补水的最大去向为循环水场的蒸发飞溅，为433.878t/h，所占比例为60%。蒸发损失是循环水场不可避免的水量损失，是为了将循环冷却水从装置中带出的热量通过蒸发相变的方式移出厂内。针对这部分水量损失，其优化重点在于生产装置能量系统优化，加强装置间热联合，减少循环冷却水的使用，从而减少循环水场的蒸发水量，进而降低炼厂水系统补水量。针对循环水场蒸发水量，还可以通过改造凉水塔来实现蒸发水汽的减少甚至回收，但该炼油厂地处西南地区，气候温和，不适用这种技术。

该炼油厂生产工艺消耗水量所占比例为27%，共计190.37t/h。在工艺消耗水量中，最大的消耗来自制氢装置的反应消耗，为87.87t/h，针对这部分消耗量所采取的优化措施在本章3.1节的蒸汽用量分析中已提出；工艺消耗量大的还有催化烟气脱硫所用的50t/h新鲜水，这部分水随烟气被带到大气中，也属于不可避免的损失。针对这个用水点所采取的优化措施是采用低品质的清净污水来代替新鲜水，减少新鲜水的外购量，同时减少污水处理场的运行负荷。

该炼厂外排污水量为92.648t/h，所占比例为13%，较一般炼厂的污水所占比例小。主要原因是该厂污水回用率较高，这也造成了针对外排污水所能采取的提高污水回用率这一措施已不适用。但该厂的污水系统所采取的是“清污分流+混合处理”工艺模式，造成污水处理装置负荷大。同时，该种处理方式也不利于对不同水质的污水做到“污污分治”的高效回用处理。这使得污水处理及回用装置的建设成本和运行成本较高。针对该炼厂污水系统的优化分析重点，主要为优化污水处理系统、降低污水处理装置建设及运行成本方面。

3.3.3 水夹点优化分析方法

水系统优化分析方法，一般包括如下步骤。

第一步：确定潜在的水源和水阱，识别关键杂质和非关键杂质，提取水源和水阱的水量，极限进、出口浓度；

第二步：确定最小的新鲜水用量和废水排放量；

第三步：设计出一组候选的水系统；

第四步：对上述水系统进行调优，得出适宜的方案；

第五步：对方案进行技术经济评价和系统操作性分析，如对结果不满意，返回第二步，重复上述步骤，直至满意。

不同的水系统优化方法，主要体现在第二、第三步。水系统优化的方法主要包括夹点法和数学规划法。

利用水夹点法进行水系统优化，一般包括两步，即确定目标值(Targeting)和网络设计(Design)。采用图示法或问题表法确定水网络的最小新鲜水用量目标，即确定目标值。代表性的方法有水剩余图法、物料回收夹点图、水级联法、源复合曲线、改进的极限负荷曲线和复合表法及改进问题表法。下一步需要设计满足目标值的水网络，代表性的方法有最大传质推动力法、最小匹配数法和近邻算法。下面分别介绍经典的图示法和问题表法，以及网络设计的近邻算法。

(1) 基于负荷—浓度图的水夹点法。

这里分别详细介绍水夹点法涉及的关键词和定义。

① 用水过程模型：一般将工业用水过程描述为从富杂质过程物流到水流的传质过程。如图 3.12 所示，过程物流与水逆流接触，过程物流中的杂质在传质推动力作用下进入水中，使过程物流所含杂质浓度降低，而水中的杂质浓度升高。这里的杂质可以是固体悬浮物、钙镁离子，或过程中某些限制水回用的水质浓度水平。例如，原油的脱盐过程就是通过原油(富杂质过程物流)和水流之间的接触来实现的。

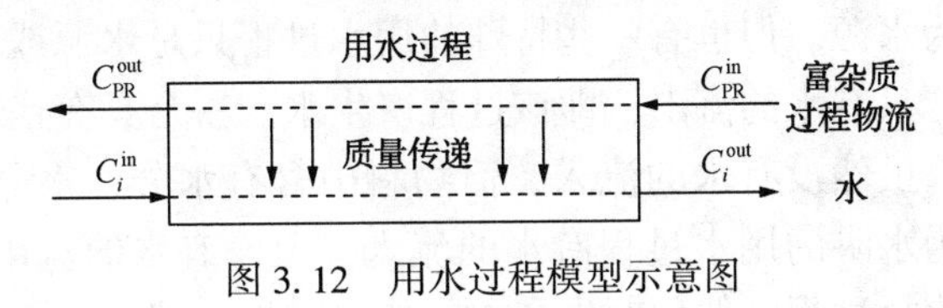

图 3.12　用水过程模型示意图

为了便于理解，以单杂质系统为例进行说明。杂质的传递过程所需要的水量可由式(3.10)计算：

$$F_i=\frac{M_i}{C_i^{out}-C_i^{in}} \tag{3.10}$$

式中：F_i 为用水过程 i 的质量流量，t/h；M_i 为用水过程 i 的杂质质量负荷，g/h；C_i^{out} 为用水过程 i 的水出口杂质浓度，mg/L；C_i^{in} 为用水过程 i 的水进口杂质浓度，mg/L。默认水的密度为 $1000kg/m^3$。

此处假定过程中无水量损失，且物质传递量与浓度的变化呈线性关系。对于显著的非线性传递过程，可以在局部小范围内视为是线性的。

实际用水过程可分为固定杂质负荷的用水过程和固定流量的用水过程两类。固定杂质负荷的用水过程(例如，洗涤、气体净化和萃取等)可基于质量传递过程建立用水模型，如图 3.12 所示；而固定流量的过程(例如，锅炉、循环冷却水系统和反应器等)不能基于质量传递过程进行描述，其制约因素在于水的流量，而不是移除的杂质负荷，这类用水单元通常伴随着水量的损失和产生。例如，循环水冷却系统的补水和排水，并没有真正意义上的富杂质过程物流和水流间的传质过程，而排水较补水杂质浓度的增加是由于冷却过程中水的蒸发引起的。当然，也可以将该杂质浓度的增加用一个虚拟的富杂质过程物流的传质来表示。

② 水量和杂质的质量衡算。对每个用水过程而言，水的质量平衡和杂质的质量平衡是最基本的计算原则。

水的流量平衡为：

$$F_i^{in}=F_i^{out}+F_i^{L} \tag{3.11}$$

式中：F_i^{in} 为用水过程 i 的入口质量流量，t/h；F_i^{out} 为用水过程 i 的出口质量流量，t/h；F_i^{L} 为用水过程 i 的损失质量流量，t/h。

除了水流量平衡外，还要考虑杂质的平衡。对于多杂质系统，对于每一种杂质组分 c，其平衡关系为：

$$F_i^{in} C_{i,c}^{in} + M_{i,c} = F_i^{out} C_{i,c}^{out} + F_i^{L} C_{i,c}^{L} \tag{3.12}$$

式中：$C_{i,c}^{in}$为用水过程 i 中杂质组分 c 在进口处的杂质浓度，mg/L；$C_{i,c}^{out}$为用水过程 i 中杂质组分 c 在出口处的杂质浓度，mg/L；$C_{i,c}^{L}$为用水过程 i 中损失水中的杂质组分 c 的杂质浓度，mg/L；$M_{i,c}$为用水过程 i 中传递杂质组分 c 的质量负荷，g/h。

一般情况下，$M_{i,c}$和 $C_{i,c}^{L}$为水系统设计之前给定的设计参数。

③ 水源与水阱。水源是指可提供给用水过程使用的水，包括新鲜水、再生水和用水单元的排水。水阱是指需要水的用水过程，其入口具有一定的水流量和杂质最高浓度限制。

通常的用水过程由于既有水的流入，又有水的流出，因此既是水源，又是水阱。其入口为水阱，出口水流为水源。但也有一些特殊的用水过程只是水源或水阱。仅为水源的用水过程没有水的流入，只有水的流出，即该过程产生水。一个具有代表性的例子就是蒸发过程。在蒸发过程中，虽然没有水的流入，但物料中含有水分，水分经蒸发之后又冷凝，成为冷凝水流出。仅为水阱的用水过程有水的流入，但没有水的流出，即该过程消耗水。例如，烧碱生产中的化盐过程、催化剂生产中的打浆过程，就是这样的过程。在这种过程中，水进入物料中，随物料流出单元。

④ 极限水数据。一般来说，从一个用水过程出来的废水如果在浓度、腐蚀性等方面满足另一个过程的进口要求，则可为其所用，从而达到节约新鲜水的目的。这种废水的重复利用是节水工作的主要着眼点。为了确定别的过程来的废水能被本过程再利用的可能性，需要指定本过程最大允许进口浓度，称为极限进口浓度。显然，进口浓度越高，其他过程排出的废水作为本过程水源的可能性越大。

由式(3.10)可以看出，当要去除的杂质负荷和进口浓度一定时，出口浓度越高，本过程所需的水的流量越小。因此，为了确定本过程所需水的最小流量，需要指定本过程最大出口浓度，称为极限出口浓度。

确定用水过程的极限进出口浓度时需要考虑下列因素，且不同的用水过程可能有所不同：a. 传质推动力；b. 最大溶解度；c. 避免杂质析出；d. 装置的结垢和堵塞；e. 腐蚀；f. 避免固体物料沉降的最小流量等。

在给定的极限进口浓度和极限出口浓度下，为完成本过程杂质去除负荷所需的水流量称为极限水流量。

对于一般的用水过程衡算，联立式(3.11)和式(3.12)已经足够，但是在进行水网络集成时，还需考虑各用水过程对杂质进出口浓度的限制，即

$$C_{i,c}^{in} \leqslant C_{i,c}^{in,max} \tag{3.13}$$

$$C_{i,c}^{out} \leqslant C_{i,c}^{out,max} \tag{3.14}$$

式中：$C_{i,c}^{in,max}$为用水过程 i 杂质组分 c 的极限进口浓度，mg/L；$C_{i,c}^{out,max}$为用水过程 i 杂质组分 c 的极限出口浓度，mg/L。

式(3.13)和式(3.14)是要求每个过程中杂质的进出口浓度都要小于或等于规定的极限浓度，这样才能够保证进水的质量浓度和流量完全符合该过程的要求。

由式(3.11)、式(3.12)、式(3.13)和式(3.14)的限定，就可以对每个用水过程的用水进行描述。

如果不考虑废水回用，求取过程 i 仅使用新鲜水时的最小新鲜水用量，则应是进口处为新鲜水，出口时达到极限出口浓度时的水流量。因为当进口浓度一定时，出口浓度达到最大时，水流量达到最小。将 $C_{i,c}^{\text{in}}=0$、$C_{i,c}^{\text{out}}=C_{i,c}^{\text{out,max}}$ 代入式(3.15)，对各杂质分别计算，取最大值即得：

$$F_{i,\min}^{\text{W}}=\max\left\{\frac{M_{i,c}}{C_{i,c}^{\text{out}}-C_{i,c}^{\text{in}}}\right\}_{c} \tag{3.15}$$

对于每个用水过程，对各杂质分别计算，取最大值，即

$$F_{i}^{\lim}=\max\left\{\frac{M_{i,c}}{C_{i,c}^{\text{out,max}}-C_{i,c}^{\text{in,max}}}\right\}_{c} \tag{3.16}$$

式中：$F_{i}^{\lim}$ 为用水过程 i 的极限流量，t/h。

极限进口浓度和极限出口浓度，或极限进口浓度和极限水流量统称为极限水数据。

⑤ 极限水曲线用水过程中的杂质传递过程如图3.13所示。横坐标 M 代表杂质负荷，纵坐标 C 代表杂质浓度。浓度是绝对的，即曲线不可上下移动；而杂质负荷是相对的，只关心其进出口的差值，因此曲线可以左右平移。浓度最高的为物料线(用角标PR表示)，较低的几条为供水线。供水线左端点的纵坐标表示用水过程进口处水的杂质浓度，右端点的纵坐标表示用水过程出口处水的杂质浓度。供水线斜率的倒数，为水的流量，如式(3.10)所示。因此，在一定的进口浓度下，出口浓度越大，供水线斜率越大，水的流量越小。供水线与物料线之间的垂直距离，为浓度差，代表了过程的传质推动力。

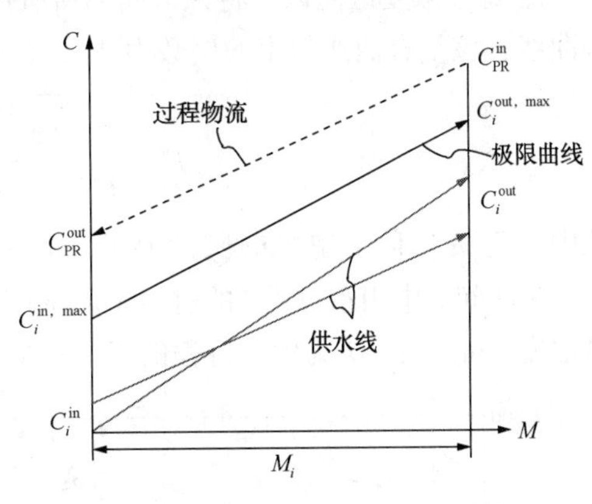

图3.13 负荷—浓度图

通常进口浓度在一定范围内的水以及一定范围内不同的水的流量均能够满足过程的需求，因此，能够满足过程需求的供水线有多种选择。

确定了用水过程的极限进出口浓度后，就得到了该过程用水的极限曲线。用水过程的实际供水线并不要求是水的极限曲线，水的极限曲线只是给出了供水线的一个极限。由图3.13可以看出，位于极限曲线下方的供水线均可满足过程要求。

确定了用水过程的水的极限曲线后，就可以用用水过程的水的极限曲线来代表该用水单元对水的需求特性。不同的用水单元会有很不同的传质特性，将这种不同的传质特性放在确定水的极限数据的时候考虑。然后，所有的用水单元就可以用一个统一的基准——极限曲线来描述。

⑥ 极限水复合曲线。为了达到用水系统的全局最优化，必须从整体上来考虑整个系统的用水情况。因此，需要将所有用水过程的用水情况综合用复合曲线来分析。

案例：构造水系统的极限复合曲线和供水线。该问题的各用水过程极限数据见表3.4。

表 3.4 各用水过程水的极限数据

用水过程	杂质负荷(g/h)	极限进口浓度(mg/L)	极限出口浓度(mg/L)	极限流量(t/h)
P1	2000	0	100	20
P2	5000	50	100	100
P3	30000	50	800	40
P4	4000	400	800	10

a. 根据表 3.4 给出的极限数据，在同一个负荷—浓度图上画出所有用水过程的极限曲线，如图 3.14(a)所示；

b. 按各个用水过程的进出口浓度，用水平线将 C 轴划分为各浓度区间；

c. 每个浓度区间内，将该区间内所有用水过程的杂质负荷加和，得到该浓度区间的复合曲线，该复合曲线斜率的倒数由式(3.17)计算：

$$F^v = \frac{\sum_{i \in \boldsymbol{NI}} M_i^v}{C_i^{\text{out}, v} - C_i^{\text{in}, v}} \quad \forall v \in \boldsymbol{NV} \tag{3.17}$$

式中：F^v 为区间 v 中水的质量流量，t/h；M_i^v 为区间 v 中用水过程 i 的杂质负荷，g/h；$C_i^{\text{in},v}$ 为区间 v 中用水过程 i 的进口杂质浓度，mg/L；$C_i^{\text{out},v}$ 为区间 v 中用水过程 i 的出口杂质浓度，mg/L；$\boldsymbol{NI}$ 为用水过程的集合；$\boldsymbol{NV}$ 为浓度区间的集合。

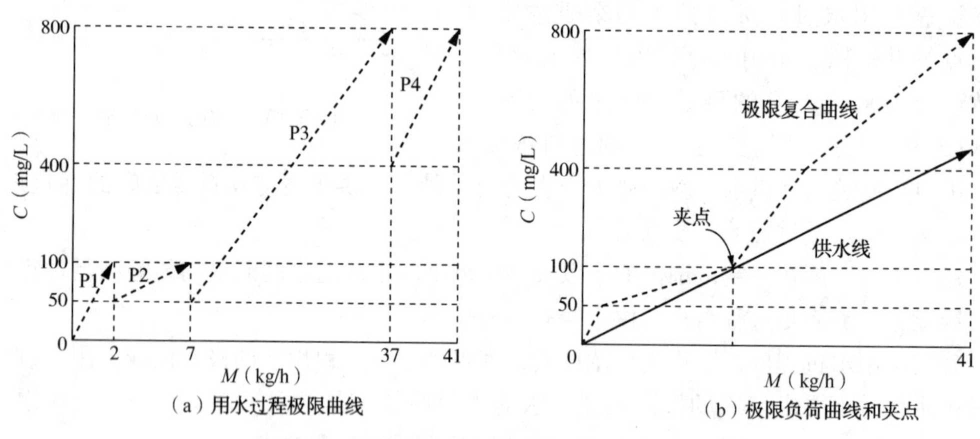

图 3.14 构造极限复合曲线和夹点的形成

⑦ 供水线与水夹点。在确定了系统的极限复合曲线后，就可以确定仅考虑废水直接回用时用水系统的最小新鲜水流量。位于复合曲线下方的供水线均可满足供水要求。假定新鲜水入口浓度为 0，为了使新鲜水用量达到最小，应该尽可能增大其出口浓度，即增大供水线的斜率。但是为了保证一定的传质推动力，供水线必须完全位于极限复合曲线之下。当供水线的斜率增大到在某点与复合曲线开始重合时，出口浓度达到最大，新鲜水用量达到最小。重合的位置就是“水夹点”，如图 3.14(b)所示。

水夹点对于用水系统的设计具有重要的指导意义。水夹点上方用水过程的极限进口浓度高于夹点浓度，不应使用新鲜水，而应该使用其他过程排出的废水；水夹点下方用水过程的极限出口浓度低于夹点浓度，不应排放废水，而应将排出的废水用于其他用水过程。一般来说，系统的水夹点可能不止一个。

图 3.14(b)中，水夹点所对应的新鲜水流量就代表了整个系统新鲜水的最小用量，可用式(3.18)计算：

$$F_{\min}^{\mathrm{W}}=\frac{M_{\mathrm{pinch}}}{C_{\mathrm{pinch}}} \tag{3.18}$$

式中：$F_{\min}^{\mathrm{W}}$为全系统最小新鲜水用量，t/h；M_{pinch}为夹点以下杂质总负荷，g/h；C_{pinch}为夹点浓度，mg/L。

由图 3.14 可见，在夹点处，供水线与极限复合曲线重合，传质推动力似乎为 0。实际并非如此，因为在确定各用水过程的极限进出口浓度时，最小传质推动力已经考虑在内。因此，夹点处的推动力为最小传质推动力。

此外，再生回用和再生循环水网络最优供水线的构造和最小新鲜水用量的计算可参阅文献。

(2) 利用问题表法确定水网络目标值。

极限复合曲线可以直观地指出水夹点的位置。但是，当用水过程较多、浓度跨度较大时，采用复合曲线过于烦琐且不够准确。用问题表法可以精确确定水夹点位置。问题表法的计算步骤如下：

① 所有用水过程的进出口浓度从小到大排列，形成浓度区间。

② 计算处于每一浓度区间的用水过程极限流量之和；用水过程 i 极限流量由式(3.19)计算可得。

③ 计算每一浓度区间内的杂质总负荷。

对于浓度区间 v：

$$\Delta M^{v}=\left(\sum_{i=1}^{p} F_{i}^{\lim}\right)\times\left(C^{v}-C^{v-1}\right) \tag{3.19}$$

当 $v=0$ 时：

$$C^{0}=\min_{i} C_{i}^{\mathrm{in},\max} \tag{3.20}$$

式中：ΔM^{v} 为区间 v 内的杂质总负荷，g/h；C^{v} 为浓度区间 v 的上界杂质浓度，mg/L；C^{v-1}为浓度区间 v 的下界杂质浓度，mg/L。

④ 计算各浓度区间边界处的累积负荷 $\Delta M_{\mathrm{cum}}^{v}$：

$$\Delta M_{\mathrm{cum}}^{v}=\Delta M^{1}+\cdots+\Delta M^{v-1}+\Delta M^{v}=\sum_{k=1}^{v}\Delta M^{k} \tag{3.21}$$

⑤ 计算各浓度区间边界处的理论最小流量 $F_{\min}^{v}$：

$$F_{\min}^{v}=\frac{\Delta M_{\mathrm{cum}}^{v}}{C^{v}-C^{\mathrm{W}}} \tag{3.22}$$

式中：C^{W} 为新鲜水中杂质浓度，mg/L。

其中：

$$C^{W} \leqslant C^{v=0} \tag{3.23}$$

F^{v}_{min}最大的浓度区间的上界即为夹点浓度。如果相同的F^{v}_{min}的最大值同时出现在几个浓度区间中，则较低浓度区间的上界为夹点浓度。

案例：利用问题表法确定水网络的最小新鲜水用量。该水网络各用水过程的极限数据见表3.4。

第一步：形成浓度区间。

将所有用水过程的进出口浓度从小到大排列：0，50mg/L，100mg/L，400mg/L，800mg/L。

因此，共有4个浓度区间第一浓度区间0→50mg/L，第二浓度区间50mg/L→100mg/L，第三浓度区间100mg/L→400mg/L，第四浓度区间400mg/L→800mg/L。将浓度区间列于问题表的第一列，并将各用水过程极限数据表示在问题表的第二列。

第二步：计算处于每一浓度区间的用水过程极限流量之和。

第一浓度区间：$\sum F_{i}^{lim}=F_{1}^{lim}=20t/h$。第二浓度区间：$\sum F_{i}^{lim}=F_{1}^{lim}+F_{2}^{lim}+F_{3}^{lim}=160t/h$。第三浓度区间：$\sum F_{i}^{lim}=F_{3}^{lim}=40t/h$。第四浓度区间：$\sum F_{i}^{lim}=F_{3}^{lim}+F_{4}^{lim}=50t/h$。

第三步：计算每一浓度区间内的杂质总负荷。

第一浓度区间：$\Delta M^{1}=20\times(50-0)=1000g/h$。第二浓度区间：$\Delta M^{2}=160\times(100-50)=8000g/h$。第三浓度区间：$\Delta M^{3}=40\times(400-100)=12000g/h$。第四浓度区间：$\Delta M^{4}=50\times(800-400)=20000g/h$。

将各浓度区间内的杂质总负荷列于问题表第三列。

第四步：计算累积负荷。

在$C=0$处，$\Delta M^{v}_{cum}=0$；

在$C=50mg/L$处，$\Delta M^{v}_{cum}=\Delta M^{1}=1000g/h$；

在$C=100mg/L$处，$\Delta M^{v}_{cum}=\Delta M^{1}+\Delta M^{2}=1000+8000=9000g/h$；

在$C=400mg/L$处，$\Delta M^{v}_{cum}=\Delta M^{1}+\Delta M^{2}+\Delta M^{3}=1000+8000+12000=21000g/h$；

在$C=800mg/L$处，$\Delta M^{v}_{cum}=\Delta M^{1}+\Delta M^{2}+\Delta M^{3}+\Delta M^{4}=1000+8000+12000+20000=41000g/h$。

将对应各浓度的累积负荷列于问题表的第四列。

第五步：计算各浓度区间边界处的理论最小流量。将对应各浓度的理论最小流量列于问题表的最后一列。

在$C=0$处，$F^{v}_{min}=0$；在$C=50mg/L$处，$F^{v}_{min}=1000/50=20t/h$；在$C=100mg/L$处，$F^{v}_{min}=9000/100=90t/h$；在$C=400mg/L$处，$F^{v}_{min}=21000/400=52.5t/h$；在$C=800mg/L$处，$F^{v}_{min}=41000/800=51.25t/h$。

由此得到的问题表见表3.5。最后一列中流量最大处就是水夹点所在，此时的流量就是系统所需的最小新鲜水流量。在此例中，夹点在100mg/L处，最小新鲜水流量为90t/h。此外，再生回用和再生循环水网络最小新鲜水流量，最小再生水流量和最优再生浓度的计算可采用再生回用和再生循环问题表。

表 3.5 问题表

浓度(mg/L)	单元 1 20t/h	单元 2 100t/h	单元 3 40t/h	单元 4 10t/h	杂质负荷(g/h)	累积负荷(g/h)	流量(t/h)
0						0	0
50					1000	1000	20
100					8000	9000	90
400					12000	21000	52.5
800					20000	41000	51.25

(3)设计满足目标值的水系统，目前最通用的水网络设计方法是由 Prakash 和 Shenoy 提出的近邻算法。近邻算法的基本步骤如下：

① 按照水阱极限入口浓度由低到高的顺序排序，首先考虑杂质极限入口浓度最低的水阱，依次类推。

② 如果存在一股水源 SRi，其极限出口浓度 $C_{\mathrm{SR}i}^{\mathrm{out,max}}$ 正好等于某个水阱 SKj 的极限入口浓度 $C_{\mathrm{SK}j}^{\mathrm{in,max}}$，进行③；否则，进入④。

③ 如果 $F_{\mathrm{SR}i} \geqslant F_{\mathrm{SK}j}$，表明水源 SR$i$ 的流量足以满足水阱 SKj 的流量需求。更新水源 SRi 的流量为 $F_{\mathrm{SR}i}=F_{\mathrm{SR}i}-F_{\mathrm{SK}j}$，然后考虑下一个水阱，进入②。

如果 $F_{\mathrm{SR}i}<F_{\mathrm{SK}j}$，表明水源 SR$i$ 的流量不足以满足水阱 SKj 的流量需求，更新水源 SRi 和水阱 SKj 的流量分别为 $F_{\mathrm{SR}i}=0$ 和 $F_{\mathrm{SK}j}=F_{\mathrm{SK}j}-F_{\mathrm{SR}i}$，进入④。

④ 选择极限出口浓度正好低于和高于水阱极限入口浓度的两股水源 SRm 和 SRn，求解流量和杂质负荷衡算方程，计算 $F_{\mathrm{SR}m,\mathrm{SK}j}$ 和 $F_{\mathrm{SR}n,\mathrm{SK}j}$，进入⑤。

$$F_{\mathrm{SR}m,\mathrm{SK}j}+F_{\mathrm{SR}n,\mathrm{SK}j}=F_{\mathrm{SK}j} \tag{3.24}$$

$$F_{\mathrm{SR}m,\mathrm{SK}j}C_{\mathrm{SR}m}^{\mathrm{out,max}}+F_{\mathrm{SR}n,\mathrm{SK}j}C_{\mathrm{SR}n}^{\mathrm{out,max}}=F_{\mathrm{SK}j}C_{\mathrm{SK}j}^{\mathrm{in,max}} \tag{3.25}$$

式中：$F_{\mathrm{SR}m,\mathrm{SK}j}$ 或 $F_{\mathrm{SR}n,\mathrm{SK}j}$ 为水源 SRm 或水源 SRn 送往水阱 j 的质量流量，t/h；$C_{\mathrm{SR}m}^{\mathrm{out,max}}$ 或 $C_{\mathrm{SR}n}^{\mathrm{out,max}}$ 为水源 SRm 或水源 SRn 极限出口浓度，mg/L。

⑤ 如果 $F_{\mathrm{SR}m,\mathrm{SK}j}$ 和 $F_{\mathrm{SR}n,\mathrm{SK}j}$ 均小于水源 SRm 和 SRn 的流量 $F_{\mathrm{SR}m}$ 和 $F_{\mathrm{SR}n}$，则水阱的流量已经完全满足，更新水源 SRm 和 SRn 的流量分别为 $F_{\mathrm{SR}m}=F_{\mathrm{SR}m}-F_{\mathrm{SR}m,\mathrm{SK}j}$ 和 $F_{\mathrm{SR}n}=F_{\mathrm{SR}n}-F_{\mathrm{SR}n,\mathrm{SK}j}$，然后考虑下一个水阱，进入②。

如果 $F_{\mathrm{SR}m,\mathrm{SK}j}$ 大于水源 SRm 的流量 $F_{\mathrm{SR}m}$，那么水源 SRm 全部用完，更新水源 SRm 的流量为 $F_{\mathrm{SR}m}=0$，则需要水源 SR(m-1)($C_{\mathrm{SR}(m-1)}^{\mathrm{out,max}}<C_{\mathrm{SR}m}^{\mathrm{out,max}}$)作为补充。如果 $F_{\mathrm{SR}t,\mathrm{SK}j}$ 大于水源 SRt 的流量 $F_{\mathrm{SR}t}$，那么水源 SRt 全部用完，更新水源 SRt 的流量为 $F_{\mathrm{SR}t}=0$，则需要水源 SR(t+1)($C_{\mathrm{SR}(t+1)}^{\mathrm{out,max}}>C_{\mathrm{SR}t}^{\mathrm{out,max}}$)作为补充。再次求解式(3.24)和式(3.25)。重复该步骤，直至满足水阱的流量和浓度需求，然后考虑下一个水阱，进入②。

当满足所有水阱的流量和浓度需求时，停止计算。

当利用近邻算法设计具有固定杂质负荷用水过程的水系统时，需要用到 3 条设计规则。

规则 1：所有用水过程出口浓度达到极限出口浓度。

规则 2：如果某个用水过程的极限入口浓度低于夹点浓度，其极限出口浓度高于夹点浓度，即该用水过程跨越夹点，则该用水过程入口浓度需达到极限入口浓度。

规则 3：如果一个用水过程的极限进出口浓度均低于夹点浓度或高于夹点浓度，最大限度使用现有的最高品质的水源。夹点浓度之下最高品质的水源一般是新鲜水。夹点之上的用水过程不能使用夹点之下的水源(包括新鲜水)，而应该使用夹点之上现有的最高品质的水源。

下面以上述的例题为例详细介绍采用近邻算法设计水网络。

用水过程 P1 的极限出口浓度等于夹点浓度(100mg/L)，是夹点之下的过程。根据规则 3，现有最高品质的水源是新鲜水，利用式(3.10)计算可得，用水过程 P1 所需的新鲜水用量为 20t/h，低于现有的新鲜水总流量 90t/h。用水过程 P2 的极限出口浓度等于夹点浓度(100mg/L)，也是夹点之下的过程，类似地，利用式(3.10)计算可得，用水过程 P2 所需的新鲜水用量为 50t/h，低于现有的新鲜水总流量 70t/h。

用水过程 P3 的极限进口浓度低于夹点浓度(50mg/L<100mg/L)，其极限出口浓度高于夹点浓度(800mg/L>100mg/L)，是跨越夹点的过程。根据规则 2，其进口浓度等于其极限进口浓度 50mg/L。此时现有的水源有 20t/h 的新鲜水，20t/h 用水过程 P1 的排水，50t/h 用水过程 P2 的排水。邻近的“干净”水源是新鲜水，邻近的“脏”水源是用水过程 P1 或 P2 的排水，通过求解式(3.24)和式(3.25)，可得 20t/h 的新鲜水和 20t/h 用水过程 P1 或 P2 的排水可以用来满足用水过程 P3 的需求。

用水过程 P4 是夹点之上的过程。此时，可用的水源有 50t/h 过程 P2 的排水(100mg/L)和 40t/h 用水过程 P3 的排水(800mg/L)。根据规则 3，利用最高品质的可用水源，即用水过程 P2 的排水。求解式(3.10)，可得需要用水过程 P2 的排水的量为 5.7t/h。

所设计的水网络如图 3.15 所示。

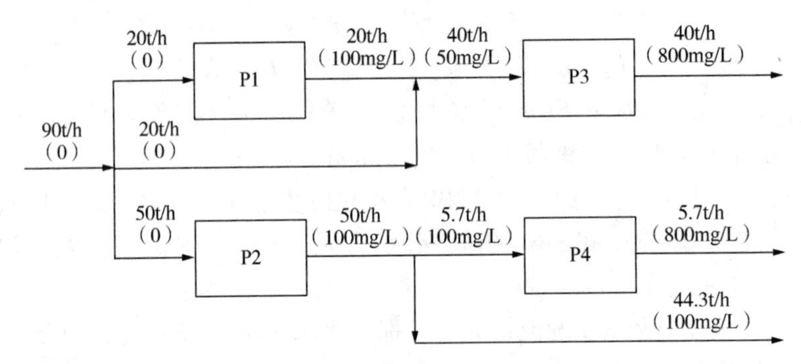

图 3.15　优化的水网络

括号中数据表示杂质浓度

3.3.4　数学规划法优化分析方法

数学规划法优化水系统的研究进展可参阅综述文献和专著。本节介绍最基本的直接回用水系统优化数学模型，以及炼油厂水系统优化模型和新型工业水系统优化模型。

3.3.4.1　直接回用水系统优化模型

最基本的直接回用水系统优化超结构如图 3.16 所示，水系统包括一股外部水源(例如新鲜水源)，杂质浓度为 $C_c^W(c \in \boldsymbol{NC})$，可分配至各个用水过程。各个用水过程($i \in \boldsymbol{NI}$)具

有一定的杂质负荷 $M_{i,c}$、极限入口浓度和出口浓度（$C_{i,c}^{\text{in,max}}$ 和 $C_{i,c}^{\text{out,max}}$），可以使用新鲜水或其他用水过程的排水。剩余的用水过程的排水则送往废水处理过程进行处理。

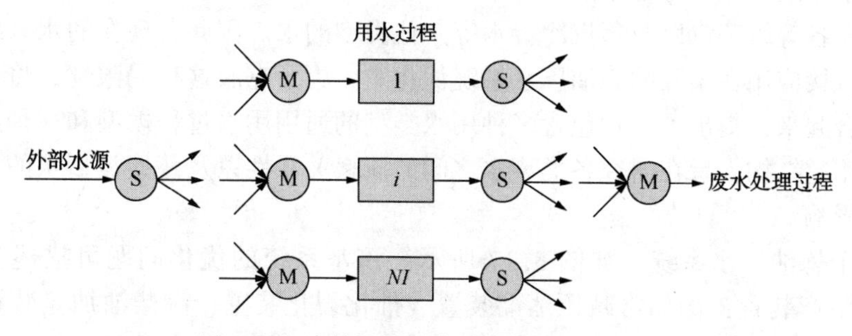

图 3.16　直接回用用水系统优化的超结构

根据所建立的超结构，可以列出如下的非线性规划模型。

目标函数：

$$\min \sum_{i \in \boldsymbol{NI}} F_i^{\text{W}} \tag{3.26}$$

等式约束（水量衡算及杂质质量衡算）：

$$F_i^{\text{in}} = F_i^{\text{out}} + F_i^{\text{L}} \quad \forall \text{i} \in \boldsymbol{NI} \tag{3.27}$$

$$F_i^{\text{in}} C_{i,c}^{\text{in}} + M_{i,c} = F_i^{\text{out}} C_{i,c}^{\text{out}} + F_i^{\text{L}} C_{i,c}^{\text{L}} \quad \forall i \in \boldsymbol{NI},\ c \in \boldsymbol{NC} \tag{3.28}$$

$$F_i^{\text{in}} = F_i^{\text{W}} + \sum_{j \in \boldsymbol{NI},\ j \neq i} F_{j,\ i} \quad \forall i \in \boldsymbol{NI} \tag{3.29}$$

$$F_i^{\text{in}} C_{i,\ c}^{\text{in}} = F_i^{\text{W}} C_c^{\text{W}} + \sum_{j \in \boldsymbol{NI},\ j \neq i} F_{j,\ i} C_{j,\ c}^{\text{out}} \quad \forall i \in \boldsymbol{NI},\ c \in \boldsymbol{NC} \tag{3.30}$$

式中：$F_{j,i}$ 为用水过程 j 送往用水过程 i 的质量流量，t/h。

等式约束条件（3.27）描述了用水过程 i 的水量衡算；等式约束条件（3.28）描述了用水过程 i 杂质 c 的质量衡算；等式约束条件（3.29）描述了用水过程 i 的入口水量衡算；等式约束条件（3.30）描述了用水过程 i 入口杂质 c 的质量衡算。

不等式约束：

$$0 \leqslant C_{i,c}^{\text{in}} \leqslant C_{i,c}^{\text{in,max}} \quad \forall i \in \boldsymbol{NI},\ c \in \boldsymbol{NC} \tag{3.31}$$

$$0 \leqslant C_{i,c}^{\text{out}} \leqslant C_{i,c}^{\text{out,max}} \quad \forall i \in \boldsymbol{NI},\ c \in \boldsymbol{NC} \tag{3.32}$$

$$F_i^{\text{W}} \geqslant 0 \quad \forall i \in \boldsymbol{NI} \tag{3.33}$$

$$F_{j,i} \geqslant 0 \quad \forall i,\ j \in \boldsymbol{NI},\ j \neq i \tag{3.34}$$

式中：F_i^{W} 为用水过程 i 的新鲜水用量，t/h。

不等式约束条件（3.31）描述了用水过程 i 中杂质 c 进口浓度约束；不等式约束条件（3.32）描述了用水过程 i 中杂质 c 出口浓度约束；不等式约束条件（3.33）描述了用水过程 i 的新鲜水用量非负；不等式约束条件（3.34）描述了从用水过程 j 到用水过程 i 的水流量非负。

目标函数（3.26）和约束条件（3.27）至约束条件（3.34）构成以新鲜水消耗量最小为目标的水网络设计优化数学模型。求解该数学模型后，就可以解出最小新鲜水用量，以及新鲜水到各用水过程、各用水过程到其他用水过程的水量分配。如果要以其他参数为目标函数，如以费用最小，只需引入相应的费用计算约束条件即可。

3.3.4.2 炼油厂水系统优化模型

目前的水系统优化只考虑了新鲜水、再生水和废水排污，而忽略了除盐水、除氧水、循环冷却水、各等级蒸汽以及蒸汽冷凝水等其他类型的水。因此，现在的水系统优化的数学模型不能直接应用在实际的炼油厂水系统优化中。为了克服这种局限性，将理论和工业实际应用结合起来，提出了一种包含多种用水类型的通用用水过程模型和一种炼油厂水系统优化的通用超结构，旨在研究各类型水之间的流率关联性以及替换类型水的替代率对水系统优化的影响。

给定一个炼油厂水系统，如图 3.17 所示。该水系统的优化问题可描述为：给定一系列主要的生产装置，例如常减压蒸馏装置、催化裂化装置、汽柴油加氢装置、重整装置、制氢装置、酸性汽提装置等，每个装置包括多个不同的用水过程，使用不同类型的水和各等级蒸汽(也看成是一种水的类型)，同时又排出若干不同类型的水，例如常减压蒸馏装置使用生产给水、除盐水、除氧水、回用水及其他类型水，并排出含硫污水、含油污水和含盐污水。每个用水过程可用图 3.18 表示。炼油厂水系统中还包括一些辅助生产装置，如新鲜水站、除盐水站、循环水站、动力站、污水处理场、储运系统等。辅助生产装置的主要功能在于制取不同类型的水或处理不同类型的污水。它们可以将某些类型的水经过处理后以其他类型的水送出，例如，除盐水站将新鲜水处理后以除盐水的形式送出并供给各用水装置。此外，一般还需要外部供应新鲜水，如市政供水、江河湖泊水、雨水等。这些新鲜水源在供给生产装置之前也需要经过一定的预处理过程，例如过滤、沉降等。本书旨在建立一种通用的炼油厂水系统优化模型，集成不同类型水之间流率关联性的物料衡算方程和用水过程进出口流率关联性的物料衡算方程，用以优化实际炼油企业水系统。

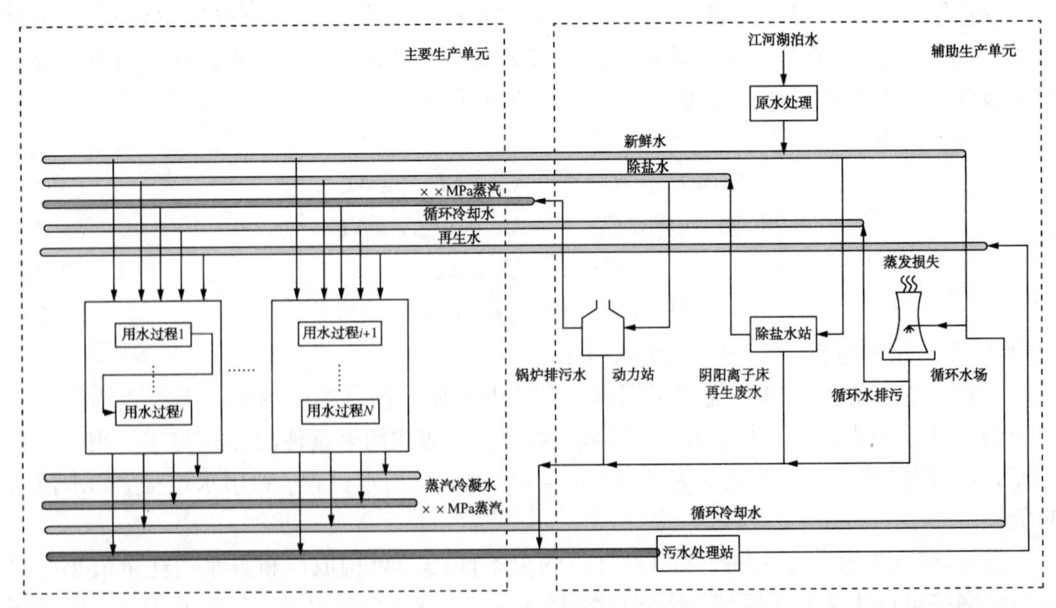

图 3.17 通用炼油厂水系统结构简图

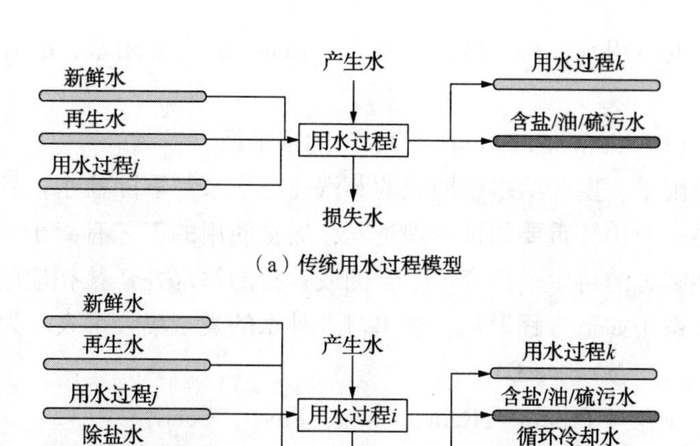

图 3.18 考虑多种水类型的用水过程模型

基于图 3.17 和图 3.18，本节建立了一种考虑多种类型用水的炼油厂水系统优化的数学模型。模型中出现的所有参数大写表示，所有变量小写表示。以下分别针对辅助生产装置、主要生产装置以及各类型水分别进行物料衡算。

3.3.4.2.1 各装置流率平衡通式

各辅助生产装置和主要生产装置的流率平衡可以写成如下的通式：

$$\sum^{\text{TypeIn}} f_{s,\ \text{in}}^{\text{TypeIn}} + f_{s,\ \text{in}}^{\text{Gain}} = \sum^{\text{TypeOut}} f_{s,\ \text{out}}^{\text{TypeOut}} + f_{s,\ \text{out}}^{\text{Loss}} \quad \forall s \in \boldsymbol{AU} \cup \boldsymbol{PU} \tag{3.35}$$

其中：下标中的 in 和 out 分别表示入口和出口；上标中的 Gain 和 Loss 分别表示水的增加和损失；TypeIn 和 TypeOut 分别表示流股入口和出口的水的种类。对每个辅助生产装置 ($\forall s=r \in \boldsymbol{AU}$) 和主要生产装置 ($\forall s=p \in \boldsymbol{PU}$) 来说，水的种类是不同的。

(1) 新鲜水站(Fresh Water Station，FWS)的水平衡。

新鲜水站用作外界水源(江河湖泊水、市政水、雨水等)的预处理过程。新鲜水站进口流率与出口流率的关系可以用新鲜水站的制水比(α_{FWS})关联起来。新鲜水站出口处预处理过的水也被称为新鲜水，能够用作生产给水、生活用水、消防用水和施工用水。外界水源的总量等于生产给水、生活用水、消防用水和施工用水的流率之和。新鲜水站的流率平衡用如下方程表示，进出口各种水的类型集合以及各不同类型水之间的关联性可表示为：

$$\begin{aligned} &\forall s=r \in \boldsymbol{FWS} \\ &\forall \text{TypeIn} = \{\text{Resource}\} \\ &\forall \text{TypeOut} = \{\text{Fresh},\ \text{Life},\ \text{Fire},\ \text{Const}\} \end{aligned} \tag{3.36}$$

$$\sum^{\text{TypeOut}} f_{\text{FWS},\ \text{out}}^{\text{TypeOut}} = \alpha_{\text{FWS}} \cdot f_{\text{FWS},\ \text{in}}^{\text{Resource}} \tag{3.37}$$

式中：下标 FWS 指新鲜水站；上标是各种水的类型，Resource 是外界来的水源，Fresh 是生产给水，Life 是生活用水，Fire 是消防用水，Const 是施工用水；α_{FWS}是新鲜水站的制水比。

（2）除盐水站（Desalt Water Station，DWS）的水平衡。

除盐水站接收雨水、生产给水、回收的蒸汽冷凝水来制取除盐水供各装置使用。它是新鲜水站之外的另一个比较重要的预处理过程，通常使用的工艺有离子交换、超滤和反渗透等。这些预处理装置的再生过程会产生含油或含盐的污水并送往相应的污水管网。除盐水站的流率平衡关系用如下方程表示，进出口各种水的类型集合可表示为：

$$\begin{aligned}&\forall s=r\in \boldsymbol{DWS}\\&\forall \text{TypeIn}=\{\text{Rain}，\text{Circu}，\text{Fresh}，\text{Cond}\}\\&\forall \text{TypeOut}=\{\text{Circu}，\text{Desalt}，\text{Oil}，\text{Discharge}\}\end{aligned}\tag{3.38}$$

式中：下标 DWS 指除盐水站；上标 Rain 是雨水，Circu 是循环冷却水，Cond 是蒸汽冷凝水，Desalt 是除盐水，Oil 是含油污水，Discharge 是排放污水。

这里忽略了除盐水站水的增加量和损失量。

由于除盐水站的再生过程会产生废水，因而产生的除盐水量会少于入口的进水量。除盐水站的制水比定义为入口的进水量与出口产的除盐水量之比，可表示为：

$$f_{\text{DWS,in}}^{\text{Rain}}+f_{\text{DWS,in}}^{\text{Fresh}}+f_{\text{DWS,in}}^{\text{Cond}}=f_{\text{DWS,out}}^{\text{Desalt}}\cdot\alpha_{\text{DWS}}\tag{3.39}$$

式中：α_{DWS}表示除盐水站的制水比，它的值通常大于 1。

（3）动力站（Power Station，PS）的水平衡。

动力站接收来自除盐水站的除盐水，然后经过除氧器产生除氧水，再进入锅炉产蒸汽。最终产生不同等级的蒸汽，并送往相应等级的蒸汽管网。动力站的流率平衡关系用如下方程表示，进出口的各种水的类型集合可表示为：

$$\begin{aligned}&\forall s=r\in \boldsymbol{PS}\\&\forall \text{TypeIn}=\{\text{Circu}，\text{Desalt}，\text{Steam3.5}\}\\&\forall \text{TypeOut}=\left\{\begin{matrix}\text{Circu}，\text{Deaerat}，\text{Steam9.5}，\text{Steam1.0}，\\\text{Steam0.45}，\text{Cond}，\text{Oil}，\text{Reuse}，\text{Discharge}\end{matrix}\right\}\end{aligned}\tag{3.40}$$

式中：下标 PS 表示动力站；上标 Deaerat 是除氧水，Steam3.5 是 3.5MPa 蒸汽，Steam9.5 是 9.5MPa 蒸汽，Steam1.0 是 1.0MPa 蒸汽，Steam0.45 是 0.45MPa 蒸汽，Reuse 是回用水。

产生的高压蒸汽量与动力站入口产蒸汽的水量和锅炉的效率有关。而动力站入口的产蒸汽的水量和出口的高压蒸汽量可用除盐水制高压蒸汽比关联起来，

$$f_{\text{PS,out}}^{\text{Steam9.5}}=\alpha_{\text{HP}}\cdot f_{\text{PS,in}}^{\text{Desalt}}\tag{3.41}$$

式中：α_{HP}表示动力站的除盐水制高压蒸汽的比值。

（4）循环水站（Circulating Water Station，CWS）的水平衡。

循环水站为整个炼油企业提供循环冷却水，是循环冷却系统非常重要的一部分。循环水是一种非常重要的广泛使用的冷却公用工程，用于冷却过程流股（例如，蒸馏塔的塔顶流股、压缩机的出口流股等）。它的温度通常在 25℃左右，经过与过程流股换热后送回至循环水站，送回的温度会增加到 35℃左右，最后再通过凉水塔的蒸发过程进行降温，这样

就完成了循环水的循环过程。蒸发过程是循环水站水量损失最大的一部分。此外，雾沫夹带也会产生一部分水量损失。因此，循环水站需要接收生产给水、回用水和雨水等作为它的补充水。降温后的循环冷却水回用至各个装置。另外，部分(5%左右)返回的循环冷却水在送回到循环水站之前会先经过过滤装置处理。过滤设备反冲洗过程将产生一定量污水，并送至污水处理厂。循环水站的进出口平衡关系用如下方程表示，进出口各种水的类型集合可表示为：

$$\begin{aligned}&\forall s=r\in \boldsymbol{CWS}\\&\forall \text{TypeIn}=\{\text{Circu},\ \text{Prod},\ \text{Reuse}\}\\&\forall \text{TypeOut}=\{\text{Circu},\ \text{Discharge},\ \text{Loss}\}\end{aligned}\tag{3.42}$$

式中：下标 CWS 表示循环水站，上标 Loss 包括蒸发损失和雾沫夹带损失。

循环水站中的补充水、蒸发量、雾沫夹带量和空气进量等之间的关联性可表示如下：

$$\begin{aligned}&f_{\text{RCS,in}}^{\text{Fresh}}=\frac{f_{\text{RCS,out}}^{\text{Evap}}\cdot N}{N-1}\\&f_{\text{RCS,out}}^{\text{Evap}}+f_{\text{RCS,out}}^{\text{Drift}}=f_{\text{RCS,out}}^{\text{Loss}}\\&f_{\text{RCS,out}}^{\text{Evap}}=f_{\text{RCS,out}}^{\text{Circu}}\times\frac{c_p}{\Delta H_{\text{r}}}\times\Delta T\\&f_{\text{RCS,out}}^{\text{Drift}}=f_{\text{RCS,out}}^{\text{Circu}}\times\frac{DF}{100}\\&f_{\text{RCS,in}}^{\text{Air}}=\frac{f_{\text{RCS,out}}^{\text{Evap}}}{H_{\text{out}}-H_{\text{in}}}\end{aligned}\tag{3.43}$$

式中：上标 Evap 指蒸发量，Drift 指雾沫夹带量，Air 指进空气量；N 是浓缩倍数；c_{p} 是水的比热容；ΔH_{r} 是水的蒸发潜热；ΔT 是循环水站进出口温差；DF 是漂移因子；H_{in}、H_{out} 是循环水站进出口湿度。

(5) 污水处理场(Wastewater Treatment Station，WTS)的水平衡。

污水处理厂通常接收含油污水、含盐污水、生活污水及其他类型用水进行处理。产生的产品水流股可回用给其他生产装置或在满足环境要求的情况下排放。污水处理厂的工艺通常有沉降、活性污泥、超滤和反渗透等，处理的过程中还会消耗部分新鲜水。此外，还有部分水量损失。污水处理厂的进出口流率平衡用如下方程表示，进出口水的类型集合可表示为，

$$\begin{aligned}&\forall s=r=\boldsymbol{WTS}\\&\forall \text{TypeIn}=\{\text{Prod},\ \text{Life},\ \text{Oil},\ \text{Saline},\ \text{Others}\}\\&\forall \text{TypeOut}=\{\text{Reuse},\ \text{Discharge}\}\end{aligned}\tag{3.44}$$

式中：下标 WTS 指污水处理厂；上标 Saline 指含盐污水，Others 指其他水。

实际的污水处理厂可能有多级的处理过程，在此简化为图 3.19 所示的三级处理模型(例如，沉降+活性污泥+超滤)，可表示为：

$$
\begin{aligned}
& f_{\mathrm{TU1}}^{\mathrm{prod}} = \alpha_{\mathrm{T1}} \cdot \sum^{\mathrm{TypeIn}} f_{\mathrm{WTS,\ in}}^{\mathrm{TypeIn}} \\
& f_{\mathrm{TU1}}^{\mathrm{resd}} = (1-\alpha_{\mathrm{T1}}) \cdot \sum^{\mathrm{TypeIn}} f_{\mathrm{WTS,\ in}}^{\mathrm{TypeIn}} \\
& f_{\mathrm{TU1}}^{\mathrm{prod}} = f_{\mathrm{TU2}}^{\mathrm{in}} + f_{\mathrm{TU1}}^{\mathrm{reuse}} \\
& f_{\mathrm{TU2}}^{\mathrm{prod}} = \alpha_{\mathrm{T2}} \cdot f_{\mathrm{TU2}}^{\mathrm{in}} \\
& f_{\mathrm{TU2}}^{\mathrm{resd}} = (1-\alpha_{\mathrm{T2}}) \cdot f_{\mathrm{TU2}}^{\mathrm{in}} \\
& f_{\mathrm{TU2}}^{\mathrm{prod}} = f_{\mathrm{TU3}}^{\mathrm{in}} + f_{\mathrm{TU2}}^{\mathrm{reuse}} \\
& f_{\mathrm{TU3}}^{\mathrm{prod}} = \alpha_{\mathrm{T3}} \cdot f_{\mathrm{TU3}}^{\mathrm{in}} \\
& f_{\mathrm{TU3}}^{\mathrm{resd}} = (1-\alpha_{\mathrm{T3}}) \cdot f_{\mathrm{TU3}}^{\mathrm{in}} \\
& f_{\mathrm{WTS,\ out}}^{\mathrm{Reuse}} = f_{\mathrm{TU1}}^{\mathrm{reuse}} + f_{\mathrm{TU2}}^{\mathrm{reuse}} + f_{\mathrm{TU3}}^{\mathrm{prod}} \\
& f_{\mathrm{WTS,\ out}}^{\mathrm{Discharge}} = f_{\mathrm{TU1}}^{\mathrm{resd}} + f_{\mathrm{TU2}}^{\mathrm{resd}} + f_{\mathrm{TU3}}^{\mathrm{resd}}
\end{aligned}
\tag{3.45}
$$

式中：$f_{\mathrm{TU1}}^{\mathrm{prod}}$、$f_{\mathrm{TU2}}^{\mathrm{prod}}$和$f_{\mathrm{TU3}}^{\mathrm{prod}}$分别为三级处理过程的产品流股；$f_{\mathrm{TU1}}^{\mathrm{resd}}$、$f_{\mathrm{TU2}}^{\mathrm{resd}}$和$f_{\mathrm{TU3}}^{\mathrm{resd}}$分别为三级处理过程的浓水流股；$f_{\mathrm{TU1}}^{\mathrm{reuse}}$和$f_{\mathrm{TU2}}^{\mathrm{reuse}}$分别为第一、第二级处理过程的产品流股的回用水流股；α_{T1}、α_{T2}和α_{T3}分别为三级处理过程的产水率。

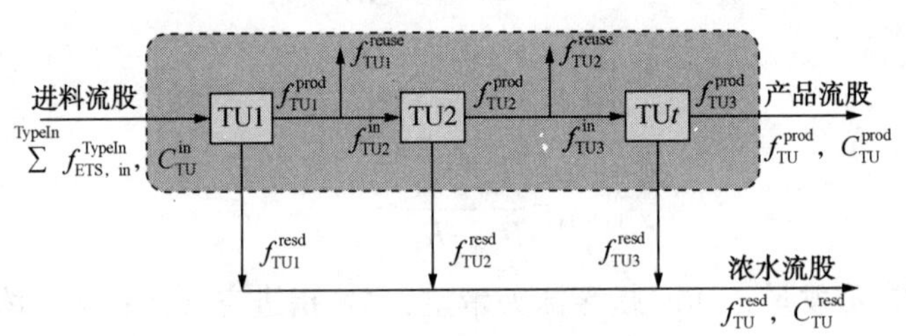

图 3.19 污水处理场流程简图

(6) 主要生产装置(PUs)的水平衡。

主要生产装置(如常减压蒸馏装置、催化裂化装置、煤柴油加氢装置、制氢装置等)包括多个用水过程，分别消耗各类用水，并产生相应的废水。产生的废水需送往各类水处理装置回用或排放至环境。每个生产装置的入口可能包括循环冷却水、生产给水、除盐水、除氧水、各等级蒸汽、蒸汽冷凝水、含硫污水、回用水以及其他用水；其出口可能包括循环冷却水、除氧水、各等级蒸汽、蒸汽冷凝水、含硫污水、含油污水、含盐污水、回用水、排污等，还有水的产生或损耗。生产装置 p 通用的流率平衡关系用如下方程表示，进出口各种水的类型集合可表示为：

$$
\begin{aligned}
& \forall s=p \in \boldsymbol{PU} \\
& \forall \mathrm{TypeIn}=\left\{\begin{matrix}\mathrm{Circu,\ Prod,\ Desalt,\ Deaerat,\ Steam9.5,} \\ \mathrm{Steam3.5,\ Steam1.0,\ Steam0.45,} \\ \mathrm{Cond,\ Sulfur,\ Reuse,\ Others,\ Strip}\end{matrix}\right\} \\
& \forall \mathrm{TypeOut}=\left\{\begin{matrix}\mathrm{Circu,\ Deaerat,\ Cond,\ Steam9.5,} \\ \mathrm{Steam3.5,\ Steam1.0,\ Steam0.45,\ Oil,} \\ \mathrm{Sulfur,\ Saline,\ Reuse,\ Discharge}\end{matrix}\right\}
\end{aligned}
\tag{3.46}
$$

式中：Strip 是指汽提净化水；Sulfur 是指含硫污水。

3.3.4.2.2　各种类型水的平衡

各种类型的水(如新鲜水、除盐水、除氧水、循环水、各等级蒸汽、汽提净化水等)存在自己单独的主管线。各种类型水的流率平衡可表示为：

$$\sum_{s} f_{s,\ \mathrm{in}}^{\mathrm{TypeIn}} = \sum_{s} f_{s,\ \mathrm{out}}^{\mathrm{TypeOut}} + f^{\mathrm{TypeOut,\ Loss}} \quad \forall s \in \boldsymbol{AU} \cup \boldsymbol{PU} \tag{3.47}$$

其中，上标的各种水的类型中，Loss 表示的是管线运输过程中的水量损失，与装置中出现的水损失不同，所以这里单独提出来。各种水的类型集合可表示为：

$$\forall s \in \boldsymbol{AU} \cup \boldsymbol{PU}$$

$$\forall \mathrm{TypeIn} = \mathrm{TypeOut} = \begin{Bmatrix} \mathrm{Prod},\ \mathrm{Desalt},\ \mathrm{Deaerat},\ \mathrm{Steam9.5}, \\ \mathrm{Steam3.5},\ \mathrm{Steam1.0},\ \mathrm{Steam0.45},\ \mathrm{Strip} \end{Bmatrix} \tag{3.48}$$

(1) 传统用水过程。

对于图 3.18(a)中常用的用水过程而言，其入口的进水量与该过程产生的水量之和应该等于其出口的排出水量与该过程的损失水量之和，其水量平衡关系可表示为：

$$f_{i,\mathrm{in}} + f_i^{\mathrm{Gain}} = f_{i,\mathrm{out}} + f_i^{\mathrm{Loss}} \quad \forall i \in \boldsymbol{N}_i \tag{3.49}$$

式中：$\boldsymbol{N}_i$ 表示用水过程 i 的集合。

然而，传统用水过程 i 的入口用水类型只有新鲜水、再生水或其他用水过程 j 的排水。用水过程 i 的排水可送往其他用水过程 k，或作为含盐污水、含油污水、含硫污水送往污水处理装置处理。

(2) 通用用水过程。

通用用水过程模型如图 3.18(b)所示，考虑了更多种水的类型，这与实际的情况相符。除了传统的新鲜水、再生水之外，还考虑了除盐水、循环冷却水、各等级蒸汽等其他用水类型，相比于传统的用水过程模型，该模型对水的类型进行了更加详细的分类，更加具有通用性。其平衡关系可以表示为：

$$\sum^{\mathrm{TypeIn}} f_i^{\mathrm{TypeIn}} + f_i^{\mathrm{Gain}} = \sum^{\mathrm{TypeOut}} f_i^{\mathrm{TypeOut}} + f_i^{\mathrm{Loss}} \quad \forall i \in \boldsymbol{N}_i \tag{3.50}$$

通常，应该考虑每个用水过程的杂质浓度平衡和性质平衡。然而对于每个用水过程入口的杂质浓度(如悬浮物、硫化物、氨氮、氯离子等)或性质(如 pH 值、COD、毒性、颜色等)的上下限来说很难精准确定，尽管已经有数据提取的相关文献。对于常减压蒸馏中的电脱盐过程，新鲜水和汽提净化水都可以用。如果汽提净化水的水质(即硫化物、氨氮、氯化物、pH 值)在规定范围内，电脱盐过程可以充分利用汽提净化水，从而关闭新鲜水管线的阀门。如果在汽提塔中发生了某些运行故障，并且汽提净化水的水质超出了规定范围，那么电脱盐过程将全部或部分地使用新鲜水。本书采用了类似的概念。

如果回用的流股水质符合某些用水过程的水质要求范围，并且这些流股可以看作用于替代的水。例如，作为替代的汽提净化水可以供应给常减压蒸馏中的电脱盐过程。替代的水的类型即 Strip(表示汽提净化水)被定义为“AlterTypeIn”，因而式(3.50)又可以表示成下面的形式：

$$\left(\sum^{\mathrm{TypeIn}} f_i^{\mathrm{TypeIn}}\right)' + \sum^{\mathrm{AlterTypeIn}} f_i^{\mathrm{AlterTypeIn}} + f_i^{\mathrm{Gain}} = \sum^{\mathrm{TypeOut}} f_i^{\mathrm{TypeOut}} + f_i^{\mathrm{Loss}} \quad \forall i \in \boldsymbol{N}_i \tag{3.51}$$

则由式(3.50)和式(3.51)相减可得：

$$\left(\sum^{\text{TypeIn}} f_i^{\text{TypeIn}}\right)' + \sum^{\text{AlterTypeIn}} f_i^{\text{AlterTypeIn}} = \sum^{\text{TypeIn}} f_i^{\text{TypeIn}} \quad \forall i \in \boldsymbol{N}_i \tag{3.52}$$

$\sum^{\text{TypeIn}} f_i^{\text{TypeIn}}$ 为优化前的初值，$\left(\sum^{\text{TypeIn}} f_i^{\text{TypeIn}}\right)'$ 为优化后的值，用上述方程可代替式(3.50)和式(3.51)这两个方程。

考虑到水质波动的因素，汽提净化水等水源和新鲜水等原始类型的水需要混合来确保用水过程的正常运行。替代类型的水与原始类型的水流量之间的关系可以表示为：

$$\sum^{\text{AlterTypeIn}} f_i^{\text{AlterTypeIn}} = k \cdot F_i^{\text{TypeIn}} \quad \forall i \in \boldsymbol{N}_i \tag{3.53}$$

其中，$k=\dfrac{f_i^{\text{AlterTypeIn}}}{F_i^{\text{TypeIn}}}$ 定义为用水过程 i 的替代类型水的替代率。替代率的上限可表示为 k^{UP}。当 k 等于 0 时，表示用水过程 i 完全使用原始类型的水；当 k 等于 1 时，表示原始类型的水完全用替代类型的水替代。替代率 k 对新鲜水流率、费用以及管线数量的影响将在后面的案例分析中详细讨论。

炼油厂水系统评估最重要的指标是加工每吨原油的吨油耗水量。假定原油的加工量一直保持恒定不变。因此，首先考虑一个模型，其目标是最小化水资源的消耗量。目标函数表示为：

$$\min FF = f_{\text{FWS,in}}^{\text{Resource}} \tag{3.54}$$

为了评估经济性能，需要以最小年度总费用作为目标函数来研究总费用最小的问题，目标函数为 min TAC。TAC 包括水资源的费用、辅助生产装置的操作费用和投资费用，以及新增管线的投资费用，可表示为：

$$\min TAC = c_{\text{water}} + oc_{\text{treatment}} + Af \cdot \left(ic_{\text{pipe}}^{\text{new}} + IC_{\text{treatment}}\right) \tag{3.55}$$

式中：c_{water} 表示水资源的年度消耗费用；$oc_{\text{treatment}}$ 表示辅助生产装置的操作费用；$ic_{\text{pipe}}^{\text{new}}$ 表示新增管线的投资费用；$IC_{\text{treatment}}$ 表示辅助生产装置的投资费用；Af 是投资费用的年度化因子。Af 可表示为：

$$Af = \frac{fi \cdot (1+fi)^{ny}}{(1+fi)^{ny}-1} \tag{3.56}$$

式中：fi 为利率(本书取 4%)；ny 为折旧年限(本书取 20 年)。

TAC 包含年度总费用的所有元素。然而，这里不考虑蒸汽系统和冷却水系统的优化，因此动力站和循环水站的运行成本保持不变。此外，在炼油厂水系统优化中，辅助生产装置(即新鲜水站、除盐水站、动力站、循环水站和污水处理厂)的容量变化不会很大。例如，除盐水站中产生的大部分除盐水用于生产蒸汽。总蒸汽量保持不变，并且动力站的容量是固定的。循环水站的容量取决于循环冷却水的流率，本书假定它不变。因此，炼油厂水系统的优化将影响新鲜水站和污水处理厂的设计能力。但是，新鲜水站和污水处理厂的备用容量应该在容量变大时使用。所有辅助生产装置的投资成本是固定的。因此，可以最小部分年度费用(PAC)来代替(TAC)作为目标函数。此时目标函数可表示为 min PAC：

$$\min PAC = c_{\text{water}} + oc'_{\text{treatment}} + Af \cdot ic_{\text{pipe}}^{\text{new}} \tag{3.57}$$

式中：$oc'_{\text{treatment}}$ 表示除动力站外其他辅助生产装置的年度操作费用。

下面对 PAC 中费用的组成进行详细说明。新鲜水的费用 c_{water} 可表示为：

$$c_{water}=e_{water}\cdot H\cdot f_{FWS,in}^{Resource} \tag{3.58}$$

式中：e_{water} 为外界水源的单价；H 为年度操作时长。

辅助生产装置的操作费用主要来源于各种类型水的处理费用，可表示为：

$$oc_{treatment}=oc_{FWS}+oc_{CWS}+oc_{PS}+oc_{WTS}+oc_{CWS} \tag{3.59}$$

式中：oc_{FWS}、oc_{CWS}、oc_{PS}、oc_{WTS} 和 oc_{CWS} 分别指新鲜水站、除盐水站、动力站、污水处理厂和循环水站的年度操作费用。

新鲜水站、循环水站和污水处理厂的年度操作费用可表示为：

$$oc_s=e_s\cdot H\cdot\sum^{TypeIn}f_{s,\ in}^{TypeIn}\quad\forall s\in\{FWS,\ CWS,\ WTS\} \tag{3.60}$$

式中：e_s 表示单元 s 的处理单价；$\sum^{TypeIn}f_{s,\ in}^{TypeIn}$ ——单元 s 的各类水流率之和。

动力站操作费用 oc_{PS} 主要来自燃料(例如燃料油、天然气等)消耗的费用，可表示为：

$$oc_{PS}=e_{Fuel}\cdot H\cdot R\cdot f_{PS,out}^{HP} \tag{3.61}$$

式中：e_{Fuel} 为天然气的单价；R 为生产 1t 蒸汽所消耗的天然气体积。

循环水站的年度操作费用 oc_{CWS} 可表示为：

$$\begin{aligned}&oc_{RCS}=2.4094\times10^{-3}\times(p_C)+44\times(f_{RCS}^{air})+110\times(f_{RCS,in}^{Circu})+\\&2275.132\times(f_{RCS,in}^{Fresh})+1138\times(f_{RCS,out}^{Discharge})\\&p_C=\frac{f_{RCS,in}^{Circu}\cdot Head\cdot\rho}{\eta_M\cdot\eta_P}\end{aligned} \tag{3.62}$$

式中：f_{CWS}^{air} 表示入口的空气进量；p_C 表示泵功；$Head$ 表示泵的扬程；ρ 表示水的密度；η_M 和 η_P 分别表示机械效率和泵的效率。

由此可以看出，循环水站的年度操作费用与泵功、空气、循环水量、新鲜水量和排污量有关。

辅助生产装置的投资费用 $IC_{treatment}$ 可表示为：

$$IC_{treatment}=IC_{FWS}+IC_{DWS}+IC_{PS}+IC_{WTS}+IC_{RCS} \tag{3.63}$$

新增管线的投资费用 IC_{pipe}^{new} 可表示为：

$$IC_{pipe}^{new}=\sum^{steam}IC_{pipe}^{steam}+\sum^{water}IC_{pipe}^{water} \tag{3.64}$$

式中：IC_{pipe}^{steam} 为蒸汽管线的投资费用；IC_{pipe}^{water} 为水管线的投资费用。

蒸汽管线的费用 IC_{pipe}^{Steam} 如下：

$$IC_{pipe}^{steam}=[A_1\cdot wt_{pipe}^{steam}+A_2(D_{out}^{steam})^{0.48}+A_3+A_4\cdot D_{out}^{steam}]L^{steam} \tag{3.65}$$

式中：$A_1\cdot wt_{pipe}^{steam}$ 为管线自身的费用；$A_2(D_{out}^{steam})^{0.48}$ 为管线的安装费用；A_3 为管线的占地费用；$A_4\cdot D_{out}^{steam}$ 为管线的隔离费用；L^{steam} 为蒸汽管线的长度。

蒸汽管线的内径可以表示为：

$$D_{inner}^{steam}=\sqrt{\frac{4f^{steam}}{u^{steam}\rho^{steam}\cdot\pi}} \tag{3.66}$$

式中：f^{steam} 为蒸汽流率；u^{steam} 为蒸汽流速；ρ^{steam} 为蒸汽密度。

中低压蒸汽(1.0MPa 和 0.45MPa)可通过 DN40mm 的不锈钢管线输送，管线外径和管线质量可分别表示为：

$$D_{out}^{steam}=1.052D_{inner}^{steam}+0.005251$$
$$wt_{pipe}^{steam}=644.3(D_{inner}^{steam})^2+72.5D_{inner}^{steam}+0.4611 \tag{3.67}$$

中高压蒸汽(3.5MPa 和 9.5MPa)可通过 DN80mm 的不锈钢管线输送，管线外径和管线质量可分别表示为：

$$D_{out}^{steam}=1.101D_{inner}^{steam}+0.006349$$
$$wt_{pipe}^{steam}=1330(D_{inner}^{steam})^2+75.18D_{inner}^{steam}+0.9268 \tag{3.68}$$

新增水管线也可通过 DN80mm 的不锈钢管线输送，它的投资费用 IC_{pipe}^{water} 可表示为：

$$IC_{pipe}^{water}=\alpha\,(D_{inner}^{water})^{\beta}L^{water} \tag{3.69}$$

$$D_{inner}^{water}=0.363\left(\frac{f^{water}}{\rho^{water}}\right)^{0.45}(\rho^{water})^{0.13} \tag{3.70}$$

式中：IC_{pipe}^{water} 表示新增水管线的投资费用；D_{inner}^{water} 表示水管线的内径；L^{water} 表示水管线的长度；f^{water} 表示水管线中水的流率；ρ^{water} 表示管线中水的密度。

下面用模型 P1 和 P2 对炼油厂的水系统进行优化。

(1) 模型 P1：以最小新鲜水源量为目标函数。

目标函数：$\min FF=f_{FWS,in}^{Resource}$[式(3.54)]。

约束条件：辅助生产装置的质量约束见式(3.36)至式(3.45)；主要生产装置的质量约束见式(3.46)；各种类型水的质量约束见式(3.47)和式(3.48)；各用水过程的质量约束见式(3.52)；替代类型水的质量约束见式(3.53)。

值得注意的是，模型 P1 中没有二进制变量，也没有非线性项，因此模型 P1 属于线性规划(LP)问题。

(2) 模型 P2：以部分年度化费用为目标函数。

目标函数：$\min PAC=c_{water}+oc'_{treatment}+Af\cdot ic_{pipe}^{new}$[式(3.57)]。

约束条件：辅助生产装置的质量约束见式(3.36)至式(3.45)；主要生产装置的质量约束见式(3.46)；各类型水的质量约束见式(3.47)和式(3.48)；各用水过程的质量约束见式(3.52)；替代类型水的质量约束见式(3.53)；费用约束见式(3.56)及式(3.58)至式(3.70)。

模型 P2 中存在非线性项[$(D_{out}^{steam})^{0.48}$，$\sqrt{f^{steam}}$，$(D_{inner}^{steam})^2$，$(D_{inner}^{water})^{\beta}$，$(f^{water})^{0.45}$]，因此模型 P2 属于非线性规划(NLP)问题。所有模型通过商业软件平台 GAMS 24.2.2 编程，PC 信息：CPUIntel® Core™ i5-3330 3.2 GHz，8.00 GB 内存，Windows 10，64 位操作系统。LP 问题通过 GAMS 平台的 CPLEX 求解器求解，NLP 问题通过 GAMS 平台的 BARON 求解器可获得全局最优解，最优值的绝对误差设为 10^{-6}。

3.3.4.3 新型工业水系统优化模型

传统的工业水系统只包括用水过程和水处理过程，而实际的用水过程还可能会使用新鲜水、除盐水、蒸汽冷凝水、循环冷却水、各等级蒸汽等水公用工程。现有的工业水系统优化模型并没有考虑这些水公用工程。为了克服前人方法的局限性，提出了一种新型的工业水系统超结构，将工业水系统分为公用工程、用水系统和水处理系统。考察新型工业水系统模型对传统工业水系统模型做出的改进，重点突出了公用工程系统的建模。

图 3.20 显示了一种新型的工业水系统优化设计的超结构。它由公用工程系统、用水系统和水处理系统三部分组成。由于公用工程系统可以看成是水质提升的过程，而用水系统可以看成是水质降低的过程，且公用工程系统能为用水系统提供不同品质的水源(新鲜水、除盐水、蒸汽等)，两者之间存在明显的区别，因而对公用工程系统以及用水系统需要单独考虑。公用工程系统则正是本章所提出新型超结构的主要特点所在，它包括新鲜水站(FWS)、除盐水站(DWS)、动力和蒸汽系统(PS)、冷却水系统(CWS)。新鲜水站产生的新鲜水主要供给除盐水站和循环水站作为补水。除盐水站产生的除盐水主要供应给动力站，产生蒸汽。动力站的蒸汽生产过程副产的再生冷凝水通常回收至除盐水站用作补水，或在杂质浓度符合要求的情况下直接回用给用水过程；否则，排送到废水处理系统处理。循环水站通常用于冷却和处理循环冷却水。值得注意的是，新鲜水(FW)、除盐水(DW)、蒸汽(CDW)、循环冷却水(CW)和再生水(prod)是工业水系统的代表性水公用工程。用水系统包括一系列的用水过程。用水过程的入口可被当成过程水阱(SK1，SK2，SK3，…，SKm)，出口可看作是过程水源(SR1，SR2，SR3，…，SRn)。水阱可接收来自过程水源的流股，也可使用来自新鲜水站的新鲜水或除盐水站产的除盐水。污水处理系统(WTS)包括一些分布式的水处理单元(T1，T2，T3，…，Tt)。处理后的再生水流股能回用(循环)给过程水阱使用，或送到除盐水站和循环水站用作补水。污水处理厂的剩余水流股和部分处理后的再生水流股混合，在达到排放条件时可排放至市政水处理系统或排放至环境(MOE)。本章旨在建立一种工业水系统的新型超结构和相关的工业水系统优化的数学模型。

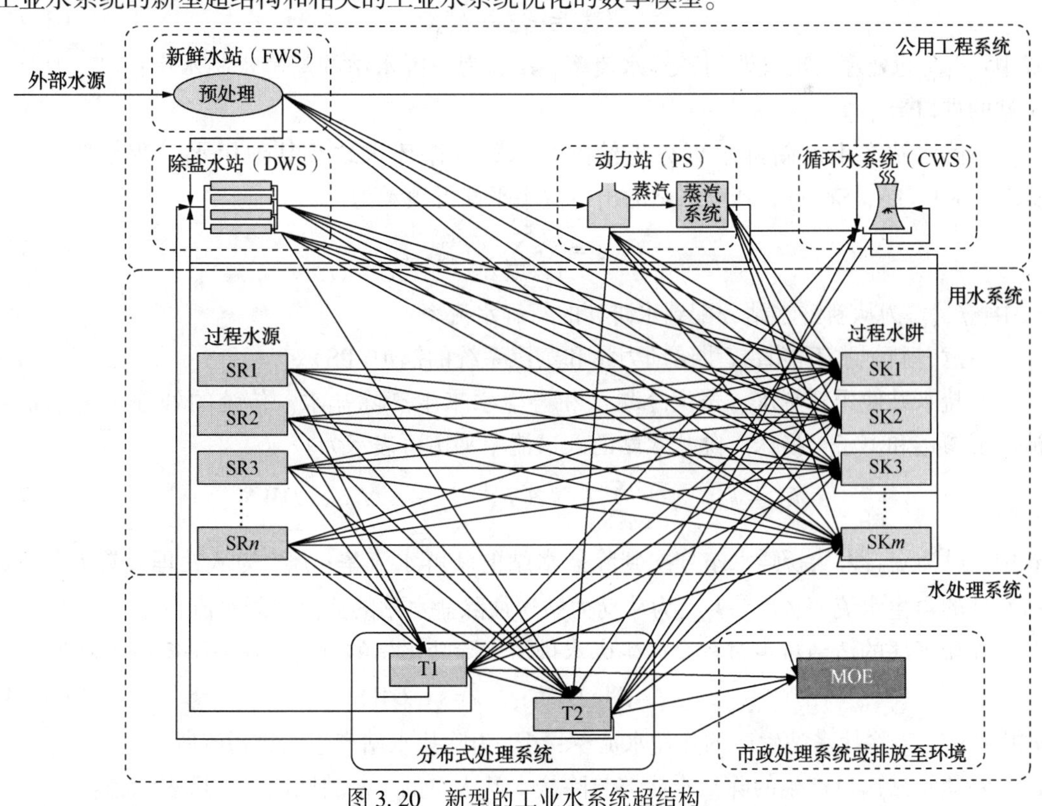

图 3.20　新型的工业水系统超结构

新鲜水、除盐水、蒸汽冷凝水、循环冷却水、再生水等作为公用工程水源，不放在过程水源集合中。公用工程(例如，除盐水站、动力站、循环水站)系统的排污和用水装置可看成是过程水源($s \in \boldsymbol{N}_s$)，集合为$\boldsymbol{N}_s$(除盐水站排污、动力站排污、循环水站排污，SR1，SR2，SR3，…，SRn)，水源的索引为s。而对于某些用水过程，可直接使用蒸汽用于反应或汽提等，它们的污水不能看作是蒸汽冷凝水，而看成是过程水源的子集($\boldsymbol{SN}_s \subset \boldsymbol{N}_s$)。需要注意的是，新鲜水、除盐水、冷凝水以及污水处理厂产生的再生水看作水公用工程，它们不包含在水源的集合中($\boldsymbol{N}_s$)。用水过程和公用工程系统(如除盐水站、动力站、循环水站)的入口可看成一系列过程水阱($k \in \boldsymbol{N}_k$)。水阱的集合为$\boldsymbol{N}_k$(DWS，PS，CWS，SK1，SK2，SK3，…，SKm)，水阱索引为k。污水处理系统(WTS)包括一系列的处理单元($t \in \boldsymbol{N}_t$)。存在多个污水处理系统(WTS)，集合为$\boldsymbol{N}_t$(T1，T2，T3，…，Tt)，污水处理单元的索引为t。考虑到水的多性质，这里用一系列的性质($p \in \boldsymbol{N}_p$)而不是杂质浓度来衡量水质，例如电导率、化学需氧量(COD)、浊度、总悬浮固体(TSS)、总有机碳(TOC)、pH值、颜色等。性质集合为$\boldsymbol{N}_p$(TSS，TOC，电导率，COD，…，浊度)，性质的索引为p。

基于前面提出的新型工业水系统的超结构及相关问题描述，提出了工业水系统优化设计的数学模型。所有参数用大写英文字母表示，所有变量用小写英文字母表示。

新鲜水站用作工厂新鲜水源(例如江河湖泊、水库等)的预处理装置。预处理装置工艺技术可根据不同水源的性质特点进行选择。例如，如果是市政供水，可以使用过滤、曝氧和活性炭吸附作为预处理的技术。新鲜水站的进出口流率平衡可以表示为：

$$f_{\mathrm{FWS}}^{\mathrm{out}} = \alpha_{\mathrm{FWS}} \cdot f_{\mathrm{FWS}}^{\mathrm{in}} \tag{3.71}$$

式中：$f_{\mathrm{FWS}}^{\mathrm{out}}$为处理后出口处的新鲜水流率；$\alpha_{\mathrm{FWS}}$为新鲜水站的新鲜水制水率；$f_{\mathrm{FWS}}^{\mathrm{in}}$为新鲜水站的进口流率。

新鲜水站产生的新鲜水可分配给除盐水站、循环水站及其他用水过程水阱(SK1，SK2，SK3，…，SKm)。新鲜水站的出口流率平衡可表示为：

$$f_{\mathrm{FWS}}^{\mathrm{out}} = \sum_{k \in \boldsymbol{N}_k \& k \neq \mathrm{PS}} f_{\mathrm{FWS},\ k}^{\mathrm{FW}} \tag{3.72}$$

式中：$f_{\mathrm{FWS},k}^{\mathrm{FW}}$为从新鲜水站分配到水阱$k$的新鲜水流率。

注意，新鲜水不能直接供给动力站和蒸汽系统的锅炉(PS)。

除盐水站使用新鲜水、蒸汽冷凝水和再生水来生产除盐水。传统的处理工艺包括超滤、反渗透和离子交换床。除盐水站的入口流率平衡可表示为：

$$f_k^{\mathrm{in}} = f_{\mathrm{FWS},\ k}^{\mathrm{FW}} + \sum_{t \in \boldsymbol{N}_t} f_{t,\ k}^{\mathrm{prod}} + f_{s,\ k}^{\mathrm{CDW}} \big|_{s=\mathrm{PS}} \quad \forall k \in \boldsymbol{DWS} \tag{3.73}$$

式中：$f_{s,k}^{\mathrm{FW}} \big|_{s=\mathrm{FWS}}$为从新鲜水站分配到除盐水站的新鲜水流率；$f_{t,k}^{\mathrm{prod}}$为从处理装置$t$送往除盐水站的再生水流率；$f_{s,k}^{\mathrm{CDW}} \big|_{s=\mathrm{PS}}$为从动力站送往除盐水站的蒸汽冷凝水流率。

除盐工序的清洁再生过程会产生废水排污。除盐水站的进出口流率平衡可表示为：

$$f_k^{\mathrm{in}} = f_s^{\mathrm{DW}} + f_s^{\mathrm{out}} \quad \forall k = s \in \boldsymbol{DWS} \tag{3.74}$$

式中：f_s^{DW}为除盐水站生产的除盐水流率；f_s^{out}为除盐水站产生的排污流股。

除盐水站出口产生的除盐水能够与除盐水站入口的FW关联起来，可表示为：

$$f_k^{\text{in}} = \alpha_{\text{DWS}} \cdot f_s^{\text{DW}} \quad \forall k = s \in \boldsymbol{DWS} \tag{3.75}$$

式中：α_{DWS}指除盐水生产过程的新鲜水与除盐水的制水率。

除盐水站产生的大部分除盐水分配给了动力站生产用于加热、发电和汽提等过程的蒸汽。一些其他的用水过程也会使用除盐水，除盐水站的出口流率平衡可表示为：

$$f_s^{\text{DW}} = \sum_{k \in \boldsymbol{N}_k,\ k \neq \text{DWS},\ k \neq \text{CWS}} f_{s,\ k}^{\text{DW}} \quad \forall s \in \boldsymbol{DWS} \tag{3.76}$$

式中：$f_{s,k}^{\text{DW}}$为从除盐水站送往水阱 k 的除盐水流率。

值得一提的是，循环水站不使用除盐水作为补水，除盐水站自用的除盐水已经包含在除盐水的生产过程中。

动力站(PS)将除盐水转化为蒸汽，蒸汽用于加热、发电和汽提等。动力站的进口流率平衡表示为：

$$f_k^{\text{in}} = f_{s,k}^{\text{DW}}\big|_{s=\text{DWS}} \quad \forall k \in \boldsymbol{PS} \tag{3.77}$$

式中：f_k^{in} 为动力站的进口流率；$f_{s,k}^{\text{DW}}\big|_{s=\text{DWS}}$为除盐水站分配到动力站的除盐水流率。

一些用水过程(例如反应、汽提)会直接使用蒸汽。部分蒸汽会进入物流中，它们的排污被当成水源。大部分蒸汽成为再沸器的加热介质和透平的驱动介质，并会产生部分蒸汽冷凝水。这些工业过程中通常存在过量蒸汽的排放和过程中的蒸汽损耗。其中，锅炉排污可看成水源。动力站进出口的流率平衡可表示为：

$$f_k^{\text{in}} = f_s^{\text{steam}}\big|_{s=\text{PS}} + f_s^{\text{CDW}}\big|_{s=\text{PS}} + f_s^{\text{loss}}\big|_{s=\text{PS}} + f_s^{\text{out}}\big|_{s=\text{PS}} \quad \forall k \in \boldsymbol{PS} \tag{3.78}$$

式中：f_k^{in} 为动力站的入口除盐水流率；$f_s^{\text{CDW}}\big|_{s=\text{PS}}$为动力站产生的蒸汽冷凝水流率；$f_s^{\text{out}}\big|_{s=\text{PS}}$为动力站的锅炉排污流率。

注意，在主要的生产过程(例如，炼油厂中的流化催化裂化和煤化工企业中的煤气化过程)中可能存在一些废热回收锅炉。它们可能使用除盐水产蒸汽和排污。假定它们和动力站以及蒸汽系统放在一起考虑。$\sum_{s \in SN_s} f_s^{\text{out}}$ 代表由生产过程中的蒸汽转化过来的废水流率之和。

动力站的锅炉排污和进口流率之间的关系可表示为：

$$f_s^{\text{out}} = \alpha_{\text{PS}} \cdot f_k^{\text{in}} \quad \forall s = k \in \boldsymbol{PS} \tag{3.79}$$

式中：α_{PS}为动力站的锅炉排污率，一般在5%~10%之间。

循环水站是冷却水系统的一部分，冷却水系统又是工业水系统的一个重要部分，冷却水用于冷却生产过程中的过程流股(例如，蒸馏塔的塔顶流股、压缩机的出口流股)。由于水蒸发、排污等原因，循环水站中会存在部分冷却水损失，循环水站需要从外界获取一定的补充水，通常来自新鲜水站的新鲜水和污水处理厂的再生水。循环水站的补充水占了工业水消耗的很大一部分。循环水站的进口流率可表示为：

$$f_k^{\text{in}} = f_{\text{FWS},\ k}^{\text{FW}} + f_{s,\ k}\big|_{s=\text{PS}} + \sum_{t \in \boldsymbol{N}_t} f_{t,\ k}^{\text{prod}} \quad \forall k \in \boldsymbol{CWS} \tag{3.80}$$

式中：f_k^{in} 为循环水站的补充水流率；$f_{s,k}^{\text{FW}}\big|_{s=\text{FWS}}$为从新鲜水站分配到循环水站的新鲜水流率；$f_{s,k}\big|_{s=\text{PS}}$为动力站送到循环水站的新鲜水流率；$f_{t,k}^{\text{prod}}$为直接从水处理装置 t 送到循环水站的再生水流率。

补充水的流率等于蒸发、飞溅损失和排污的流率之和，可表示为：

$$f_k^{\text{in}} = fe_k + fw_k + f_s^{\text{out}} \quad \forall s = k \in \boldsymbol{CWS} \tag{3.81}$$

式中：fe_k 为冷却塔的蒸发损失；fw_k 为飞溅损失的流率；f_s^{out} 为循环水站的排污流率，可看成是一个过程水源。

循环水站的理论补水量取决于冷却塔的蒸发损失和浓缩倍数。补充水量和蒸发水量的关系可表示为：

$$f_k^{in}=\frac{fe_k \cdot CN_k}{CN_k-1} \quad \forall k \in \boldsymbol{CWS} \tag{3.82}$$

式中：CN_k 为浓缩倍数。

蒸发损失取决于循环水站的循环水流率、进出口的循环冷却水温差和温度系数。关联方程可表示为：

$$fe_k=K_k \cdot \Delta t_k \cdot fr_k \quad \forall k \in \boldsymbol{CWS} \tag{3.83}$$

式中：K_k 为温度系数；Δt_k 为循环冷却水的进出口温差；fr_k 为循环冷却水的流率。

飞溅损失也取决于循环水站的循环水流率和漂移因子。

$$fw_k=DF \cdot fr_k \quad \forall k \in \boldsymbol{CWS} \tag{3.84}$$

用水过程的排污能够回用(循环)至水阱或直接送到污水处理厂处理。另外，公用工程系统中的除盐水站、循环水站以及动力站排污也被看成是过程水源。过程水源的出口流率平衡可表示为：

$$f_s^{out}=\sum_{k \in \boldsymbol{N}_k} f_{s,k}+\sum_{t \in \boldsymbol{N}_t} f_{s,t} \quad \forall s \in \boldsymbol{N}_s \tag{3.85}$$

式中：$f_{s,k}$为从过程水源 s 分配至过程水阱 k 的流率；$f_{s,t}$为从过程水源 s 排污至污水处理装置 t 的流率。

用水过程可使用新鲜水、除盐水、再生水/产品水、锅炉排污或其他用水过程的污水。需要注意的是，生产过程中冷却水的使用属于冷却公用工程，蒸汽主要用于加热媒介和发电的驱动媒介，需要包含在蒸汽系统中。因此，用水过程的入口流率平衡不应考虑进冷却水和蒸汽中。用水过程的入口流率平衡和性质平衡可表示为：

$$f_k^{in}=f_{FWS,k}^{FW}+f_{s,k}^{DW}\big|_{s=DWS}+\sum_{t \in \boldsymbol{N}_t} f_{t,k}^{prod}+\sum_{s \in \boldsymbol{N}_s} f_{s,k} \quad \forall k \in \boldsymbol{N}_k,\ k \neq \mathrm{DWS},\ k \neq \mathrm{CWS},\ k \neq \mathrm{PS} \tag{3.86}$$

$$c_{k,p}^{in} \cdot f_k^{in}=c_p^{FW} \cdot f_{FWS,k}^{FW}+c_p^{DW} \cdot f_{s,k}^{DW}\big|_{s=DWS}+\sum_{t \in \boldsymbol{N}_t} c_{t,p}^{prod} \cdot f_{t,k}^{prod}+\sum_{s \in \boldsymbol{N}_s} c_{s,p}^{out} \cdot f_{s,k} \quad \forall k \in \boldsymbol{N}_k,\ p \in \boldsymbol{N}_p \tag{3.87}$$

其中，$c_{k,p}^{in}$、c_p^{FW}、c_p^{DW}、$c_{t,p}^{prod}$和 $c_{s,p}^{out}$分别表示过程水阱 k、新鲜水、除盐水、再生水和过程水源 s 的性质 p。

水阱 k 的入口水质需符合它的水质极限的要求，可表示为：

$$c_{k,p}^{LB} \leqslant c_{k,p}^{in} \leqslant c_{k,p}^{UB} \quad \forall k \in \boldsymbol{N}_k,\ k \neq \mathrm{DWS},\ k \neq \mathrm{CWS},\ k \neq \mathrm{PS},\ p \in \boldsymbol{N}_p \tag{3.88}$$

式中：$c_{k,p}^{UB}$和 $c_{k,p}^{LB}$分别为水阱 k 性质 p 的上限值和下限值。

实际上，在工业废水处理系统中存在许多废水处理装置，例如污水汽提塔、循环水池、油分离器、浮选槽以及先进的废水处理单元(例如超滤、反渗透)。为了简化模型，只需在污水处理厂中考虑两个污水处理单元 T1 和 T2，它们串联排布，也就是说，处理单元 T1 产生的再生水能送去 T2 做进一步处理。

废水处理装置 T1 接收来自公用工程和用水过程的废水，它的入口流率平衡可表示为：

$$f_t^{\text{in}} = \sum_s f_{s,t} \quad \forall t = \text{T1} \tag{3.89}$$

式中：f_t^{in} 表示处理装置 t 的入口流率。

废水处理装置 T2 接收生产过程和公用工程的废水，也接收从 T1 过来的产品水，T2 的入口流率平衡可表示为：

$$f_t^{\text{in}} = \sum_s f_{s,t} + f_{\text{T1},t}^{\text{prod}} \quad \forall t = \text{T2} \tag{3.90}$$

式中：$f_{\text{T1},t}^{\text{prod}}$表示污水处理装置 T1 到 T2 的产品水。

污水经过污水处理厂处理会产生再生水和剩余水，还有部分水会以淤泥的形式损失掉。废水处理装置 t 的出口流率平衡可表示为：

$$f_t^{\text{out}} = f_t^{\text{prod}} + f_t^{\text{resd}} + f_t^{\text{loss}} \quad \forall t \in \boldsymbol{N}_t \tag{3.91}$$

式中：f_t^{out} 表示污水处理装置 t 的出口水流率；f_t^{prod} 表示再生水的流率；f_t^{resd} 表示剩余水的流率；f_t^{loss} 表示处理过程水损失的流率。

污水处理装置 t 的再生水与进口流率之间的关系可表示为：

$$f_t^{\text{prod}} = \alpha_t \cdot f_t^{\text{in}} \quad \forall t \in \boldsymbol{N}_t \tag{3.92}$$

式中：α_t 为废水处理装置 t 再生水的制水率。

污水处理厂的再生水可以送到用水过程回用，送到其他水处理装置做进一步处理或送到市政污水处理系统或环境排放。

$$f_t^{\text{prod}} = \sum_{k \in \boldsymbol{N}_k \& k \neq \text{PS}} f_{t,k}^{\text{prod}} + f_{t,t'}^{\text{prod}} + f_{t,e}^{\text{prod}} \quad \forall t \in \boldsymbol{N}_t \tag{3.93}$$

式中：$f_{t,k}^{\text{prod}}$、$f_{t,t'}^{\text{prod}}$、$f_{t,e}^{\text{prod}}$分别为处理装置 t 送往用水过程、其他水处理装置和外排环境或市政污水系统的再生水。

污水处理装置的浓水和没有回用或做进一步处理的再生水一起送到市政污水系统处理或送到环境外排，可表示为：

$$f_e = \sum_{t \in \boldsymbol{N}_t} (f_{t,e}^{\text{prod}} + f_{t,e}^{\text{resd}}) \quad \forall e = \text{MOE} \tag{3.94}$$

式中：f_e 表示外排或送到市政水系统的污水流率。

污水处理装置 T1 和 T2 入口的流率平衡和性质平衡可表示为：

$$c_{t,p}^{\text{in}} \cdot f_t^{\text{in}} = \sum_{s \in \boldsymbol{N}_s} c_{s,p}^{\text{out}} \cdot f_{s,t} \quad \forall t = \text{T1}, \ p \in \boldsymbol{N}_p \tag{3.95}$$

$$c_{t,p}^{\text{in}} \cdot f_t^{\text{in}} = \sum_{s \in \boldsymbol{N}_s} c_{s,p}^{\text{out}} \cdot f_{s,t} + c_{\text{T1},p}^{\text{prod}} \cdot f_{\text{T1},t}^{\text{prod}} \quad \forall t = \text{T2}, \ p \in \boldsymbol{N}_p \tag{3.96}$$

式中：$c_{t,p}^{\text{in}}$表示污水处理装置 t 性质 p 的值；$c_{s,p}^{\text{out}}$表示过程水源 s 性质 p 的值；$c_{\text{T1},p}^{\text{prod}}$表示处理装置 T1 的再生产品水性质 p 的值。

排放至污水处理系统或外排环境污水的性质平衡可表示为：

$$c_{e,p} \cdot f_e = \sum_{t \in \boldsymbol{N}_t} (c_{t,p}^{\text{prod}} \cdot f_{t,e}^{\text{prod}} + c_{t,p}^{\text{resd}} \cdot f_{t,e}^{\text{resd}}) \quad \forall e = \text{MOE}, \ p \in \boldsymbol{N}_p \tag{3.97}$$

式中：$c_{e,p}$为外排环境或送往市政水系统的水的性质 p 的值；$c_{t,p}^{\text{resd}}$指处理装置 t 浓水的性质 p 的值。

本书以年度总费用（*TAC*）为目标函数对工业水系统进行经济分析。*TAC* 包括外界水源的费用、公用工程和污水处理系统的处理费用以及管道的投资费用。目标函数可以表示为：

$$\min TAC = [f_{\mathrm{FWS}}^{\mathrm{in}}(E_{\mathrm{fresh}} + E_{\mathrm{FWS}}) + f_{\mathrm{DWS}}^{\mathrm{in}} \cdot E_{\mathrm{DWS}} + f_{\mathrm{PS}}^{\mathrm{in}} \cdot E_{\mathrm{PS}} + fr_{\mathrm{CWS}} \cdot E_{\mathrm{CWS}} + \sum_{t} f_{t}^{\mathrm{in}} \cdot E_{t} + f_{e} \cdot E_{\mathrm{MOE}}] \cdot AWH + Af \cdot C_{\mathrm{pipe}} \tag{3.98}$$

式中：E_{fresh}表示外界水源的单价；E_{FWS}、E_{DWS}、E_{PS}、E_{CWS}、E_{t}、E_{MOE}分别表示新鲜水站、除盐水站、动力站、循环水站、污水处理厂和MOE的处理单价；AWH表示年度操作时长；Af表示年度因子；C_{pipe}表示管线的投资费用。

其中，管线的总投资费用可以表示为：

$$C_{\mathrm{pipe}} = 1289.338 \left(\begin{array}{l} (f_{\mathrm{FWS}}^{\mathrm{in}})^{0.547} + \sum_{k} (f_{\mathrm{FWS},k}^{\mathrm{FW}})^{0.547} + \sum_{k} (f_{\mathrm{DWS},k}^{\mathrm{DW}})^{0.547} + \sum_{k} (f_{\mathrm{PS},k}^{\mathrm{CDW}})^{0.547} + \\ \sum_{s}\sum_{k} (f_{s,k})^{0.547} + \sum_{s}\sum_{t} (f_{s,t})^{0.547} + \sum_{t}\sum_{k} (f_{t,k})^{0.547} + \\ \sum_{s} (f_{s,e})^{0.547} + \sum_{t} (f_{t,e}^{\mathrm{prod}})^{0.547} + \sum_{t} (f_{t,e}^{\mathrm{resd}})^{0.547} \end{array} \right) \frac{L}{\rho^{0.389}} \tag{3.99}$$

式中：L表示管线的长度；ρ表示管线中水的密度。

目标函数：$\min TAC$见式(3.98)。

约束条件：公用工程系统的质量平衡约束条件见式(3.71)至式(3.84)；用水系统的质量平衡约束条件见式(3.85)和式(3.86)；用水系统的性质约束条件见式(3.87)和式(3.88)；污水处理系统的质量平衡约束条件见式(3.89)和式(3.94)；污水处理系统的性质平衡约束条件见式(3.95)和式(3.96)；管线的费用式(3.99)。

值得一提的是，模型P中没有二进制变量，却有非线性项(如$p_{k,p}^{\mathrm{in}} \cdot f_{k}^{\mathrm{in}}$，$p_{t,p}^{\mathrm{in}} \cdot f_{t}^{\mathrm{in}}$，$p_{e,p} \cdot f_{e}$，$p_{t,p}^{\mathrm{resd}} \cdot f_{t,e}^{\mathrm{resd}}$，$f^{0.547}$)，因此，该模型是非线性规划问题(NLP)。模型在64位Windows 10，Intel® Core™ i5-3330 3.2GHz，8.00GB内存的系统环境和GAMS 24.2.2的软件环境下运行，NLP模型可以选择BARON求解器来实现全局最优解。求解器最优值的绝对误差设置为10^{-6}。

3.3.5 炼油化工企业水系统优化分析软件

本节介绍水系统优化分析软件的基本使用说明，并用夹点法的案例演示水系统优化软件的用法。

3.3.5.1 文件

点击该菜单，将出现下面几个子菜单。

(1) 新建。

点击该菜单或相应的快捷方式将会新建一个项目。

用户可以通过“编辑/输入修改数据”菜单对水源、水阱的极限数据进行输入或修改。

(2) 导入Excel。

点击该菜单或相应的快捷方式，将进入打开文件界面，用户可以选择目录，并在该目录下读取文件。

系统默认的文件扩展名为 . xls。打开文件后，若所打开的文件包括某些选项的计算结果，则所对应的菜单和相应的快捷方式将被激活，呈正常显示。

(3) 打印。

点击该菜单或相应的快捷方式，将显示 Windows 通用打印对话框，用户可以进行相关设置后对主窗口显示的内容进行打印。

(4) 打印预览。

点击该菜单或相应的快捷方式，将显示 Windows 通用打印预览对话框。

(5) 退出。

点击该菜单或相应的快捷方式可以退出软件。

3.3.5.2　编辑

点击该菜单或相应的快捷方式将显示数据输入与修改对话框，用户可以浏览现有的极限数据或对现有的极限数据进行修改。

在一个新建的项目中，默认的是数据库中最近加载的数据。输入极限数据时可以选择在表格中输入水阱浓度、水源浓度、水阱流率、水源流率，也可以通过“文件/Excel”导入外部数据，再或者把数据添加到 Access 数据库中，通过加载显示数据，然后点击所需的按钮，系统自动计算并将结果显示在文本框中。

全部数据输入完成后点击“完成”按钮，则软件显示到主窗口，如果数据是单杂质，则在主窗口中单击“单杂质用水/直接回用”和“单杂质用水/再生循环”；若输入数据为多杂质，则在主窗口中单击“多杂质用水/直接回用”和“多杂质用水/再生循环”。

若点击“取消”，则所做的一切修改都被取消，数据恢复原状。

退出数据编辑对话框时，系统将自动进行数据有效性验证，如果用户所输入的数据有误，则弹出“数据错误，请改正”对话框，点击“确定”后返回数据编辑对话框。强烈建议用户认真改正数据；否则，计算结果是不可靠的。

点击该菜单，会弹出一个输入数据的窗口，其功能分别为“直接回用夹点图”和“再生循环夹点图”，点击相应按钮将绘制出对应情况下的夹点示意图，并给出网络的目标值。

本菜单只有在单组分模型下夹点图才有意义，当输入的数据或导入数据的组分数大于1时，单击“夹点示意图”会弹出对话框，显示“多杂质无法绘制夹点图”。当求解多杂质再生循环时，先单击“输入再生后浓度”，在弹出的窗口中一次输入再生后浓度，然后单击该窗口下的“完成”，则数据输入完毕，跳到主窗口即可实现多杂质的各项功能。

(1) 直接回用夹点图。

点击该按钮，将弹出绘制出该情况下夹点图的窗口，并在输入窗口的右侧自动显示该系统下的夹点浓度和最小新鲜水消耗量。

(2) 再生循环夹点图。

点击该按钮，首先弹出一个对话框，提示“请输入再生后浓度”。点击“是”，则光标自动移到“再生后浓度”文本框，且文本框颜色已突显。

输入再生后浓度点击“再生循环夹点图”按钮，将直接绘制出该情况下的夹点图，并在图形的右侧自动计算显示该系统下的最小新鲜水消耗量、最小再生水量和最优再生浓度。

3.3.5.3 单杂质用水

点击该菜单，将出现“直接回用”和“再生循环”子菜单。点击该下拉菜单的两个功能，则程序会调用外部 Lingo 程序进行运算，运算过程可能需要一段时间，计算完成后，光标会在主窗口中闪烁，单击主窗口中的“查看结果”，则相应的结果会显示在主窗口的文本框中。注意：只有在计算完成或计算结果已经存在时，“查看结果”才被激活。

3.3.5.4 多杂质用水

点击该菜单，将出现“直接回用”和“再生循环”子菜单。点击该下拉菜单的两个功能，则程序会调用外部 Lingo 程序进行运算，运算过程可能需要一段时间，计算完成后，光标会在主窗口中闪烁，单击主窗口中的“查看结果”，则相应的结果会显示在主窗口的文本框中。注意：只有在计算完成或计算结果已经存在时，“查看结果”才被激活。

3.3.5.5 窗口、查看

本菜单为 Windows 标准菜单，请参见 Windows 使用帮助。

3.3.5.6 帮助

调用此菜单，可以查阅本软件的使用说明。水夹点法分析数据见表 3.6。

表 3.6 水夹点法分析案例

过程水阱	水阱流率（t/h）	水阱浓度（mg/L）	过程水源	水源流率（t/h）	水源浓度（mg/L）
1	80	100	1	20	1000
2	50	200	2	50	700
3	10	0	3	40	100
4	10	0	4	10	10
5	15	10	5	5	100

步骤一：打开桌面快捷方式“用水网络设计 3.0”。

步骤二：单击“文件/载入 excel”，从本地导入对应格式的 excel 到表格中，如图 3.21 所示；或单击“编辑/输入数据”，在弹出的窗口中手动输入数据，如图 3.22 所示。

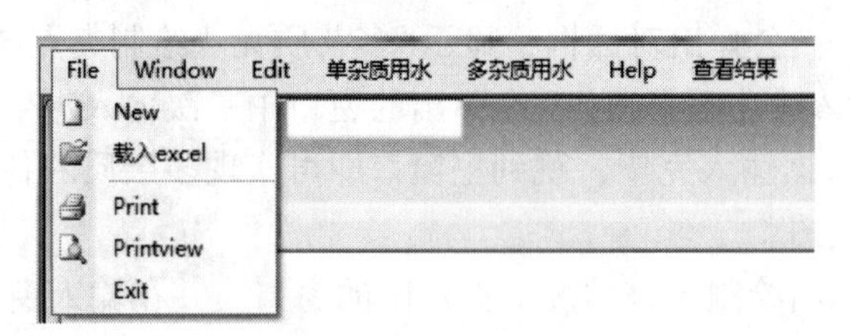

图 3.21 导入数据

图 3.22 手动输入数据

步骤三：数据输入完成后，如图 3.23 所示，单击“直接计算”，则弹出对应的夹点图，如图 3. 24 所示。

Form1

导出excel

完成

计算

直接计算

循环计算

输入再生后浓度

组分数	过程水阱	水阱流率t/h	水阱浓度mg/L	过程水源	水源流率t/h	水源浓度mg/L
1	1	80	100	1	20	1000
1	2	50	200	2	50	700
1	3	10	0	3	40	100
1	4	10	0	4	10	10
1	5	15	10	5	5	100

pinch

再生后浓度

流率最大值

夹点浓度

再生水流率

再生循环

图 3. 23　数据输入界面

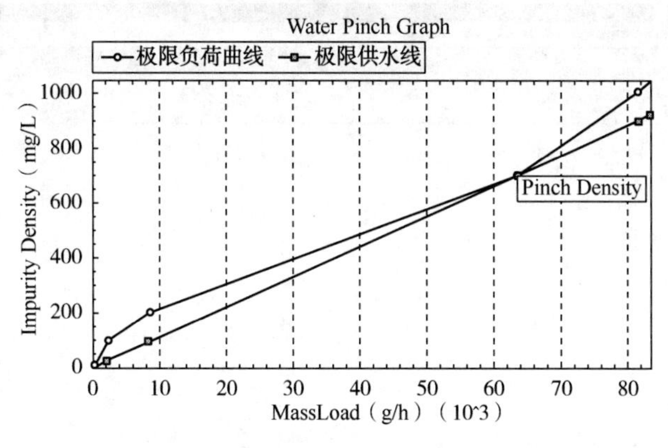

图 3. 24　对应的直接回用夹点图

步骤四：若想查看单杂质再生循环夹点图，单击“循环计算”，则弹出对话框，如图 3. 25所示。

步骤五：单击“是”，则光标停留在图 3. 26 所示界面，得出对应的直接回用夹点浓度及新鲜水流量。

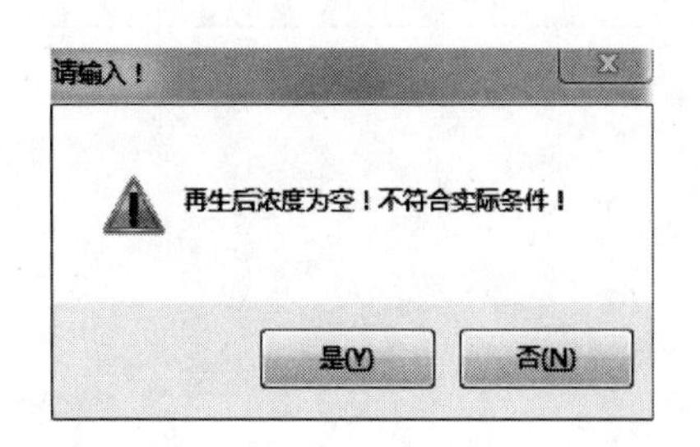

图 3. 25　输入再生后浓度对话框

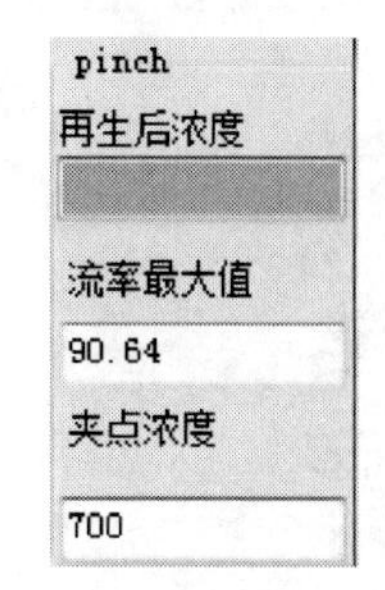

图 3. 26　输入再生后浓度

步骤六：输入再生后浓度后，单击“循环计算”，则绘制出对应的夹点图，如图 3. 27 所示。

步骤七：若求取再生循环的用水情况，还需单击“输入再生后浓度”，弹出的对话框如图 3. 28 所示。

步骤八：输入完成后，单击“完成”则弹出主窗口，如图 3. 29 所示。

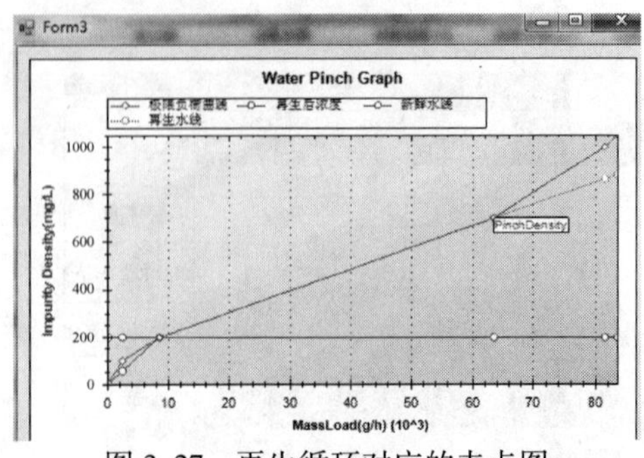

图 3.27　再生循环对应的夹点图

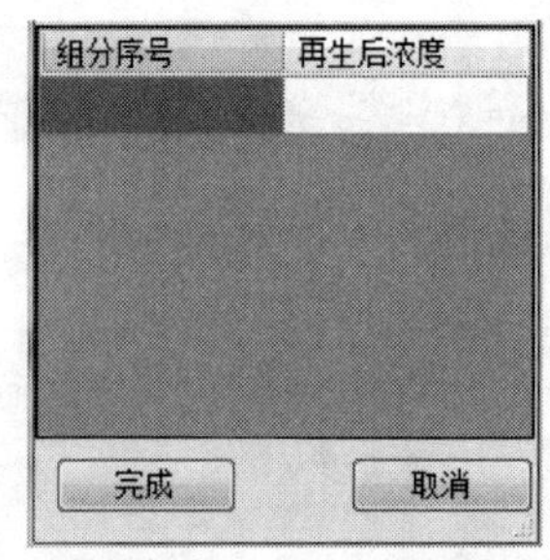

图 3.28　组分序号和再生后浓度的输入窗口

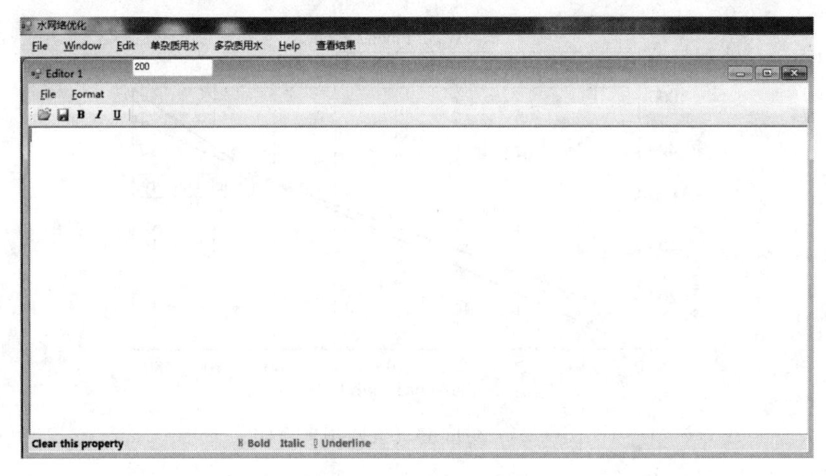

图 3.29　主窗口示意图

步骤九：单击“单杂质用水/循环计算”，当光标在文本框中闪烁时，则表明计算已完成，单击“查看结果/各单元用水分析”，则结果显示在文本框中，如图 3.30 所示。

图 3.30　相应的计算结果显示

4 炼油企业主要生产装置用排水单元

石油炼制工业，在国民经济中占有重要地位。我国2019年的原油加工量超过了6×10^8t，达到了6.5×10^8t。按照目前公布的新建和扩能计划计算，预计到2020年我国原油一次加工能力将达到9.2×10^8t/a，到“十四五”末将超过10×10^8t/a。石油炼制工业作为耗水大户，也一直备受关注。

炼油企业常见的生产装置包括常减压蒸馏、催化裂化、加氢裂化、催化重整、汽柴油加氢等装置。本章将从炼油企业常见的生产装置的各个用水点入手，详细介绍各项用水的用途和原理、对水源的要求、排水的去向及相关节水措施，并列举装置常见的水平衡图示例。

4.1 常减压蒸馏装置

常减压蒸馏装置是常压蒸馏和减压蒸馏两个装置的总称，主要包括：原油脱盐脱水、常压蒸馏和减压蒸馏三个工序。从油田送往炼油厂的原油往往含盐(主要是氯化物)带水(溶于油或呈乳化状态)，可导致设备腐蚀、在设备内壁结垢和影响成品油的组成，需在加工前脱除。

常减压蒸馏装置有生产用水、生活用水、循环水、除盐水、汽提净化水和蒸汽。其中，生产用水主要用于装置地坪冲洗水、开车初期管线冲洗水、装置开车水联运等；生活用水主要用于装置机柜间生活用水、装置内的安全淋浴、洗眼器用水；循环水主要用于油品和机泵冷却、减压塔顶抽真空系统冷却器；除盐水用于开工时电脱盐注水、塔顶注水；汽提净化水主要用于电脱盐注水、塔顶注水；1.0MPa蒸汽主要用于减压抽真空系统、加热炉雾化蒸汽以及冬季伴热系统等；低低压蒸汽主要用于侧线汽提以及塔底吹汽。

4.1.1 电脱盐注水

(1) 用途及原理：开采出来的石油都伴有水和泥沙，水中溶解有无机盐，如NaCl、$MgCl_2$、$CaCl_2$等，这些物质的存在对加工过程危害很大，因此要通过电脱盐将其除去。由于无机盐大部分溶于水，故而脱盐与脱水同时进行。为脱除悬浮在原油中的盐粒，在原油中注入一定量的新鲜淡水(注入量一般为5%)，pH值一般为5.5~6.5，呈弱碱性，这样有助于对乳化剂中乳化膜的破除和无机盐的脱除；充分混合后，通过高压电场和破乳剂加热等措施去除盐类。

(2) 用水量及水源要求：电脱盐注水量一般在原油加工量的5%左右，注水量以脱前原油性质和脱后原油含盐要求来确定。一般来说，要求脱后原油盐含量不大于3mg/L、脱后原油水含量不大于2%，脱后污水油含量不大于200mg/L。

(3) 给水的节水措施及问题：电脱盐注水水源一般在开工时选择用除盐水，当酸性水汽提装置运行后，可全部用汽提净化水来代替除盐水。电脱盐的间断反冲洗用水也是如此。

(4) 排水及主要污染物：电脱盐系统排水中主要污染物为盐类和油，污水基本上全部排入厂区含油污水系统。

(5) 排水的处理或回用措施：电脱盐的排水主要在污水处理系统进行含油污水处理，处理为达标污水后，再经过深度处理装置处理回用于循环水补水或除盐水系统。目前，有一种说法是含油污水与含盐污水混合后对于生化处理有辅助作用。

4.1.2 塔顶注水

(1) 用途及原理：塔顶注水可以使露点前移，稀释初凝区HCl的浓度，同时可以洗涤溶解注氨生成的NH_4Cl沉积，从而减轻设备的腐蚀。

(2) 用水量及水源要求：塔顶注水量为常压塔顶(简称“常顶”)油气量的5%～10%，目的是调节塔顶的pH值，同时可以溶解NH_4Cl。

(3) 给水的节水措施及问题：塔顶注水一般在开工时选择用除盐水，当酸性水汽提装置运行后，可用汽提净化水来代替除盐水。

(4) 排水及主要污染物：塔顶注水工序排水中主要污染物为H_2S、SO_2等，含硫污水基本上全部排入厂区的酸性水汽提装置。

(5) 排水的处理或回用措施：塔顶注水工序排水主要是含硫污水，主要的回用措施是经酸性水汽提装置处理后的净化水用于电脱盐注水、塔顶注水、配制药剂等。

4.1.3 药剂配制用水

(1) 用途及原理：装置用碱液和氨水等液态化学药剂由工厂系统供应，在装置内调配成需要浓度；装置用缓蚀剂和破乳剂等一般系桶装产品，由装置配制成需要浓度。

(2) 用水量及水源要求：药剂配制用水主要是除盐水或除氧水，用水量由工艺所需碱液、氨水浓度决定。

(3) 给水的节水措施及问题：配制药剂一般在开工时选择用除盐水或除氧水，当酸性水汽提装置运行后，可用汽提净化水来代替。

(4) 排水及主要污染物：药剂注入塔内随塔顶注水排出，排水主要是含硫污水，含硫污水基本上全部排入厂区的酸性水汽提装置。

(5) 排水的处理或回用措施：排水主要是含硫污水，主要的回用措施是经酸性水汽提装置处理后的净化水用于电脱盐注水、塔顶注水、配制药剂等。

4.1.4 减压塔顶抽真空用汽

(1) 用途及原理：抽真空系统的作用是将减压塔内产生的不凝气及水蒸气连续地抽走，目前减压塔顶(简称“减顶”)抽真空一般采用蒸汽喷射器来产生真空，其基本工作原理是利用高压水蒸气在喷射管内膨胀，使压力转换为动能从而实现高速流动，在喷射器出口周围造成真空而吸入减顶不凝气。

（2）用水量及水源要求：主要是1.0MPa的蒸汽。

（3）给水的节水措施及问题：目前减顶抽真空一般采用蒸汽喷射器来产生真空，但随着大型常减压蒸馏装置的建设，也采用蒸汽喷射器和机械真空的组合抽真空系统，以节省水蒸气用量，并减少减顶冷凝水量。

（4）排水及主要污染物：减压塔抽真空后排水中主要污染物为H_2S、SO_2等，含硫污水基本上全部排入厂区的酸性水汽提装置。

（5）排水的处理或回用措施：排水主要是含硫污水，主要的回用措施是经酸性水汽提装置处理后的净化水用于电脱盐注水、塔顶注水、配制药剂等。

4.1.5 塔吹汽用汽

（1）用途及原理：降低油气分压，提高轻油收率，降低重油中350℃馏分含量，提供塔底气相回流提高分馏精确度。

（2）用水量及水源要求：主要是0.3~0.4MPa的蒸汽。

（3）给水的节水措施及问题：含水增大时，塔底有吹蒸汽的应关小或暂停吹汽。

（4）排水及主要污染物：汽提蒸汽用后排水中主要污染物为H_2S、SO_2等，含硫污水基本上全部排入厂区的酸性水汽提装置。

（5）排水的处理或回用措施：排水主要是含硫污水，主要的回用措施是经酸性水汽提装置处理后的净化水用于电脱盐注水、塔顶注水、配制药剂等。

4.1.6 汽提用汽

（1）用途及原理：主要是对侧线产品用蒸汽汽提，以除去侧线产品中低沸点组分，使产品的闪点和馏程符合质量要求。

（2）用汽量及水源要求：直接汽提蒸汽用量一般为产品量的2%~4%，喷气燃料的水含量有极严格限制，通过重沸器进行间接汽提。汽提蒸汽的压力一般为0.3~0.4MPa，并在装置加热炉对流段过热到400℃。

（3）给水的节水措施及问题：通过调整蒸馏塔的操作条件来优化汽提蒸汽用量。

（4）排水及主要污染物：汽提蒸汽用后排水中主要污染物为H_2S、SO_2等，含硫污水基本上全部排入厂区的酸性水汽提装置。

（5）排水的处理或回用措施：排水主要是含硫污水，主要的回用措施是经酸性水汽提装置处理后的净化水用于电脱盐注水、塔顶注水、配制药剂等。

4.1.7 加热炉雾化用汽

（1）用途及原理：加热炉使用雾化蒸汽的目的，是利用蒸汽的冲击和搅拌作用，使燃料油呈雾状喷出，与空气充分混合而燃烧完全。

（2）用汽量及水源要求：一般采用1.0MPa蒸汽，相当于所用燃料的20%(质量分数)。

(3) 给水的节水措施及问题：加热炉可采用高效火嘴，调整其合适的雾化蒸汽量。

(4) 排水及主要污染物：随着烟气排向大气。

(5) 排水的处理或回用措施：无。

4.1.8 冬季伴热用汽

(1) 用途及原理：防止物料、仪表等在冬天或气温较低时上冻，通过直接或间接的热交换补充被伴热管道的热损失。

(2) 用水量及水源要求：主要是1.0MPa的蒸汽。

(3) 给水的节水措施及问题：在蒸汽伴热系统及蒸汽放空尾部安装疏水阀，减少“小白龙”现象，并根据气温的变化情况适时投用或停用伴热蒸汽。

(4) 排水及主要污染物：排水主要是凝结冰。

(5) 排水的处理及回用措施：经过超微过滤、纤维吸附、混床处理后作为除盐水使用。

4.1.9 工艺冷却用水

(1) 用途及原理：工艺冷却用水主要是循环冷却水，通过换热器交换热量或直接接触换热方式交换介质热量，并经冷却塔凉水后循环使用，以节约水资源。常减压蒸馏装置工艺冷却水主要用于精馏塔塔顶冷凝、产品冷却等。

(2) 用水量及水源要求：根据热侧物料的进出口温度、热容流率等确定循环冷却水的用量，所用循环冷却水由循环水场提供。

(3) 给水的节水措施及问题：充分利用系统中的低温热以及使用空冷器，使热侧物流进入循环冷却器的温度合理，即冷热侧物流换热温差合理，采用循环水夹点技术优化循环水的换热网络，以减少循环水的使用量。

(4) 排水及主要污染物：工艺冷却用水经过换热后返回循环水场，通过调节循环水场的补充水量、加药、排污等措施控制循环水的水质，其主要污染物是盐类和油。

(5) 排水的处理或回用措施：工艺冷却水经过换热后返回循环水场，在循环水场统一处理，循环水场的排污水经过适度处理后回用于循环水场的补水。

4.1.10 设备冷却用水

(1) 用途及原理：设备冷却用水主要是循环冷却水，通过换热器交换热量或直接接触换热方式交换介质热量，并经冷却塔凉水后循环使用，以节约水资源。常减压蒸馏装置的机泵等设备在运行过程中，需要冷却降温以保持正常运转。

(2) 用水量及水源要求：设备冷却所需的冷却用水由循环水场提供。

(3) 给水节水措施及问题：采用循环水夹点技术优化循环水的换热网络，以减少循环水的使用量。

(4) 排水及主要污染物：设备冷却用水经过换热后返回循环水场，通过调节循环水场的补充水量、加药、排污等措施控制循环水的水质，其主要污染物是盐类和油。

(5) 排水的处理或回用措施：设备冷却水经过换热后返回循环水场，在循环水场统一处理，循环水场的排污水经过适度处理后回用于循环水场的补水。

4.1.11 常减压蒸馏装置水平衡图

常减压蒸馏装置水平衡图如图4.1至图4.5所示。

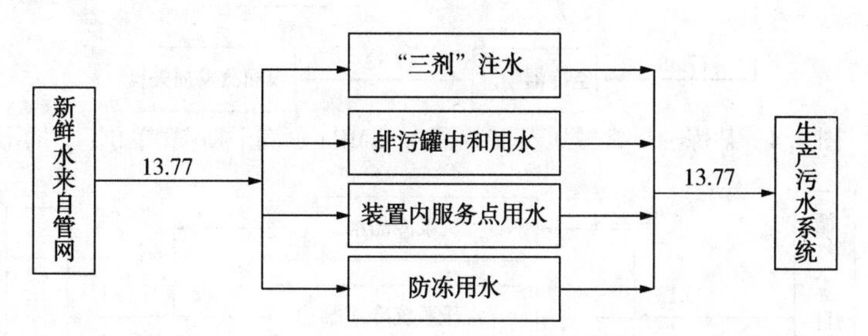

图4.1 某炼油厂常减压蒸馏装置新鲜水平衡图(单位：t/h)

“三剂”指水、氨(有机胺)和缓蚀剂

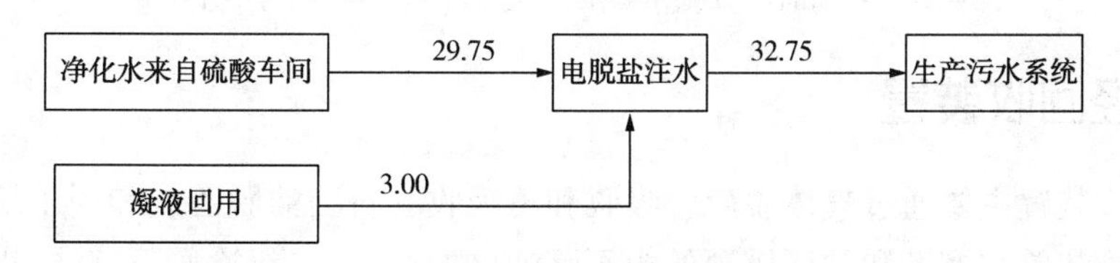

图4.2 某炼油厂常减压蒸馏装置净化水平衡图(单位：t/h)

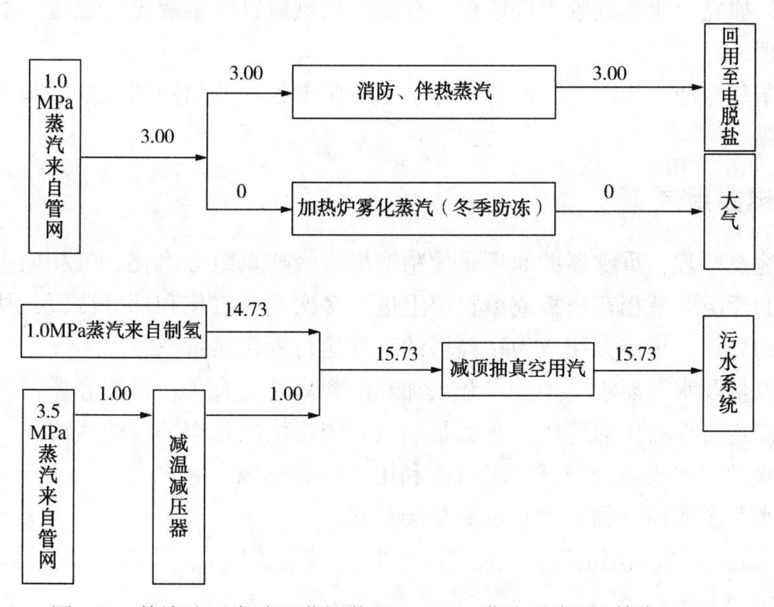

图4.3 某炼油厂常减压蒸馏装置1.0MPa蒸汽平衡图(单位：t/h)

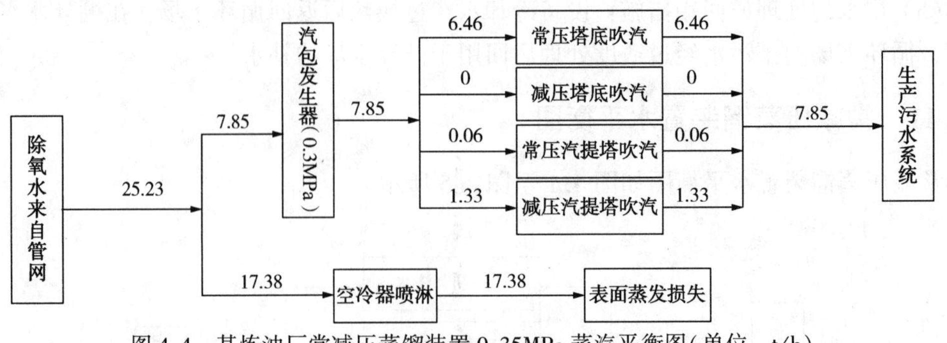

图 4.4　某炼油厂常减压蒸馏装置 0.35MPa 蒸汽平衡图(单位：t/h)

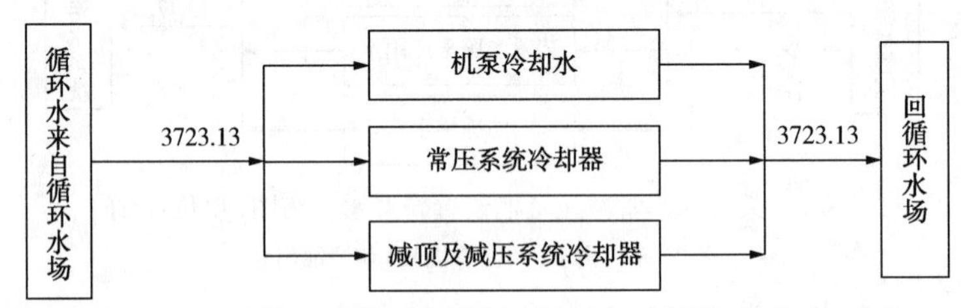

图 4.5　某炼油厂常减压蒸馏装置循环水平衡图(单位：t/h)

4.2　轻烃回收装置

轻烃回收装置主要通过气体脱硫、吸收和再吸收、石脑油脱乙烷和脱丁烷等过程，处理常减压蒸馏装置初馏塔和常压塔顶的粗石脑油(常顶一、二级冷凝石脑油)以及汽柴油加氢改质装置汽提塔顶的粗石脑油，同时处理各加氢装置汽提塔顶气、分馏塔顶气，以回收其中的轻烃。加氢裂化装置脱丁烷塔顶及石脑油加氢装置的粗液化气也送入本装置一并进行脱乙烷处理。

装置用循环冷却水和蒸汽，循环冷却水主要用于各种冷却器和机泵，蒸汽主要用于塔底重沸器加热。

4.2.1　重沸器用汽

(1) 用途及原理：重沸器的原理是使精馏塔底液相重组分汽化，气相向上流动，与从回流罐下来的轻组分液相在塔板或填料层上进行多次部分汽化和部分冷凝，从而使混合物达到高纯度的分离。重沸器用汽为精馏塔的正常运行提供热量。

(2) 用汽量及水源要求：用汽量和被加热的介质性质有关，根据介质需要的温度选择蒸汽品位，确定再沸器压力等级，水源是蒸汽系统提供的相应等级的蒸汽。

(3) 给水的节水措施及问题：尽可能利用系统的热源。

(4) 排水及主要污染物：排水主要是凝结水。

(5) 排水的处理或回用措施：经过超微过滤、纤维吸附、混床处理后作为除盐水使用。

4.2.2　工艺冷却用水

(1) 用途及原理：工艺冷却用水主要是循环冷却水，通过换热器交换热量或直接接触换热方式交换介质热量，并经冷却塔凉水后循环使用，以节约水资源。轻烃回收装置工艺冷却水主要用于精馏塔塔顶冷凝、产品冷却等。

(2) 用水量及水源要求：根据热侧物料的进出口温度、热容流率等确定循环冷却水的用量，所用循环冷却水由循环水场提供。

(3) 给水的节水措施及问题：充分利用系统中的低温热以及使用空冷器，使热侧物流进入循环冷却器的温度合理，即冷热侧物流换热温差合理，采用循环水夹点技术优化循环水的换热网络，以减少循环水的使用量。

(4) 排水及主要污染物：工艺冷却用水经过换热后返回循环水场，通过调节循环水场的补充水量、加药、排污等措施控制循环水的水质，其主要污染物是盐类和油。

(5) 排水的处理或回用措施：工艺冷却水经过换热后返回循环水场，在循环水场统一处理，循环水场的排污水经过适度处理后回用于循环水场的补水。

4.2.3 设备冷却用水

(1) 用途及原理：设备冷却用水主要是循环冷却水，通过换热器交换热量或直接接触换热方式交换介质热量，并经冷却塔凉水后循环使用，以节约水资源。轻烃回收装置的机泵等设备在运行过程中，需要冷却降温以保持正常运转。

(2) 用水量及水源要求：设备冷却所需的冷却用水由循环水场提供。

(3) 给水节水措施及问题：采用循环水夹点技术优化循环水的换热网络，以减少循环水的使用量。

(4) 排水及主要污染物：设备冷却用水经过换热后返回循环水场，通过调节循环水场的补充水量、加药、排污等措施控制循环水的水质，其主要污染物是盐类和油。

(5) 排水的处理或回用措施：设备冷却水经过换热后返回循环水场，在循环水场统一处理，循环水场的排污水经过适度处理后回用于循环水场的补水。

4.2.4 轻烃回收装置水平衡图

轻烃回收装置水平衡图如图 4.6 和图 4.7 所示。

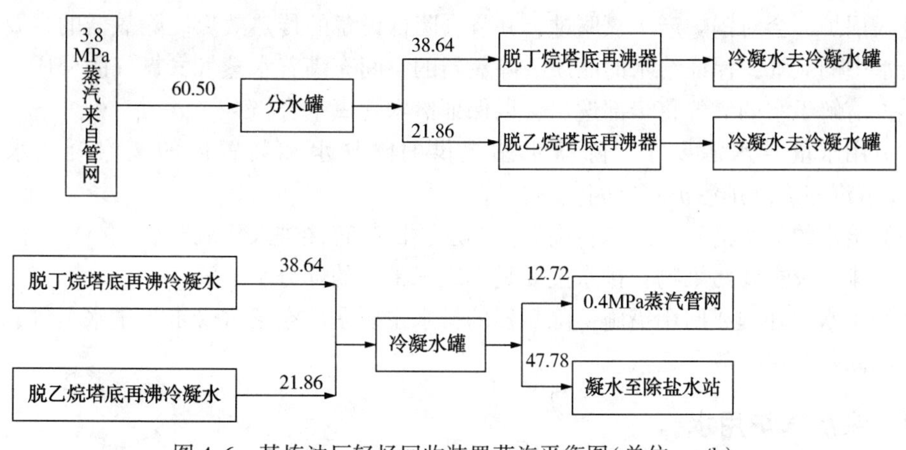

图 4.6 某炼油厂轻烃回收装置蒸汽平衡图(单位：t/h)

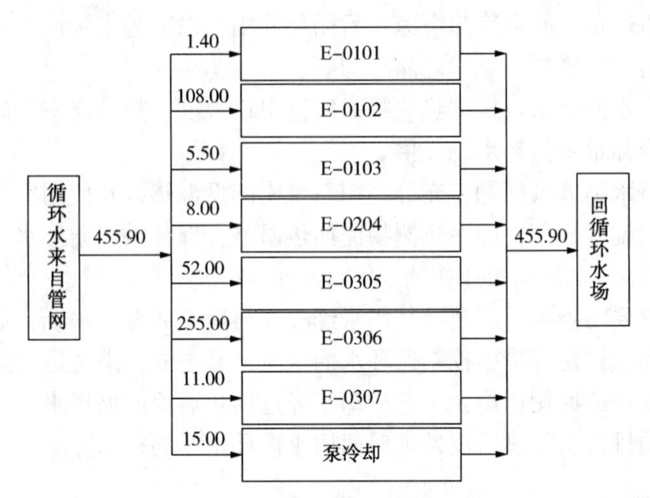

图 4.7　某炼油厂轻烃回收装置循环水平衡图(单位：t/h)

4.3　催化裂化装置

催化裂化，就是将原油蒸馏或其他石油炼制过程中所得的重质馏分油，在高温、一定压力和催化剂的作用下使重质油发生一系列裂化反应，转变为干气、液化气、汽油和柴油等产品的石油炼制过程。主要由反应再生系统(简称“反再系统”)、主风机组及烟气能量回收系统、分馏系统、吸收稳定系统、气压机组、产汽及余热回收系统组成。

装置主要使用新鲜水、循环水、除盐水、除氧水、冷凝水、蒸汽等。其中，新鲜水主要用于车间生活用水和烟气脱硫系统补水；循环水主要用于各冷却器及机泵；除盐水用于除氧器给水；除氧水部分用于滑阀冷却，大部分进产汽系统及余热锅炉；自产中压蒸汽一部分经透平及减温减压器后供装置内部使用，多余送至系统管网。

4.3.1　除氧器用水、用汽

(1) 用途及原理：为了回收烟气的热量，催化裂化装置设置有余热锅炉，未经过除氧的水进入锅炉，会对锅炉产生氧腐蚀，并且会降低设备的传热效果。除氧器的主要作用是除去给水中的氧气，保证给水的品质。除氧器的空间充满着水蒸气，氧气的分压力逐渐降低为零，溶解于水的氧气将全部逸出，以保证给水含氧量合格。

(2) 用水量及水源要求：除盐水站提供的除盐水和装置内的蒸汽凝结水，以及1.0MPa 蒸汽和连续排污扩容器闪蒸蒸汽等。

(3) 给水的节水措施及问题：高温凝结水，回收直接进入除氧器。

(4) 排水及主要污染物：排水主要是不凝气带出的部分水蒸气。

(5) 排水的处理或回用措施：除氧器的排水主要是放空乏汽带走少量水蒸气，通过除氧器乏汽回收器回收放空乏汽。

4.3.2　余热锅炉用水

(1) 用途及原理：在催化裂化再生器中，催化剂再生过程产生带压力能和温度能的烟气，随着催化裂化装置掺渣量的增加及大型化，这部分能量也不断上升，所以在催化裂化装置中均设置了回收烟气压力及部分温度能的烟气轮机，用于驱动主风机甚至发电。经过烟气轮机的烟气温度还比较高，如果将这些烟气直接排放，必然造成大量的能量浪费，还带来了热污染。为了回收烟气中的热量，催化裂化装置设置余热锅炉，除氧器出水经泵升压后送至余热锅炉，对反应或其他设备等产生的余热进行回收，副产不同压力的蒸汽，部分副产蒸汽直接进入除氧器，部分副产蒸汽经过汽轮机背压后装置内自用，部分副产蒸汽直接送入管网供全厂使用。

(2) 用水量及水源要求：用水量由装置内的余热确定，所需水是除氧器提供的除氧水。

(3) 给水的节水措施及问题：减少产汽系统定排、连排的量。

(4) 排水及主要污染物：锅炉排水的主要污染物是盐类。

(5) 排水的处理或回用措施：回收锅炉的排污水用于换热站补水或循环水场补水后排污水去污水处理场，定排、连排闪蒸蒸汽直接进入除氧器。

4.3.3 反再系统提升段用汽

(1) 用途及原理：提升段的作用就是通入一定量蒸汽加速催化剂，使其在进入反应器时有一定的线速并在轴向有良好的分布。

(2) 用汽量及水源要求：一般来说，预提升蒸汽大概为进料的3%左右，水源为装置产汽系统提供的1.0MPa蒸汽。

(3) 给水的节水措施及问题：若富气压缩机能力允许，建议使用干气或富气。

(4) 排水及主要污染物：提升蒸汽用后排水中主要污染均为H_2S、SO_2等，含硫污水基本上全部排入厂区的酸性水汽提装置。

(5) 排水的处理或回用措施：排水主要是含硫污水，主要的回用途径是经酸性水汽提装置处理后的净化水用于电脱盐注水、塔顶注水、配制药剂等。

4.3.4 反再系统雾化用汽

(1) 用途及原理：雾化蒸汽，可使油、气和催化剂混合均匀，同时可以降低油气分压，使油气在催化剂表面均匀分布，避免催化剂迅速结焦。当原料油中断时，雾化蒸汽还可防止喷嘴堵塞。

(2) 用水量及水源要求：根据经验来调节，喷嘴保护蒸汽量以能够保护喷嘴又不影响火焰稳定为准。水源为装置产汽系统提供的1.0MPa蒸汽。

(3) 给水的节水措施及问题：提高喷嘴的能量利用效率，减少蒸汽使用量。

(4) 排水及主要污染物：蒸汽用后排水中主要污染物为H_2S、SO_2等，含硫污水基本上全部排入厂区的酸性水汽提装置。

(5) 排水的处理或回用措施：排水主要是含硫污水，主要的回用措施是经酸性水汽提装置处理后的净化水用于电脱盐注水、塔顶注水、配制药剂等。

4.3.5 反再系统汽提用汽

(1) 用途及原理：对从沉降器到汽提段的催化剂用水蒸气进行汽提，汽提出催化剂颗粒间和空隙内的油气。减少油气损失，提高油品的收率，降低焦炭产率，减少再生气烧焦负荷。汽提效果受水蒸气量和汽提段的结构影响。

（2）用汽量及水源要求：一般控制汽提蒸汽量约占催化剂循环量的0.35%；水源为装置产汽系统提供的1.0MPa蒸汽。

（3）给水的节水措施及问题：正常生产时，根据生产负荷先控制较大的汽提蒸汽量，然后慢慢降低汽提蒸汽量，同时观察再生温度的变化，直到再生温度有所升高时再适当增大汽提蒸汽量。

（4）排水及主要污染物：蒸汽用后排水中主要污染物为H_2S、SO_2等，含硫污水基本上全部排入厂区的酸性水汽提装置。

（5）排水的处理或回用措施：排水主要是含硫污水，主要的回用措施是经酸性水汽提装置处理后的净化水用于电脱盐注水、塔顶注水、配制药剂等。

4.3.6 分馏塔底搅拌用汽

（1）用途及原理：搅拌蒸汽用来减少塔底油浆停留时间，以减少分馏塔底结焦。

（2）用水量及水源要求：搅拌蒸汽量可根据分馏塔负荷而定。水源一般为1.0MPa蒸汽。

（3）给水的节水措施及问题：根据分馏塔压降来调节。

（4）排水及主要污染物：蒸汽用后排水中主要污染物为H_2S、SO_2等，含硫污水基本上全部排入厂区的酸性水汽提装置。

（5）排水的处理或回用措施：排水主要是含硫污水，主要的回用措施是经酸性水汽提装置处理后的净化水用于电脱盐注水、塔顶注水、配制药剂等。

4.3.7 松动用汽

（1）用途及原理：在斜管、立管内起松动催化剂的作用，保证催化剂输送正常。

（2）用水量及水源要求：根据催化剂循环量、输送催化剂的管线内径、长度等计算。水源一般为1.0MPa蒸汽。

（3）给水的节水措施及问题：保证催化剂正常流化。

（4）排水及主要污染物：蒸汽用后排水中主要污染物为H_2S、SO_2等，含硫污水基本上全部排入厂区的酸性水汽提装置。

（5）排水的处理或回用措施：排水主要是含硫污水，主要的回用措施是经酸性水汽提装置处理后的净化水用于电脱盐注水、塔顶注水、配制药剂等。

4.3.8 沉降器防焦用汽

（1）用途及原理：防止沉降器顶及油气大管线结焦。

（2）用水量及水源要求：用量没有严格要求；水源一般为1.0MPa蒸汽。

（3）给水的节水措施及问题：防焦蒸汽流量用现场手动阀控制。

（4）排水及主要污染物：蒸汽用后排水中主要污染物为H_2S、SO_2等，含硫污水基本上全部排入厂区的酸性水汽提装置。

(5) 排水的处理或回用措施：排水主要是含硫污水，主要的回用措施是经酸性水汽提装置处理后的净化水用于电脱盐注水、塔顶注水、配制药剂等。

4.3.9 烟机轮盘冷却用汽

(1) 用途及原理：防止催化剂进入轮盘死区形成团块粘在轮盘上，影响动平衡。

(2) 用水量及水源要求：正常用量为 800kg/h，最小用量为 500kg/h，最大用量为 2000kg/h；水源一般为 1.0MPa 蒸汽。

(3) 给水的节水措施及问题：无。

(4) 排水及主要污染物：蒸汽用后排水中主要污染物为 H_2S、SO_2等，含硫污水基本上全部排入厂区的酸性水汽提装置。

(5) 排水的处理或回用措施：排水主要是含硫污水，主要的回用措施是经酸性水汽提装置处理后的净化水用于电脱盐注水、塔顶注水、配制药剂等。

4.3.10 汽轮机用汽

(1) 用途及原理：催化装置中蒸汽通过汽轮机的喷嘴膨胀，在膨胀时蒸汽的压力降低，流速增加，蒸汽热能转化为动能。同时以很高的流速射到叶片上，推动叶轮转动，即动能转化为机械能，再带动压缩机转子做功，将蒸汽的热能转化为压缩机工作的机械功。

(2) 用水量及水源要求：蒸汽用量可根据汽轮机的设计效率及功率，结合蒸汽焓值利用情况和蒸汽泄漏等计算确定。用水一般为相应等级蒸汽。

(3) 给水的节水措施及问题：合理选择压缩机流量和出口压力，减少反飞动量，减少分馏系统压降，提高气压计入口压力，减少压缩机轴功率，减少蒸汽耗量。

(4) 排水及主要污染物：排水是凝液或低低压蒸汽。

(5) 排水的处理或回用措施：蒸汽进入蒸汽管网系统供各装置使用，冷凝水进入冷凝水管网送至化学水站制除盐水。

4.3.11 解吸塔用汽

(1) 用途及原理：解吸塔采用一个中段重沸器和两个塔底重沸器，其中一个塔底重沸器和中段重沸器用稳定汽油加热，另外一个塔底重沸器用低压蒸汽加热，充分利用稳定汽油的热量，减少低压蒸汽的消耗。塔底重沸器用蒸汽为塔底的正常运行提供热量，以解吸出粗汽油中的 C_1、C_2 组分。

(2) 用水量及水源要求：根据塔的正常运行所需热量，确定低压蒸汽的用量。

(3) 给水的节水措施及问题：解吸塔塔底重沸器应充分利用装置内热量，减少蒸汽的使用。

(4) 排水的主要污染物：排水主要是凝结水。

(5) 排水的处理或回用措施：解吸塔重沸器用蒸汽后主要产生的是凝结水，有些工艺流程凝结水去凝结水回收装置，有些工艺流程凝结水直接进入除氧器。

4.3.12 工艺冷却用水

(1) 用途及原理：工艺冷却用水主要是循环冷却水，通过换热器交换热量或直接接触换热方式交换介质热量，并经冷却塔凉水后循环使用，以节约水资源。催化裂化装置工艺冷却水主要用于精馏塔塔顶冷凝、产品冷却等。

（2）用水量及水源要求：根据热侧物料的进出口温度、热容流率等确定循环冷却水的用量，所用循环冷却水由循环水场提供。

（3）给水的节水措施及问题：充分利用系统中的低温热以及使用空冷器，使热侧物流进入循环冷却器的温度合理，即冷热侧物流换热温差合理，采用循环水夹点技术优化循环水的换热网络，以减少循环水的使用量。

（4）排水及主要污染物：工艺冷却用水经过换热后返回循环水场，通过调节循环水场的补充水量、加药、排污等措施控制循环水的水质，其主要污染物是盐类和油。

（5）排水的处理或回用措施：工艺冷却水经过换热后返回循环水场，在循环水场统一处理，循环水场的排污水经过适度处理后回用于循环水场的补水。

4.3.13 设备冷却用水

（1）用途及原理：设备冷却用水主要是循环冷却水，通过换热器交换热量或直接接触换热方式交换介质热量，并经冷却塔凉水后循环使用，以节约水资源。催化裂化装置的机泵等设备在运行过程中，需要冷却降温以保持正常运转。

（2）用水量及水源要求：设备冷却所需的冷却用水由循环水场提供。

（3）给水节水措施及问题：采用循环水夹点技术优化循环水的换热网络，以减少循环水的使用量。

（4）排水及主要污染物：设备冷却用水经过换热后返回循环水场，通过调节循环水场的补充水量、加药、排污等措施控制循环水的水质，其主要污染物是盐类和油。

（5）排水的处理或回用措施：设备冷却用水经过换热后返回循环水场，在循环水场统一处理，循环水场的排污水经过适度处理后回用于循环水场的补水。

4.3.14 催化裂化装置水平衡图

催化裂化装置水平衡图如图4.8至图4.12所示。

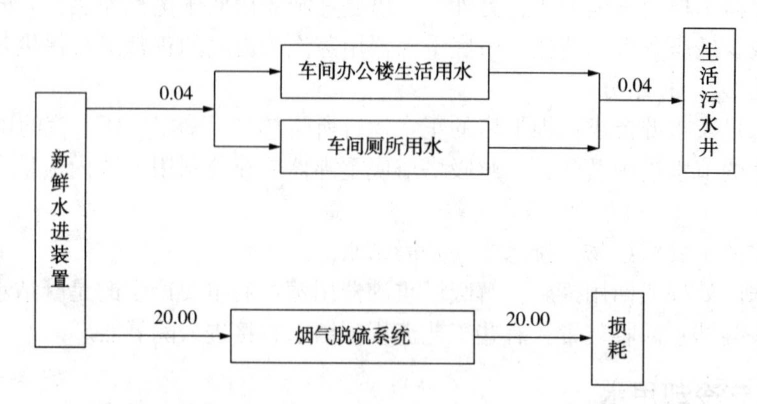

图4.8 某炼油厂催化裂化装置新鲜水平衡图(单位：t/h)

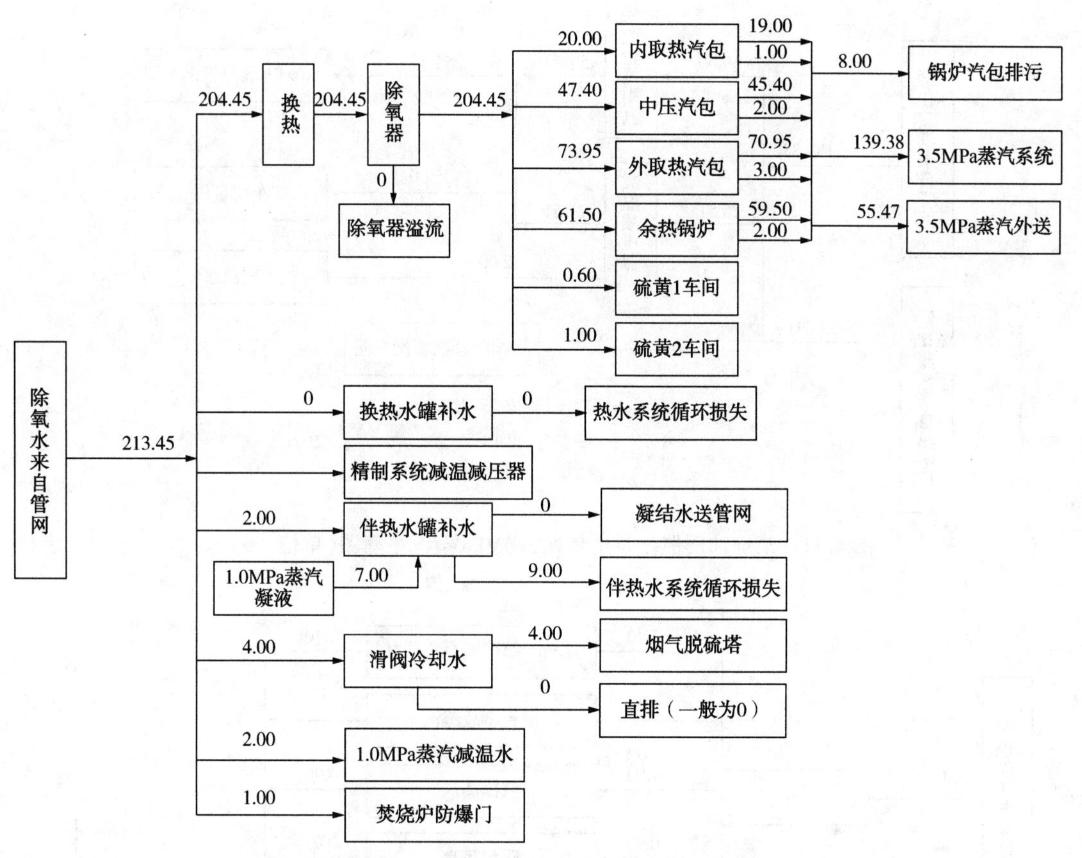

图 4.9　某炼油厂催化裂化装置除氧水平衡图(单位：t/h)

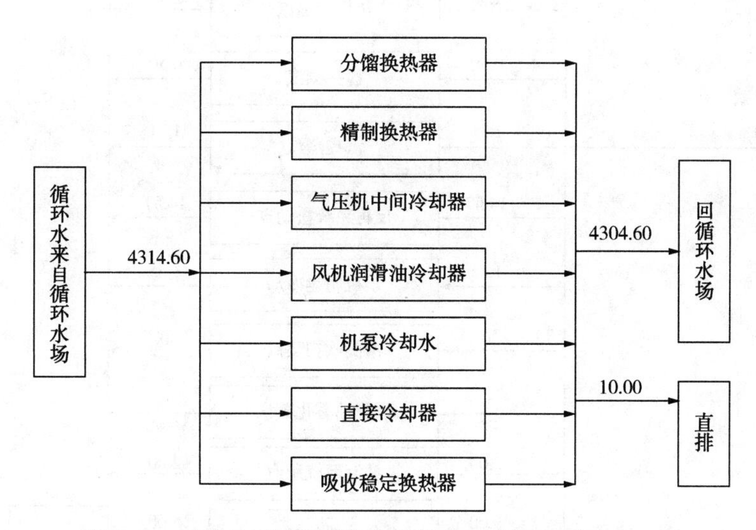

图 4.10　某炼油厂催化裂化装置循环水平衡图(单位：t/h)

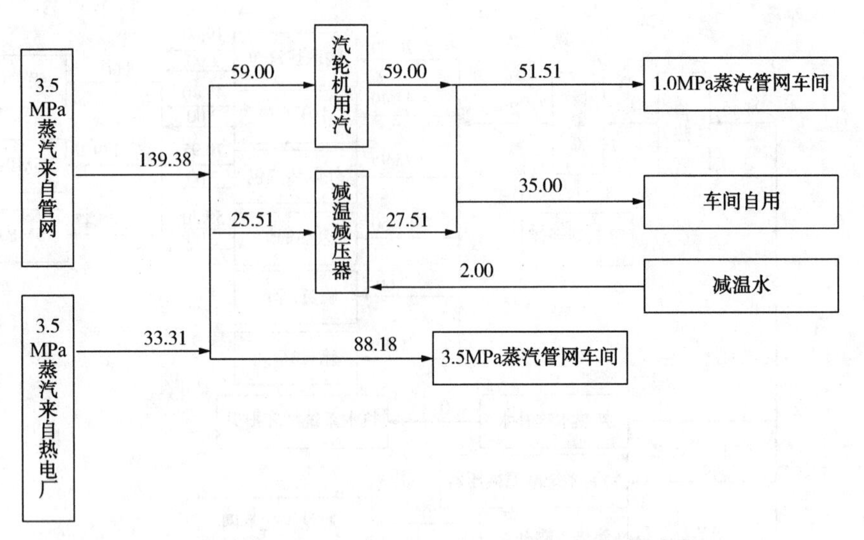

图 4.11　某炼油厂催化裂化装置 3.5MPa 蒸汽平衡图(单位：t/h)

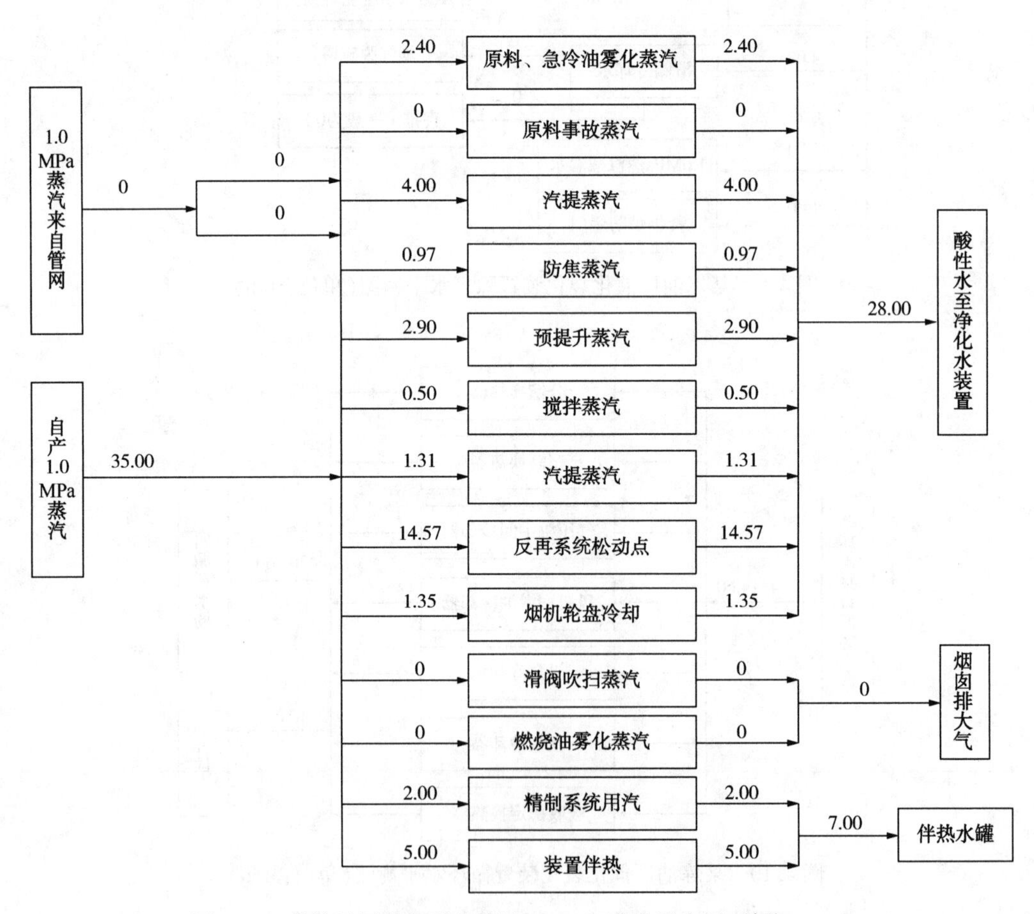

图 4.12　某炼油厂催化裂化装置 1.0MPa 蒸汽平衡图(单位：t/h)

4.4 延迟焦化装置

延迟焦化装置加工减压渣油和催化油浆，由焦化部分、吸收稳定部分和双脱部分组成。主要产品是净化焦化干气、净化焦化液化气、焦化石脑油(焦化汽油)、焦化柴油、焦化蜡油和石油焦。

延迟焦化装置主要使用新鲜水、净化水、除氧水、中压 MPa 蒸汽、循环冷却水。其中，新鲜水用于加热炉烧焦罐注水、冷切焦水罐补水等；净化水用作药剂配制及水洗用水等；除氧水用于蒸汽发生器发生蒸汽；中压蒸汽用于汽轮机及加热炉；循环冷却水主要用于循环水冷却器冷却。

4.4.1 水洗用水

(1) 用途及原理：富气水洗是将富气中所含的硫化物、盐类以及焦粉等杂质进行吸收、洗涤。

(2) 用水量及水源要求：水源一般是除盐水或净化水。

(3) 给水的节水措施及问题：用净化水替代除盐水，节省高品质的水。

(4) 排水及主要污染物：塔顶注水工序排水中主要污染物为 H_2S、SO_2等，含硫污水基本上全部排入厂区的酸性水汽提装置。

(5) 排水的处理或回用措施：塔顶注水工序排水主要是含硫污水，主要的回用措施是经酸性水汽提装置处理后的净化水用于电脱盐注水、塔顶注水、配制药剂等。

4.4.2 空冷器前注水

(1) 用途及原理：延迟焦化原料携带的氮化合物在反应过程中，会生产 NH_3，NH_3和 HCl 反应生成 NH_4Cl，NH_4Cl 结晶后沉积在低温换热器和空冷器管束中，引起系统压降增大。因此，在反应产物进入空冷器前注入除盐水来溶解铵盐。

(2) 用水量及水源要求：用水量一般为原料的 5%左右，注水一般选择除盐水站提供的除盐水。

(3) 给水的节水措施及问题：有些炼厂为了节约用水，有时会考虑用处理过的酸性水作为加氢装置的高压系统注水。但比例最好不要超过总注水量的 50%。

(4) 排水及主要污染物：除盐水去空冷器前注水后主要污染物是 H_2S、NH_4Cl 等，所排污水基本上全部排入厂区的酸性水汽提装置。

(5) 排水的处理或回用措施：排水主要是含硫污水，主要的回用措施是经酸性水汽提装置处理后的净化水用于电脱盐注水、塔顶注水、配制药剂等。

4.4.3 蒸汽发生器用水

(1) 用途及原理：除氧器出水经泵升压后送至蒸汽发生器，对反应或其他设备等产生的余热进行回收，副产蒸汽直接送入管网供全厂使用。

(2) 用水量及水源要求：用水量由装置内的余热确定，所需水是除氧器提供的除氧水。

(3) 给水节水措施及问题：减少定排、连排的量。

(4) 排水及主要污染物：蒸汽发生器排水水质中污染物浓度相对较低，又称清净下水，可直接排放和回用于对水质要求不高的地方。

(5) 排水的处理或回用措施：蒸汽发生器排水回用循环水场补水、化学水站原水或排向污水处理场。

4.4.4 加热炉注汽(水)

(1) 用途及原理：瓦斯或油在炉内经过燃烧放出热量，在辐射室主要通过辐射，在对流室主要通过烟气对流，把热量传递给炉管，炉管通过传导和对流把热量传递给管内物料。多点注汽(水)，实际上主要是增加防止炉管结焦的安全系数，同时也起着微量调整炉管温度的作用。注汽还可以降低油气分压，从而降低油品汽化温度，降低管壁温度和内膜温度，减少结焦。

(2) 用水量及水源要求：注汽(水)量一般为处理量的2%左右，实际操作看来要小一些。另外，为保持辐射炉管内一定的介质流速，当处理量大时就可适当减少注水(注汽)量，当处理量小时可适当增大注水(注汽)量。注汽和注水各有优点，注汽会使得蒸汽和炉管内温度差别要小一些，而水由于汽化其汽化比大，更能促进湍流和速度增加。水源一般是管网来的蒸汽。

(3) 给水的节水措施及问题：最近国外焦化加热炉的发展动向是逐渐不采用注水、注汽，而是把注意力放在提高管内油品流速上。

(4) 排水及主要污染物：加热炉注汽用后排水中的主要污染物为H_2S、SO_2等，含硫污水基本上全部排入厂区的酸性水汽提装置。

(5) 排水的处理或回用措施：排水主要是含硫污水，主要的回用措施是经酸性水汽提装置处理后的净化水用于电脱盐注水、塔顶注水、配制药剂等。

4.4.5 焦炭塔吹汽

(1) 用途及原理：当焦炭塔生焦到一定高度后停止进料，切换到另一个焦炭塔，切换后，原来的塔用蒸汽进行小吹气，将塔内残留油气吹至分馏塔，然后再改为大吹气，给水进行冷焦。

(2) 用水量及水源要求：焦炭塔吹气量和焦炭塔的大小有较大关系。

(3) 给水的节水措施及问题：在保证焦炭挥发分合格及冷焦水含油不太多的条件下，减少吹汽量和吹汽时间。全部排入厂区的酸性水汽提装置。

(4) 排水的处理或回用措施：排水主要是含硫污水，主要的回用措施是经酸性水汽提装置处理后的净化水用于电脱盐注水、塔顶注水、配制药剂等。

4.4.6 汽轮机用汽

(1) 用途及原理：延迟焦化装置由于工艺的需要设置有压缩机，有些压缩机是由汽轮机驱动的，汽轮机是将蒸汽的能量转换成为机械功的旋转式动力机械。

(2) 用水量及水源要求：按照工艺计算用汽量，水源为蒸汽。

(3) 给水的节水措施及问题：合理选择压缩机流量和出口压力，减少反飞动量，减少分馏系统压降，提高气压计入口压力，减少压缩机轴功率，减少蒸汽耗量。

(4) 排水及主要污染物：排水是凝液或低低压蒸汽。

(5) 排水的处理或回用措施：蒸汽进入蒸汽管网系统供各装置使用，冷凝水进入冷凝水管网送至化学水站制除盐水。

4.4.7 特阀等汽封用汽

(1) 用途及原理：高温球阀和四通阀通过注入蒸汽来密封和防止结焦，连续注入。

(2) 用水量及水源要求：根据工艺的实际需要；水源一般为1.0MPa蒸汽。

(3) 给水的节水措施及问题：一般通过限流孔板来限制注入量以节省蒸汽，采用旋塞阀正常操作蒸汽不注入，可节省蒸汽。

(4) 排水及主要污染物：蒸汽用后排水中的主要污染物为H_2S、SO_2等，含硫污水基本上全部排入厂区的酸性水汽提装置。

(5) 排水的处理或回用措施：排水主要是含硫污水，主要的回用措施是经酸性水汽提装置处理后的净化水用于电脱盐注水、塔顶注水、配制药剂等。

4.4.8 汽提用汽

(1) 用途及原理：主要是产品用蒸汽汽提，以除去产品中的低沸点组分，使产品的闪点和馏程符合质量要求。

(2) 用汽量及水源要求：直接汽提蒸汽用量一般为产品量的2%~4%；水源一般为1.0MPa蒸汽。

(3) 给水的节水措施及问题：通过调整汽提塔的操作条件来优化汽提蒸汽用量。

(4) 排水及主要污染物：汽提蒸汽用后排水中的主要污染物为H_2S、SO_2等，含硫污水基本上全部排入厂区的酸性水汽提装置。

(5) 排水的处理或回用措施：排水主要是含硫污水，主要的回用措施是经酸性水汽提装置处理后的净化水用于电脱盐注水、塔顶注水、配制药剂等。

4.4.9 工艺冷却用水

(1) 用途及原理：工艺冷却用水主要是循环冷却水，通过换热器交换热量或直接接触换热方式交换介质热量，并经冷却塔凉水后循环使用，以节约水资源。延迟焦化装置工艺冷却水主要用于精馏塔塔顶冷凝、产品冷却等。

(2) 用水量及水源要求：根据热侧物料的进出口温度、热容流率等确定循环冷却水的用量，所用循环冷却水由循环水场提供。

（3）给水的节水措施及问题：充分利用系统中的低温热以及使用空冷器，使热侧物流进入循环冷却器的温度合理，即冷热侧物流换热温差合理，采用循环水夹点技术优化循环水的换热网络，以减少循环水的使用量。

（4）排水及主要污染物：工艺冷却用水经过换热后返回循环水场，通过调节循环水场的补充水量、加药、排污等措施控制循环水的水质，其主要污染物是盐类和油。

（5）排水的处理或回用措施：工艺冷却水经过换热后返回循环水场，在循环水场统一处理，循环水场的排污水经过适度处理后回用于循环水场的补水。

4.4.10 设备冷却用水

（1）用途及原理：设备冷却用水主要是循环冷却水，通过换热器交换热量或直接接触换热方式交换介质热量，并经冷却塔凉水后循环使用，以节约水资源。连续重整装置的机泵等设备在运行过程中，需要冷却降温以保持正常运转。

（2）用水量及水源要求：设备冷却所需的冷却用水由循环水场提供。

（3）给水节水措施及问题：采用循环水夹点技术优化循环水的换热网络，以减少循环水的使用量。

（4）排水及主要污染物：设备冷却用水经过换热后返回循环水场，通过调节循环水场的补充水量、加药、排污等措施控制循环水的水质，其主要污染物是盐类和油。

（5）排水的处理或回用措施：设备冷却水经过换热后返回循环水场，在循环水场统一处理，循环水场的排污水经过适度处理后回用于循环水场的补水。

4.4.11 延迟焦化装置水平衡图

延迟焦化装置水平衡图如图4.13至图4.17所示。

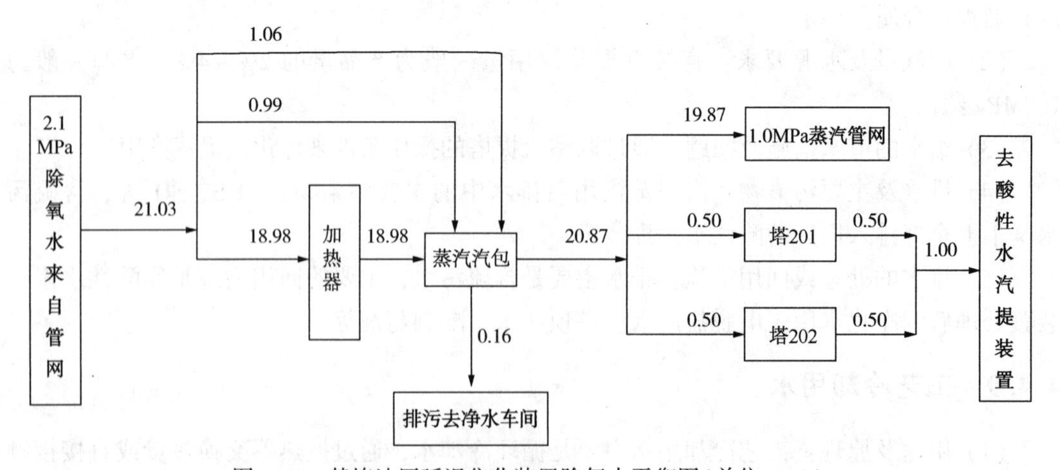

图4.13 某炼油厂延迟焦化装置除氧水平衡图（单位：t/h）

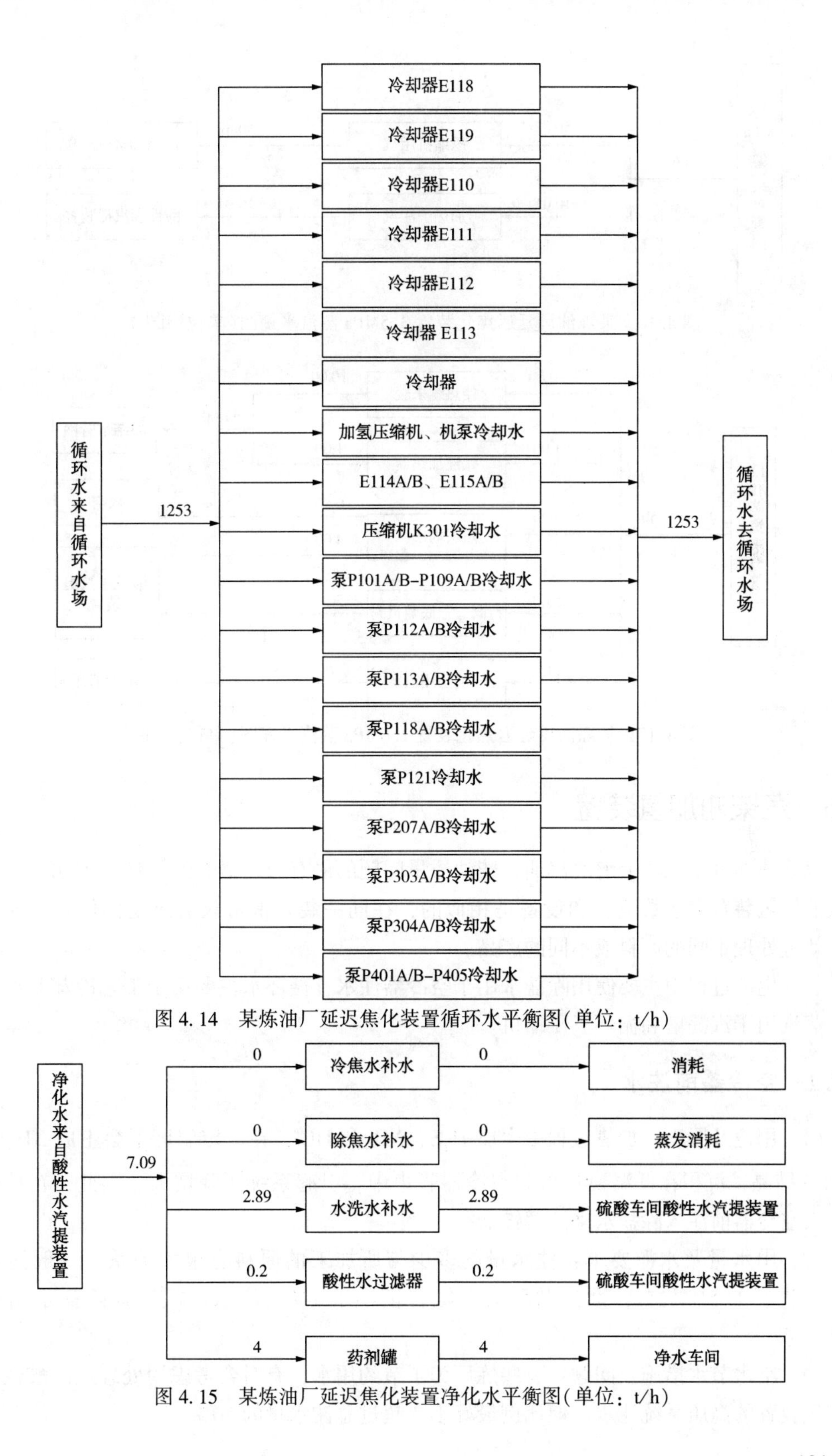

图 4.14　某炼油厂延迟焦化装置循环水平衡图(单位：t/h)

图 4.15　某炼油厂延迟焦化装置净化水平衡图(单位：t/h)

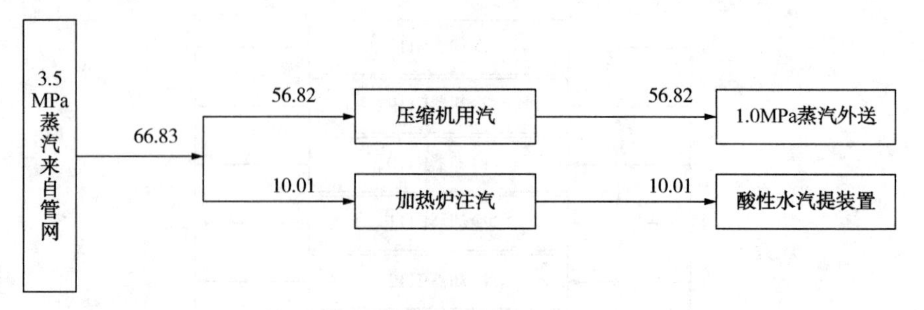

图 4.16　某炼油厂延迟焦化装置 3.5MPa 蒸汽平衡图(单位：t/h)

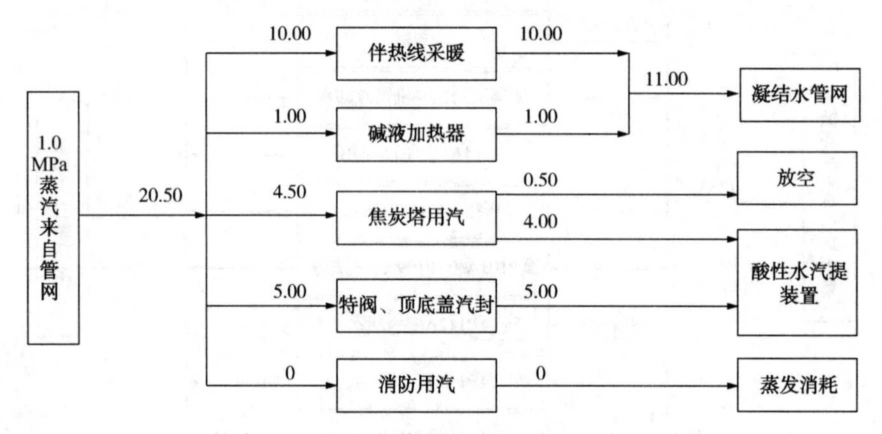

图 4.17　某炼油厂延迟焦化装置 1.0MPa 蒸汽平衡图(单位：t/h)

4.5　汽柴油加氢装置

汽柴油加氢是工业上解决汽油、柴油质量问题的最有效、最普遍的使用方法。传统的汽柴油加氢装置大多数流程和设备是相似的，在同一装置常常只需改变操作条件或催化剂，就可处理不同的原料或不同的产品。

装置生产过程中主要使用除盐水用于空冷器注水，循环水主要用于工艺冷却和设备冷却，蒸汽用于汽提塔和循环氢压缩机。

4.5.1　空冷器前注水

(1) 用途及原理：加氢过程中生成 H_2S、NH_3 和 HCl，在一定温度下会生成 NH_4Cl 和 NH_4HS 结晶，沉积在低温换热器和空冷器管束中，引起系统压降增大。因此，在反应产物进入空冷器前注入除盐水来溶解铵盐。

(2) 用水量及水源要求：注水量的多少与所加工的原料有很大关系，一般注水量为新鲜进料的 5%左右，维持循环氢中氨含量小于 1%。注水一般选择除盐水站提供的除盐水。

(3) 给水节水措施及问题：有些炼厂为了节约用水，有时会考虑用处理过的酸性水作为加氢装置的高压系统注水。但比例最好不要超过总注水量的 50%。

(4) 排水及主要污染物：除盐水去空冷器前注水后主要污染物是 H_2S、NH_4Cl 等，所排污水基本上全部排入厂区的酸性水汽提装置。

(5) 排水的处理或回用措施：排水主要是含硫污水，主要的回用措施是经酸性水汽提装置处理后的净化水用于电脱盐注水、塔顶注水、配制药剂等。

4.5.2 汽提用汽

(1) 用途及原理：汽提蒸汽的作用主要是脱出溶解在油品中的硫化氢和一部分干气，将轻组分气体除去一部分作为塔顶回流，保持稳定塔顶温度。

(2) 用水量及水源要求：汽提蒸汽过大，造成酸性水量大，处理能耗较高，蒸汽冷凝过程中需要的空冷和水冷能耗大；汽提蒸汽量小，达不到汽提效果，容易使石脑油硫含量不合格，柴油硫含量不合格。蒸汽源是由产汽系统提供的蒸汽。

(3) 给水节水措施及问题：通过调整塔的操作条件优化汽提蒸汽用量。

(4) 排水及主要污染物：汽提蒸汽使用后主要污染物是硫化物及轻烃气体，含硫污水基本上全部排入厂区的酸性水汽提装置。

(5) 排水的处理或回用措施：排水主要是含硫污水，主要的回用措施是经酸性水汽提装置处理后的净化水用于电脱盐注水、塔顶注水、配制药剂等。

4.5.3 汽轮机用汽

(1) 用途及原理：高温高压蒸汽经入口管进汽轮机内，在机内叶轮处膨胀做功，焓值下降，温度、压力下降，把蒸汽的热能、压力能转化为转子转动的机械能，通过联轴器带动压缩机旋转。

(2) 用汽量及水源要求：水源为产汽系统提供的蒸汽。

(3) 给水节水措施及问题：合理选择压缩机流量和出口压力，减少反飞动量，减少分馏系统压降，提高气压计入口压力，减少压缩机轴功率，减少蒸汽耗量。

(4) 排水及主要污染物：排水是低压蒸汽。

(5) 排水的处理或回用措施：低压蒸汽进入厂区低压管网供厂区其他装置使用。

4.5.4 工艺冷却用水

(1) 用途及原理：工艺冷却用水主要是循环冷却水，通过换热器交换热量或直接接触换热方式交换介质热量，并经冷却塔凉水后循环使用，以节约水资源。汽柴油加氢装置工艺冷却水主要用于精馏塔塔顶冷凝、产品冷却等。

(2) 用水量及水源要求：根据热侧物料的进出口温度、热容流率等确定循环冷却水的用量，所用循环冷却水由循环水场提供。

(3) 给水的节水措施及问题：充分利用系统中的低温热以及使用空冷器，使热侧物流进入循环冷却器的温度合理，即冷热侧物流换热温差合理，采用循环水夹点技术优化循环水的换热网络，以减少循环水的使用量。

(4) 排水及主要污染物：工艺冷却用水经过换热后返回循环水场，通过调节循环水场的补充水量、加药、排污等措施控制循环水的水质，其主要污染物是盐类和油。

(5) 排水的处理或回用措施：工艺冷却水经过换热后返回循环水场，在循环水场统一处理，循环水场的排污水经过适度处理后回用于循环水场的补水。

4.5.5 设备冷却用水

(1) 用途及原理：设备冷却用水主要是循环冷却水，通过换热器交换热量或直接接触换热方式交换介质热量，并经冷却塔凉水后循环使用，以节约水资源。装置的机泵等设备在运行过程中，需要冷却降温以保持正常运转。汽柴油加氢装置的机泵等设备在运行过程中，需要冷却降温以保持正常运转。

(2) 用水量及水源要求：设备冷却所需的冷却用水由循环水场提供。

(3) 给水节水措施及问题：采用循环水夹点技术优化循环水的换热网络，以减少循环水的使用量。

(4) 排水及主要污染物：设备冷却用水经过换热后返回循环水场，通过调节循环水场的补充水量、加药、排污等措施控制循环水的水质，其主要污染物是盐类和油。

(5) 排水的处理或回用措施：设备冷却水经过换热后返回循环水场，在循环水场统一处理，循环水场的排污水经过适度处理后回用于循环水场的补水。

4.5.6 汽柴油加氢装置水平衡图

汽柴油加氢装置水平衡图如图 4.18 至图 4.20 所示。

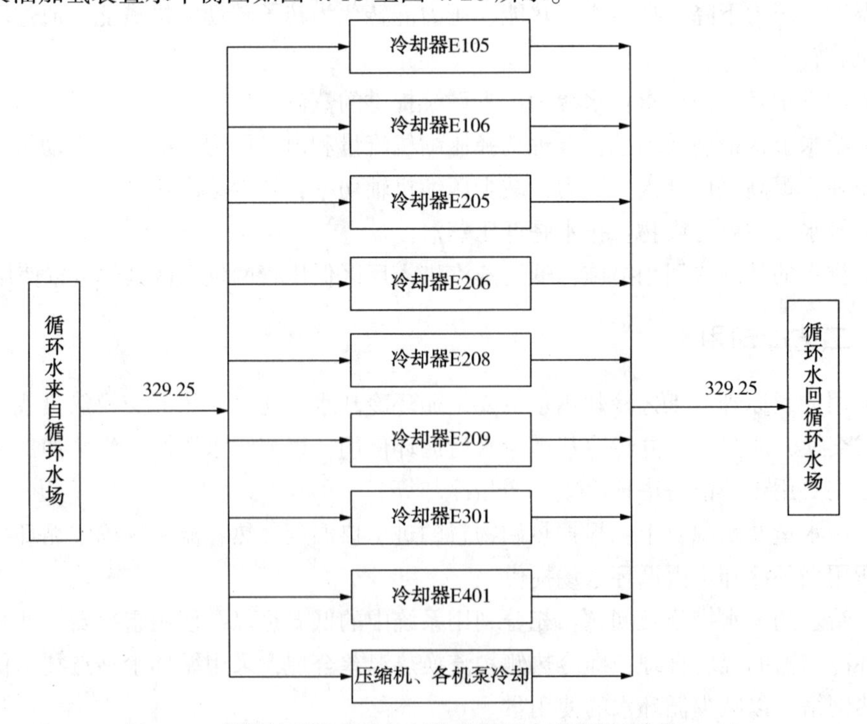

图 4.18 某炼油厂汽柴油加氢装置循环水平衡图(单位：t/h)

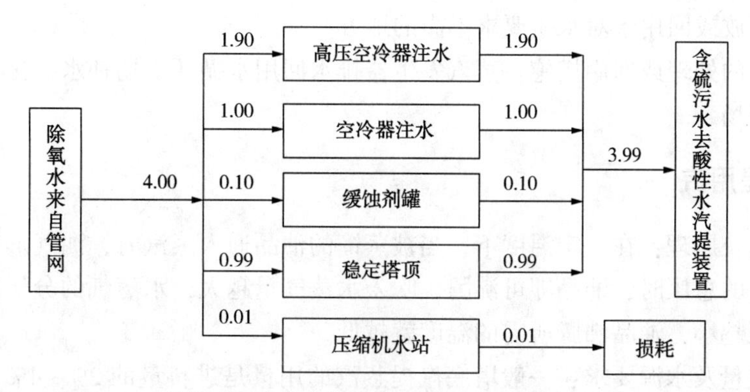

图 4.19　某炼油厂汽柴油加氢装置除盐水平衡图(单位：t/h)

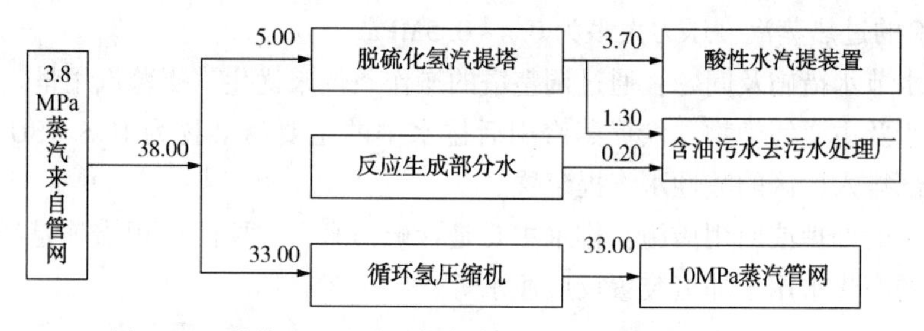

图 4.20　某炼油厂汽柴油加氢装置蒸汽平衡图(单位：t/h)

4.6　加氢裂化装置

加氢裂化装置，以减压蜡油、焦化蜡油等为原料，采用全循环操作，多产中间馏分油的加工方案。其主要产品航空煤油、柴油作为全厂调和组分送出装置，粗液化气送轻烃回收装置，轻石脑油送罐区，重石脑油用作重整装置原料，少量未转化油送至催化裂化装置；副产的塔顶干气送轻烃回收装置，低分气脱硫后送制氢装置，回收氢气。

加氢裂化装置使用生活水、除氧水、3.5MPa 蒸汽、1.0MPa 蒸汽、循环水。其中，生活用水用于事故喷淋洗眼器；除氧水除在非正常工况下用于反应部分注水罐注水外，还供蒸汽发生器发生低压蒸汽、低低压蒸汽，低压蒸汽作为汽提塔的汽提蒸汽，低低压蒸汽作为装置分馏塔的汽提蒸汽，汽提污水去酸性水汽提装置；3.5MPa 蒸汽用于循环氢压缩机汽轮机，副产凝结水；循环水主要用于循环水冷却器冷却。

4.6.1　蒸汽发生器用水

(1) 用途及原理：除氧器出水经泵升压后送至蒸汽发生器，对反应或其他设备等产生的余热进行回收，副产不同压力的蒸汽，副产蒸汽直接送入管网供全厂使用。

(2) 用水量及水源要求：用水量由装置内的余热确定，所需水是除氧器提供的除氧水。

(3) 给水节水措施及问题：减少定排、连排的量。

(4) 排水及主要污染物：蒸汽发生器排水水质中污染物浓度相对较低，又称清净下水，可直接排放或回用于对水质要求不高的地方。

（5）排水的处理或回用措施：蒸汽发生器排水回用水循环水场补水、化学水站原水或排向污水处理场。

4.6.2 汽提用汽

（1）用途及原理：在一定温度下，当被蒸馏的油品通入蒸汽时，油气形成的蒸气分压之和低于设备的总压时，油品即可沸腾，吹入水蒸气量越大，水蒸气的分压越大，相应需要的油气分压越小，油品沸腾所需的温度就越低。

（2）用汽量及水源要求：一般塔底汽提蒸汽的用量是进料量的2%~4%，如果用作重沸蒸汽，用量一般为1%~2%，如果是侧线汽提，比如柴油汽提塔一般是2%~3.5%，一般采用350℃的过热蒸汽，压力大多为0.4~0.5MPa。

（3）给水节水措施及问题：通过调整塔的操作条件来优化汽提蒸汽用量。

（4）排水及主要污染物：汽提蒸汽用后排水中的主要污染物为H_2S、SO_2等，含硫污水基本上全部排入厂区的酸性水汽提装置。

（5）排水的处理或回用措施：排水主要是含硫污水，主要的回用措施是经酸性水汽提装置处理后的净化水用于加氢装置反应注水等。

4.6.3 循环氢汽轮机用汽

（1）用途及原理：高温高压蒸汽经入口管进汽轮机内，在机内叶轮处膨胀做功，焓值下降，温度、压力下降，把蒸汽的热能、压力能转化为转子转动的机械能，通过联轴器带动压缩机旋转。

（2）用汽量及水源要求：水源为产汽系统提供的蒸汽。

（3）给水节水措施及问题：合理选择压缩机流量和出口压力，减少反飞动量，减少分馏系统压降，提高气压计入口压力，减少压缩机轴功率，减少蒸汽耗量。

（4）排水及主要污染物：排水是低压蒸汽。

（5）排水的处理或回用措施：低压蒸汽进入厂区低压管网供厂区其他装置使用。

4.6.4 空冷前注水

（1）原理及用途：为了防止反应产物中的铵盐在低温部分结晶堵塞管道，通过高压注水泵将水注入热高分气空冷器上游管道中。

（2）用水量及水源要求：注水量是根据原料氮含量计算的，一般为装置处理量的5%左右。注水量太低，可能引起铵盐结晶以及NH_4HS腐蚀，注水量高了，增加注水泵能耗、空冷能耗、水的损耗等。

（3）给水节水措施及问题：反应部分注水水源一般在开工时选择用除氧水，当酸性水汽提装置运行后，可全部用汽提净化水来代替除氧水。

（4）排水及主要污染物：反应注水用后排水中的主要污染物为H_2S、SO_2等，含硫污水基本上全部排入厂区的酸性水汽提装置。

（5）排水的处理或回用措施：排水主要是含硫污水，主要的回用措施是经酸性水汽提装置处理后的净化水用于加氢装置反应注水等。

4.6.5 工艺冷却用水

（1）用途及原理：工艺冷却用水主要是循环冷却水，通过换热器交换热量或直接接触换热方式交换介质热量，并经冷却塔凉水后循环使用，以节约水资源。加氢裂化装置工艺冷却水主要用于精馏塔塔顶冷凝、产品冷却等。

（2）用水量及水源要求：根据热侧物料的进出口温度、热容流率等确定循环冷却水的用量，所用循环冷却水由循环水场提供。

（3）给水的节水措施及问题：充分利用系统中的低温热以及使用空冷器，使热侧物流进入循环冷却器的温度合理，即冷热侧物流换热温差合理，采用循环水夹点技术优化循环水的换热网络，以减少循环水的使用量。

（4）排水及主要污染物：工艺冷却用水经过换热后返回循环水场，通过调节循环水场的补充水量、加药、排污等措施控制循环水的水质，其主要污染物是盐类和油。

（5）排水的处理或回用措施：工艺冷却用水经过换热后返回循环水场，在循环水场统一处理，循环水场的排污水经过适度处理后回用于循环水场的补水。

4.6.6 设备冷却用水

（1）用途及原理：设备冷却用水主要是循环冷却水，通过换热器交换热量或直接接触换热方式交换介质热量，并经冷却塔凉水后循环使用，以节约水资源。加氢裂化装置的机泵等设备在运行过程中，需要冷却降温以保持正常运转。

（2）用水量及水源要求：设备冷却用水由循环水场提供。

（3）给水节水措施及问题：采用循环水夹点技术优化循环水的换热网络，以减少循环水的使用量。

（4）排水及主要污染物：设备冷却用水经过换热后返回循环水场，通过调节循环水场的补充水量、加药、排污等措施控制循环水的水质，其主要污染物是盐类和油。

（5）排水的处理或回用措施：设备冷却水经过换热后返回循环水场，在循环水场统一处理，循环水场的排污水经过适度处理后回用于循环水场的补水。

4.6.7 加氢裂化装置水平衡图

加氢裂化装置水平衡图如图 4.21 至图 4.25 所示。

图 4.21 某炼油厂加氢裂化装置生活水平衡图(单位：t/h)

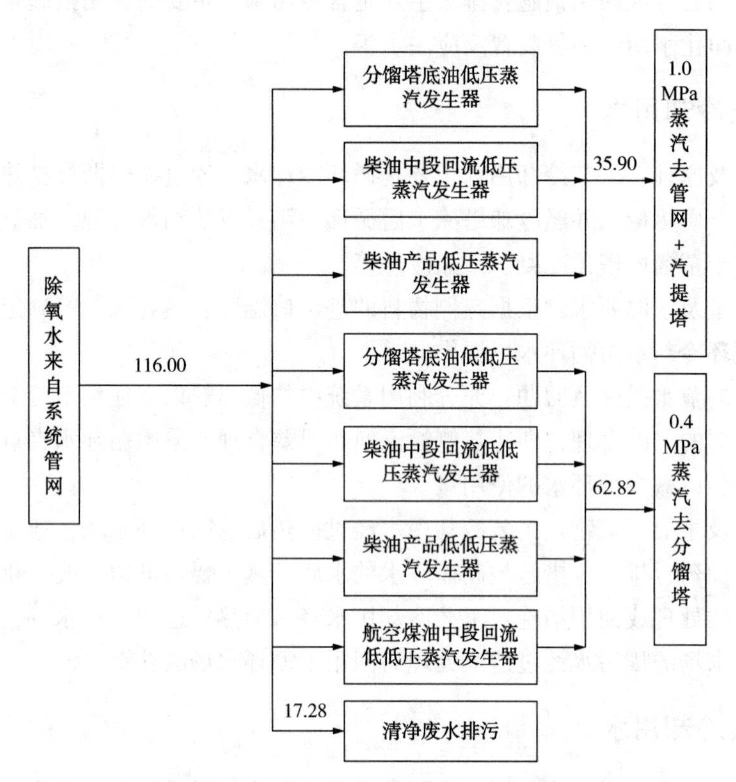

图 4.22　某炼油厂加氢裂化装置除氧水平衡图(单位：t/h)

图 4.23　某炼油厂加氢裂化装置 3.5MPa 蒸汽平衡图(单位：t/h)

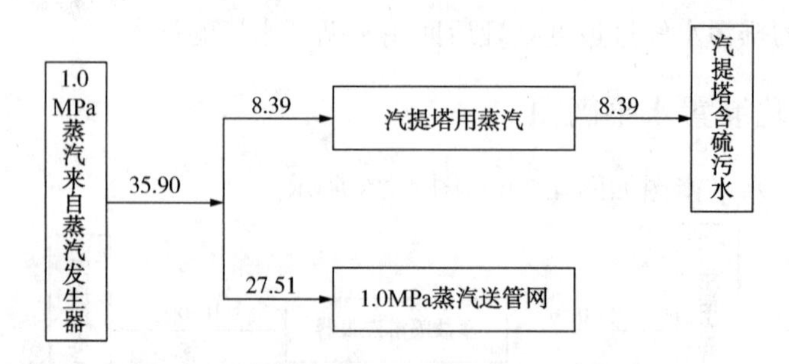

图 4.24　某炼油厂加氢裂化装置 1.0MPa 蒸汽平衡图(单位：t/h)

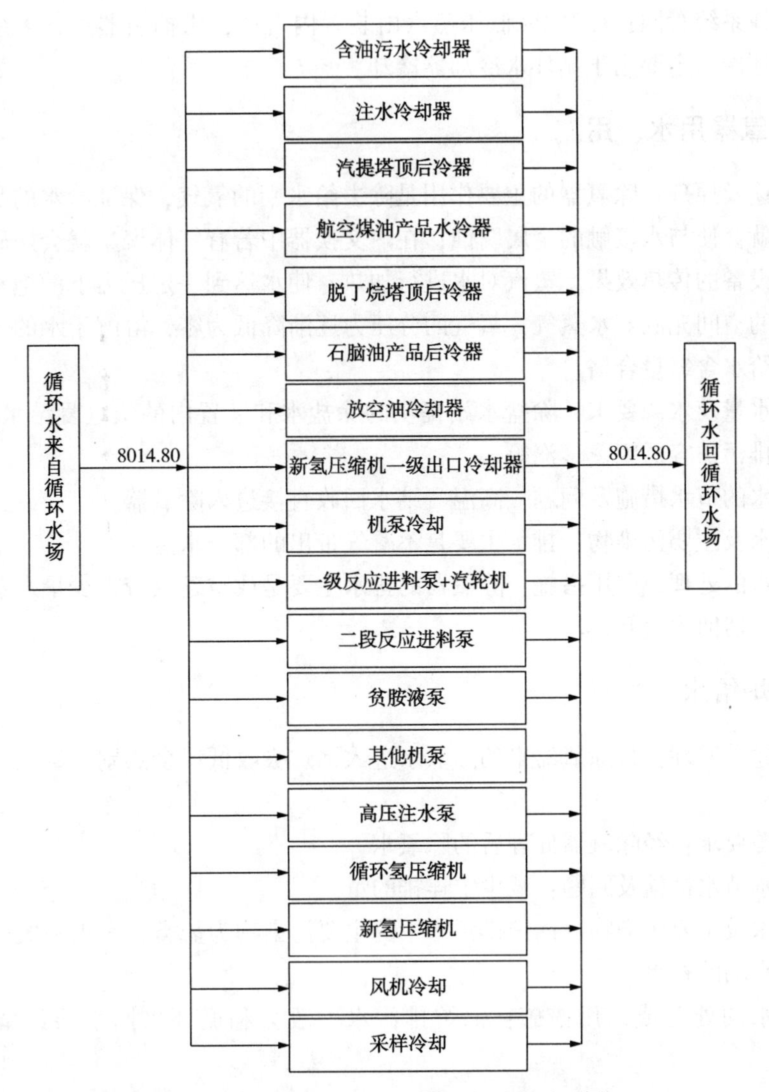

图 4.25　某炼油厂加氢裂化装置循环水平衡图(单位：t/h)

4.7　催化重整装置

催化重整是对石油的二次加工技术，加工的原料主要为低辛烷值的直馏石脑油、加氢石脑油等，利用铂-铼双金属催化剂，在 500℃左右的高温下，使分子发生重排、异构，增加芳烃的产量，提高汽油辛烷值。

催化重整装置使用新鲜水、除盐水、3.5MPa 中压蒸汽、1.0MPa 低压蒸汽、循环水。新鲜水用于开停工、地面冲洗等。除盐水用于除氧器给水，除氧水进入蒸汽发生器及余热锅炉。蒸汽发生器产 1.0MPa 低压蒸汽去系统管网，余热锅炉产 3.5MPa 中压蒸汽送至管网；3.5MPa 中压蒸汽除装置内余热锅炉生产外，其余来自系统管网，供循环氢压缩机汽轮机及增压机汽轮机用，循环氢压缩机汽轮机副产低压蒸汽送至系统管网，增压机汽轮机副产凝液送往系统管网；1.0MPa 低压蒸汽由装置内自产，供抽引器用，多余部分送往系统管网。循环冷水主要用于循环水冷却器冷却。

4.7.1 除氧器用水、用汽

（1）用途及原理：除氧器的主要作用是除去给水中的氧气，保证给水的品质。水中溶解了氧气，就会使与水接触的金属腐蚀；在热交换器中若有气体聚集就会妨碍传热过程的进行，降低设备的传热效果。蒸汽对水进行加热，使水达到一定压力下的饱和温度，即沸点。除氧器的空间充满着水蒸气，氧气的分压力逐渐降低为零，溶解于水的氧气将全部逸出，以保证给水含氧量合格。

（2）用水量及水源要求：除盐水站提供的除盐水和装置内的蒸汽凝结水以及 1.0MPa 蒸汽和连续排污扩容器闪蒸蒸汽等。

（3）给水的节水措施及问题：高温凝结水回收直接进入除氧器。

（4）排水及主要污染物：排水主要是不凝气带出的部分水蒸气。

（5）排水的处理或回用措施：除氧器的排水主要是放空乏汽带走少量水蒸气，通过除氧器乏汽回收器回收放空乏汽。

4.7.2 锅炉给水

（1）用途及原理：自除氧器来的除氧水进入锅炉吸收低温余热副产蒸汽，供装置内部使用。

（2）水源要求：经除氧器处理后的除氧水。

（3）给水节水措施及问题：减少定连排的量。

（4）排水及主要污染物：锅炉排污水中的主要污染物为盐类，污水一般进入循环水回水作为循环水场的补水。

（5）排水的处理或回用措施：锅炉排污水一般会和循环水回水回到循环水场作为补水。

4.7.3 汽轮机用汽

（1）用途及原理：连续重整装置由于工艺的需要设置有压缩机，有些压缩机是由汽轮机驱动的，高温高压蒸汽经入口管进入汽轮机内，在机内叶轮处膨胀做功，焓值下降，温度、压力下降，把蒸汽的热能、压力能转化为转子转动的机械能，通过联轴器带动压缩机旋转。

（2）用水量及水源要求：水源为蒸汽管网来的 3.5MPa 蒸汽。

（3）给水节水措施及问题：合理选择压缩机流量和出口压力，减少反飞动量，减少分馏系统压降，提高气压计入口压力，减少压缩机轴功率，减少蒸汽耗量。

（4）排水及主要污染物：排水主要是低压蒸汽和蒸汽凝结水。

（5）排水的处理或回用措施：低压蒸汽进入低压蒸汽管网供全厂各装置使用，合格的凝结水进入凝结水管网。

4.7.4 工艺冷却用水

(1) 用途及原理：工艺冷却用水主要是循环冷却水，通过换热器交换热量或直接接触换热方式交换介质热量，并经冷却塔凉水后循环使用，以节约水资源。连续重整装置工艺冷却水主要用于精馏塔塔顶冷凝、产品冷却等。

(2) 用水量及水源要求：根据热侧物料的进出口温度、热容流率等确定循环冷却水的用量，所用循环冷却水由循环水场提供。

(3) 给水的节水措施及问题：充分利用系统中的低温热以及使用空冷器，使热侧物流进入循环冷却器的温度合理，即冷热侧物流换热温差合理，采用循环水夹点技术优化循环水的换热网络，以减少循环水的使用量。

(4) 排水及主要污染物：工艺冷却用水经过换热后返回循环水场，通过调节循环水场的补充水量、加药、排污等措施控制循环水的水质，其主要污染物是盐类和油。

(5) 排水的处理或回用措施：工艺冷却水经过换热后返回循环水场，在循环水场统一处理，循环水场的排污水经过适度处理后回用于循环水场的补水。

4.7.5 设备冷却用水

(1) 用途及原理：设备冷却用水主要是循环冷却水，通过换热器交换热量或直接接触换热方式交换介质热量，并经冷却塔凉水后循环使用，以节约水资源。催化重整装置的机泵等设备在运行过程中，需要冷却降温以保持正常运转。

(2) 用水量及水源要求：设备冷却用水由循环水场提供。

(3) 给水节水措施及问题：采用循环水夹点技术优化循环水的换热网络，以减少循环水的使用量。

(4) 排水及主要污染物：设备冷却用水经过换热后返回循环水场，通过调节循环水场的补充水量、加药、排污等措施控制循环水的水质，其主要污染物是盐类和油。

(5) 排水的处理或回用措施：设备冷却水经过换热后返回循环水场，在循环水场统一处理，循环水场的排污水经过适度处理后回用于循环水场的补水。

4.7.6 催化重整装置水平衡图

催化重整装置水平衡图如图 4.26 至图 4.31 所示。

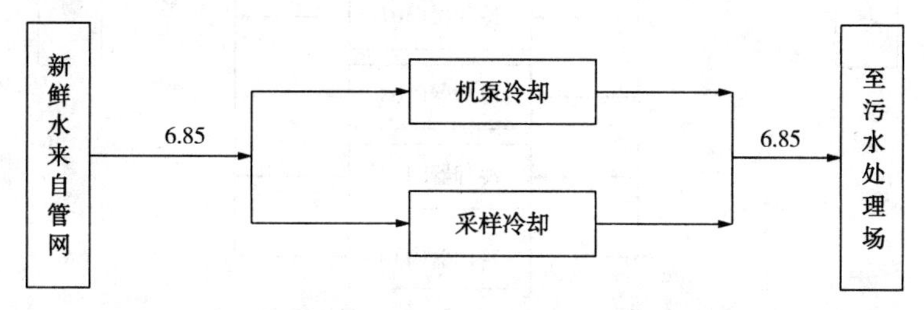

图 4.26 某炼油厂催化重整装置新鲜水平衡图(单位：t/h)

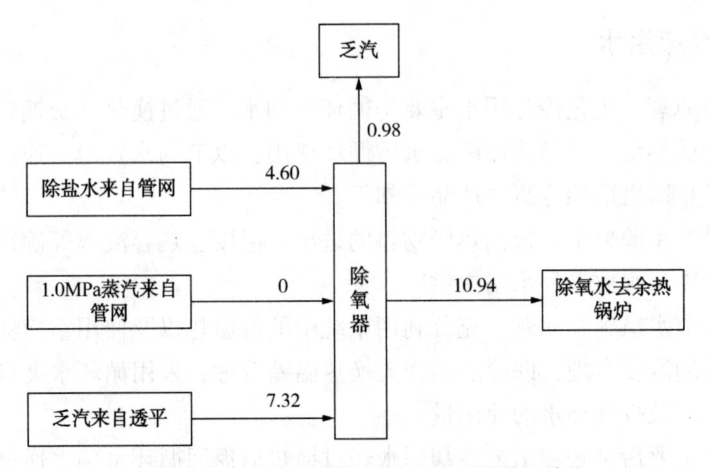

图 4.27　某炼油厂催化重整装置除氧水平衡图(单位：t/h)

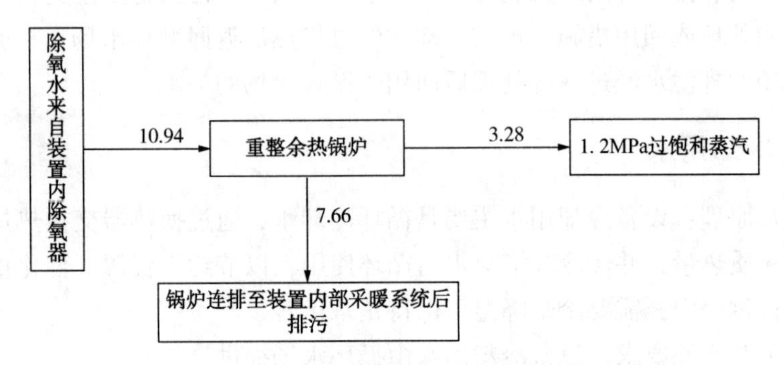

图 4.28　某炼油厂催化重整装置产汽系统平衡图(单位：t/h)

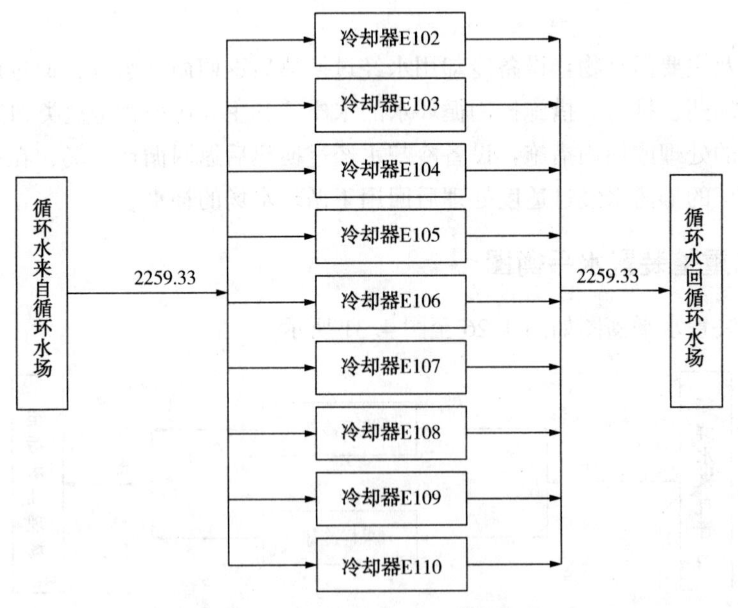

图 4.29　某炼油厂催化重整装置循环水平衡图(单位：t/h)

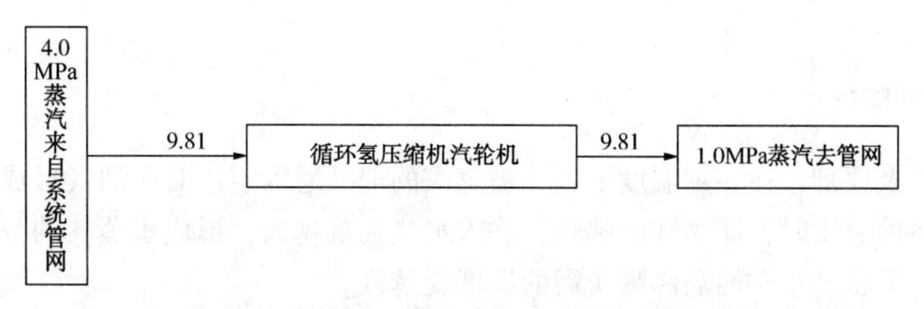

图 4.30 某炼油厂催化重整装置 4.0MPa 蒸汽平衡图(单位：t/h)

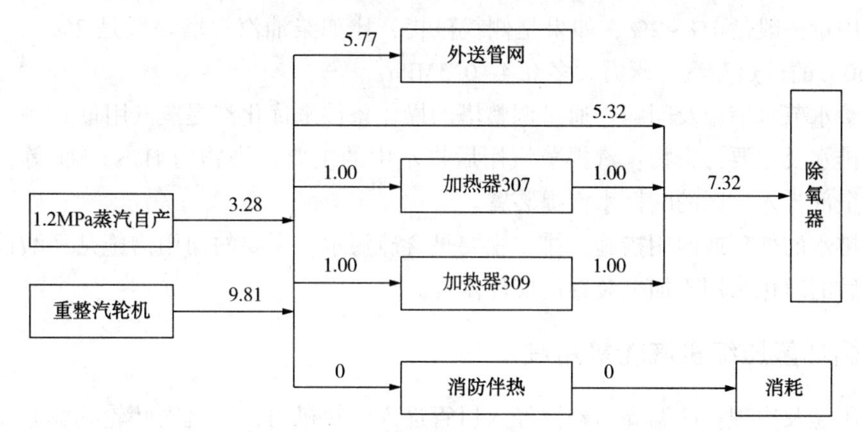

图 4.31 某炼油厂催化重整装置 1.0MPa 蒸汽平衡图(单位：t/h)

4.8 渣油加氢装置

渣油加氢装置以常减压渣油、减压蜡油和焦化蜡油的混合油为原料，经过催化加氢反应，脱除硫、氮、金属等杂质，降低残炭含量，为催化裂化装置提供优质原料，同时生产部分柴油，并副产少量石脑油和含硫干气。

渣油加氢脱硫装置由原料预处理部分、反应部分、循环氢部分、低压分离部分、分馏部分、新氢、提浓氢部分及公用工程部分组成。

渣油加氢装置主要使用循环水、除氧水、净化水、4.0MPa 蒸汽以及 0.4MPa 蒸汽。

4.8.1 蒸汽发生器用水

(1) 用途及原理：除氧器出水经泵升压后送至蒸汽发生器，对反应或其他设备等产生的余热进行回收，副产不同压力的蒸汽，副产蒸汽直接送入管网供全厂使用。

(2) 用水量及水源要求：用水量由装置内的余热确定，所需水是除氧器提供的除氧水。

(3) 给水节水措施及问题：减少定排、连排的量。

(4) 排水及主要污染物：蒸汽发生器排水水质中污染物浓度相对较低，又称清净下水，可直接排放和回用于对水质要求不高的地方。

(5) 排水的处理或回用措施：蒸汽发生器排水回用水循环水场补水、化学水站原水或排向污水处理场。

4.8.2 汽提用汽

（1）用途及原理：在一定温度下，当被蒸馏的油品通入蒸汽时，油气形成的蒸气分压之和低于设备的总压时，油品即可沸腾，吹入水蒸气量越大，形成水蒸气的分压越大，相应需要的油气分压越小，油品沸腾所需的温度就越低。

（2）用汽量及水源要求：一般塔底汽提蒸汽的用量是进料量的2%~4%，如果作为重沸蒸汽，用量一般是1%~2%，如果是侧线汽提，比如柴油汽提塔一般是2%~3.5%，一般采用350℃的过热蒸汽，压力大多0.4~0.5MPa。

（3）给水节水措施及问题：通过调整塔的操作条件来优化汽提蒸汽用量。

（4）排水及主要污染物：汽提蒸汽用后排水中的主要污染物为H_2S、SO_2等，含硫污水基本上全部排入厂区的酸性水汽提装置。

（5）排水的处理或回用措施：排水主要是含硫污水，主要的回用措施是经酸性水汽提装置处理后的净化水用于加氢装置反应注水等。

4.8.3 循环氢压缩机汽轮机用汽

（1）用途及原理：高温高压蒸汽经入口管进入汽轮机内，在机内叶轮处膨胀做功，焓值下降，温度、压力下降，把蒸汽的热能、压力能转化为转子转动的机械能，通过联轴器带动压缩机旋转。

（2）用汽量及水源要求：水源为产汽系统提供的蒸汽。

（3）给水节水措施及问题：合理选择压缩机流量和出口压力，减少反飞动量，减少分馏系统压降，提高气压计入口压力，减少压缩机轴功率，减少蒸汽耗量。

（4）排水及主要污染物：排水是低压蒸汽。

（5）排水的处理或回用措施：低压蒸汽进入厂区低压管网供厂区其他装置使用。

4.8.4 空冷前注水

（1）原理及用途：为了防止反应产物中的铵盐在低温部分结晶堵塞管道，通过高压注水泵将水注入热高分气空冷器上游管道中。

（2）用水量及水源要求：注水量是根据原料氮含量计算的，一般为装置处理量的5%左右。注水量太低，可能引起铵盐结晶以及NH_4HS腐蚀，注水量高了，增加注水泵能耗、空冷能耗、水的损耗等。

（3）给水节水措施及问题：反应部分注水水源一般在开工时选择用除氧水，当酸性水汽提装置运行后，可全部用汽提净化水来代替除氧水。

（4）排水及主要污染物：反应注水用后排水中的主要污染物为H_2S、SO_2等，含硫污水基本上全部排入厂区的酸性水汽提装置。

（5）排水的处理或回用措施：排水主要是含硫污水，主要的回用措施是经酸性水汽提装置处理后的净化水用于加氢装置反应注水等。

4.8.5 工艺冷却用水

(1) 用途及原理：工艺冷却用水主要是循环冷却水，通过换热器交换热量或直接接触换热方式交换介质热量，并经冷却塔凉水后循环使用，以节约水资源。渣油加氢装置工艺冷却水主要用于精馏塔塔顶冷凝、产品冷却等。

(2) 用水量及水源要求：根据热侧物料的进出口温度、热容流率等确定循环冷却水的用量，所用循环冷却水由循环水场提供。

(3) 给水的节水措施及问题：充分利用系统中的低温热以及使用空冷器，使热侧物流进入循环冷却器的温度合理，即冷热侧物流换热温差合理，采用循环水夹点技术优化循环水的换热网络，以减少循环水的使用量。

(4) 排水及主要污染物：工艺冷却用水经过换热后返回循环水场，通过调节循环水场的补充水量、加药、排污等措施控制循环水的水质，其主要污染物是盐类和油。

(5) 排水的处理或回用措施：工艺冷却水经过换热后返回循环水场，在循环水场统一处理，循环水场的排污水经过适度处理后回用于循环水场的补水。

4.8.6 设备冷却用水

(1) 用途及原理：设备冷却用水主要是循环冷却水，通过换热器交换热量或直接接触换热方式交换介质热量，并经冷却塔凉水后循环使用，以节约水资源。渣油加氢装置的机泵等设备在运行过程中，需要冷却降温以保持正常运转。

(2) 用水量及水源要求：设备冷却用水由循环水场提供。

(3) 给水节水措施及问题：采用循环水夹点技术优化循环水的换热网络，以减少循环水的使用量。

(4) 排水及主要污染物：设备冷却用水经过换热后返回循环水场，通过调节循环水场的补充水量、加药、排污等措施控制循环水的水质，其主要污染物是盐类和油。

(5) 排水的处理或回用措施：设备冷却水经过换热后返回循环水场，在循环水场统一处理，循环水场的排污水经过适度处理后回用于循环水场的补水。

4.8.7 渣油加氢装置水平衡图

渣油加氢装置水平衡图如图 4.32 至图 4.36 所示。

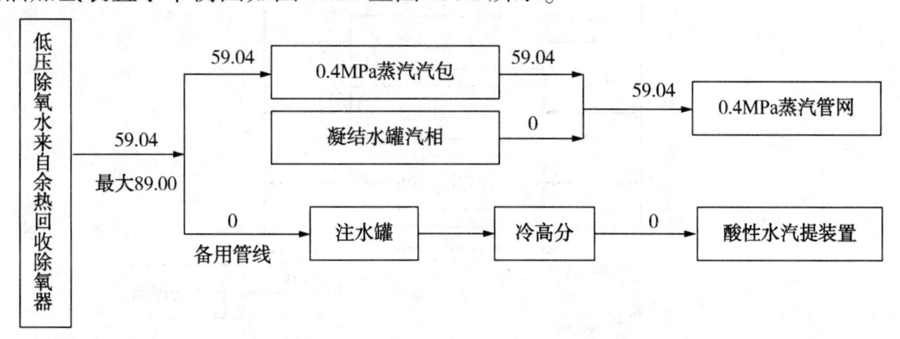

图 4.32 某炼油厂渣油加氢装置除氧水平衡图(单位：t/h)

图 4.33　某炼油厂渣油加氢装置 4.0MPa 蒸汽平衡图(单位：t/h)

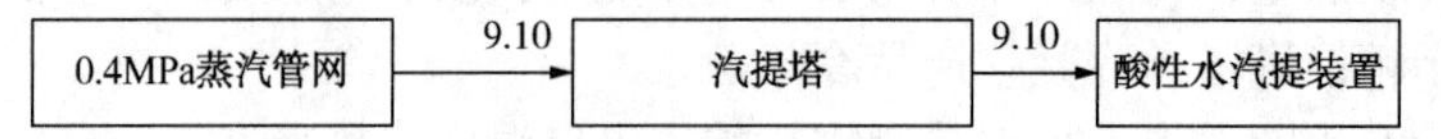

图 4.34　某炼油厂渣油加氢装置 0.4MPa 蒸汽平衡图(单位：t/h)

图 4.35　某炼油厂渣油加氢装置 0.4MPa 蒸汽平衡图(单位：t/h)

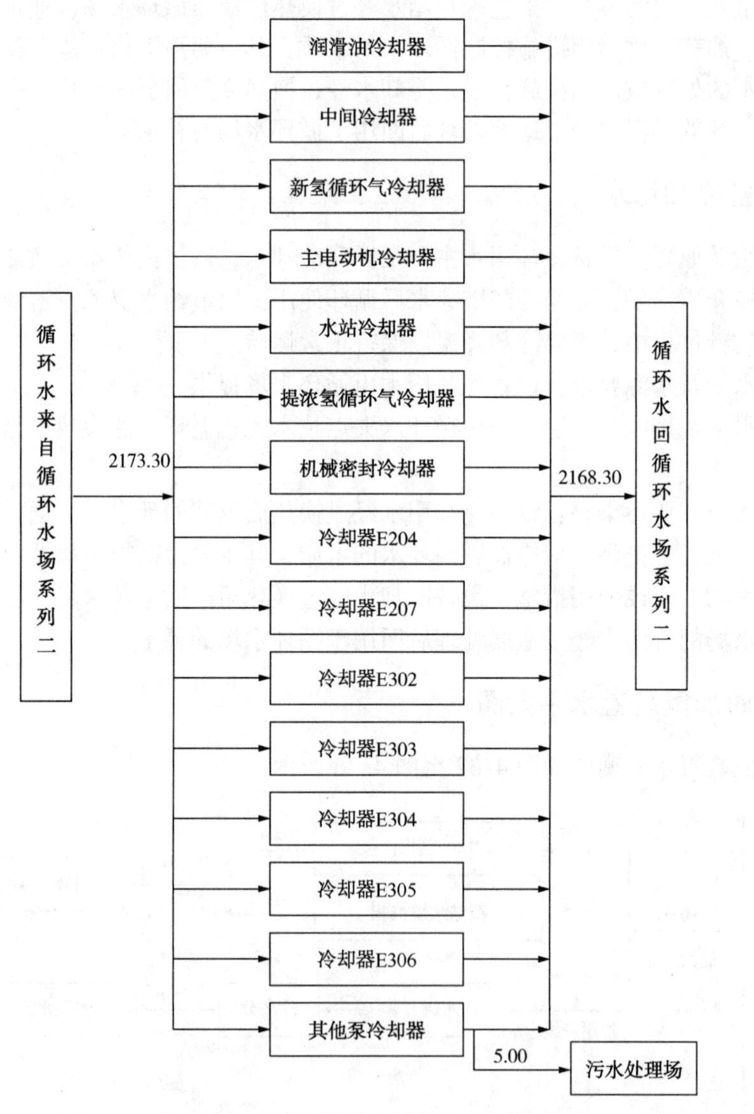

图 4.36　某炼油厂渣油加氢装置循环水平衡图(单位：t/h)

4.9 烷基化装置

烷基化装置以 MTBE 装置未反应碳四和轻烃回收装置的异丁烷为原料，生产主要产品烷基化油，同时副产液化气和正丁烷产品。烷基化产品是汽油支链烃类的混合物，用来调和炼油厂的汽油，以提高汽油的辛烷值和降低汽油的蒸气压。

装置主要使用 1.0MPa 蒸汽和循环水。其中，1.0MPa 蒸汽用作塔底重沸器的加热蒸汽，循环水用作装置的冷却介质。

4.9.1 重沸器用汽

(1) 用途及原理：重沸器的原理是使精馏塔底液相重组分汽化，气相向上流动，与从回流罐下来的轻组分液相在塔板或填料层上进行多次部分汽化和部分冷凝，从而使混合物达到高纯度的分离。重沸器用汽为精馏塔的正常运行提供热量。

(2) 用汽量及水源要求：用汽量和被加热的介质性质有关，根据介质需要的温度选择蒸汽品位，确定再沸器压力等级，水源是蒸汽系统提供的相应等级的蒸汽。

(3) 给水的节水措施及问题：尽可能利用系统的热源。

(4) 排水及主要污染物：排水主要是凝结水。

(5) 排水的处理或回用措施：经过超微过滤、纤维吸附、混床处理后作为除盐水使用。

4.9.2 工艺冷却用水

(1) 用途及原理：工艺冷却用水主要是循环冷却水，通过换热器交换热量或直接接触换热方式交换介质热量，并经冷却塔凉水后循环使用，以节约水资源。烷基化装置工艺冷却水主要用于精馏塔塔顶冷凝、产品冷却等。

(2) 用水量及水源要求：根据热侧物料的进出口温度、热容流率等确定循环冷却水的用量，所用循环冷却水由循环水场提供。

(3) 给水的节水措施及问题：充分利用系统中的低温热以及使用空冷器，使热侧物流进入循环冷却器的温度合理，即冷热侧物流换热温差合理，采用循环水夹点技术优化循环水的换热网络，以减少循环水的使用量。

(4) 排水及主要污染物：工艺冷却用水经过换热后返回循环水场，通过调节循环水场的补充水量、加药、排污等措施控制循环水的水质，其主要污染物是盐类和油。

(5) 排水的处理或回用措施：工艺冷却水经过换热后返回循环水场，在循环水场统一处理，循环水场的排污水经过适度处理后回用于循环水场的补水。

4.9.3 设备冷却用水

(1) 用途及原理：设备冷却用水主要是循环冷却水，通过换热器交换热量或直接接触换热方式交换介质热量，并经冷却塔凉水后循环使用，以节约水资源。烷基化装置的机泵等设备在运行过程中，需要冷却降温以保持正常运转。

(2) 用水量及水源要求：设备冷却用水由循环水场提供。

(3) 给水节水措施及问题：采用循环水夹点技术优化循环水的换热网络，以减少循环水的使用量。

(4) 排水及主要污染物：设备冷却用水经过换热后返回循环水场，通过调节循环水场的补充水量、加药、排污等措施控制循环水的水质，其主要污染物是盐类和油。

(5) 排水的处理或回用措施：设备冷却水经过换热后返回循环水场，在循环水场统一处理，循环水场的排污水经过适度处理后回用于循环水场的补水。

4.9.4 烷基化装置水平衡图

烷基化装置水平衡图如图 4.37 和图 4.38 所示。

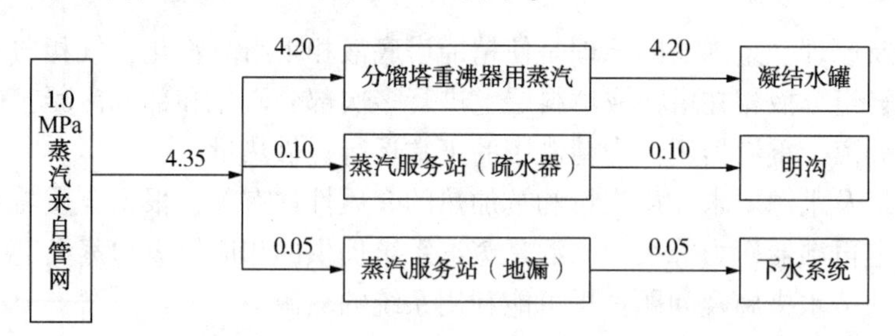

图 4.37 某炼油厂烷基化装置 1.0MPa 蒸汽平衡图(单位：t/h)

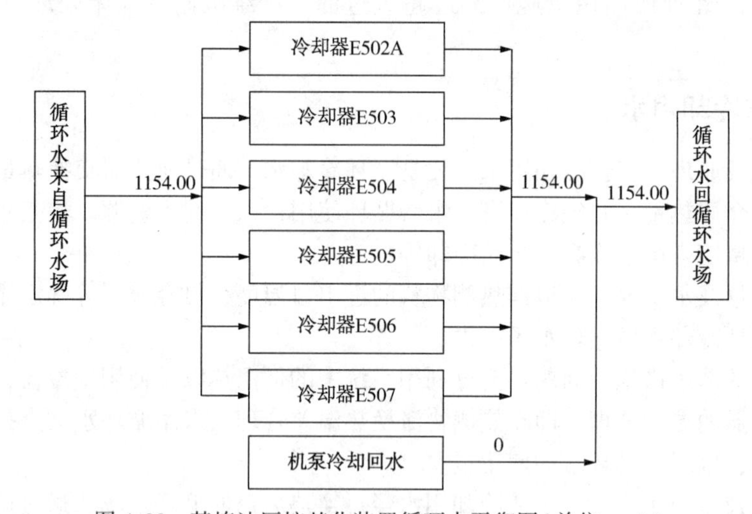

图 4.38 某炼油厂烷基化装置循环水平衡图(单位：t/h)

4.10 芳烃抽提装置

芳烃抽提也称芳烃萃取，用萃取剂从烃类混合物中分离芳烃的液液萃取过程。主要用于从催化重整和烃类裂解气中回收轻质芳烃(苯、甲苯、各种二甲苯)，有时也用从催化裂化柴油回收萘，抽出芳烃以后的非芳烃剩余油称抽余油。

芳烃抽提装置主要用循环水和蒸汽。循环水主要用于工艺冷却和设备冷却，蒸汽主要用于装置内的重沸器。

4.10.1 重沸器、加热器用汽

（1）用途及原理：重沸器的蒸汽能使塔底液体再一次汽化，是一个能够交换热量，同时汽化液体的一种特殊换热器；多与分馏塔合用；物料在重沸器受热膨胀甚至汽化，密度变小，从而离开汽化空间，顺利返回到塔里。利用蒸汽冷凝释放出的热量给物料提供热量。

（2）用水量及水源要求：用水量根据被加热物料的热容流率、进出口温度计算，水源为系统提供的蒸汽。

（3）给水的节水措施及问题：尽可能利用系统的热源。

（4）排水及主要污染物：排水大部分是蒸汽冷凝水。

（5）排水的处理或回用措施：合格的冷凝水进入除盐水系统，不合格的冷凝水进入污水处理场。

4.10.2 工艺冷却用水

（1）用途及原理：工艺冷却用水主要是循环冷却水，通过换热器交换热量或直接接触换热方式交换介质热量，并经冷却塔凉水后循环使用，以节约水资源。芳烃抽提装置工艺冷却水主要用于精馏塔塔顶冷凝、产品冷却等。

（2）用水量及水源要求：根据热侧物料的进出口温度、热容流率等确定循环冷却水的用量，所用循环冷却水由循环水场提供。

（3）给水的节水措施及问题：充分利用系统中的低温热以及使用空冷器，使热侧物流进入循环冷却器的温度合理，即冷热侧物流换热温差合理，采用循环水夹点技术优化循环水的换热网络，以减少循环水的使用量。

（4）排水及主要污染物：工艺冷却用水经过换热后返回循环水场，通过调节循环水场的补充水量、加药、排污等措施控制循环水的水质，其主要污染物是盐类和油。

（5）排水的处理或回用措施：工艺冷却水经过换热后返回循环水场，在循环水场统一处理，循环水场的排污水经过适度处理后回用于循环水场的补水。

4.10.3 设备冷却用水

（1）用途及原理：设备冷却用水主要是循环冷却水，通过换热器交换热量或直接接触换热方式交换介质热量，并经冷却塔凉水后循环使用，以节约水资源。芳烃抽提装置的机泵等设备在运行过程中，需要冷却降温以保持正常运转。

（2）用水量及水源要求：设备冷却所需的冷却用水由循环水场提供。

（3）给水节水措施及问题：采用循环水夹点技术优化循环水的换热网络，以减少循环水的使用量。

（4）排水及主要污染物：设备冷却用水经过换热后返回循环水场，通过调节循环水场的补充水量、加药、排污等措施控制循环水的水质，其主要污染物是盐类和油。

（5）排水的处理或回用措施：设备冷却水经过换热后返回循环水场，在循环水场统一处理，循环水场的排污水经过适度处理后回用于循环水场的补水。

4.10.4 芳烃抽提装置水平衡图

芳烃抽提装置水平衡图如图 4.39 和图 4.40 所示。

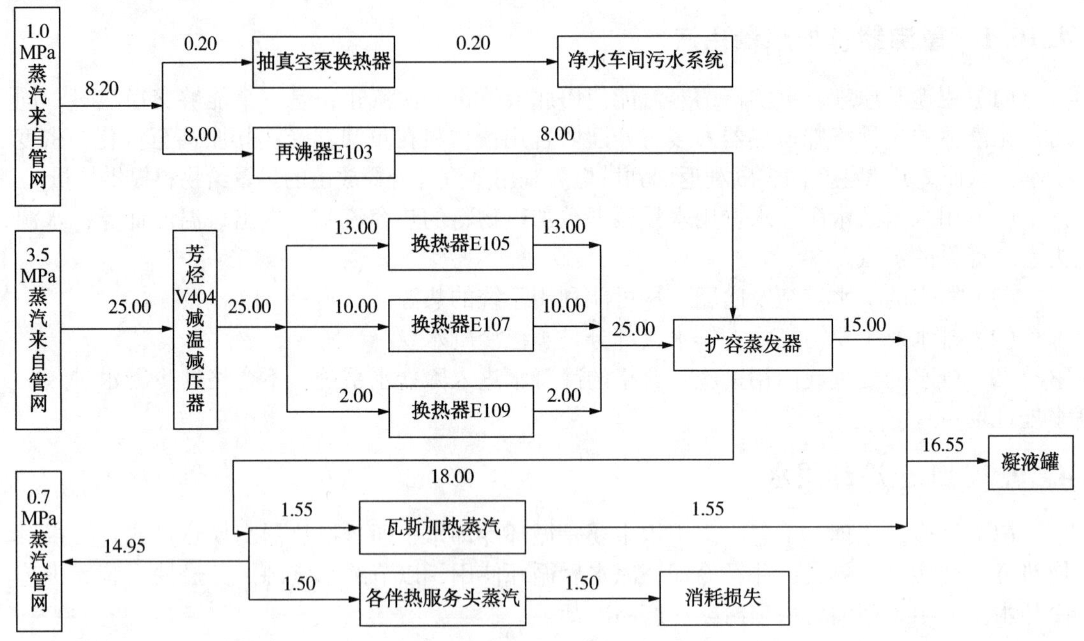

图 4.39　某炼油厂芳烃抽提装置蒸汽平衡图(单位：t/h)

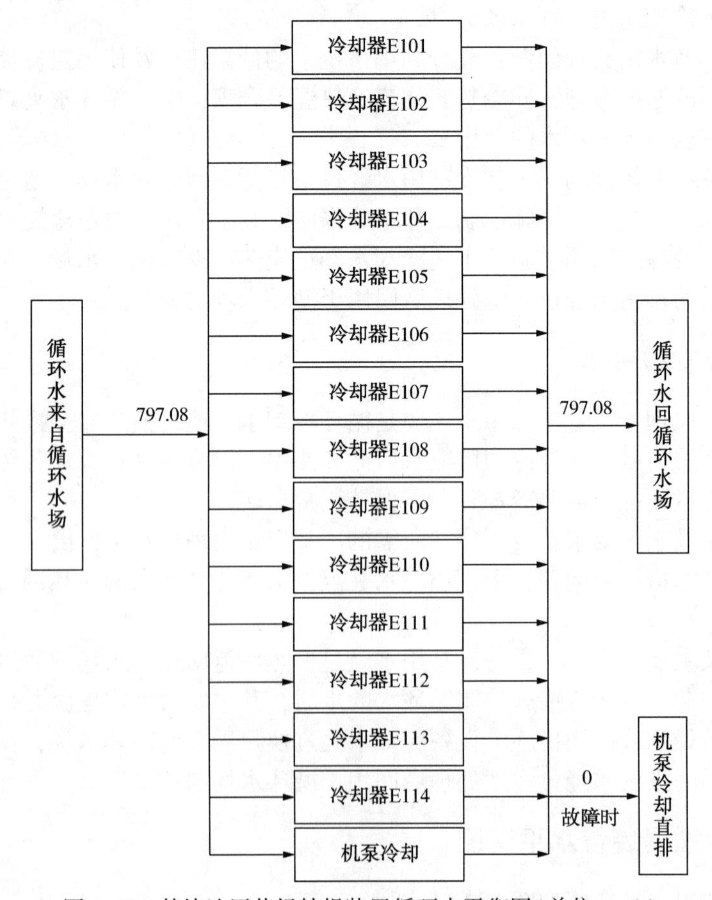

图 4.40　某炼油厂芳烃抽提装置循环水平衡图(单位：t/h)

4.11 制氢装置

制氢装置正常操作时以重整氢提纯尾气为原料，首次开工时以饱和液化气(丙烷)为原料，生产高纯氢气。装置由原料升压部分，原料精制部分，反应部分，中变气换热冷却部分，变压吸附(PSA)提纯部分，以及锅炉给水、发生并过热蒸汽、酸性水处理部分。

制氢装置使用除盐水、1.0MPa 低压蒸汽、循环水冷却水。其中，除盐水经过除氧器后供各产汽系统使用；1.0MPa 蒸汽用作除氧蒸汽；循环水用作装置的冷却介质。

4.11.1 转化炉用汽

(1) 用途及原理：水蒸气与天然气、炼厂气、石脑油等轻质烃类在特定的温度、压力以及催化剂存在的条件下发生反应，生成氢气及一氧化碳。

(2) 用水量及水源要求：根据配汽比来计算蒸汽的量，水碳比为 3.0。

(3) 给水的节水措施及问题：无。

(4) 排水及主要污染物：生成产品。

(5) 排水的处理或回用措施：无。

4.11.2 除氧器用水、用汽

(1) 用途及原理：除氧器的主要作用是除去给水中的氧气，保证给水的品质。水中溶解了氧气，就会使与水接触的金属腐蚀；在热交换器中若有气体聚集就会妨碍传热过程的进行，降低设备的传热效果。蒸汽对水进行加热，使水达到一定压力下的饱和温度，即沸点。除氧器的空间充满着水蒸气，氧气分压逐渐降低为零，溶解于水的氧气将全部逸出，以保证给水含氧量合格。

(2) 用水量及水源要求：除盐水站提供的除盐水和装置内的蒸汽凝结水，以及 1.0MPa 蒸汽和连续排污扩容器闪蒸蒸汽等。

(3) 给水的节水措施及问题：高温凝结水回收直接进入除氧器。

(4) 排水及主要污染物：排水主要是不凝气带出的部分水蒸气。

(5) 排水的处理或回用措施：除氧器的排水主要是放空乏汽带走少量水蒸气。

4.11.3 汽包用水

(1) 用途及原理：除氧器出水经泵升压后送至汽包，对反应或其他设备等产生的余热进行回收，副产不同压力的蒸汽，部分副产蒸汽直接进入除氧器，部分副产蒸汽经过汽轮机背压后装置内自用，部分副产蒸汽直接送入管网供全厂使用。

(2) 用水量及水源要求：用水量由装置内的余热确定，所需水是除氧器提供的除氧水。

(3) 给水的节水措施及问题：减少产汽系统定连排的量。

(4) 排水及主要污染物：锅炉排水中的主要污染物是盐类。

(5) 排水的处理或回用措施：回收锅炉的排污水用于换热站补水或循环水场补水后排

污水去污水处理场，定排、连排闪蒸蒸汽直接进入除氧器。

4.11.4　工艺冷却用水

（1）用途及原理：工艺冷却用水主要是循环冷却水，通过换热器交换热量或直接接触换热方式交换介质热量，并经冷却塔凉水后循环使用，以节约水资源。制氢装置工艺冷却水主要用于精馏塔塔顶冷凝、产品冷却等。

（2）用水量及水源要求：根据热侧物料的进出口温度、热容流率等确定循环冷却水的用量，所用循环冷却水由循环水场提供。

（3）给水的节水措施及问题：充分利用系统中的低温热以及使用空冷器，使热侧物流进入循环冷却器的温度合理，即冷热侧物流换热温差合理，采用循环水夹点技术优化循环水的换热网络，以减少循环水的使用量。

（4）排水及主要污染物：工艺冷却用水经过换热后返回循环水场，通过调节循环水场的补充水量、加药、排污等措施控制循环水的水质，其主要污染物是盐类和油。

（5）排水的处理或回用措施：工艺冷却水经过换热后返回循环水场，在循环水场统一处理，循环水场的排污水经过适度处理后回用于循环水场的补水。

4.11.5　设备冷却用水

（1）用途及原理：设备冷却用水主要是循环冷却水，通过换热器交换热量或直接接触换热方式交换介质热量，并经冷却塔凉水后循环使用，以节约水资源。制氢装置的机泵等设备在运行过程中，需要冷却降温以保持正常运转。

（2）用水量及水源要求：设备冷却用水由循环水场提供。

（3）给水节水措施及问题：采用循环水夹点技术优化循环水的换热网络，以减少循环水的使用量。

（4）排水及主要污染物：设备冷却用水经过换热后返回循环水场，通过调节循环水场的补充水量、加药、排污等措施控制循环水的水质，其主要污染物是盐类和油。

（5）排水的处理或回用措施：设备冷却水经过换热后返回循环水场，在循环水场统一处理，循环水场的排污水经过适度处理后回用于循环水场的补水。

4.11.6　制氢装置水平衡图

制氢装置水平衡图如图 4.41 至图 4.43 所示。

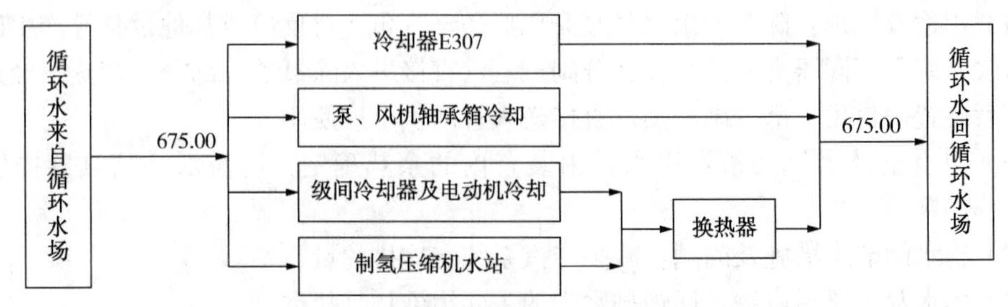

图 4.41　某炼油厂制氢装置循环水平衡图(单位：t/h)

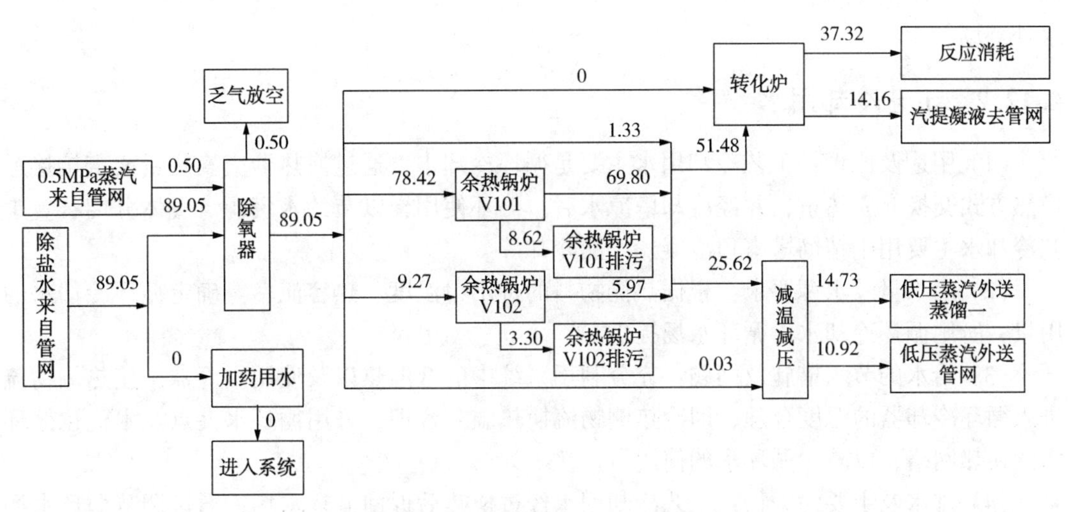

图 4.42　某炼油厂制氢装置除盐水平衡图(单位：t/h)

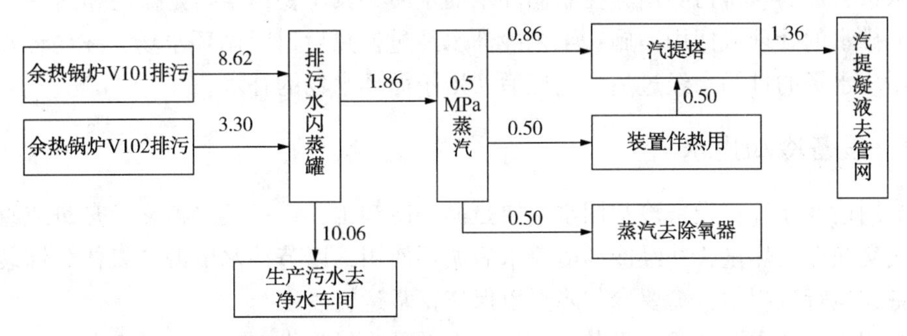

图 4.43　某炼油厂制氢装置 0.5MPa 蒸汽平衡图(单位：t/h)

4.12　气体分馏装置

气体分馏装置采用一般的蒸馏分离方法进行精密分离，生产纯度较高的丙烯、丙烷、异丁烯馏分和 2-丁烯及碳五等产品。

气体分馏装置主要用蒸汽和循环冷却水。蒸汽用于重沸器加热，循环冷却水用于工艺冷却和设备冷却。

4.12.1　重沸器、加热器用汽

(1) 用途及原理：重沸器的蒸汽能使塔底液体再一次汽化，是一个能够交换热量，同时汽化液体的一种特殊换热器；多与分馏塔合用；物料在重沸器受热膨胀甚至汽化，密度变小，从而离开汽化空间，顺利返回到塔里。利用蒸汽冷凝释放出的热量给物料提供热量。

(2) 用水量及水源要求：用水量根据被加热物料的热容流率、进出口温度计算，水源为系统提供的蒸汽。

(3) 给水的节水措施及问题：充分利用系统中能够利用的低温热源。

(4) 排水及主要污染物：排水大部分是蒸汽冷凝水。

(5) 排水的处理或回用措施：合格的冷凝水进入除盐水系统，不合格的冷凝水进入污

水处理场。

4.12.2 工艺冷却用水

（1）用途及原理：工艺冷却用水主要是循环冷却水，通过换热器交换热量或直接接触换热方式交换介质热量，并经冷却塔凉水后，循环使用，以节约水资源。气体分馏装置工艺冷却水主要用于精馏塔塔顶冷凝、产品冷却等。

（2）用水量及水源要求：根据热侧物料的进出口温度、热容流率等确定循环冷却水的用量，所用循环冷却水由循环水场提供。

（3）给水的节水措施及问题：充分利用系统中的低温热以及使用空冷器，使热侧物流进入循环冷却器的温度合理，即冷热侧物流换热温差合理，采用循环水夹点技术优化循环水的换热网络，以减少循环水的使用量。

（4）排水及主要污染物：工艺冷却用水经过换热后返回循环水场，通过调节循环水场的补充水量、加药、排污等措施控制循环水的水质，其主要污染物是盐类和油。

（5）排水的处理或回用措施：工艺冷却水经过换热后返回循环水场，在循环水场统一处理，循环水场的排污水经过适度处理后回用于循环水场的补水。

4.12.3 设备冷却用水

（1）用途及原理：设备冷却用水主要是循环冷却水，通过换热器交换热量或直接接触换热方式交换介质热量，并经冷却塔凉水后循环使用，以节约水资源。气体分馏装置的机泵等设备在运行过程中，需要冷却降温以保持正常运转。

（2）用水量及水源要求：设备冷却用水由循环水场提供。

（3）给水节水措施及问题：采用循环水夹点技术优化循环水的换热网络，以减少循环水的使用量。

（4）排水及主要污染物：设备冷却用水经过换热后返回循环水场，通过调节循环水场的补充水量、加药、排污等措施控制循环水的水质，其主要污染物是盐类和油。

（5）排水的处理或回用措施：设备冷却水经过换热后返回循环水场，在循环水场统一处理，循环水场的排污水经过适度处理后回用于循环水场的补水。

4.12.4 气体分馏装置水平衡图

气体分馏装置水平衡图如图 4.44 和图 4.45 所示。

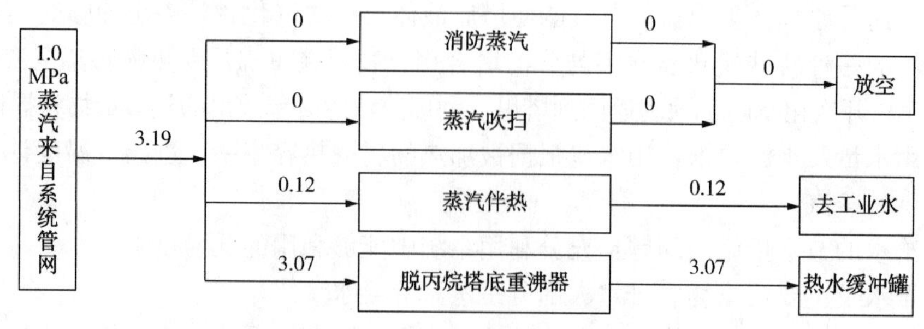

图 4.44 某炼油厂气体分馏装置 1.0MPa 蒸汽平衡图(单位：t/h)

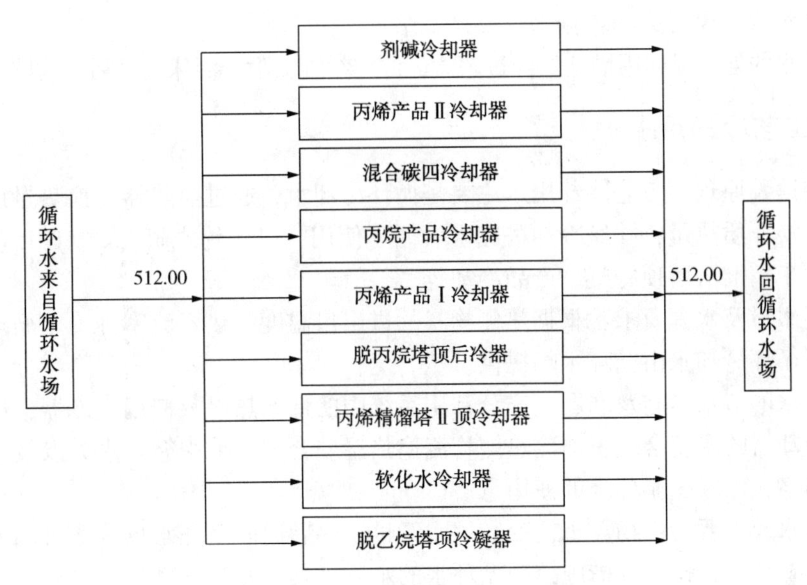

图 4.45 某炼油厂气体分馏装置循环水平衡图(单位：t/h)

4.13 MTBE 装置

MTBE 装置以混合碳四馏分和甲醇为原料，经大孔强酸性阳离子交换树脂作用，合成 MTBE。反应产物经催化蒸馏塔分离，塔底得到纯度大于 98%的 MTBE 产品。未反应碳四经脱除甲醇，得到液化气产品。

装置主要用水是循环水、除盐水和 1.0MPa 蒸汽。其中，循环水用作装置的冷却介质；1.0MPa 蒸汽用作塔底重沸器和预热器的加热蒸汽；除盐水用于甲醇萃取塔。

4.13.1 甲醇萃取塔用水

(1) 用途及原理：用水把甲醇从碳四馏分中萃取出来。

(2) 用水量及水源要求：水源为除盐水站提供的除盐水。

(3) 给水的节水措施及问题：无。

(4) 排水及主要污染物：排水的主要污染物是酸性物质和杂质，对设备和管线造成腐蚀和结垢，此时需要对萃取水进行泄放。

(5) 排水的处理或回用措施：进入污水处理装置经过深度处理后回用。

4.13.2 重沸器、预热器用汽

(1) 用途及原理：重沸器的原理是使精馏塔底液相重组分汽化，气相向上流动，与从回流罐下来的轻组分液相在塔板或填料层上进行多次部分汽化和部分冷凝，从而使混合物达到高纯度的分离。重沸器用汽为精馏塔的正常运行提供热量。

(2) 用汽量及水源要求：用汽量和被加热的介质性质有关，根据介质需要的温度选择蒸汽品位，确定再沸器压力等级，水源是蒸汽系统提供的相应等级的蒸汽。

(3) 给水的节水措施及问题：尽可能利用系统的热源。

（4）排水及主要污染物：排水主要是凝结水。

（5）排水的处理或回用措施：经过超微过滤、纤维吸附、混床处理后作为除盐水使用。

4.13.3 工艺冷却用水

（1）用途及原理：工艺冷却用水主要是循环冷却水，通过换热器交换热量或直接接触换热方式交换介质热量，并经冷却塔凉水后循环使用，以节约水资源。MTBE 装置工艺冷却水主要用于精馏塔塔顶冷凝、产品冷却等。

（2）用水量及水源要求：根据热侧物料的进出口温度、热容流率等确定循环冷却水的用量，所用循环冷却水由循环水场提供。

（3）给水的节水措施及问题：充分利用系统中的低温热以及使用空冷器，使热侧物流进入循环冷却器的温度合理，即冷热侧物流换热温差合理，采用循环水夹点技术优化循环水的换热网络，以减少循环水的使用量。

（4）排水及主要污染物：工艺冷却用水经过换热后返回循环水场，通过调节循环水场的补充水量、加药、排污等措施控制循环水的水质，其主要污染物是盐类和油。

（5）排水的处理或回用措施：工艺冷却水经过换热后返回循环水场，在循环水场统一处理，循环水场的排污水经过适度处理后回用于循环水场的补水。

4.13.4 设备冷却用水

（1）用途及原理：设备冷却用水主要是循环冷却水，通过换热器交换热量或直接接触换热方式交换介质热量，并经冷却塔凉水后循环使用，以节约水资源。MTBE 装置的机泵等设备在运行过程中，需要冷却降温以保持正常运转。

（2）用水量及水源要求：设备冷却所需的冷却用水由循环水场提供。

（3）给水节水措施及问题：采用循环水夹点技术优化循环水的换热网络，以减少循环水的使用量。

（4）排水及主要污染物：设备冷却用水经过换热后返回循环水场，通过调节循环水场的补充水量、加药、排污等措施控制循环水的水质，其主要污染物是盐类和油。

（5）排水的处理或回用措施：设备冷却水经过换热后返回循环水场，在循环水场统一处理，循环水场的排污水经过适度处理后回用于循环水场的补水。

4.13.5 MTBE 装置水平衡图

MTBE 装置水平衡图如图 4.46 至图 4.48 所示。

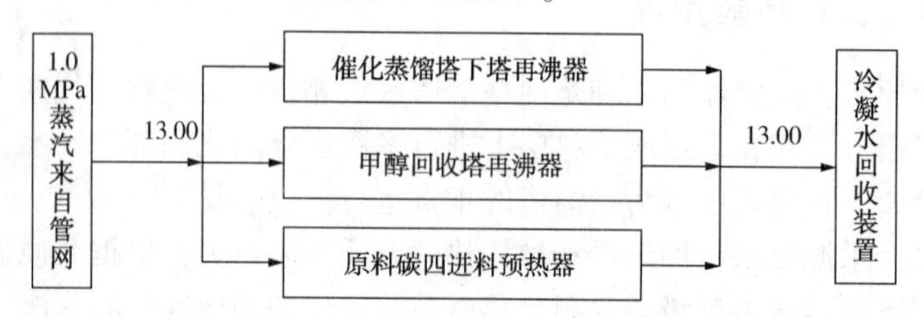

图 4.46 某炼油厂 MTBE 装置 1.0MPa 蒸汽平衡图（单位：t/h）

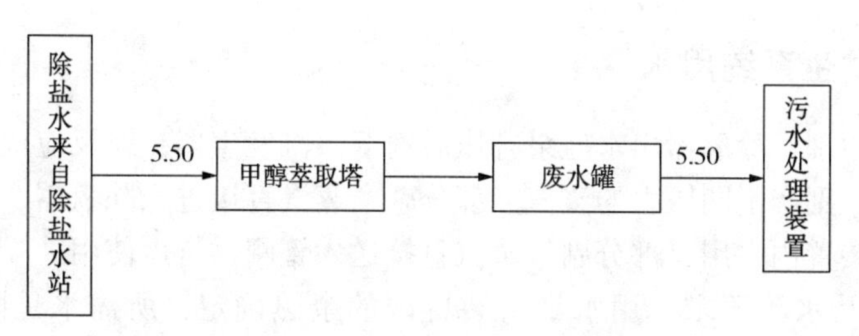

图 4.47 某炼油厂 MTBE 装置除盐水平衡图(单位：t/h)

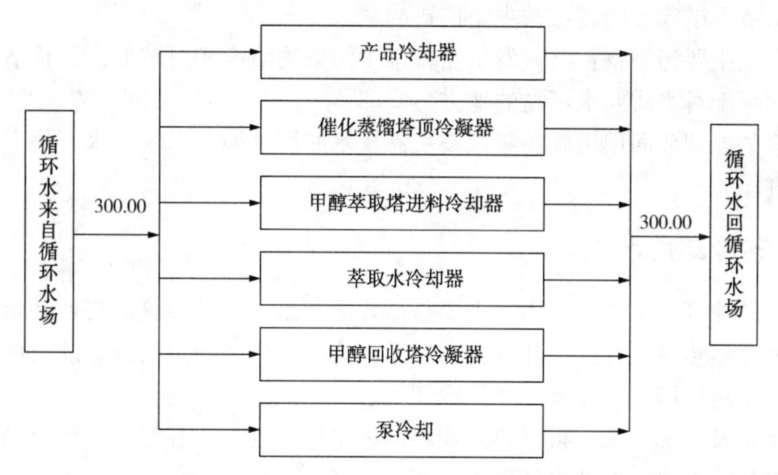

图 4.48 某炼油厂 MTBE 装置循环水平衡图(单位：t/h)

4.14 硫黄回收装置

硫黄回收指将含硫化氢等有毒含硫气体中的硫化物转变为单质硫，从而变废为宝，保护环境的化工过程。

硫黄回收装置主要用水类型有循环水、除氧水和 1.0MPa 蒸汽。其中，循环水用作装置的冷却介质；1.0MPa 蒸汽用作塔底重沸器的加热蒸汽；除氧水用于蒸汽发生系统产蒸汽。

4.14.1 重沸器、加热器用汽

(1) 用途及原理：重沸器的原理是使精馏塔底液相重组分汽化，气相向上流动，与从回流罐下来的轻组分液相在塔板或填料层上进行多次部分汽化和部分冷凝，从而使混合物达到高纯度的分离。重沸器用汽为精馏塔的正常运行提供热量。

(2) 用汽量及水源要求：用汽量和被加热的介质性质有关，根据介质需要的温度选择蒸汽品位，确定再沸器压力等级，水源是蒸汽系统提供的相应等级的蒸汽。

(3) 给水的节水措施及问题：尽可能利用系统的热源。

(4) 排水及主要污染物：排水主要是凝结水。

(5) 排水的处理或回用措施：经过超微过滤、纤维吸附、混床处理后作为除盐水使用。

4.14.2 蒸汽发生系统用水

(1) 用途及原理：除氧器出水经泵升压后送至蒸汽发生器，对反应或其他设备等产生的余热进行回收，副产不同压力的蒸汽，部分副产蒸汽直接进入除氧器，部分副产蒸汽经过汽轮机背压后装置内自用，部分副产蒸汽直接送入管网供全厂使用。

(2) 用水量及水源要求：用水量由装置内的余热确定，所需水是除氧器提供的除氧水。

(3) 给水节水措施及问题：减少定连排的量。

(4) 排水及主要污染物：蒸汽发生器排水中污染物浓度相对较低，又称清净下水，可直接排放和回用于对水质要求不高的地方。

(5) 排水的处理或回用措施：蒸汽发生器排水回用水循环水场补水、化学水站原水或排向污水处理场。

4.14.3 工艺冷却用水

(1) 用途及原理：工艺冷却用水主要是循环冷却水，通过换热器交换热量或直接接触换热方式交换介质热量，并经冷却塔凉水后循环使用，以节约水资源。硫黄回收装置工艺冷却水主要用于精馏塔塔顶冷凝、产品冷却等。

(2) 用水量及水源要求：根据热侧物料的进出口温度、热容流率等确定循环冷却水的用量，所用循环冷却水由循环水场提供。

(3) 给水的节水措施及问题：充分利用系统中的低温热以及使用空冷器，使热侧物流进入循环冷却器的温度合理，即冷热侧物流换热温差合理，采用循环水夹点技术优化循环水的换热网络，以减少循环水的使用量。

(4) 排水及主要污染物：工艺冷却用水经过换热后返回循环水场，通过调节循环水场的补充水量、加药、排污等措施控制循环水的水质，其主要污染物是盐类和油。

(5) 排水的处理或回用措施：工艺冷却水经过换热后返回循环水场，在循环水场统一处理，循环水场的排污水经过适度处理后回用于循环水场的补水。

4.14.4 设备冷却用水

(1) 用途及原理：设备冷却用水主要是循环冷却水，通过换热器交换热量或直接接触换热方式交换介质热量，并经冷却塔凉水后循环使用，以节约水资源。硫黄回收装置的机泵等设备在运行过程中，需要冷却降温以保持正常运转。

(2) 用水量及水源要求：设备冷却用水由循环水场提供。

(3) 给水节水措施及问题：采用循环水夹点技术优化循环水的换热网络，以减少循环水的使用量。

(4) 排水及主要污染物：设备冷却用水经过换热后返回循环水场，通过调节循环水场的补充水量、加药、排污等措施控制循环水的水质，其主要污染物是盐类和油。

(5) 排水的处理或回用措施：设备冷却水经过换热后返回循环水场，在循环水场统一处理，循环水场的排污水经过适度处理后回用于循环水场的补水。

4.14.5 硫黄回收装置水平衡图

硫黄回收装置水平衡图如图 4.49 至图 4.51 所示。

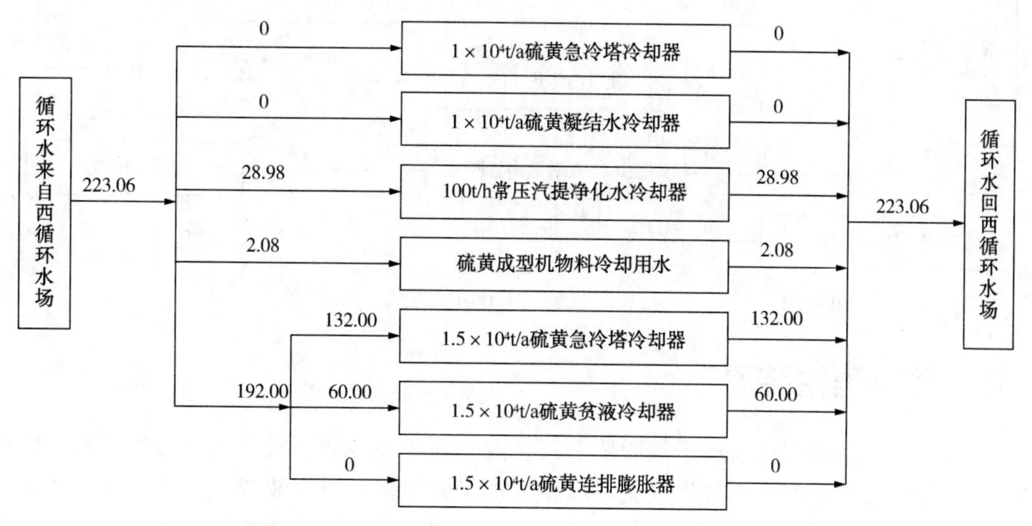

图 4.49 某炼油厂硫黄回收装置循环水平衡图(单位：t/h)

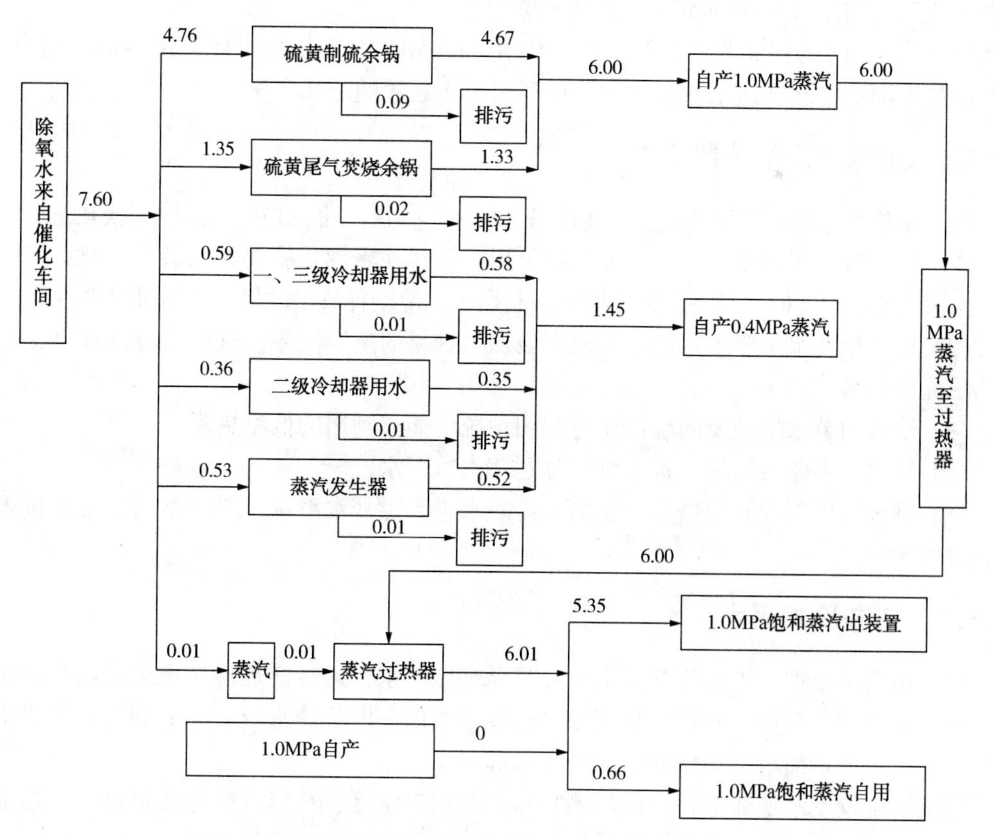

图 4.50 某炼油厂硫黄回收装置除氧水平衡图(单位：t/h)

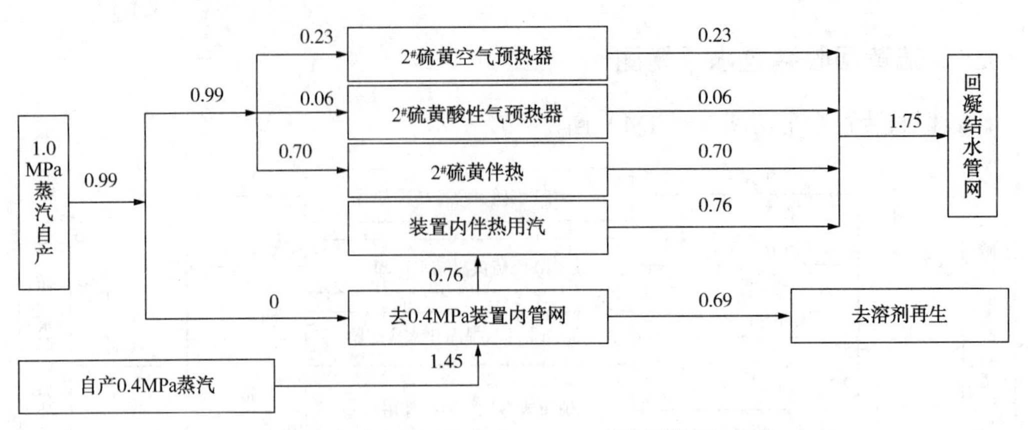

图 4.51　某炼油厂硫黄回收装置 1.0MPa 蒸汽平衡图(单位：t/h)

4.15　溶剂再生装置

溶剂再生装置处理炼油厂干气脱硫装置、液态烃双脱装置、硫黄尾气回收装置、柴油改质干气脱硫装置、加氢脱酸尾气脱硫装置、加氢脱酸尾气脱硫装置、焦化干气脱硫装置等的富胺液。各装置干气、废气中的 H_2S 组分，通过贫胺液在各脱硫塔吸收 H_2S 后，富胺液至本装置采用蒸汽加热汽提法脱除 H_2S 进行再生。

装置主要用 1.0MPa 蒸汽和循环水。其中，1.0MPa 蒸汽用作塔底重沸器的加热蒸汽，其冷凝的含油凝结水外送至除盐水站；循环水用作装置的冷却介质。

4.15.1　重沸器、加热器用汽

(1) 用途及原理：重沸器的蒸汽能使塔底液体再一次汽化，是一个能够交换热量，同时汽化液体的一种特殊换热器；多与分馏塔合用；物料在重沸器受热膨胀甚至汽化，密度变小，从而离开汽化空间，顺利返回到塔里。利用蒸汽冷凝释放出的热量给物料提供热量。

(2) 用水量及水源要求：用水量根据被加热物料的热容流率、进出口温度计算，水源为系统提供的蒸汽。

(3) 给水的节水措施及问题：充分利用系统中能够利用的低温热源。

(4) 排水及主要污染物：排水大部分是蒸汽冷凝水。

(5) 排水的处理或回用措施：合格的冷凝水进入除盐水系统，不合格的冷凝水进入污水处理场。

4.15.2　工艺冷却用水

(1) 用途及原理：工艺冷却用水主要是循环冷却水，通过换热器交换热量或直接接触换热方式交换介质热量，并经冷却塔凉水后循环使用，以节约水资源。溶剂再生装置工艺冷却水主要用于精馏塔塔顶冷凝、产品冷却等。

(2) 用水量及水源要求：根据热侧物料的进出口温度、热容流率等确定循环冷却水的用量，所用循环冷却水由循环水场提供。

(3) 给水的节水措施及问题：充分利用系统中的低温热以及使用空冷器，使热侧物流

进入循环冷却器的温度合理，即冷热侧物流换热温差合理，采用循环水夹点技术优化循环水的换热网络，以减少循环水的使用量。

（4）排水及主要污染物：工艺冷却用水经过换热后返回循环水场，通过调节循环水场的补充水量、加药、排污等措施控制循环水的水质，其主要污染物是盐类和油。

（5）排水的处理或回用措施：工艺冷却水经过换热后返回循环水场，在循环水场统一处理，循环水场的排污水经过适度处理后回用于循环水场的补水。

4.15.3　设备冷却用水

（1）用途及原理：设备冷却用水主要是循环冷却水，通过换热器交换热量或直接接触换热方式交换介质热量，并经冷却塔凉水后循环使用，以节约水资源。溶剂再生装置的机泵等设备在运行过程中，需要冷却降温以保持正常运转。

（2）用水量及水源要求：设备冷却用水由循环水场提供。

（3）给水节水措施及问题：采用循环水夹点技术优化循环水的换热网络，以减少循环水的使用量。

（4）排水及主要污染物：设备冷却用水经过换热后返回循环水场，通过调节循环水场的补充水量、加药、排污等措施控制循环水的水质，其主要污染物是盐类和油。

（5）排水的处理或回用措施：设备冷却水经过换热后返回循环水场，在循环水场统一处理，循环水场的排污水经过适度处理后回用于循环水场的补水。

4.15.4　溶剂再生装置水平衡图

溶剂再生装置水平衡图如图4.52和图4.53所示。

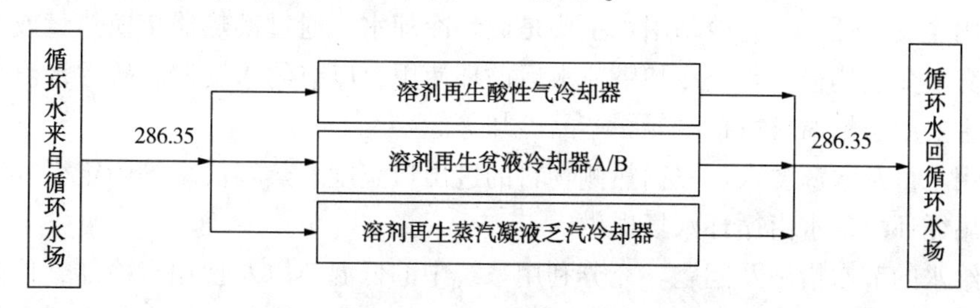

图4.52　某炼油厂溶剂再生装置循环水平衡图(单位：t/h)

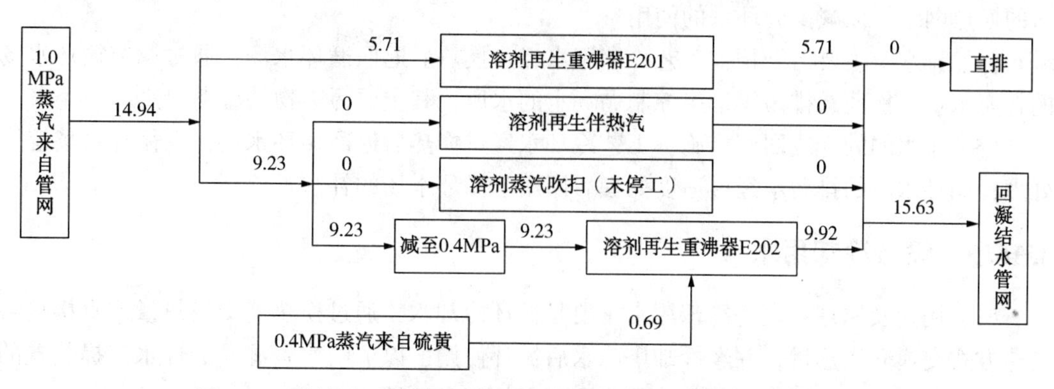

图4.53　某炼油厂溶剂再生装置1.0MPa蒸汽平衡图(单位：t/h)

4.16 酸性水汽提装置

酸性水汽提装置的目的是将各工艺装置排出的含硫污水去除 H_2S、NH_3 等污染物质，同时脱除污水中的轻烃、污油等物质，以减少对空气及水质的影响，使排放污水得到净化，达到国家规定的排放标准。

装置主要用 1.0MPa 蒸汽、新鲜水和循环水。其中，1.0MPa 蒸汽用作污水汽提塔底重沸器的加热蒸汽，其冷凝的含油凝结水外送至除盐水站；新鲜水用作水封罐、氨水罐补水等；循环水用作装置的冷却介质。

4.16.1 汽提塔用汽

（1）用途及原理：在塔底由于蒸汽的作用，温度控制在 125℃以上，NH_3、H_2S 被汽提上行，塔底得到含氨、硫化氢较低的净化水。

（2）用汽量及水源要求：用汽量和被加热的介质性质有关，根据介质需要的温度选择蒸汽品位，确定再沸器压力等级，水源是蒸汽系统提供的相应等级的蒸汽。

（3）给水的节水措施及问题：尽可能利用系统的热源。

（4）排水及主要污染物：排水主要是凝结水，污染物主要是油和杂质。

（5）排水的处理或回用措施：经过超微过滤、纤维吸附、混床处理后作为除盐水使用。

4.16.2 工艺冷却用水

（1）用途及原理：工艺冷却用水主要是循环冷却水，通过换热器交换热量或直接接触换热方式交换介质热量，并经冷却塔凉水后循环使用，以节约水资源。酸性水汽提装置工艺冷却水主要用于精馏塔塔顶冷凝、产品冷却等。

（2）用水量及水源要求：根据热侧物料的进出口温度、热容流率等确定循环冷却水的用量，所用循环冷却水由循环水场提供。

（3）给水的节水措施及问题：充分利用系统中的低温热以及使用空冷器，使热侧物流进入循环冷却器的温度合理，即冷热侧物流换热温差合理，采用循环水夹点技术优化循环水的换热网络，以减少循环水的使用量。

（4）排水及主要污染物：工艺冷却用水经过换热后返回循环水场，通过调节循环水场的补充水量、加药、排污等措施控制循环水的水质，其主要污染物是盐类和油。

（5）排水的处理或回用措施：工艺冷却水经过换热后返回循环水场，在循环水场统一处理，循环水场的排污水经过适度处理后回用于循环水场的补水。

4.16.3 设备冷却用水

（1）用途及原理：设备冷却用水主要是循环冷却水，通过换热器交换热量或直接接触换热方式交换介质热量，并经冷却塔凉水后循环使用，以节约水资源。酸性水汽提装置的机泵等设备在运行过程中，需要冷却降温以保持正常运转。

（2）用水量及水源要求：设备冷却用水由循环水场提供。

（3）给水节水措施及问题：采用循环水夹点技术优化循环水的换热网络，以减少循环水的使用量。

（4）排水及主要污染物：设备冷却用水经过换热后返回循环水场，通过调节循环水场的补充水量、加药、排污等措施控制循环水的水质，其主要污染物是盐类和油。

（5）排水的处理或回用措施：设备冷却水经过换热后返回循环水场，在循环水场统一处理，循环水场的排污水经过适度处理后回用于循环水场的补水。

4.16.4 酸性水汽提装置水平衡图

酸性水汽提装置水平衡如图4.54至图4.58所示。

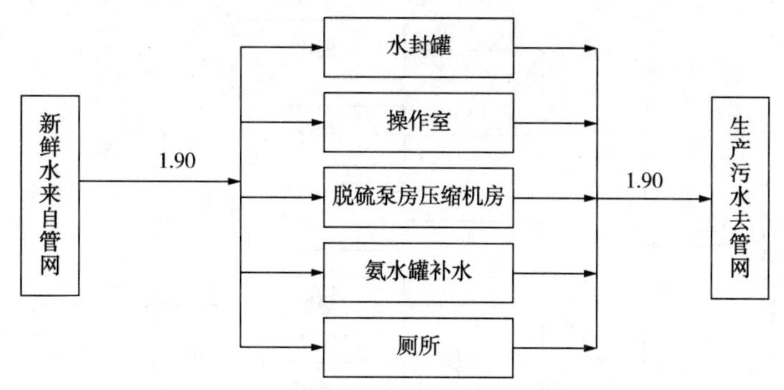

图4.54 某炼油厂酸性水汽提装置新鲜水平衡图(单位：t/h)

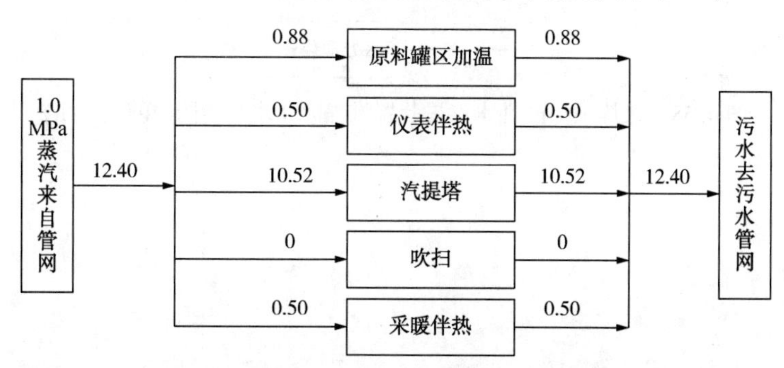

图4.55 某炼油厂酸性水汽提装置1.0MPa蒸汽平衡图(单位：t/h)

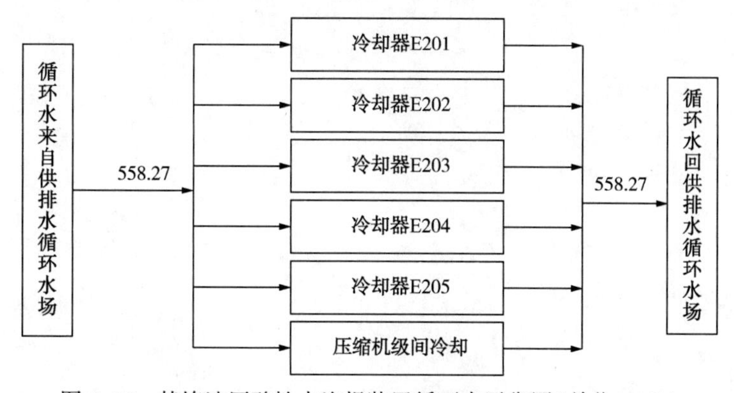

图4.56 某炼油厂酸性水汽提装置循环水平衡图(单位：t/h)

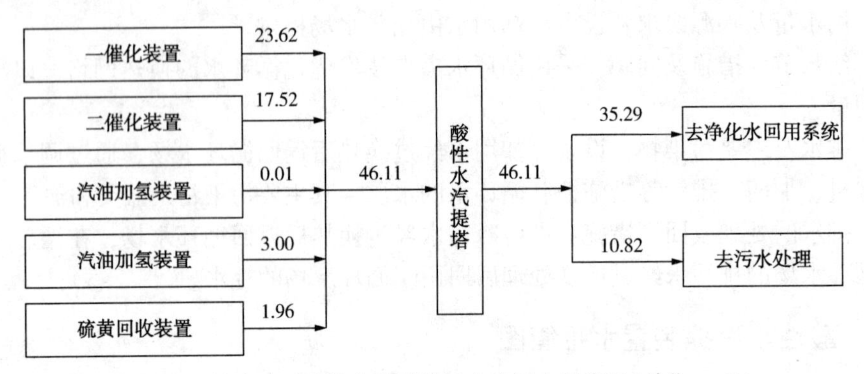

图 4.57　某炼油厂酸性水汽提装置含硫污水平衡图(单位：t/h)

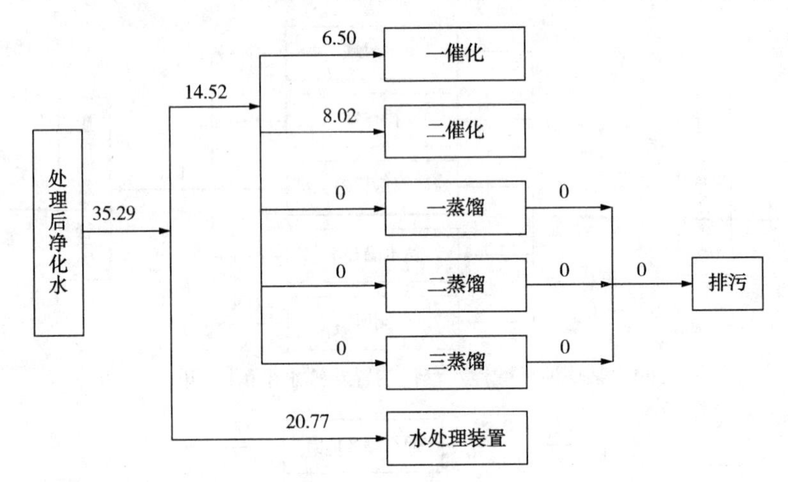

图 4.58　某炼油厂酸性水汽提装置汽提净化水平衡图(单位：t/h)

5 化工企业主要生产装置用排水单元

化工工业，与石油炼制工业相比，同样在国民经济中占有重要地位。我国 2019 年的乙烯产量达到了 2052.3×10^4t。按照目前公布的新建和扩能计划计算，预计到 2020 年我国乙烯产能将达到 3516×10^4t/a。与石油炼制工业类似，乙烯工业也是耗水大户。同时，国内快速发展的新型煤化工行业，其产能也在迅猛增大。煤化工企业除了工艺本身对水资源的需求较大外，其厂区因运输成本等因素大部分设在西北部等缺水地域，用水节水的压力比传统的炼油化工企业更大。

化工企业常见的生产装置包括乙烯裂解装置、聚乙烯装置、聚丙烯装置、合成氨装置等，新型煤化工企业的常见装置包括煤气化装置、甲醇装置等。本章将从化工企业及新型煤化工企业常见的生产装置的各个用水点入手，详细介绍各项用水的用途和原理、对水源的要求、排水的去向及相关节水措施，并列举装置常见的水平衡图示例。

5.1 乙烯裂解装置

乙烯裂解装置主要以石脑油、加氢尾油、轻烃和液化石油气(LPG)等为裂解原料，有原料预热、裂解、急冷、压缩、冷分离、制冷、热分离、加氢汽油和公用工程等单元组成。经这一系列工序后生产出乙烯、丙烯等主要产品，送聚乙烯装置、聚丙烯装置进一步加工。同时生产氢气、甲烷、碳四、碳五、燃料油、裂解汽油、焦油等副产品。

乙烯裂解装置主要用生活用水、循环水、除盐水、除氧水、蒸汽和热水。其中，生活用水主要用于车间办公楼生活用水、洗眼器用水；循环水主要用于压缩机段间冷却、机泵冷却、产品冷却等；除盐水用于空冷喷淋及除氧器制水，除盐水经脱氧后供裂解炉发生超高压蒸汽；蒸汽供汽轮机、再沸器、加热器、稀释蒸汽发生器、防焦蒸汽、除氧器等；热水用于装置伴热。

5.1.1 裂解炉用稀释蒸汽

(1) 用途及原理：乙烯是烃和蒸汽的混合物在装置裂解炉中通过高温裂解形成复杂的富含乙烯及其他烯烃混合物过程中生成的。裂解反应的特点是强吸热反应，反应温度高，停留时间短，烃分压要低。裂解炉中加入稀释蒸汽可降低烃分压，有利于向生成乙烯、丙烯的方向进行，其可携带高温热量，同时蒸汽与炭反应减少炉管结焦，还可抑制炉管中金属铁的活性。尽管稀释蒸汽有利于使炉管结垢最小化，但裂解反应仍然产生某些焦，以至于裂解炉和急冷器(SLE)必须周期性地离线清焦。

(2) 用水量及水源要求：稀释蒸汽量取决于原料类型和操作炉型。一般情况下，较轻的原料需要较少的稀释蒸汽。稀释蒸汽主要是 1.0MPa 蒸汽。

（3）给水的节水措施及问题：不建议无选择地增加稀释蒸汽用量，因过多的稀释蒸汽所产生的较高的炉盘管出口压力将会部分抵消由于较高的稀释比而获得的较低的烃分压；较高的线速度能够促进辐射盘管出口铸件和横跨处管件的冲刷；蒸汽比增加到一定程度后就不会再产生附加的乙烯产率。

（4）排水及主要污染物：稀释蒸汽的排水为含油污水，主要污染物是盐类和油。

（5）排水的处理或回用措施：稀释蒸汽的排水主要在污水处理系统进行含油污水处理，处理为达标污水后，再经过深度处理装置处理回用于循环水补水或除盐水系统。

5.1.2 裂解炉用防焦蒸汽

（1）用途及原理：防焦蒸汽与稀释蒸汽用途类似，目的是抑制裂解炉结焦，但注入位置不同，防焦蒸汽主要用于急冷器和特殊闸阀前后，急冷器一旦存焦，就会影响急冷效果，甚至在其下游管道大量结焦。如果特殊闸阀滑道积焦，会使阀门开启困难，甚至因关不死而造成裂解气反窜。

（2）用水量及水源要求：防焦蒸汽使用1.0MPa蒸汽作为水源。

（3）给水的节水措施及问题：裂解炉使用的防焦蒸汽一般来自外引蒸汽管网，裂解炉使用的稀释蒸汽量有限，可将防焦蒸汽改为稀释蒸汽，既可平衡稀释蒸汽压力，又能减少外引蒸汽使用量。

（4）排水及主要污染物：防焦蒸汽的排水为含油污水，主要污染物为盐类和油。

（5）排水的处理或回用措施：防焦蒸汽的排水主要在污水处理系统进行含油污水处理，处理为达标污水后，再经过深度处理装置处理回用于循环水补水或除盐水系统。

5.1.3 裂解炉用水

（1）用途及原理：裂解炉的高温裂解气进入蒸汽发生器，利用其热量可将高压锅炉水生成高温蒸汽。裂解炉辐射盘管出来的高温裂解气达到800℃以上，为抑制二次反应的发生，需要将辐射盘管内的高温裂解气进行急速冷却。

（2）用水量及水源要求：根据热物料流量及焓值等计算出高压锅炉水用量。高压锅炉水为除氧水。

（3）给水的节水措施及问题：部分厂区锅炉操作不当，锅炉排污率不低于2%，可对锅炉操作优化，减少排污。

（4）排水及主要污染物：裂解炉产蒸汽送至厂区管网。

（5）排水的处理或回用措施：蒸汽至管网供装置使用或外送厂区管网。

5.1.4 空冷器喷淋用水

（1）用途及原理：雾状水直接喷淋在管束翅片上，翅片表面完全被水湿润，依靠翅片表面上水的蒸发带走大量的热，可使热流体温度冷却到等于或低于环境空气温度。

（2）用水量及水源要求：喷淋用水量仅为水冷器的2%~3%。喷淋水用除盐水。

（3）给水的节水措施及问题：为防止空冷器管束表面结垢，需用含盐量低的水，可使用除盐水、除氧水或冷凝水，但出于经济性考虑，一般用除盐水。

(4) 排水及主要污染物：喷淋水绝大部分蒸发。

(5) 排水的处理或回用措施：无。

5.1.5 碱洗塔用水

(1) 用途及原理：碱洗塔的作用是脱除裂解气中的二氧化碳和硫化氢等酸性气体，以满足乙烯和丙烯产品对二氧化碳和硫化氢的严格要求。碱洗塔有碱洗段及水洗段，除氧水用于稀释碱液及给塔补水。

(2) 用水量及水源要求：碱洗塔用水主要是除氧水，用水量由工艺所需碱液浓度决定。

(3) 给水的节水措施及问题：可通过优化碱洗工艺、优化碱洗操作，减少碱洗段的补水量。

(4) 排水及主要污染物：排水为废碱液，主要污染物为碱液。

(5) 排水的处理或回用措施：废碱液经生物处理装置处理后，排入含油污水处理，处理为达标污水后，再经过深度处理装置处理回用于循环水补水或除盐水系统。

5.1.6 汽轮机用汽

(1) 用途及原理：乙烯装置内的压缩机、锅炉给水泵、急冷油泵、急冷水泵、丙烯泵及乙烯泵等由汽轮机驱动。高温高压蒸汽，经入口管进汽轮机内，在机内叶轮处膨胀做功，焓值下降，温度、压力下降，把蒸汽的热能、压力能转化为转子转动的机械能，通过联轴器带动压缩机旋转。压缩机汽轮机用蒸汽经压缩机膨胀做功后，经抽气控制器控制抽气量。抽出蒸汽进入蒸汽管网，在汽轮机低压段做功后的不凝气进入表面冷凝器。在表面冷凝器中，不凝气被循环冷却水冷却，被冷却下来的凝液由表面冷凝器液位控制器控制，经过复水泵将一股凝液输送去脱氧器。另一股凝液作为复水泵的最小回流返回表面冷凝器；大气安全阀的水封、轴封泄漏蒸汽冷却器用的冷却水、射气冷却器用的冷却水均由复水出口引出。

(2) 用水量及水源要求：蒸汽用量可根据汽轮机的设计效率及其透平功率，结合蒸汽焓值利用情况和蒸汽泄漏等计算确定。蒸汽等级为9.8MPa、3.5MPa、1.0MPa等。

(3) 给水的节水措施及问题：合理选择压缩机流量和出口压力，减少反飞动量，减少系统压降提高气压计入口压力，减少压缩机轴功率，减少蒸汽耗量。

(4) 排水及主要污染物：抽凝式汽轮机产生高压或中低压蒸汽，可送往管网；凝液可回用至除氧器，作除氧水用。凝液较洁净，不含污染物。

(5)排水的处理或回用措施：凝液一般回收至全厂汽轮机凝液管网，后回用至化学水制水等单元。

5.1.7 急冷塔塔顶冷却用水

(1) 用途及原理：裂解炉辐射盘管出来的高温裂解气达到800℃以上，为抑制二次反应的发生，需要将辐射盘管内的高温裂解气进行急速冷却；经废热锅炉冷却后的裂解气温度仍在400℃，为防止急冷换热器结焦，废热锅炉出口温度要高于裂解气的露点，需采用油冷，油冷后采用水冷，将裂解气温度降到40℃左右后送往裂解气压缩机。

（2）用水量及水源要求：乙烯裂解装置通常以脱盐水补充急冷水系统，以保持水平衡。急冷水系统的补充水量应与稀释蒸汽排污水和稀释蒸汽系统直接补汽量（包括防焦蒸汽、汽提蒸汽、稀释蒸汽补汽等）相平衡。稀释蒸汽排污量一般为稀释蒸汽发生量的5%~8%。在正常生产期间，通常均使直接补汽量与排污量平衡，而无须补充脱盐水（最好不要刻意追求，因为会增加能耗）。只是在裂解炉烧焦而烧焦气放空时，可能补充相应的脱盐水。而在装置开车期间，多台裂解炉处于蒸汽开车状态，大量稀释蒸汽放空。此时，除供给部分直接蒸汽作为稀释蒸汽外，也常常要求补充脱盐水保持急冷水系统的平衡。

（3）给水的节水措施及问题：取热后的急冷水大部分可循环至各用户作为热源，小部分可送往稀释蒸汽发生系统，与急冷油热交换产生稀释蒸汽供裂解炉使用。

（4）排水及主要污染物：急冷水排放习惯上称作稀释蒸汽排污，主要污染物是盐类和油。由于裂解气中含有CO_2、H_2S等酸性介质，急冷水的pH值普遍低于7，急冷水pH值高于8时，急冷水容易发生乳化。急冷水中游离油的含量不超过0.5%，以避免下游急冷水循环系统和稀释蒸汽发生器系统结垢。

（5）排水的处理或回用措施：急冷水排放（稀释蒸汽排污）主要在污水处理系统进行含油污水处理，处理为达标污水后，再经过深度处理装置处理回用于循环水补水或除盐水系统。

5.1.8 工艺冷却用水

（1）用途及原理：工艺冷却用水主要是循环冷却水，通过换热器交换热量或直接接触换热方式交换介质热量，并经冷却塔凉水后循环使用，以节约水资源。乙烯裂解装置工艺冷却水主要用于精馏塔塔顶冷凝、产品冷却等。

（2）用水量及水源要求：根据热侧物料的进出口温度、热容流率等确定循环冷却水的用量，所用循环冷却水由循环水场提供。

（3）给水的节水措施及问题：充分利用系统中的低温热以及使用空冷器，使热侧物流进入循环冷却器的温度合理，即冷热侧物流换热温差合理，采用循环水夹点技术优化循环水的换热网络，以减少循环水的使用量。

（4）排水及主要污染物：工艺冷却用水经过换热后返回循环水场，通过调节循环水场的补充水量、加药、排污等措施控制循环水的水质，其主要污染物是盐类和油。

（5）排水的处理或回用措施：工艺冷却水经过换热后返回循环水场，在循环水场统一处理，循环水场的排污水经过适度处理后回用于循环水场的补水。

5.1.9 乙烯裂解装置水平衡图

乙烯裂解装置水平衡图如图5.1至图5.11所示。

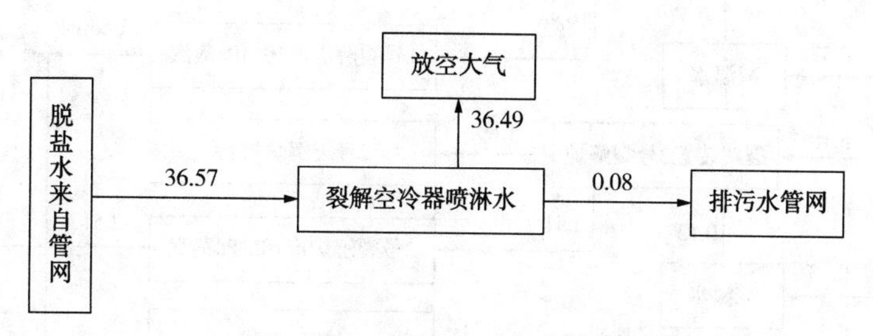

图 5.1 某化工厂乙烯裂解装置脱盐水平衡图(单位：t/h)

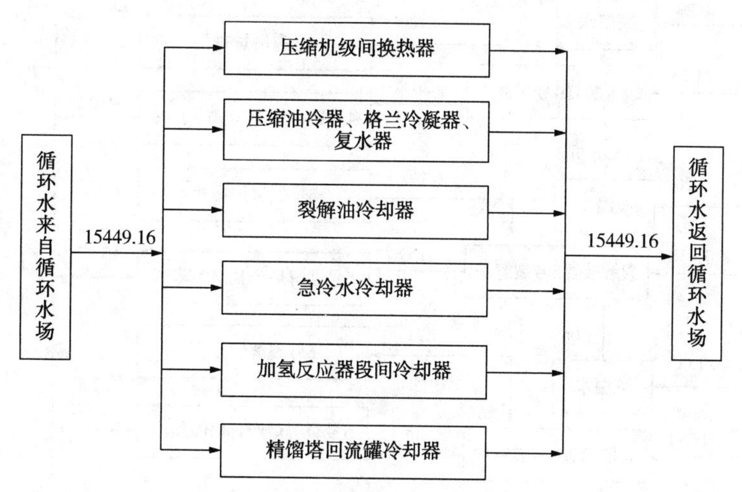

图 5.2 某化工厂乙烯裂解装置循环水平衡图(单位：t/h)

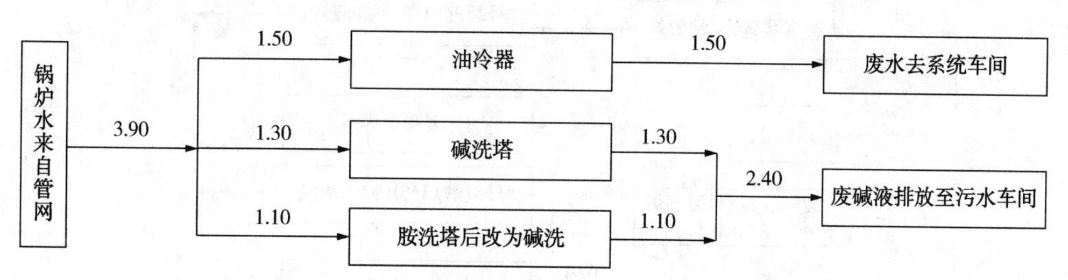

图 5.3 某化工厂乙烯裂解装置 6.0MPa 高压锅炉水平衡图(单位：t/h)

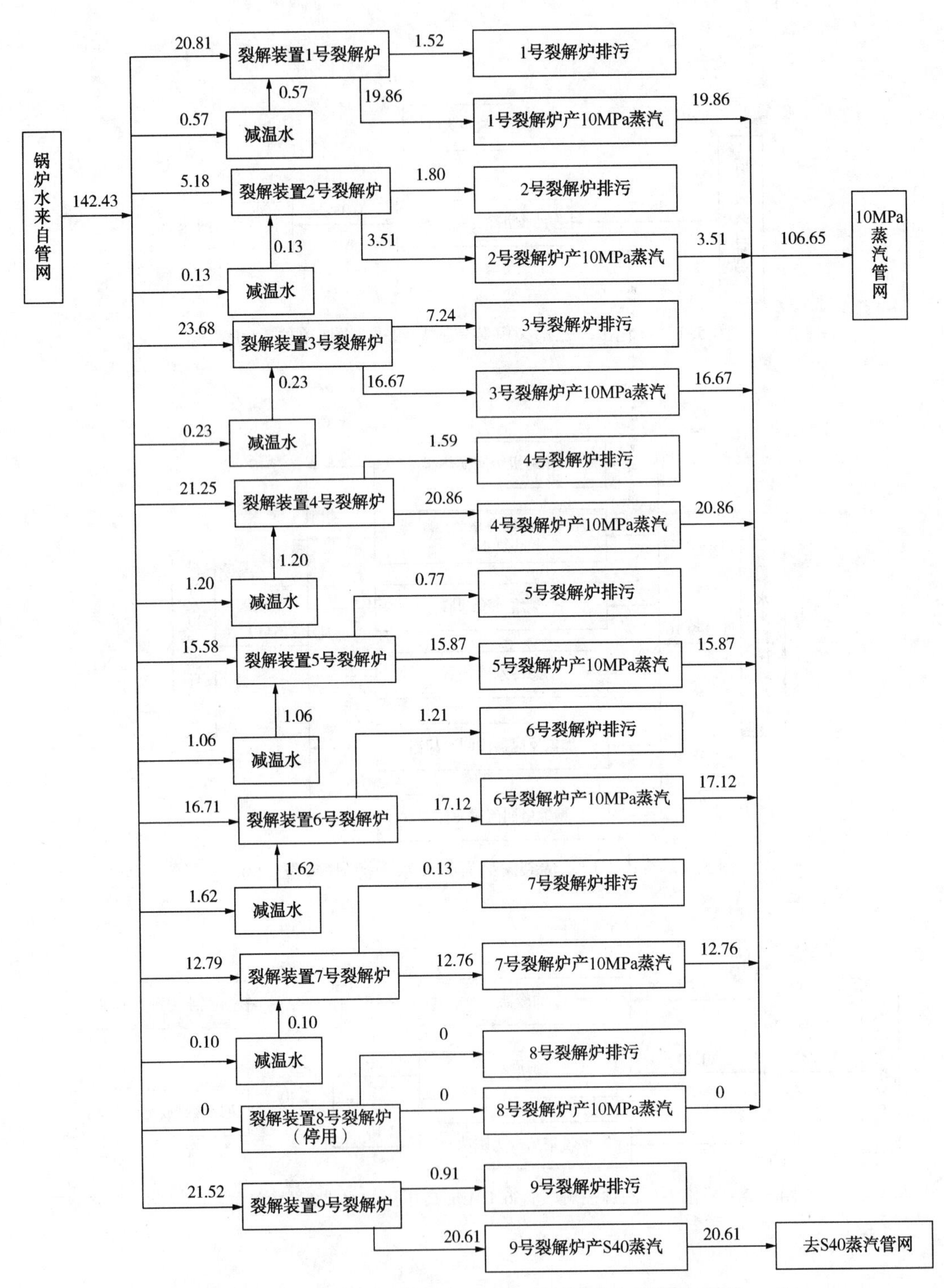

图 5.4　某化工厂乙烯裂解装置 12.0MPa 高压锅炉水平衡图(单位：t/h)

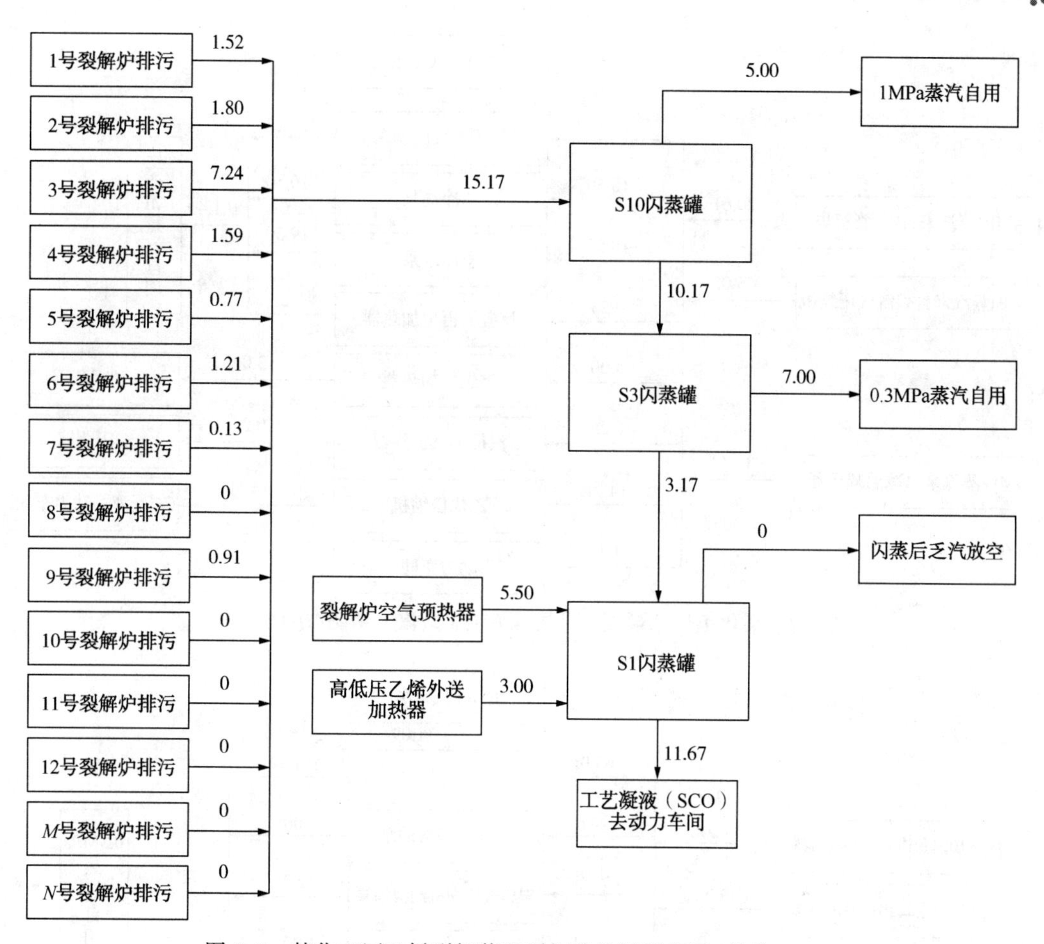

图 5. 5 某化工厂乙烯裂解装置裂解炉排污平衡图(单位：t/h)

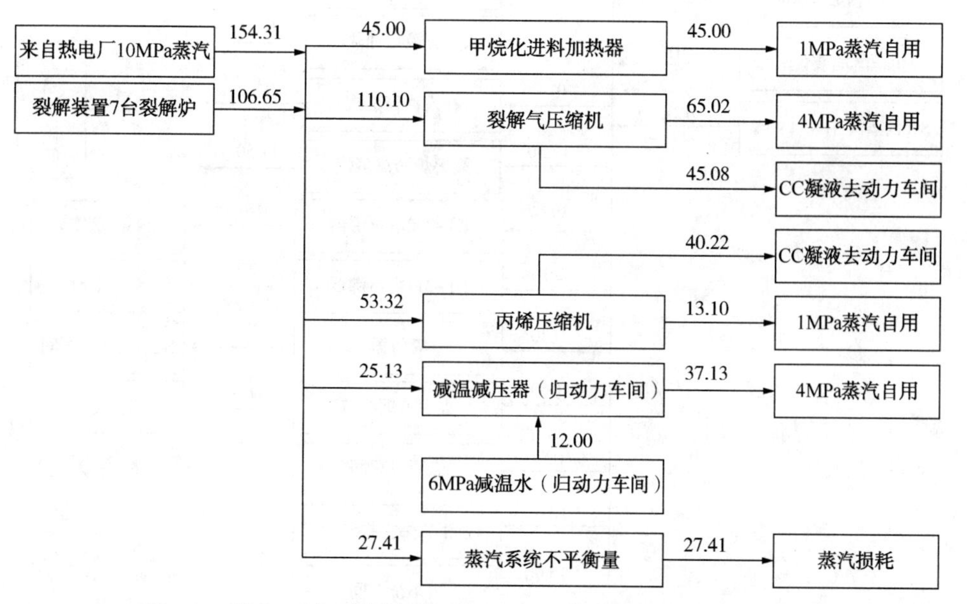

图 5. 6 某化工厂乙烯裂解装置 10. 0MPa 蒸汽平衡图(单位：t/h)

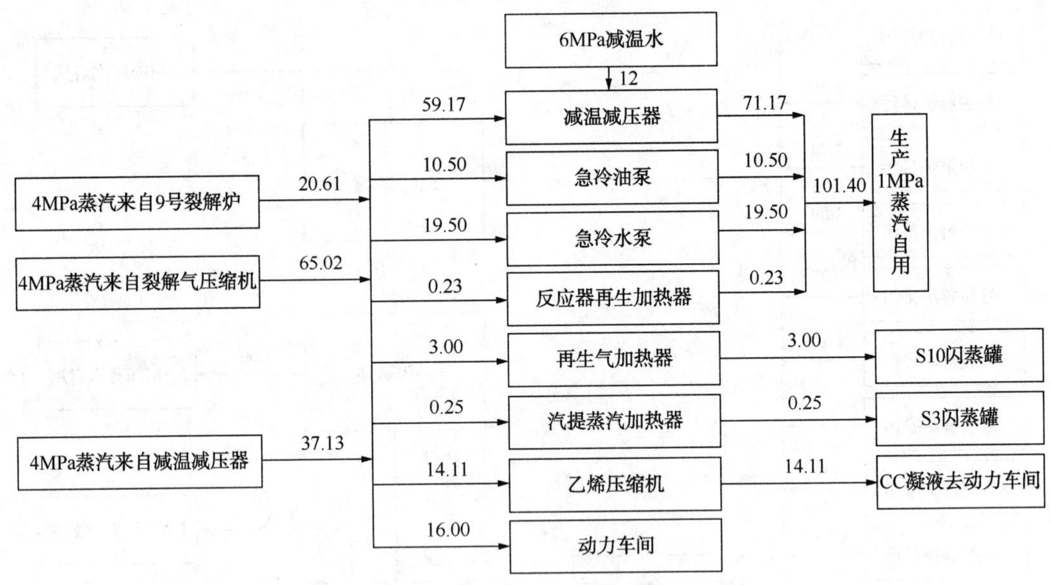

图 5.7　某化工厂乙烯裂解装置 4.0MPa 蒸汽平衡图(单位：t/h)

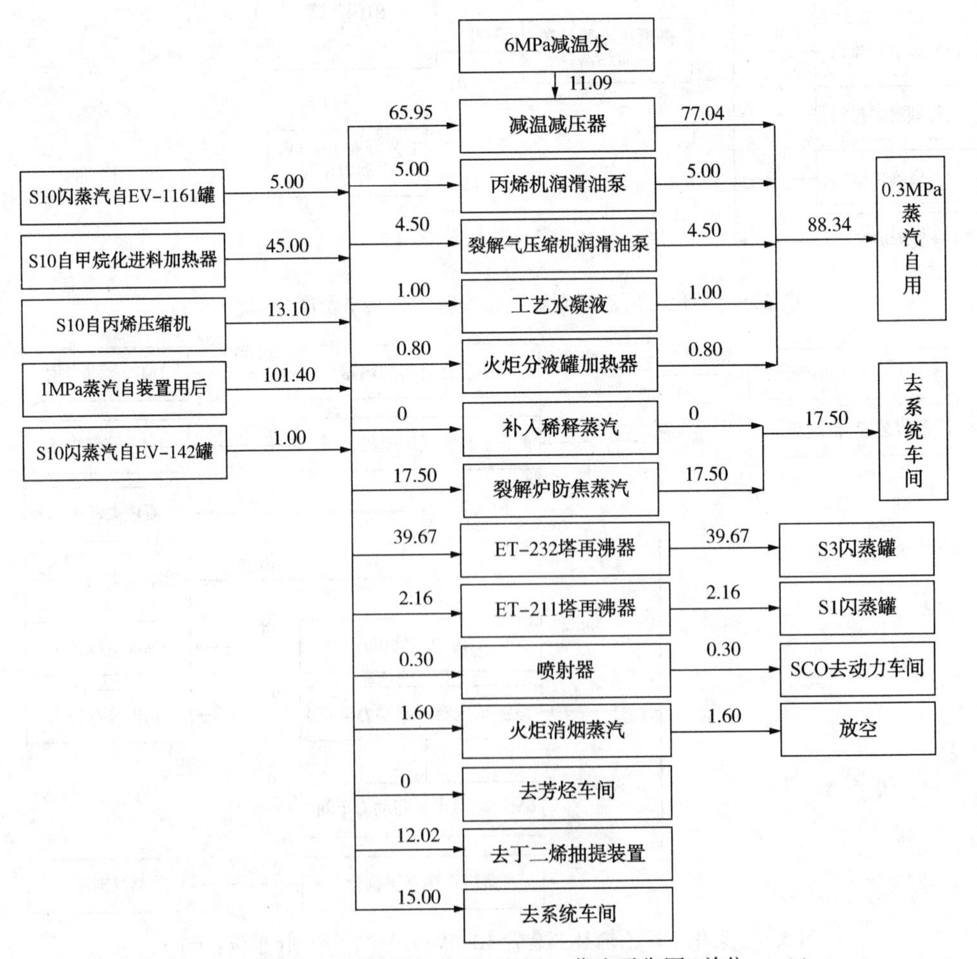

图 5.8　某化工厂乙烯裂解装置 1.0MPa 蒸汽平衡图(单位：t/h)

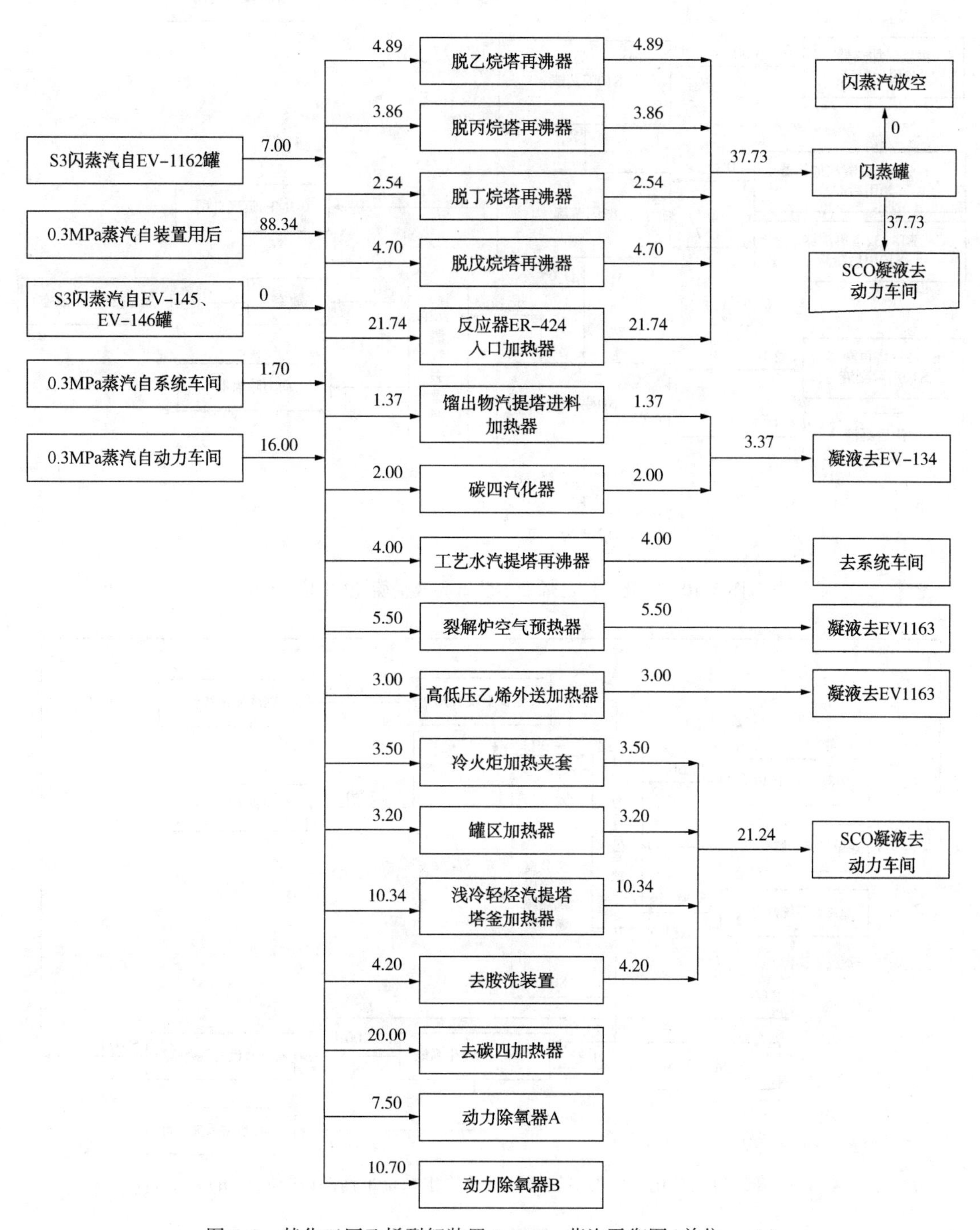

图 5.9 某化工厂乙烯裂解装置 0.3MPa 蒸汽平衡图(单位：t/h)

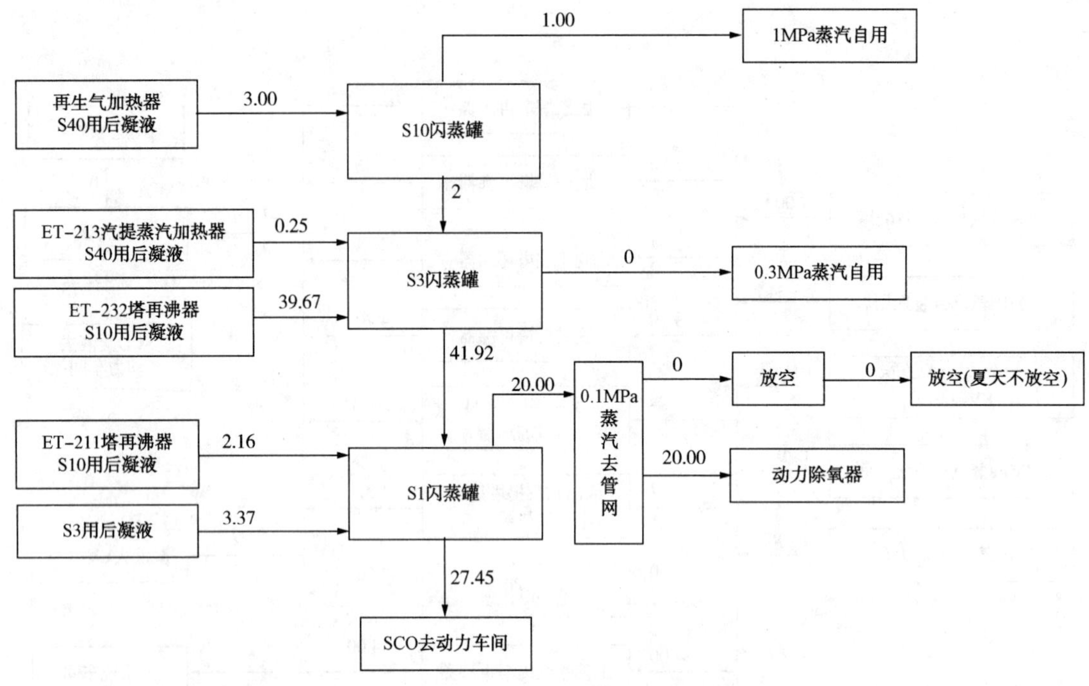

图 5.10　某化工厂乙烯裂解装置凝液平衡图(单位：t/h)

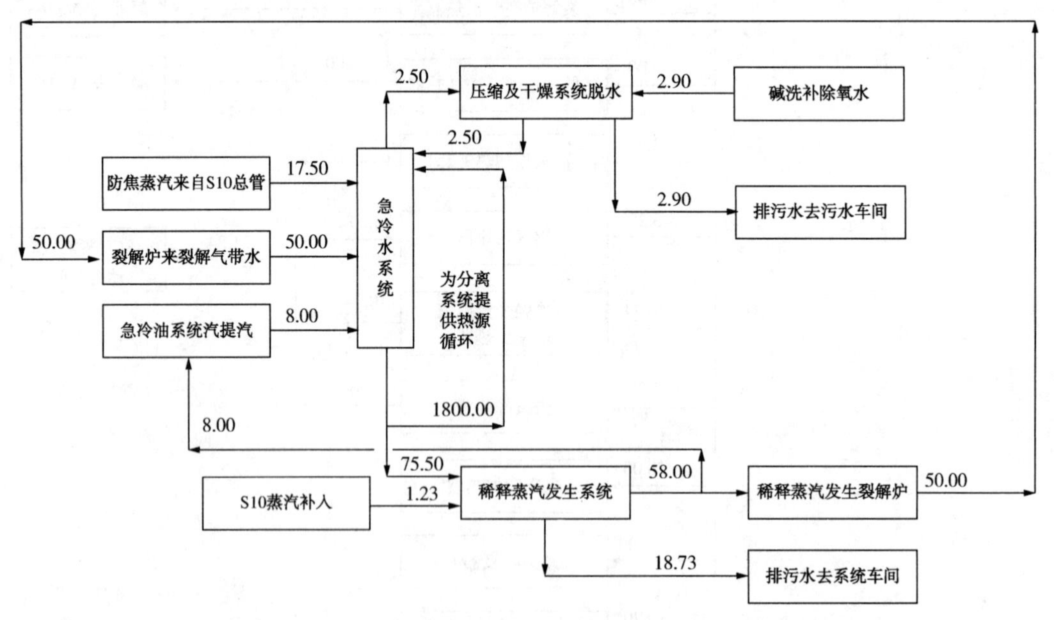

图 5.11　某化工厂乙烯裂解装置急冷水系统平衡图(单位：t/h)

5.2　聚乙烯装置

聚乙烯简称 PE，是乙烯经聚合制得的一种热塑性树脂。聚乙烯按密度分为高密度聚乙烯、低密度聚乙烯和线型低密度聚乙烯。

聚乙烯装置主要使用工业水、循环水、脱盐水、1.0MPa 蒸汽、4.0MPa 蒸汽。其中，工业水主要用于装置办公楼生活用水和厂房冲洗地面、清洗料仓；循环水主要用于换热器冷却、伴热；脱盐水主要用于反应器和高循换热器换热以及颗粒输送等；蒸汽主要用于罐体、水线、物料线伴热、采暖等。

5.2.1 造粒水箱补水

(1) 用途及原理：熔融聚乙烯经过高压、低压分离后送入造粒机，在水中切粒，切粒水冷却并带走料粒进入颗粒干燥器进行脱水干燥。

(2) 用水量及水源要求：一般使用除盐水对水箱进行补水。

(3) 给水的节水措施及问题：无。

(4) 排水及主要污染物：排水为含油污水，主要污染物为油类等。

(5) 排水的处理或回用措施：造粒水箱的排水主要在污水处理系统进行含油污水处理，处理为达标污水后，再经过深度处理装置处理回用于循环水补水或除盐水系统。

5.2.2 热水贮槽用水

(1) 用途及原理：聚合反应为放热反应，为了满足反应条件，反应器设计为带加热和冷却夹套的管式反应器。热水贮槽的热水用于取出反应器的反应热，热水贮槽的热水可用来预热反应气体，副产低压蒸汽，用于装置内水罐加热或阀门伴热等。

(2) 用水量及水源要求：一般使用除盐水对水箱进行补水。

(3) 给水的节水措施及问题：装置内伴热冷凝水可回收补入热水贮槽，尽可能利用系统的热源。

(4) 排水及主要污染物：排水为含油污水，主要污染物为油类等。

(5) 排水的处理或回用措施：热水贮槽的排水主要在污水处理系统进行含油污水处理，处理为达标污水后，再经过深度处理装置处理回用于循环水补水或除盐水系统。

5.2.3 造粒用汽

(1) 用途及原理：熔融聚合物经换网器将其中的杂质除去，水下切粒机将从模板出来的聚合物切成料粒。造粒模板、换网器及造粒筒体需使用蒸汽加热。

(2) 用水量及水源要求：用汽量根据热物料流量及焓值等进行计算，一般使用中压蒸汽(3.5MPa)进行加热。

(3) 给水的节水措施及问题：无。

(4) 排水及主要污染物：排水为高压工艺凝液，主要污染物为油类等。

(5) 排水的处理或回用措施：高压凝液可经闪蒸罐进行闪蒸，闪蒸低压蒸汽至管网，凝液经除油除铁后可回用至化学水制水等单元。

5.2.4 加热器用汽

(1) 用途及原理：回收精馏系统再沸器加热用，提高塔釜温度，使塔底液相重组分汽化，气相向上流动，与从回流罐下来的轻组分液相在塔板或填料层上进行多次部分汽化和部分冷凝，从而使混合物达到高纯度的分离。再沸器用汽为精馏塔的正常运行提供热量。

(2) 用水量及水源要求：用汽量和被加热的介质性质有关，根据介质需要的温度选择蒸汽品位，确定再沸器压力等级，水源是蒸汽系统提供的相应等级的蒸汽。

(3) 给水的节水措施及问题：尽可能利用系统的热源。

(4) 排水及主要污染物：排水为凝结水，污染物主要为油类。

(5) 排水的处理或回用措施：加热器排放凝液经除油除铁后回用至化学水制水等单元。

5.2.5 工艺冷却用水

(1) 用途及原理：反应夹套冷却水可取走反应热，控制反应温度，以确保产品质量。

(2) 用水量及水源要求：根据热侧物料的进出口温度、热容流率等确定循环冷却水的用量，所用循环冷却水由循环水场提供。

(3) 给水的节水措施及问题：充分利用系统中的低温热以及使用空冷器，使热侧物流进入循环冷却器的温度合理，即冷热侧物流换热温差合理，采用循环水夹点技术优化循环水的换热网络，以减少循环水的使用量。

(4) 排水及主要污染物：工艺冷却用水经过换热后返回循环水场，通过调节循环水场的补充水量、加药、排污等措施控制循环水的水质，其主要污染物是盐类和油。

(5) 排水的处理或回用措施：工艺冷却水经过换热后返回循环水场，在循环水场统一处理，循环水场的排污水经过适度处理后回用于循环水场补水。

5.2.6 设备冷却用水

(1) 用途及原理：设备冷却用水主要是循环冷却水，通过换热器交换热量或直接接触换热方式交换介质热量，并经冷却塔凉水后循环使用，以节约水资源。聚乙烯装置的机泵等设备在运行过程中需要冷却降温，以保持正常运转。

(2) 用水量及水源要求：设备冷却所需的冷却用水由循环水场提供。

(3) 给水节水措施及问题：采用循环水夹点技术优化循环水的换热网络，以减少循环水的使用量。

(4) 排水及主要污染物：设备冷却用水经过换热后返回循环水场，通过调节循环水场的补充水量、加药、排污等措施控制循环水的水质，其主要污染物是盐类和油。

(5) 排水的处理或回用措施：设备冷却水经过换热后返回循环水场，在循环水场统一处理，循环水场的排污水经过适度处理后回用于循环水场补水。

5.2.7 聚乙烯装置水平衡图

聚乙烯装置水平衡图如图 5.12 至图 5.14 所示。

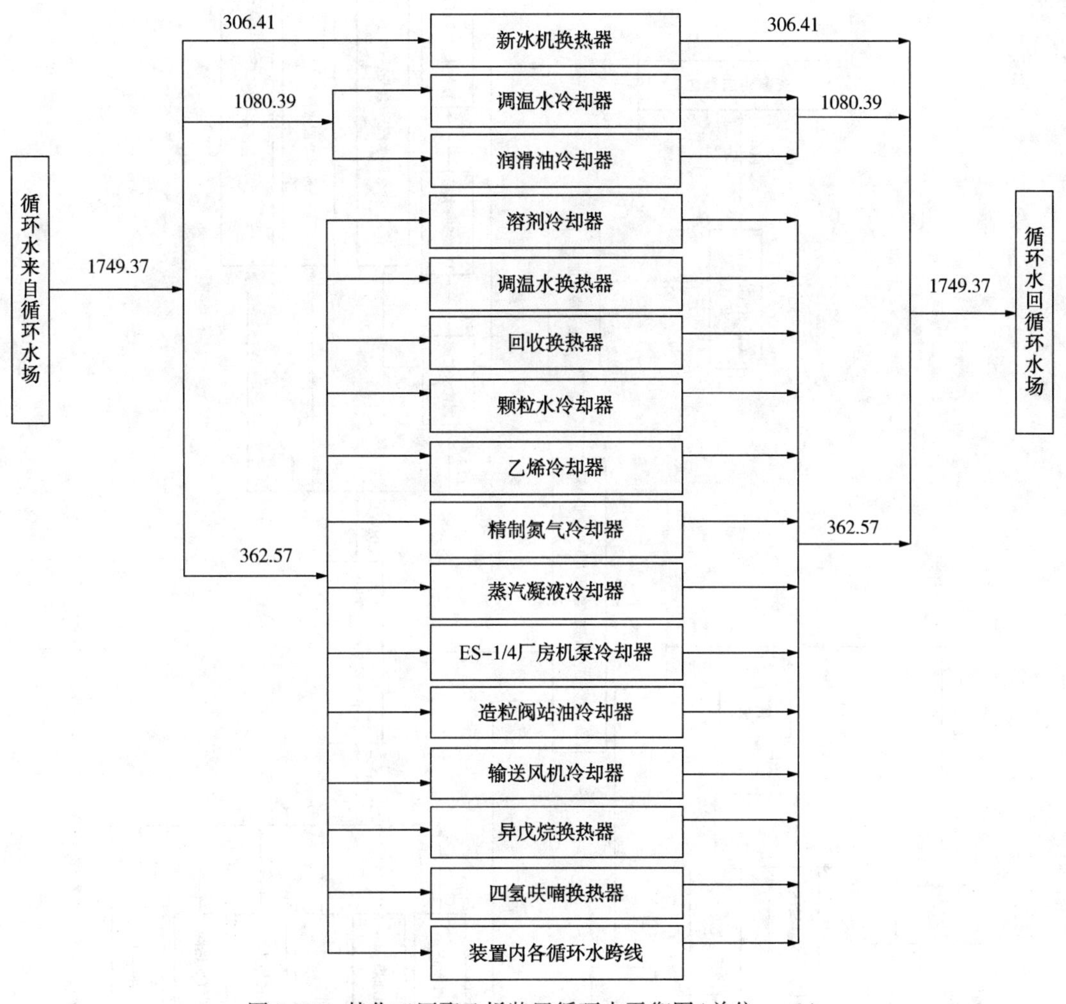

图 5.12　某化工厂聚乙烯装置循环水平衡图(单位：t/h)

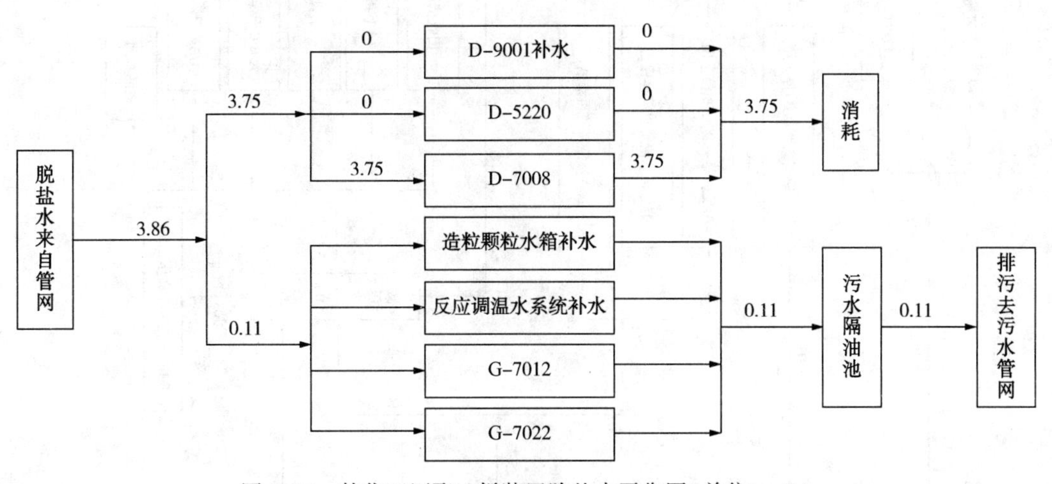

图 5.13　某化工厂聚乙烯装置除盐水平衡图(单位：t/h)

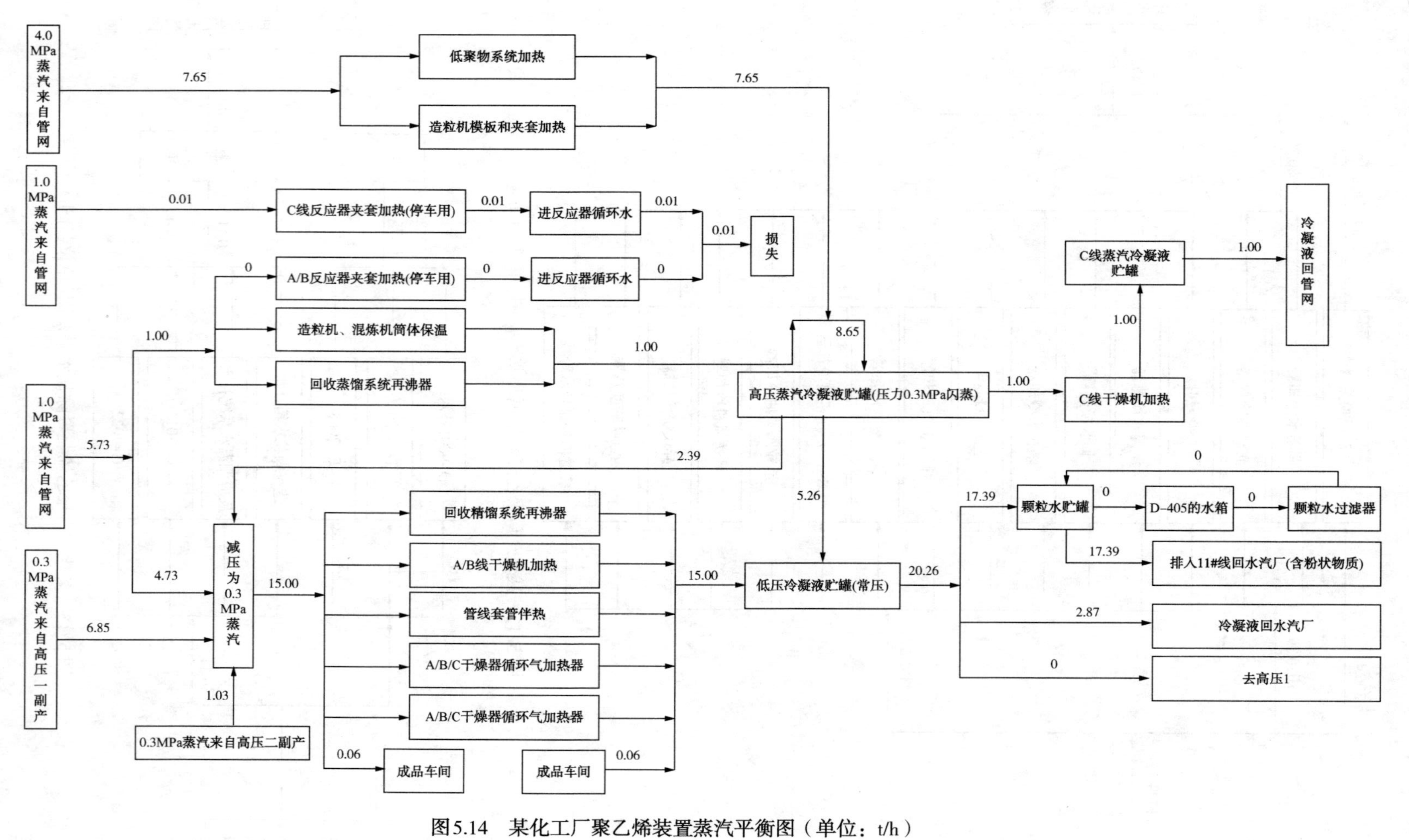

图5.14 某化工厂聚乙烯装置蒸汽平衡图（单位：t/h）

5.3 聚丙烯装置

聚丙烯简称PP，是丙烯经聚合制得的一种热塑性树脂。装置一般由原料精制、催化剂配制、聚合、干燥、挤压造粒和公用工程六部分组成。

聚丙烯装置主要使用工业水、循环水、脱盐水及蒸汽。其中，工业水主要用于洗涤塔补水及设备机封冲洗用水、车间生活用水；循环水主要用于各个设备换热；脱盐水主要用于凝液罐和切粒水槽补水；蒸汽主要用于伴热、换热、吹扫、采暖。

5.3.1 干燥器洗涤塔补水

(1) 用途及原理：干燥器洗涤塔的目的是脱除氮气中的水和聚合物细粉。氮气从洗涤塔底部进入，在塔内同冷水逆相接触，蒸汽从氮气中冷凝出来，氮气中的聚合物细粉被洗去。塔底洗涤水经冷却后循环使用，洗涤塔底部设有一根立管用来维持恒定的水位，并且它将工艺废水排到污水系统。

(2) 用水量及水源要求：水量根据热侧物流流量及焓值进行计算，一般使用工业水作为补水。

(3) 给水的节水措施及问题：洗涤塔补水尽量循环使用，以减少补水量。

(4) 排水及主要污染物：排水为含油污水，主要污染物为油类等。

(5) 排水的处理或回用措施：干燥器洗涤塔排水在污水处理系统进行含油污水处理，处理为达标污水后，再经过深度处理装置处理回用于循环水补水或除盐水系统。

5.3.2 造粒环管夹套补水、切粒水箱补水

(1) 用途及原理：反应器夹套冷却水用于调整反应温度，该冷却水可循环使用；切粒水箱水冷却颗粒后切粒。

(2) 用水量及水源要求：水量根据热侧物流流量及焓值进行计算，一般使用除盐水作为补水。

(3) 给水的节水措施及问题：冷却水尽量循环使用，减少补水量。

(4) 排水及主要污染物：排水为含油污水，主要污染物为油类等。

(5) 排水的处理或回用措施：含油污水进入污水处理场，进行隔油等生化处理后，可作为循环水场补水等。

5.3.3 造粒挤压机筒体用汽

(1) 用途及原理：水下切粒机将从模板出来的聚合物切成料粒，造粒筒体需使用蒸汽加热。

(2) 用水量及水源要求：用汽量根据热物料流量及焓值等进行计算，一般使用中压蒸汽(3.5MPa)进行加热。

(3) 给水的节水措施及问题：尽可能使用系统内热源，减少蒸汽消耗。

(4) 排水及主要污染物：排水为高压工艺凝液，主要污染物为油类等。

(5) 排水的处理或回用措施：高压凝液可经闪蒸罐进行闪蒸，闪蒸低压蒸汽至管网，凝液经除油除铁后回用至化学水制水等单元。

5.3.4 盘管、夹套、加热器用汽

（1）用途及原理：乙烯、丁烯、己烯、异戊烷等再沸器加热用，提高塔釜温度，使塔底液相重组分汽化，气相向上流动，与从回流罐下来的轻组分液相在塔板或填料层上进行多次部分汽化和部分冷凝，从而使混合物达到高纯度的分离。再沸器用汽为精馏塔的正常运行提供热量。

（2）用水量及水源要求：用汽量和被加热的介质性质有关，根据介质需要的温度选择蒸汽品位，确定再沸器压力等级，水源是蒸汽系统提供的相应等级的蒸汽。

（3）给水的节水措施及问题：尽可能利用系统的热源。

（4）排水及主要污染物：排水为凝结水，污染物主要为油类。

（5）排水的处理或回用措施：凝液经除油除铁后回用至化学水制水等单元。

5.3.5 工艺冷却用水

（1）用途及原理：反应夹套冷却水可取走反应热，控制反应温度，以确保产品质量。

（2）用水量及水源要求：根据热侧物料的进出口温度、热容流率等确定循环冷却水的用量，所用循环冷却水由循环水场提供。

（3）给水的节水措施及问题：充分利用系统中的低温热以及使用空冷器，使热侧物流进入循环冷却器的温度合理，即冷热侧物流换热温差合理，采用循环水夹点技术优化循环水的换热网络，以减少循环水的使用量。

（4）排水及主要污染物：工艺冷却用水经过换热后返回循环水场，通过调节循环水场的补充水量、加药、排污等措施控制循环水的水质，其主要污染物是盐类和油。

（5）排水的处理或回用措施：工艺冷却水经过换热后返回循环水场，在循环水场统一处理，循环水场的排污水经过适度处理后回用于循环水场补水。

5.3.6 聚丙烯装置水平衡图

聚丙烯装置水平衡图如图5.15至图5.18所示。

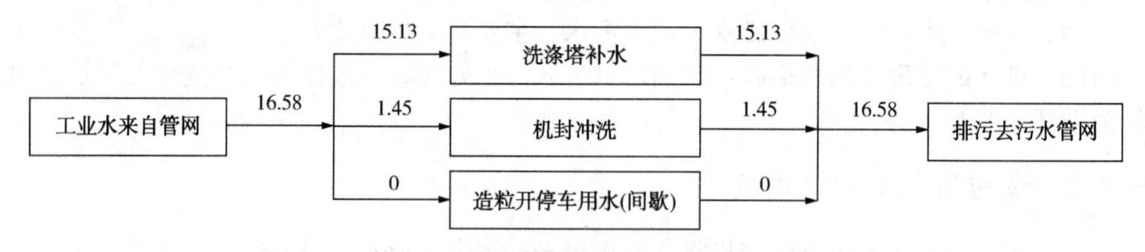

图5.15　某化工厂聚丙烯装置生产水平衡图(单位：t/h)

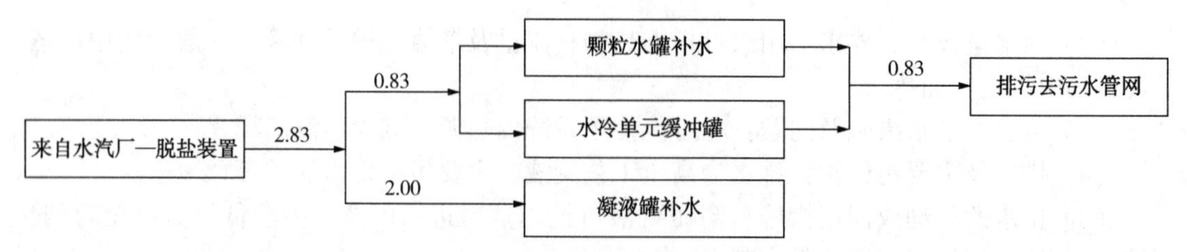

图5.16　某化工厂聚丙烯装置除盐水平衡图(单位：t/h)

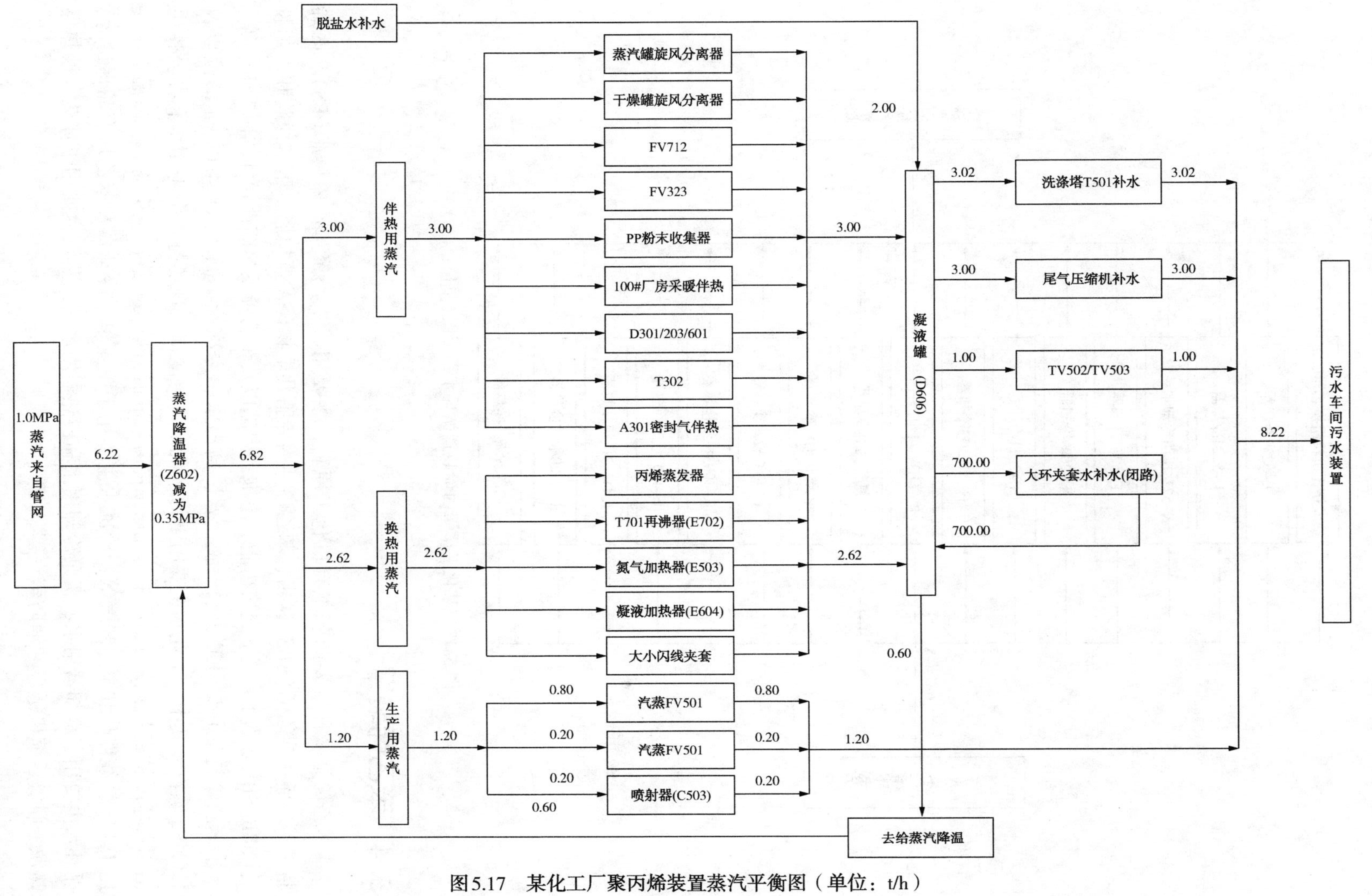

图5.17 某化工厂聚丙烯装置蒸汽平衡图（单位：t/h）

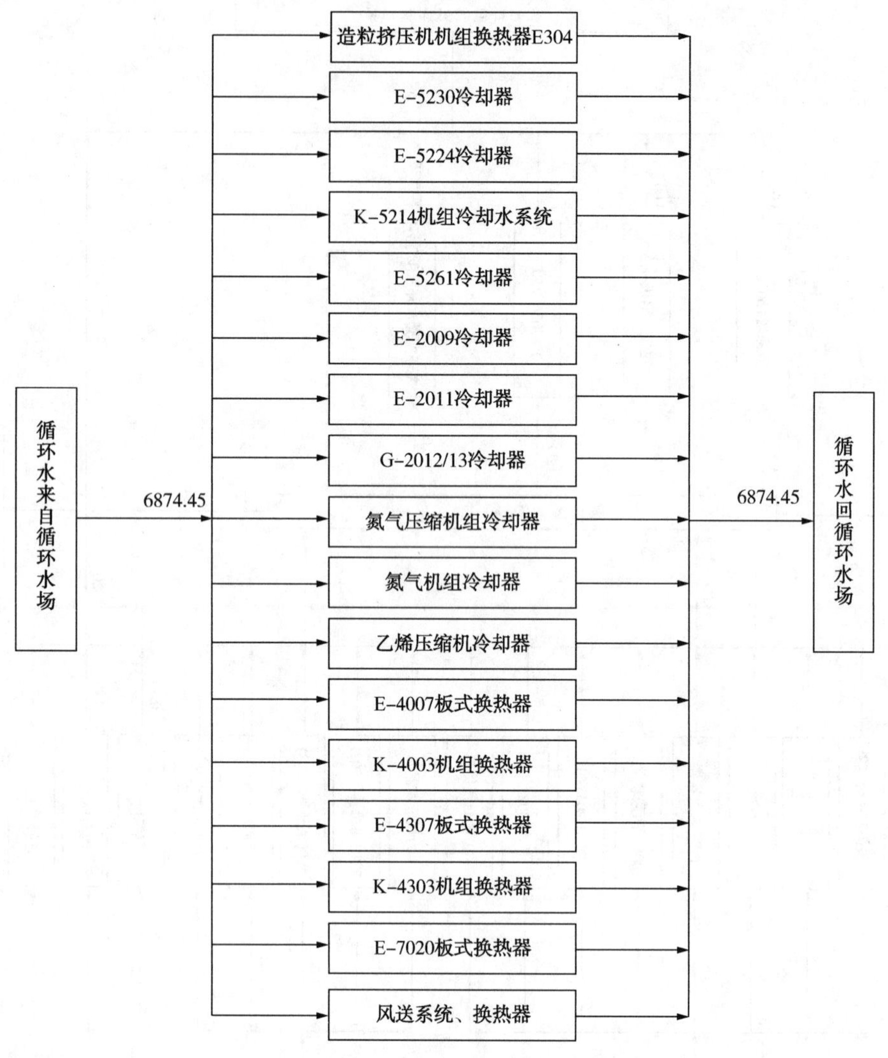

图 5.18　某化工厂聚丙烯装置循环水平衡图(单位：t/h)

5.4　苯乙烯装置

苯乙烯是一种重要的基本有机化工原料，主要用于生产聚苯乙烯树脂(PS)、丙烯腈—丁二烯—苯乙烯(ABS)树脂、苯乙烯—丙烯腈共聚物(SAN)树脂、丁苯橡胶和丁苯胶乳(SBR/SBR 胶乳)、离子交换树脂、不饱和聚酯以及苯乙烯系热塑性弹性体(如 SBS)等。

苯乙烯装置主要用工业水、脱盐水、高温水、冷冻水、循环水、4.0MPa 蒸汽以及 1.0MPa 蒸汽。其中，工业水主要用于污水机泵机封冷却、现场打扫卫生用水和办公楼生活用水等；脱盐水主要用于乙苯单元塔顶冷凝器和脱氢单元的蒸汽发生器等；高温水主要用于工艺管线伴热和泵房暖气等；冷冻水主要用于脱氢单元冷却器和苯乙烯产品保冷等；循环水主要用于冷却器用水、机泵冷却用水和换热器用水等；蒸汽主要用于伴热、换热器热源、脱氢压缩机透平和消防蒸汽等。

5.4.1 蒸汽发生器用水

(1) 用途及原理：利用装置废热或采用燃料加热等，水从底部进入蒸发器，水在自然对流下加热，在受热面上产生蒸汽。

(2) 用水量及水源要求：可根据锅炉额定蒸发量及排污量计算蒸汽发生器给水量，一般水源使用除氧水。

(3) 给水的节水措施及问题：一般部分厂区蒸汽发生器操作不当，排污率不低于2%，可对其操作优化，减少排污。

(4) 排水及主要污染物：蒸汽发生器排水水质中污染物浓度相对较低，又称清净下水，可直接排放和回用于对水质要求不高的地方。

(5)排水的处理或回用措施：蒸汽发生器排水回用于循环水场补水、化学水站原水或排向污水处理场。

5.4.2 脱氢反应稀释用汽

(1) 用途及原理：乙苯脱氢制苯乙烯反应在高温低压条件下有利于反应产物的生成，加热水蒸气作为稀释剂，不仅供给脱氢反应所需部分热量，还可使反应产物尤其是氢气的流速加快，迅速脱离催化剂表面，有利于反应向生成物方向进行，同时，水蒸气可抑制并消除催化剂表面上的积焦，保证催化剂的活性。

(2) 用水量及水源要求：在工业生产中，乙苯与水蒸气之比（质量比）一般为1∶(1.2~2.6)。一般采用中低压蒸汽作为稀释蒸汽。

(3) 给水的节水措施及问题：乙苯转化率随着水蒸气用量加大而提高。当水蒸气用量增加到一定程度时，再增加水蒸气用量，乙苯转化率提高不显著。

(4) 排水及主要污染物：排水为工艺凝液，主要污染物为油类等。

(5) 排水的处理或回用措施：工艺凝液经除油除铁后可回用于化学水制水等单元。

5.4.3 再沸器用汽

(1) 用途及原理：蒸汽用于提高塔釜温度，使塔底液相重组分汽化，气相向上流动，与从回流罐下来的轻组分液相在塔板或填料层上进行多次部分汽化和部分冷凝，从而使混合物达到高纯度的分离。再沸器用汽为精馏塔的正常运行提供热量。

(2) 用水量及水源要求：用汽量和被加热的介质性质有关，根据介质需要的温度选择蒸汽品位，确定再沸器压力等级，水源是蒸汽系统提供的相应等级的蒸汽。

(3) 给水的节水措施及问题：尽可能利用系统的热源。

(4) 排水及主要污染物：排水为凝结水，污染物主要为油类。

(5) 排水的处理或回用措施：凝液经除油除铁后可回用至化学水制水等单元。

5.4.4 尾气压缩机汽轮机用汽

(1) 用途及原理：蒸汽通过汽轮机的喷嘴膨胀，膨胀时蒸汽的压力降低，流速增加，蒸汽热能转化为动能。同时以很高的流动速度射到叶片上，推动叶轮转动，即动能转化为机械能，再带动压缩机转子做功，将蒸汽的热能转化为压缩机工作的机械功。

（2）用水量及水源要求：蒸汽用量可根据汽轮机的设计效率及其功率，结合蒸汽焓值利用情况和蒸汽泄漏等计算确定。用水一般为相应等级蒸汽。

（3）给水的节水措施及问题：合理选择压缩机流量和出口压力，减少反飞动量，减少系统压降提高气压计入口压力，减少压缩机轴功率，减少蒸汽耗量。

（4）排水及主要污染物：排水是低压蒸汽。

（5）排水的处理或回用措施：低压蒸汽进入厂区低压管网供厂区其他装置使用。

5.4.5 汽提用汽

（1）用途及原理：沉降汽提塔的作用是将工艺凝液利用低压蒸汽进行汽提以分离其中的有机物，排放气解吸塔的作用是将排放气吸收塔的富油使用低压蒸汽汽提，回收被吸收的芳烃。

（2）用水量及水源要求：一般塔底汽提蒸汽的用量是进料量的2%~4%，如果作为重沸蒸汽的用量一般是1%~2%，如果是侧线气提，比如柴油气提塔一般是2%~3.5%，一般采用350℃的过热蒸汽，压力大多0.4~0.5MPa。蒸汽源是由产汽系统提供的低压蒸汽。

（3）给水节水措施及问题：尽可能使用系统内热源，减少蒸汽消耗。

（4）排水及主要污染物：汽提用汽排水为清净污水，污染物较少。

（5）排水的处理或回用措施：汽提用汽排水作为清净污水进入清净污水处理系统，经适度处理后，再经过深度处理装置处理回用于循环水补水或除盐水系统。

5.4.6 工艺冷却用水

（1）用途及原理：工艺冷却用水主要是循环冷却水，通过换热器交换热量或直接接触换热方式交换介质热量，并经冷却塔凉水后循环使用，以节约水资源。苯乙烯装置工艺冷却水主要用于采样器冷却、产品冷凝等。

（2）用水量及水源要求：根据热侧物料的进出口温度、热容流率等确定循环冷却水的用量，所用循环冷却水由循环水场提供。

（3）给水的节水措施及问题：充分利用系统中的低温热以及使用空冷器，使热侧物流进入循环冷却器的温度合理，即冷热侧物流换热温差合理，采用循环水夹点技术优化循环水的换热网络，以减少循环水的使用量。

（4）排水及主要污染物：工艺冷却用水经过换热后返回循环水场，通过调节循环水场的补充水量、加药、排污等措施控制循环水的水质，其主要污染物是盐类和油。

（5）排水的处理或回用措施：工艺冷却水经过换热后返回循环水场，在循环水场统一处理，循环水场的排污水经过适度处理后回用于循环水场的补水。

5.4.7 设备冷却用水

（1）用途及原理：设备冷却用水主要是循环冷却水，通过换热器交换热量或直接接触换热方式交换介质热量，并经冷却塔凉水后循环使用，以节约水资源。苯乙烯装置的机泵等设备在运行过程中需要冷却降温，以保持正常运转。

(2) 用水量及水源要求：设备冷却所需的冷却用水由循环水场提供。

(3) 给水节水措施及问题：采用循环水夹点技术优化循环水的换热网络，以减少循环水的使用量。

(4) 排水及主要污染物：设备冷却用水经过换热后返回循环水场，通过调节循环水场的补充水量、加药、排污等措施控制循环水的水质，其主要污染物是盐类和油。

(5) 排水的处理或回用措施：设备冷却水经过换热后返回循环水场，在循环水场统一处理，循环水场的排污水经过适度处理后回用于循环水场的补水。

5.4.8 苯乙烯装置水平衡图

苯乙烯装置水平衡图如图 5.19 至图 5.25 所示。

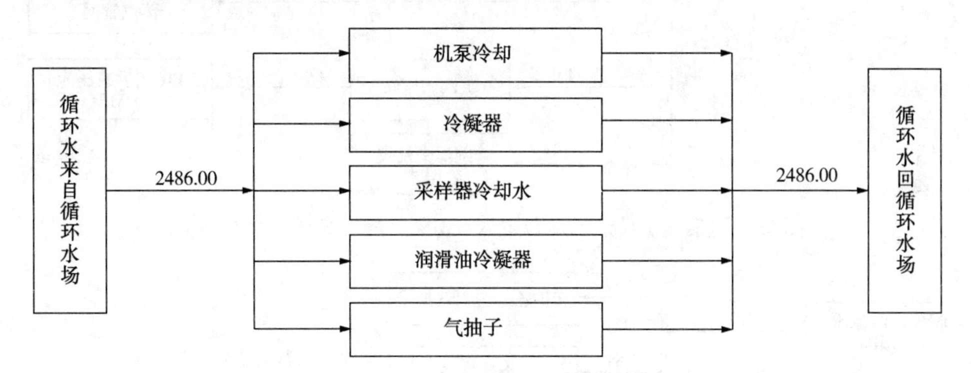

图 5.19 某化工厂苯乙烯装置循环水平衡图(单位：t/h)

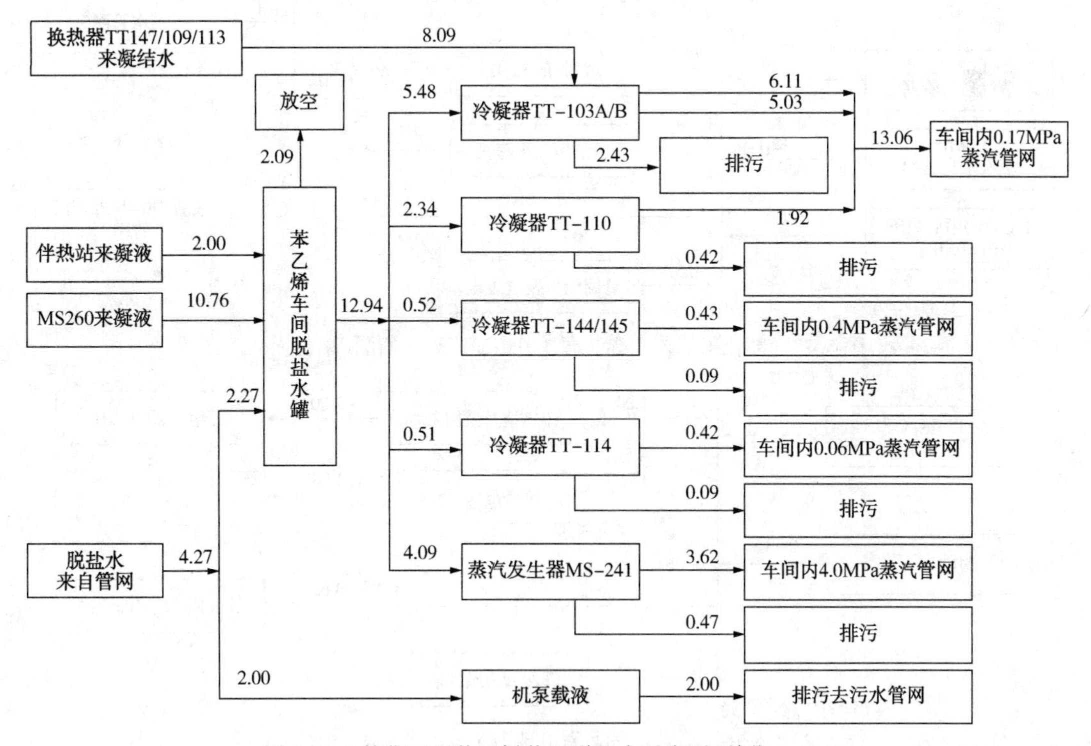

图 5.20 某化工厂苯乙烯装置脱盐水平衡图(单位：t/h)

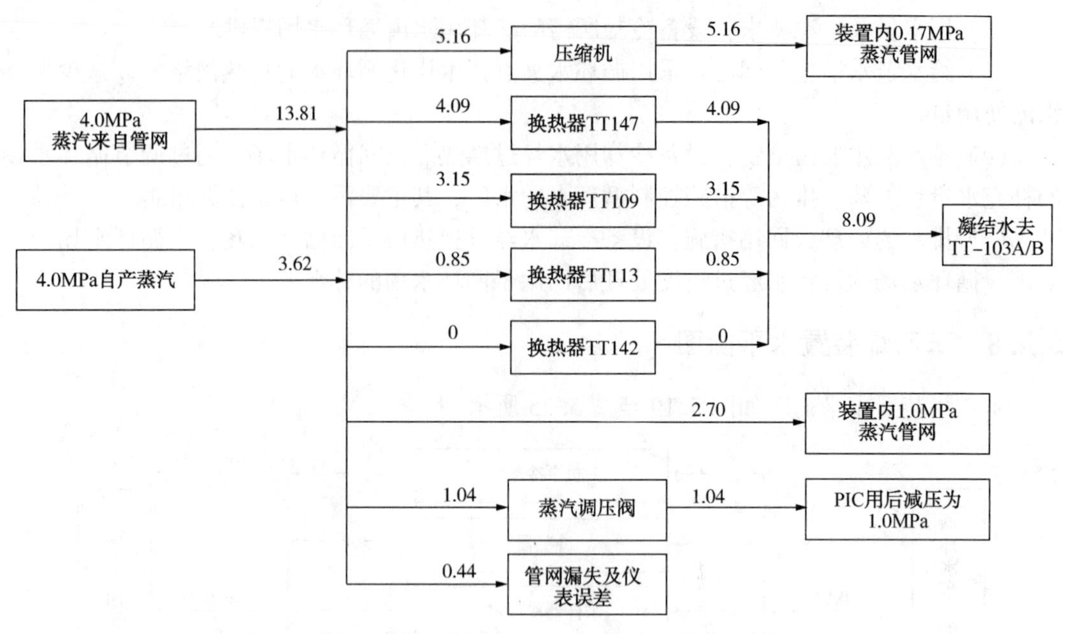

图 5.21　某化工厂苯乙烯装置 4.0MPa 蒸汽平衡图(单位：t/h)

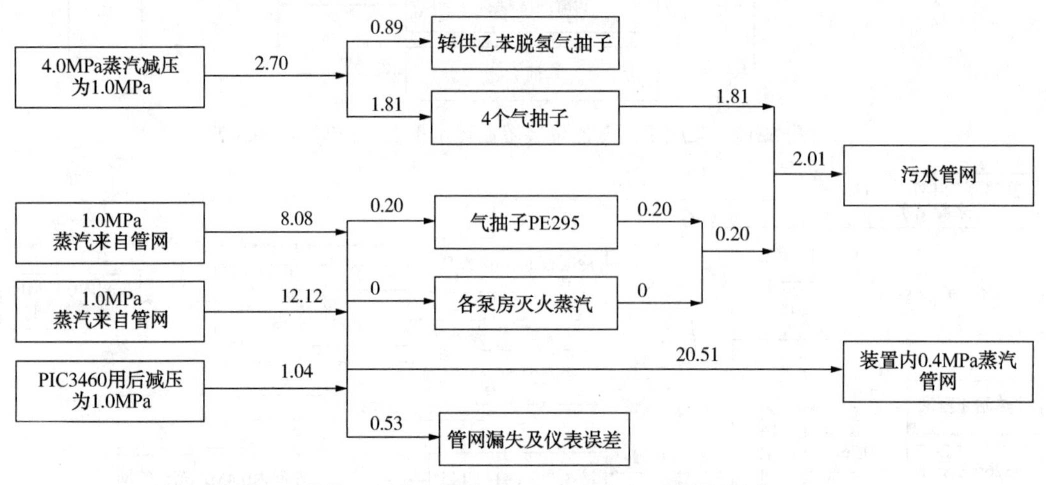

图 5.22　某化工厂苯乙烯装置 1.0MPa 蒸汽平衡图(单位：t/h)

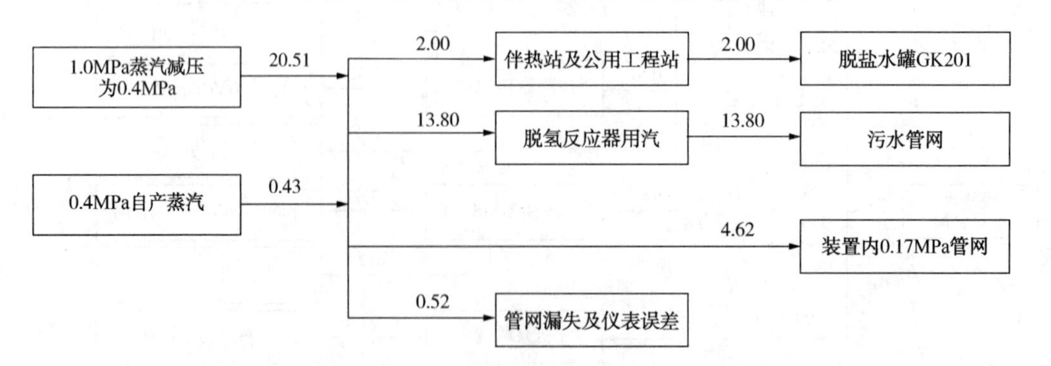

图 5.23　某化工厂苯乙烯装置 0.4MPa 蒸汽平衡图(单位：t/h)

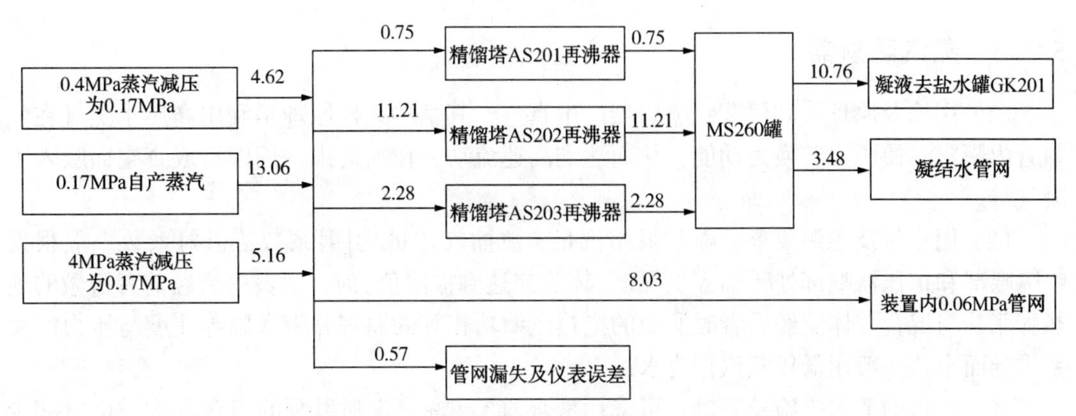

图 5.24 某化工厂苯乙烯装置 0.17MPa 蒸汽平衡图(单位：t/h)

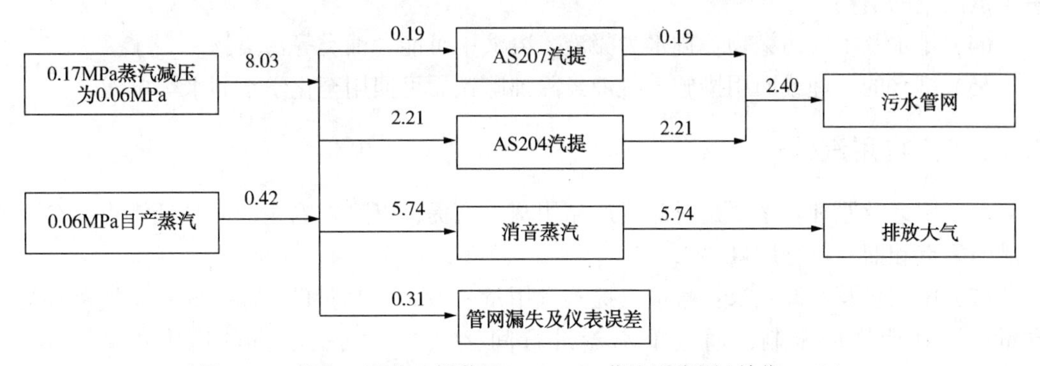

图 5.25 某化工厂苯乙烯装置 0.06MPa 蒸汽平衡图(单位：t/h)

5.5 丁二烯装置

丁二烯是一种重要的石油化工基础有机原料和合成橡胶单体。工业生产方法有酒精接触分解、丁烯或丁烷氧化脱氢和蒸汽裂解制乙烯联产碳四抽提分离等。

丁二烯装置主要用工业水、脱盐水、循环水以及蒸汽。其中，工业水主要用作现场打扫卫生用水和办公楼生活用水等；脱盐水主要用作丁二烯水洗塔用水等；循环水主要用作冷却器用水、机泵冷却用水和换热器用水等；蒸汽主要用作再沸器、蒸汽喷射器以及汽提用汽等。

5.5.1 再沸器用汽

(1) 用途及原理：蒸汽用于提高塔釜温度，使塔底液相重组分汽化，气相向上流动，与从回流罐下来的轻组分液相在塔板或填料层上进行多次部分汽化和部分冷凝，从而使混合物达到高纯度的分离。再沸器用汽为精馏塔的正常运行提供热量。

(2) 用水量及水源要求：用汽量与被加热的介质性质有关，根据介质需要的温度选择蒸汽品位，确定再沸器压力等级，水源是蒸汽系统提供的相应等级的蒸汽。

(3) 给水的节水措施及问题：尽可能利用系统的热源。

(4) 排水及主要污染物：排水为凝结水，污染物主要为油类。

(5) 排水的处理或回用措施：凝液经除油除铁后可回用至化学水制水等单元。

5.5.2 蒸汽喷射器

(1) 用途及原理：利用蒸汽喷射器产生真空，其基本工作原理是利用高压水蒸气在喷射管内膨胀，使压力转换为动能，从而达到高速流动，在喷射出口周围造成真空而吸入不凝气等。

(2) 用水量及水源要求：喷射泵用汽量=被抽气体量/引射系数，引射系数一般根据喷嘴喉部和扩压器喉部处于临界工况(气体流速达到极限值)时，水蒸气流经前者所做的绝热膨胀功与混合气体流经后者时所做的绝热压缩功相等的原理并带入临界速度与压力的关系推导而来。一般用低压蒸汽作为水源。

(3) 给水的节水措施及问题：可采用液环真空泵+蒸汽喷射泵的组合方式，可以减少一定蒸汽量的消耗。

(4) 排水及主要污染物：排水为凝液，凝液中可能含油类等污染物。

(5) 排水的处理或回用措施：凝液经除油除铁后可回用至化学水制水等单元。

5.5.3 汽提用汽

(1) 用途及原理：主要是对侧线产品用蒸汽汽提，以除去侧线产品中低沸点组分，使产品的闪点和馏程符合质量要求。

(2) 用汽量及水源要求：直接汽提蒸汽用量一般为产品量的2%~4%，喷气燃料的水含量有极其严格的限制，通过重沸器进行间接汽提。汽提蒸汽的压力一般为0.3~0.4MPa。

(3) 给水的节水措施及问题：通过调整蒸馏塔的操作条件优化汽提蒸汽用量。

(4) 排水及主要污染物：废水汽提塔排废水，主要污染物为生物需氧量(BOD)、化学需氧量(COD)、*N*-甲基吡咯烷酮(NMP)等。

(5) 排水的处理或回用措施：废水排放至含油污水预处理，处理为达标污水后，再经过深度处理装置处理回用于循环水补水或除盐水系统。

5.5.4 工艺冷却用水

(1) 用途及原理：工艺冷却用水主要是循环冷却水，通过换热器交换热量或直接接触换热方式交换介质热量，并经冷却塔凉水后循环使用，以节约水资源。丁二烯装置工艺冷却水主要用于精馏塔塔顶冷凝、产品冷却等。

(2) 用水量及水源要求：根据热侧物料的进出口温度、热容流率等确定循环冷却水的用量，所用循环冷却水由循环水场提供。

(3) 给水的节水措施及问题：充分利用系统中的低温热以及使用空冷器，使热侧物流进入循环冷却器的温度合理，即冷热侧物流换热温差合理，采用循环水夹点技术优化循环水的换热网络，以减少循环水的使用量。

(4) 排水及主要污染物：工艺冷却用水经过换热后返回循环水场，通过调节循环水场的补充水量、加药、排污等措施控制循环水的水质，其主要污染物是盐类和油。

(5) 排水的处理或回用措施：工艺冷却水经过换热后返回循环水场，在循环水场统一处理，循环水场的排污水经过适度处理后回用于循环水场的补水。

5.5.5 设备冷却用水

（1）用途及原理：设备冷却用水主要是循环冷却水，通过换热器交换热量或直接接触换热方式交换介质热量，并经冷却塔凉水后循环使用，以节约水资源。丁二烯装置的机泵等设备在运行过程中需要冷却降温，以保持正常运转。

（2）用水量及水源要求：设备冷却所需的冷却用水由循环水场提供。

（3）给水节水措施及问题：采用循环水夹点技术优化循环水的换热网络，以减少循环水的使用量。

（4）排水及主要污染物：设备冷却用水经过换热后返回循环水场，通过调节循环水场的补充水量、加药、排污等措施控制循环水的水质，其主要污染物是盐类和油。

（5）排水的处理或回用措施：设备冷却水经过换热后返回循环水场，在循环水场统一处理，循环水场的排污水经过适度处理后回用于循环水场的补水。

5.5.6 丁二烯装置水平衡图

丁二烯装置水平衡图如图5.26至图5.28所示。

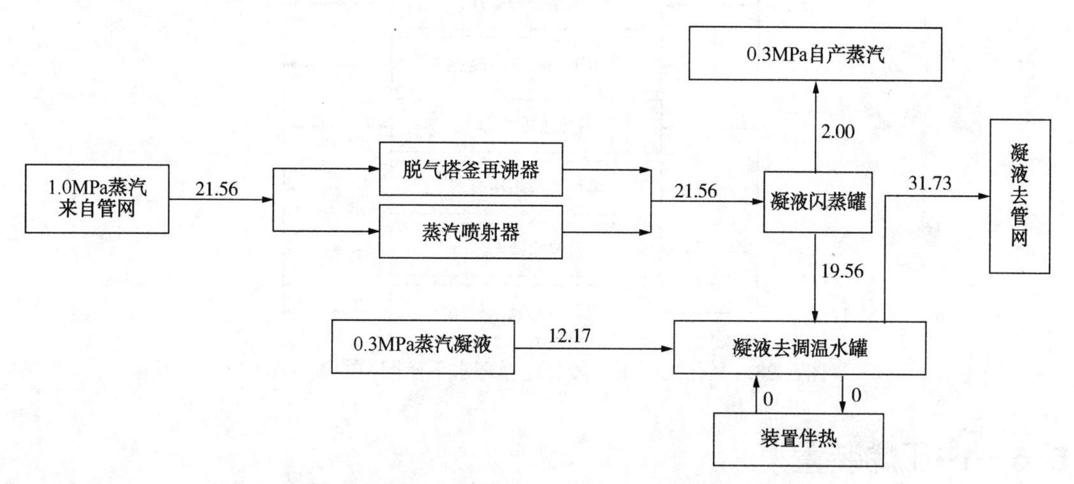

图5.26 某化工厂丁二烯装置1.0MPa蒸汽平衡图(单位：t/h)

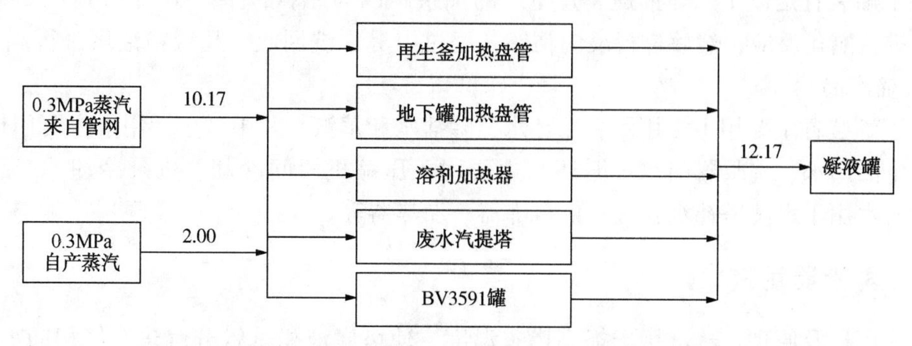

图5.27 某化工厂丁二烯装置0.3MPa蒸汽平衡图(单位：t/h)

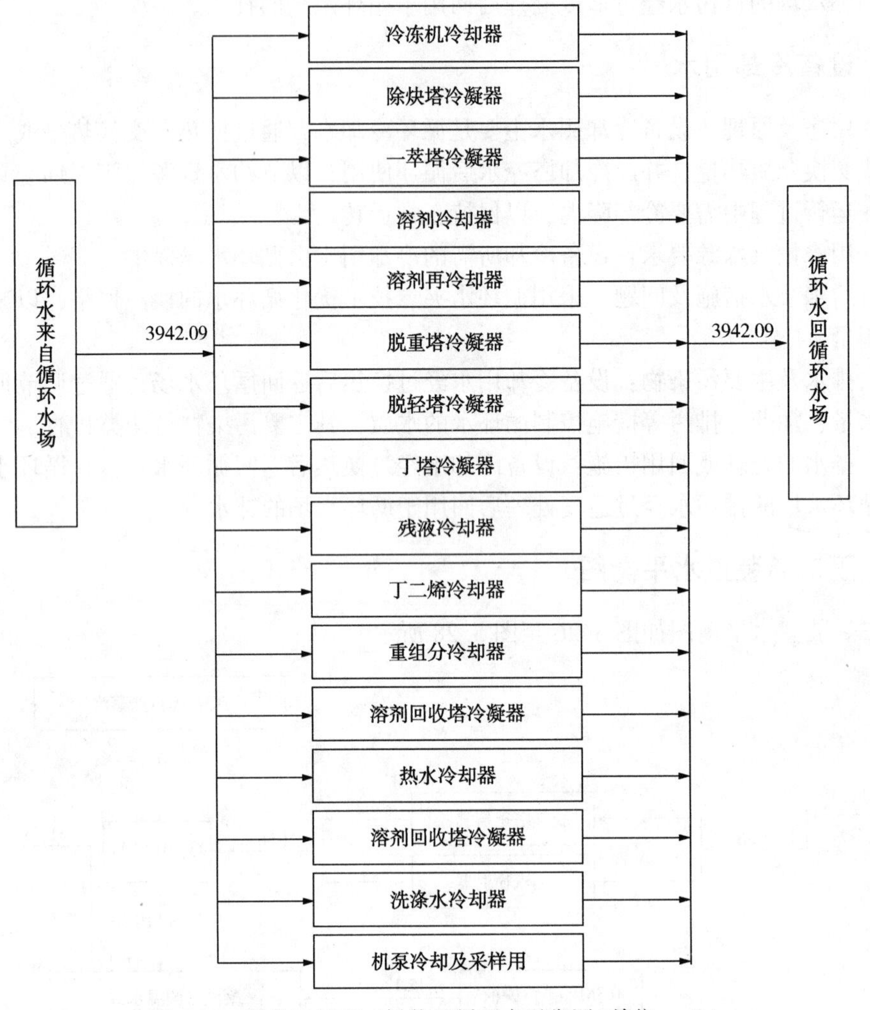

图 5.28　某化工厂丁二烯装置循环水平衡图(单位：t/h)

5.6　1-丁烯装置

1-丁烯装置是以丁二烯抽提装置生产的抽余碳四为原料，生产 1-丁烯产品。原料在反应器进行醚化反应，然后进行反应精馏，经过甲醇水洗回收、超级精馏后，得到 MTBE 和 1-丁烯产品。

1-丁烯装置主要用生活用水、循环水、除盐水和蒸汽。其中，生活用水主要用作车间办公楼生活用水、洗眼器用水；循环水主要用于压缩机段间冷却、机泵冷却、产品冷却等；除盐水用于水洗塔补水；蒸汽供再沸器、加热器等。

5.6.1　再沸器用汽

(1) 用途及原理：蒸汽用于提高塔釜温度，使塔底液相重组分汽化，气相向上流动，与从回流罐下来的轻组分液相在塔板或填料层上进行多次部分汽化和部分冷凝，从而使混合物达到高纯度的分离。再沸器用汽为甲醇回收塔、轻组分塔、脱重组分塔、MTBE 精馏塔等精馏塔的正常运行提供热量。

（2）用水量及水源要求：用汽量与被加热的介质性质有关，根据介质需要的温度选择蒸汽品位，确定再沸器压力等级，水源是蒸汽系统提供的相应等级的蒸汽。

（3）给水的节水措施及问题：尽可能利用系统的热源。

（4）排水及主要污染物：排水为凝结水，污染物主要为油类。

（5）排水的处理或回用措施：凝液经除油除铁后可回用至化学水制水等单元。

5.6.2 加热器用汽

（1）用途及原理：预热物料，以使物料达到要求温度。

（2）用水量及水源要求：用汽量与被加热的介质性质有关，根据介质需要的温度选择蒸汽品位，水源是蒸汽系统提供的相应等级的蒸汽。

（3）给水的节水措施及问题：尽可能利用系统的热源。

（4）排水及主要污染物：排水为凝结水，污染物主要为油类。

（5）排水的处理或回用措施：凝液经除油除铁后可回用至化学水制水等单元。

5.6.3 水洗塔补水

（1）用途及原理：MTBE 精馏塔塔顶物料进入甲醇水洗塔底部，水作为萃取剂从顶部进入水洗塔，将碳四组分中的甲醇脱除，水洗塔底部含甲醇水进入甲醇回收塔，对甲醇及水进行回收循环利用。主要利用碳四组分及甲醇在水中溶解度不同进行萃取。在操作中要控制好萃取水量，确保甲醇水洗塔顶物料中的甲醇含量合格。

（2）用水量及水源要求：萃取水量应根据水洗塔顶部甲醇含量进行调节，一般使用除盐水即可。

（3）给水的节水措施及问题：对水洗塔底部的含甲醇水进行回收，循环利用。

（4）排水及主要污染物：排水一般为含油污水，主要污染物为油类等。

（5）排水的处理或回用措施：含油污水经污水处理场隔油等处理后，可回用于循环水场或化学水制水单元。

5.6.4 工艺冷却用水

（1）用途及原理：工艺冷却用水主要是循环冷却水，通过换热器交换热量或直接接触换热方式交换介质热量，并经冷却塔凉水后循环使用，以节约水资源。1-丁烯装置工艺冷却水主要用于精馏塔塔顶冷凝、产品冷却等。

（2）用水量及水源要求：根据热侧物料的进出口温度、热容流率等确定循环冷却水的用量，所用循环冷却水由循环水场提供。

（3）给水的节水措施及问题：充分利用系统中的低温热以及使用空冷器，使热侧物流进入循环冷却器的温度合理，即冷热侧物流换热温差合理，采用循环水夹点技术优化循环水的换热网络，以减少循环水的使用量。

（4）排水及主要污染物：工艺冷却用水经过换热后返回循环水场，通过调节循环水场的补充水量、加药、排污等措施控制循环水的水质，其主要污染物是盐类和油。

（5）排水的处理或回用措施：工艺冷却水经过换热后返回循环水场，在循环水场统一处理，循环水场的排污水经过适度处理后回用于循环水场的补水。

5.6.5 设备冷却用水

（1）用途及原理：设备冷却用水主要是循环冷却水，通过换热器交换热量或直接接触换热方式交换介质热量，并经冷却塔凉水后循环使用，以节约水资源。1-丁烯装置的机泵等设备在运行过程中需要冷却降温，以保持正常运转。

（2）用水量及水源要求：设备冷却所需的冷却用水由循环水场提供。

（3）给水节水措施及问题：采用循环水夹点技术优化循环水的换热网络，以减少循环水的使用量。

（4）排水及主要污染物：设备冷却用水经过换热后返回循环水场，通过调节循环水场的补充水量、加药、排污等措施控制循环水的水质，其主要污染物是盐类和油。

（5）排水的处理或回用措施：设备冷却水经过换热后返回循环水场，在循环水场统一处理，循环水场的排污水经过适度处理后回用于循环水场的补水。

5.6.6 1-丁烯装置水平衡图

1-丁烯装置水平衡图如图5.29至图5.32所示。

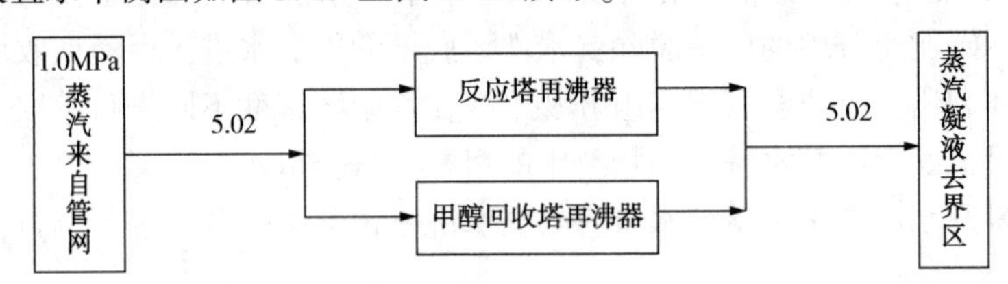

图5.29　某化工厂1-丁烯装置1.0MPa蒸汽平衡图(单位：t/h)

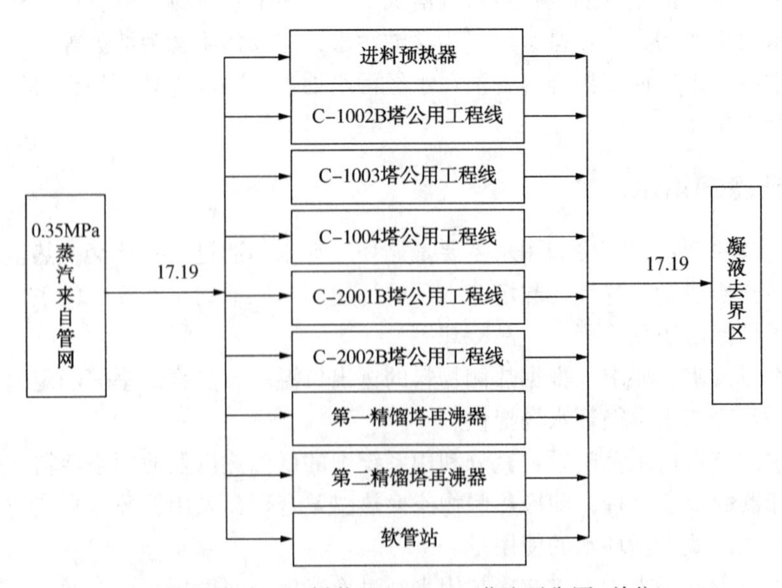

图5.30　某化工厂1-丁烯装置0.35MPa蒸汽平衡图(单位：t/h)

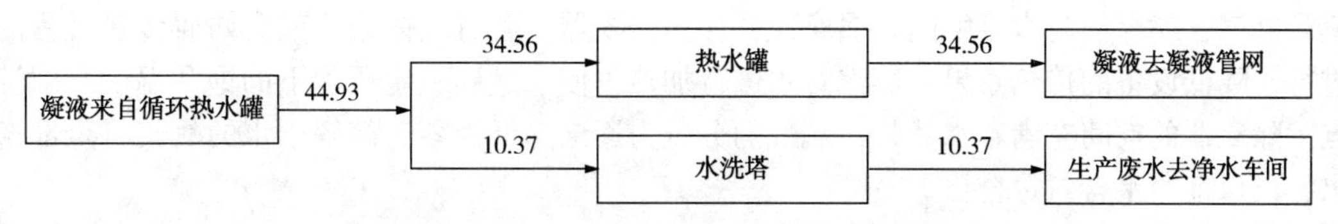

图 5.31 某化工厂 1-丁烯装置凝结水平衡图(单位：t/h)

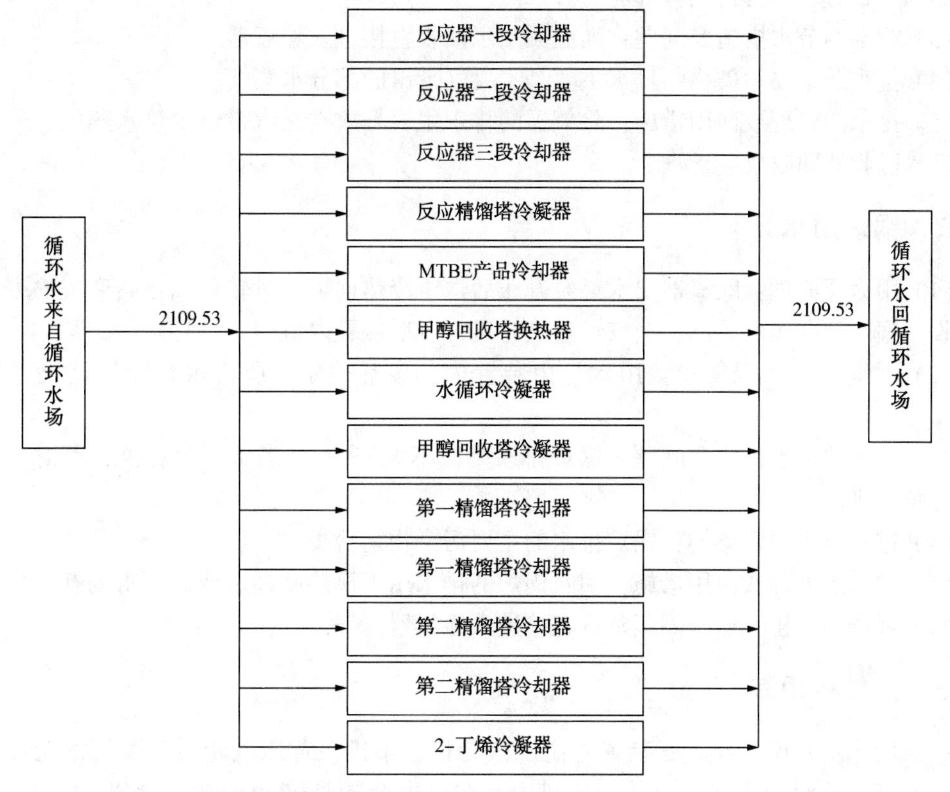

图 5.32 某化工厂 1-丁烯装置循环水平衡图(单位：t/h)

5.7 合成氨装置

工业上的氨绝大部分是在高压、高温和催化剂存在下由氮气和氢气合成制得(哈伯法)。氮气主要来源于空气，氢气主要来源于含氢和一氧化碳的合成气，由氮气和氢气组成的混合气即为合成氨原料气。

合成氨装置主要用循环水、除盐水、冷凝水和蒸汽。其中，循环水主要用于压缩机段间冷却、机泵冷却、产品冷却等；除盐水用于除氧器制除氧水，除盐水经脱氧后供汽包发生超高压蒸汽，透平乏汽冷凝后，部分大气安全阀密封用，部分经精制处理供锅炉生产蒸汽用；蒸汽供透平、再沸器、合成工艺、除氧器等。

5.7.1 除氧器用水、用汽

(1) 用途及原理：除氧器的主要作用是除去给水中的氧气，保证给水的品质。水中溶解了氧气，就会使与水接触的金属腐蚀；在热交换器中若有气体聚集就会妨碍传热过程的进行，降低设备的传热效果。蒸汽对水进行加热，使水达到一定压力下的饱和温度，即沸点。除氧器的空间充满着水蒸气，氧气的分压力逐渐降低为零，溶解于水的氧气将全部逸出，以保证给水含氧量合格。

(2) 用水量及水源要求：除盐水站提供的除盐水和装置内的蒸汽凝结水，以及1.0MPa蒸汽和连续排污扩容器闪蒸蒸汽等。

(3) 给水的节水措施及问题：高温凝结水回收直接进入除氧器。

(4) 排水及主要污染物：排水主要是不凝气带出的部分水蒸气。

(5) 排水的处理或回用措施：除氧器的排水主要是放空乏汽带走少量水蒸气，通过除氧器乏汽回收器回收放空乏汽。

5.7.2 锅炉用水

(1) 用途及原理：除氧器出水经泵升压后送至废热锅炉，对转化气及高变气的废热进行回收，副产超高压的蒸汽，蒸汽经过汽轮机背压后装置内自用。

(2) 用水量及水源要求：用水量由装置内的废热确定，所需水是除氧器提供的除氧水。

(3) 给水的节水措施及问题：锅炉排污率应不大于2%，若大于该标准，可对其操作优化，减少排污。

(4) 排水及主要污染物：锅炉排水的主要污染物是盐类。

(5) 排水的处理或回用措施：回收锅炉的排水用于换热站补水或循环水场补水后排污去污水处理场，定排、连排闪蒸蒸汽直接进入除氧器。

5.7.3 汽轮机用汽

(1) 用途及原理：合成氨装置内高压汽轮机、小机泵背压汽轮机及凝气汽轮机等用汽。高温高压蒸汽经入口管进入汽轮机内，在机内叶轮处膨胀做功，焓值下降，温度、压力下降，把蒸汽的热能、压力能转化为转子转动的机械能，通过联轴器带动压缩机旋转。

(2) 用水量及水源要求：汽轮机用汽量可由入口流量表读出，蒸汽等级为9.8MPa、3.5MPa、1.0MPa等。

(3) 给水的节水措施及问题：出于全厂考虑，可减少凝气的使用量。

(4) 排水及主要污染物：抽凝式汽轮机产生高压或中低压蒸汽，可送往管网，凝液可回用至除氧器，用作除氧水。凝液较洁净，不含污染物。

(5) 排水的处理或回用措施：凝液一般回收至全厂凝液管网，后回用至化学水制水等单元。

5.7.4 合成氨工艺用汽

(1) 用途及原理：由煤制得合成氨原料氢气，水煤气转化反应过程中及CO变换为CO_2过程中消耗蒸汽。煤、O_2、H_2O在1350℃的高温下进入汽化炉，进行不完全的氧化反应，得到 CO 和 H_2，并且有少量的 CO_2；由于部分氧化出口的 CO 含量较高，通常达到 40%~70%，CO 与 H_2O 反应生成 CO_2，降低 CO 含量。

(2) 用水量及水源要求：用水量根据转化反应及变换反应原料量进行计算，一般使用高压蒸汽。

(3) 给水的节水措施及问题：主要通过优化工艺降低蒸汽消耗，其次优化操作，维护好催化剂的活性，也能适当降低蒸汽消耗，最后加氢操作管理。

(4) 排水及主要污染物：汽化炉和洗涤塔排出的含固量较高黑水，主要污染物为气化残炭。

(5) 排水的处理或回用措施：经水处理系统处理后可循环使用。

5.7.5 大气安全阀密封用水

(1) 用途及原理：凝汽器的大气安全阀的作用是当凝汽器内的压力高于一定值(比如表压 10kPa)时，阀门自动打开泄压。因凝汽器是负压设备，不允许处于正压状态。凝汽器的大气安全阀使用水封进行密封，该部分水是长开的，水的流程就是从大气安全阀返回凝汽器，而少量的水从溢流堰外排，从而判断大气安全阀的水封效果。只要有水外排，就说明大气安全阀运行良好。

(2) 用水量及水源要求：一般使用冷凝水进行密封。

(3) 给水的节水措施及问题：无。

(4) 排水及主要污染物：排水为清净污水，污染物较少。

(5) 排水的处理或回用措施：排水可进入生活污水系统，经处理后外排，或经过深度处理装置处理后回用于循环水补水或除盐水系统。

5.7.6 工艺冷却用水

(1) 用途及原理：工艺冷却用水主要是循环冷却水，通过换热器交换热量或直接接触换热方式交换介质热量，并经冷却塔凉水后循环使用，以节约水资源。合成氨装置工艺冷却水主要用于水冷器、产品冷却等。

(2) 用水量及水源要求：根据热侧物料的进出口温度、热容流率等确定循环冷却水的用量，所用循环冷却水由循环水场提供。

(3) 给水的节水措施及问题：充分利用系统中的低温热以及使用空冷器，使热侧物流进入循环冷却器的温度合理，即冷热侧物流换热温差合理，采用循环水夹点技术优化循环水的换热网络，以减少循环水的使用量。

(4) 排水及主要污染物：工艺冷却用水经过换热后返回循环水场，通过调节循环水场的补充水量、加药、排污等措施控制循环水的水质，其主要污染物是盐类和油。

(5) 排水的处理或回用措施：工艺冷却水经过换热后返回循环水场，在循环水场统一处理，循环水场的排污水经过适度处理后回用于循环水场的补水。

5.7.7 设备冷却用水

(1) 用途及原理：设备冷却用水主要是循环冷却水，通过换热器交换热量或直接接触换热方式交换介质热量，并经冷却塔凉水后循环使用，以节约水资源。合成氨装置的机泵等设备在运行过程中需要冷却降温，以保持正常运转。

（2）用水量及水源要求：设备冷却所需的冷却用水由循环水场提供。

（3）给水节水措施及问题：采用循环水夹点技术优化循环水的换热网络，以减少循环水的使用量。

（4）排水及主要污染物：设备冷却用水经过换热后返回循环水场，通过调节循环水场的补充水量、加药、排污等措施控制循环水的水质，其主要污染物是盐类和油。

（5）排水的处理或回用措施：设备冷却水经过换热后返回循环水场，在循环水场统一处理，循环水场的排污水经过适度处理后回用于循环水场的补水。

5.7.8 合成氨装置水平衡图

合成氨装置水平衡图如图 5.33 至图 5.36 所示。

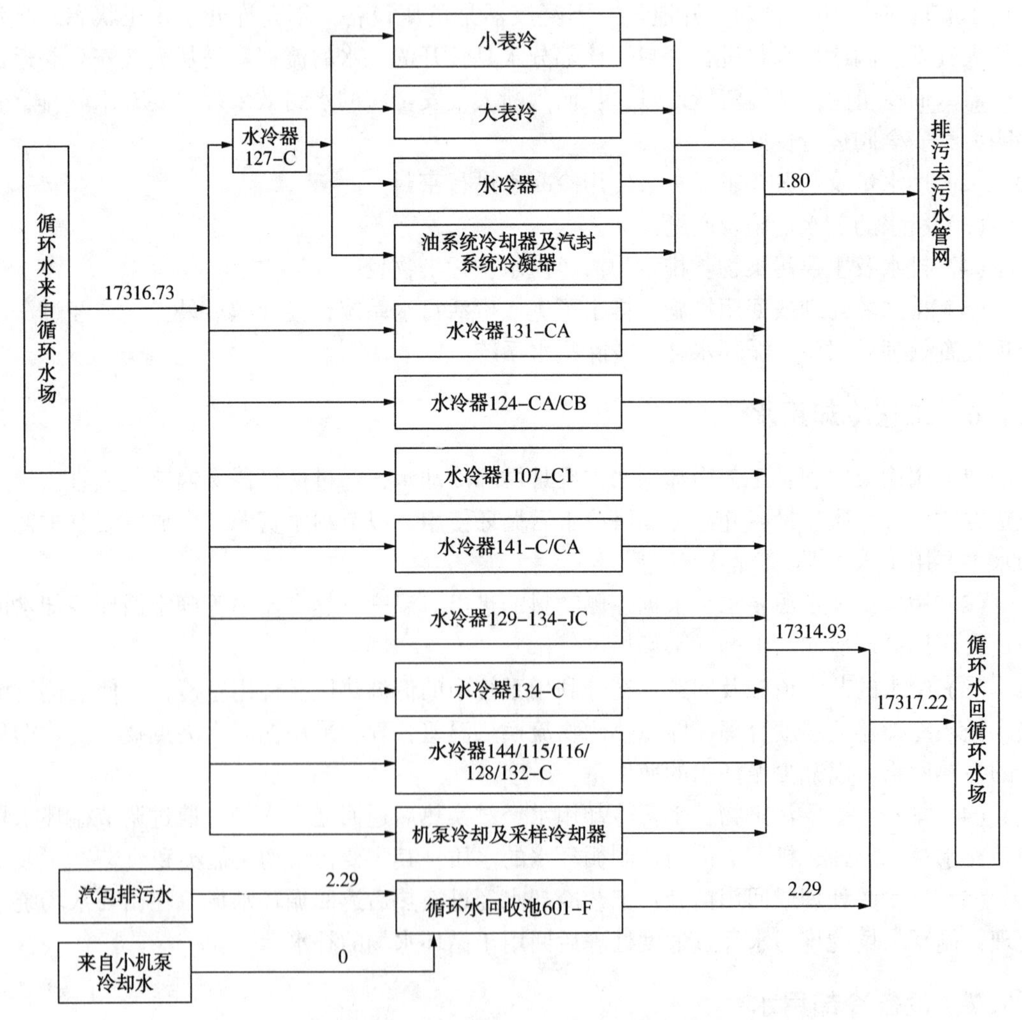

图 5.33　某化肥厂合成氨装置循环水平衡图(单位：t/h)

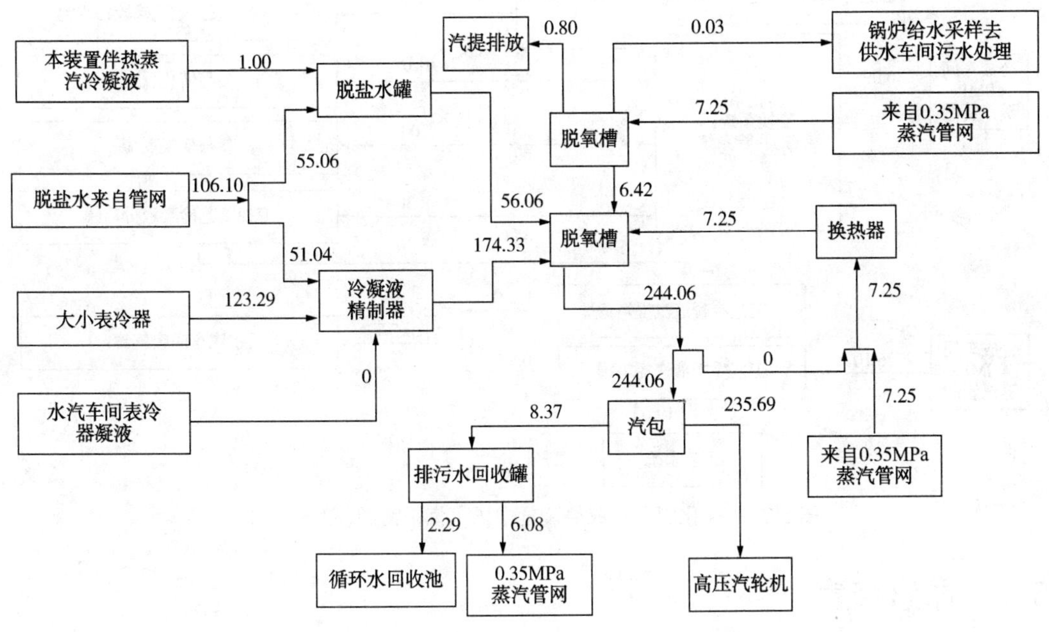

图 5.34 某化肥厂合成氨装置脱盐水平衡图(单位：t/h)

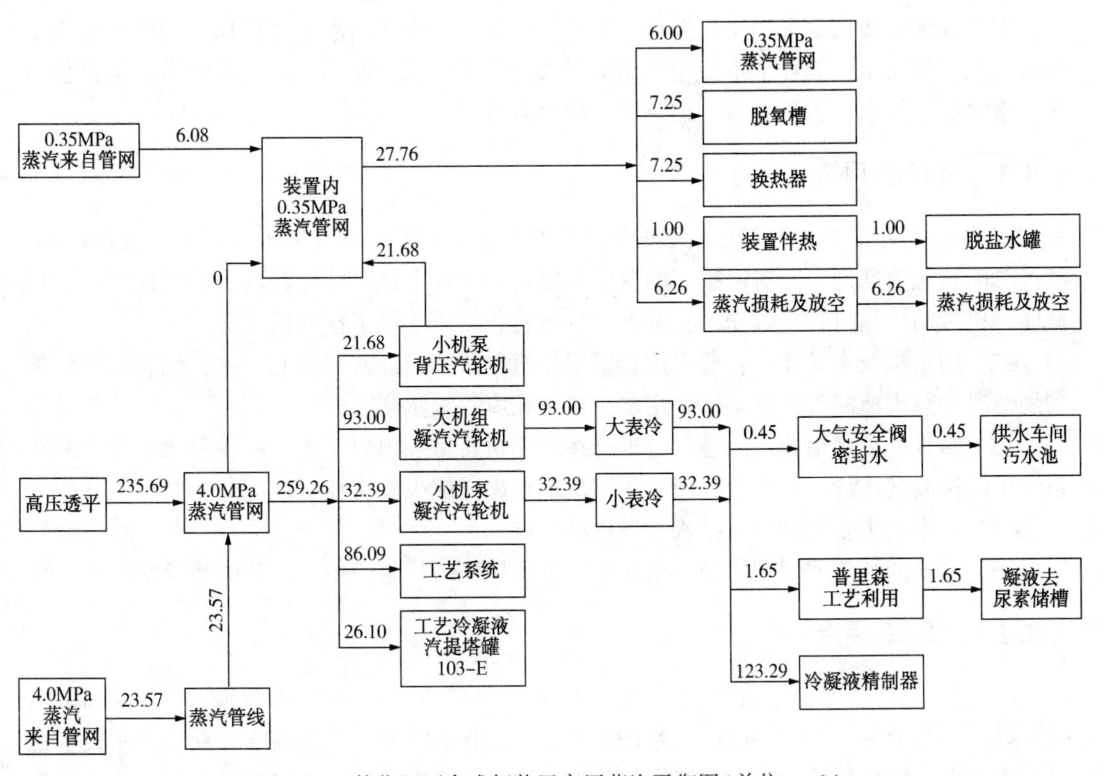

图 5.35 某化肥厂合成氨装置高压蒸汽平衡图(单位：t/h)

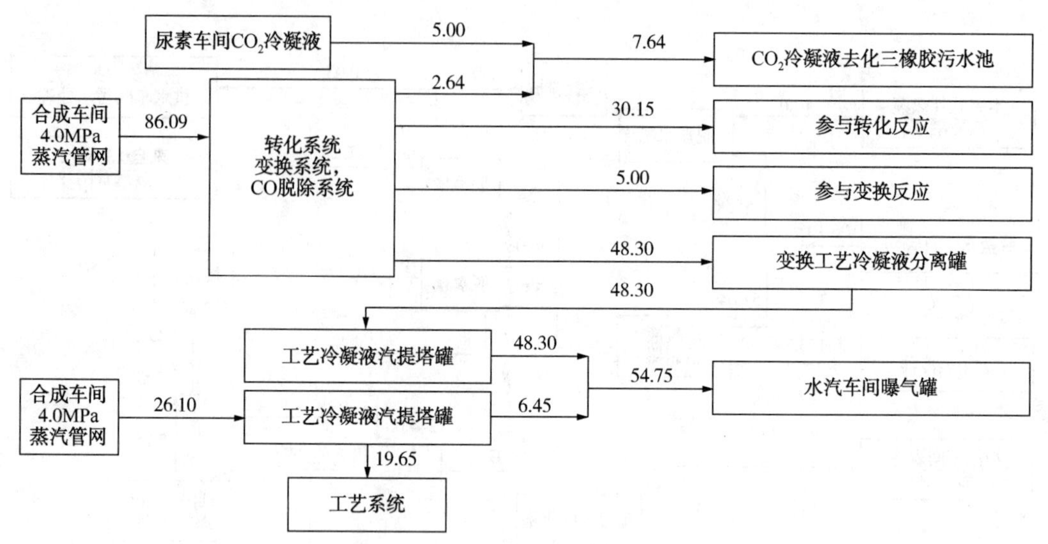

图 5.36　某化肥厂合成氨装置中压蒸汽平衡图(单位：t/h)

5.8　尿素装置

由液氨和二氧化碳气体在高温和高压下合成尿素，装置包括二氧化碳压缩工序、尿素合成和高压回收工序、中低压甲铵分解和回收工序、尿素浓缩及造粒工序、工艺冷凝液处理工序。

尿素装置主要用生活用水、循环水和蒸汽。其中，生活用水主要用作车间办公楼生活用水、洗眼器用水；循环水主要用于压缩机段间冷却、机泵冷却、产品冷却等；蒸汽供透平、水解塔、解吸塔、再沸器、加热器、喷射泵等。

5.8.1　汽轮机用汽

(1) 用途及原理：蒸汽通过汽轮机的喷嘴膨胀，膨胀时蒸汽的压力降低、流速增加，蒸汽热能转化为动能。同时以很高的流动速度射到叶片上推动叶轮转动，即动能转化为机械能，再带动压缩机转子做功，将蒸汽的热能转化为压缩机工作的机械功。

(2) 用水量及水源要求：蒸汽用量可根据汽轮机的设计效率及其功率，结合蒸汽焓值利用情况和蒸汽泄漏等计算确定。用水一般为相应等级蒸汽。

(3) 给水的节水措施及问题：合理选择压缩机流量和出口压力，减少反飞动量，减少系统压降提高气压计入口压力，减少压缩机轴功率，减少蒸汽耗量。

(4) 排水及主要污染物：排水是低压蒸汽。

(5) 排水的处理或回用措施：低压蒸汽进入厂区低压管网供厂区其他装置使用。

5.8.2　水解塔用汽

(1) 用途及原理：尿素水解就是氨和二氧化碳生成尿素的逆反应，其反应式为：$CO(NH_2)_2+H_2O \longrightarrow 2NH_3+CO_2$。这个反应是一个吸热反应，升高温度有利于水解反应的进行，减少生成物氨的浓度有利于水解反应的进行。用3.5~4.0MPa的过热蒸汽作为水解热源，同时采用将工艺冷凝液中的氨先解吸出来再进行水解的方式，使水解反应更彻底。

(2) 用水量及水源要求：根据水解效率控制水解塔蒸汽用量，一般使用3.5~4.0MPa的过热蒸汽作为水解热源。

(3) 给水的节水措施及问题：为使外送废液中氨、尿素含量达标，需额外增加加热蒸汽使用量，易造成液泛，可对水解塔蒸汽分布器和塔板进行扩孔处理，以增加蒸汽的流入量并降低气流通过小孔的压降，从而使水解塔的温度快速稳定在工艺指标范围内，并能有效减少夹带液泛现象。

(4) 排水及主要污染物：水解塔排水主要是工艺冷凝液水解排液，主要污染物是COD、氨、尿素等。

(5) 排水的处理或回用措施：排水根据化验结果确定回收进入采暖系统补水或就地排放，水质较好时直接回用。

5.8.3 蒸汽饱和器用汽

(1) 用途及原理：过热蒸汽进入换热器必须首先放出显热，变成饱和蒸汽后才能进入冷凝放热过程。根据传热学知识，冷却放热过程的换热系数只有冷凝放热的1%，势必会损失部分换热面积，使换热设备不能达到额定出率。故使用蒸汽饱和器将过热蒸汽转化为饱和蒸汽。

(2) 用水量及水源要求：蒸汽饱和器饱和蒸汽为过热蒸汽，过热蒸汽量的调节因装置类型而异。若采用的是带喷嘴的冷却水喷水器，则依靠对喷嘴雾化压力的调节实现水量的调节；若采用减温减压器饱和过热蒸汽，则依靠减温水调节阀控制。

(3) 给水的节水措施及问题：蒸汽饱和主要通过添加冷却水实现，部分装置存在喷嘴等零部件，将导致工作可靠性降低；有的工作负荷调节范围狭窄，有的不可避免地携带没有汽化的水珠。针对以上问题，可采用新型蒸汽饱和器，如改变供液形式的重力水箱式、文丘里式等。

(4) 排水及主要污染物：排水为饱和蒸汽，水质较洁净，无污染物。

(5) 排水的处理或回用措施：饱和蒸汽用作厂内装置用汽或外供其他装置。

5.8.4 表面冷却器用汽

(1) 用途及原理：压缩机汽轮机用超高压蒸汽，经压缩机膨胀做功后，在高压段经抽汽控制器控制高压蒸汽抽汽调节阀，控制抽汽量。抽出的高压蒸汽进入高压蒸汽管网，在汽轮机低压段做功后的不凝汽，进入表面冷凝器。在表面冷凝器中，不凝气被循环冷却水冷却，被冷却下来的凝液用作脱盐水。

(2) 用水量及水源要求：透平低压端做功后的不凝气为水源。

(3) 给水的节水措施及问题：首先应使排出蒸汽压力尽可能降低，使蒸汽的可用焓降达到最大，提高压缩机的循环热效率；其次，应将冷凝水回收利用。

(4) 排水及主要污染物：排水为凝液，水质较洁净，无污染物。

(5) 排水的处理或回用措施：排水可用作除盐水。

5.8.5 解吸塔用汽

(1) 用途及原理：氨和二氧化碳在水中的溶解度随温度升高而降低，随压力的降低而降低，利用蒸汽直接加热使得氨和二氧化碳从水中析出。

（2）用水量及水源要求：根据塔的正常运行所需热量确定蒸汽的用量。一般使用低压蒸汽作为水源。

（3）给水的节水措施及问题：可通过优化操作，尽量回收系统内热源，减少解吸塔耗汽量。

（4）排水及主要污染物：排水为工艺凝液，凝液中污染物主要为油类等。

（5）排水的处理或回用措施：工艺凝液经除油等处理后，可回用至化学水制水等单元。

5.8.6 喷射泵用汽

（1）用途及原理：尿素溶液采用真空蒸发浓缩，喷射泵将其中不凝汽抽出，以维持蒸发器的真空度。喷射泵是利用喷射蒸汽，通过喷嘴产生高速度，裹挟蒸发器内的不凝汽一起向扩散管运动，使蒸发器中产生负压。

（2）用水量及水源要求：喷射泵用汽量=被抽气体量/引射系数，引射系数一般根据喷嘴喉部和扩压器喉部处于临界工况(气体流速达到极限值)时，水蒸气流经前者所做的绝热膨胀功与混合气体流经后者时所做的绝热压缩功相等的原理并带入临界速度与压力的关系推导而来。一般用低压蒸汽作为水源。

（3）给水的节水措施及问题：可采用液环真空泵+蒸汽喷射泵的组合方式，可以减少一定蒸汽量的消耗。

（4）排水及主要污染物：喷射蒸汽排水为凝液，水质较洁净，无污染物。

（5）排水的处理或回用措施：排水去往工艺凝液回收管网，经处理后回用于化学水制水等单元。

5.8.7 工艺冷却用水

（1）用途及原理：工艺冷却用水主要是循环冷却水，通过换热器交换热量或直接接触换热方式交换介质热量，并经冷却塔凉水后循环使用，以节约水资源。尿素装置工艺冷却水主要用于产品冷却等。

（2）用水量及水源要求：根据热侧物料的进出口温度、热容流率等确定循环冷却水的用量，所用循环冷却水由循环水场提供。

（3）给水的节水措施及问题：充分利用系统中的低温热以及使用空冷器，使热侧物流进入循环冷却器的温度合理，即冷热侧物流换热温差合理，采用循环水夹点技术优化循环水的换热网络，以减少循环水的使用量。

（4）排水及主要污染物：工艺冷却用水经过换热后返回循环水场，通过调节循环水场的补充水量、加药、排污等措施控制循环水的水质，其主要污染物是盐类和油。

（5）排水的处理或回用措施：工艺冷却水经过换热后返回循环水场，在循环水场统一处理，循环水场的排污水经过适度处理后回用于循环水场的补水。

5.8.8 设备冷却用水

（1）用途及原理：设备冷却用水主要是循环冷却水，通过换热器交换热量或直接接触换热方式交换介质热量，并经冷却塔凉水后循环使用，以节约水资源。尿素装置的机泵等设备在运行过程中需要冷却降温，以保持正常运转。

(2) 用水量及水源要求：设备冷却所需的冷却用水由循环水场提供。

(3) 给水节水措施及问题：采用循环水夹点技术优化循环水的换热网络，以减少循环水的使用量。

(4) 排水及主要污染物：设备冷却用水经过换热后返回循环水场，通过调节循环水场的补充水量、加药、排污等措施控制循环水的水质，其主要污染物是盐类和油。

(5) 排水的处理或回用措施：设备冷却水经过换热后返回循环水场，在循环水场统一处理，循环水场的排污水经过适度处理后回用于循环水场的补水。

5.8.9　尿素装置水平衡图

尿素装置水平衡图如图 5.37 至图 5.40 所示。

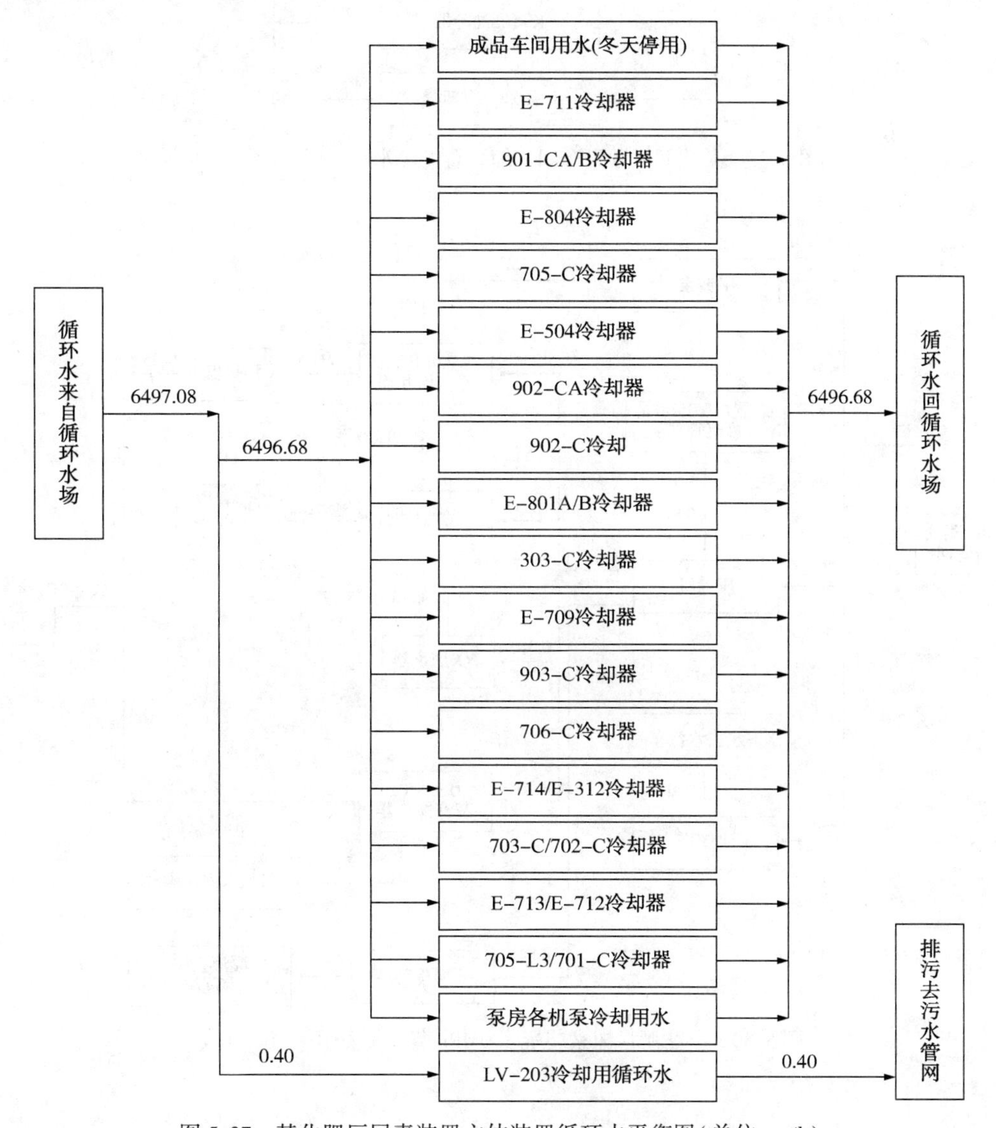

图 5.37　某化肥厂尿素装置主体装置循环水平衡图(单位：t/h)

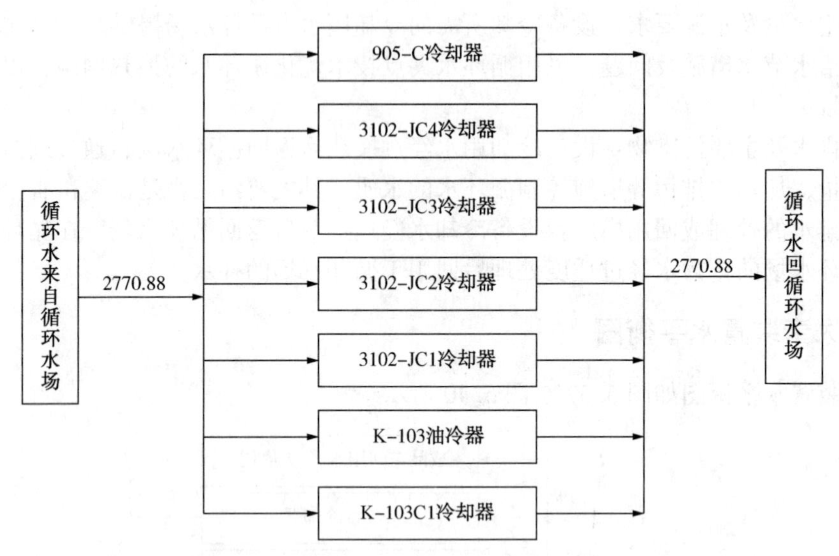

图 5.38　某化肥厂尿素车间压缩装置循环水平衡图(单位：t/h)

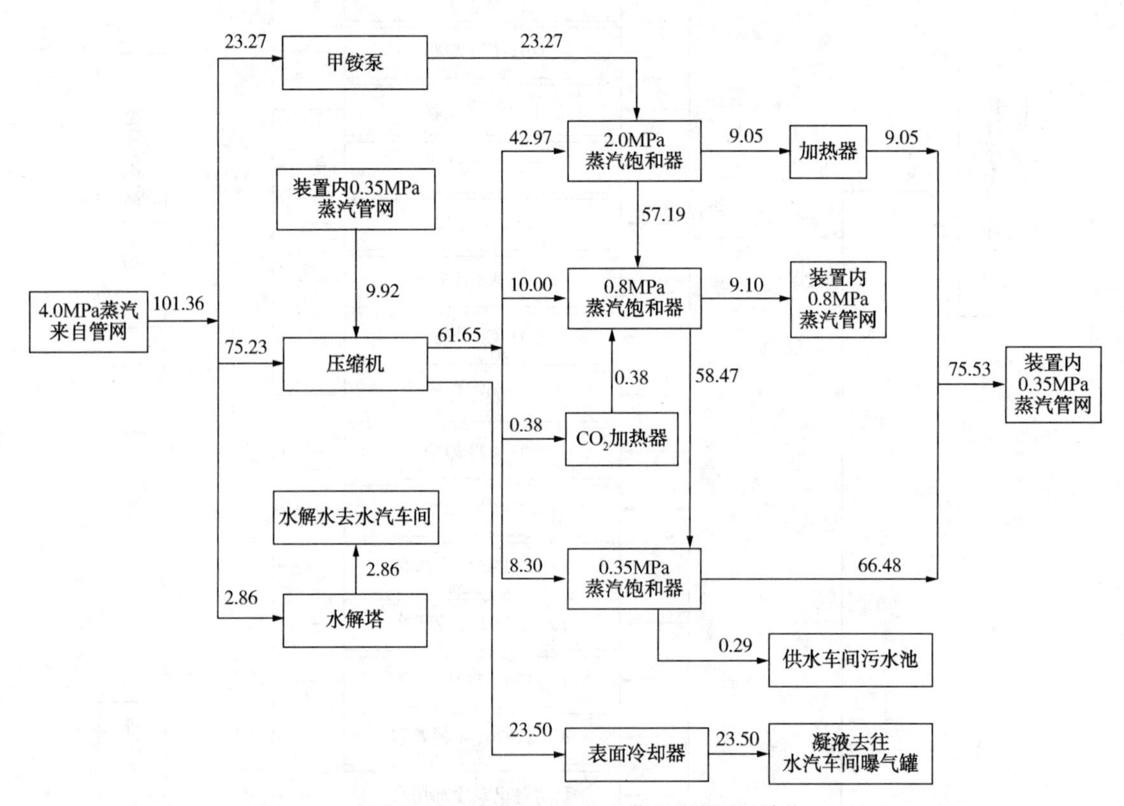

图 5.39　某化肥厂尿素装置 4.0MPa 蒸汽平衡图(单位：t/h)

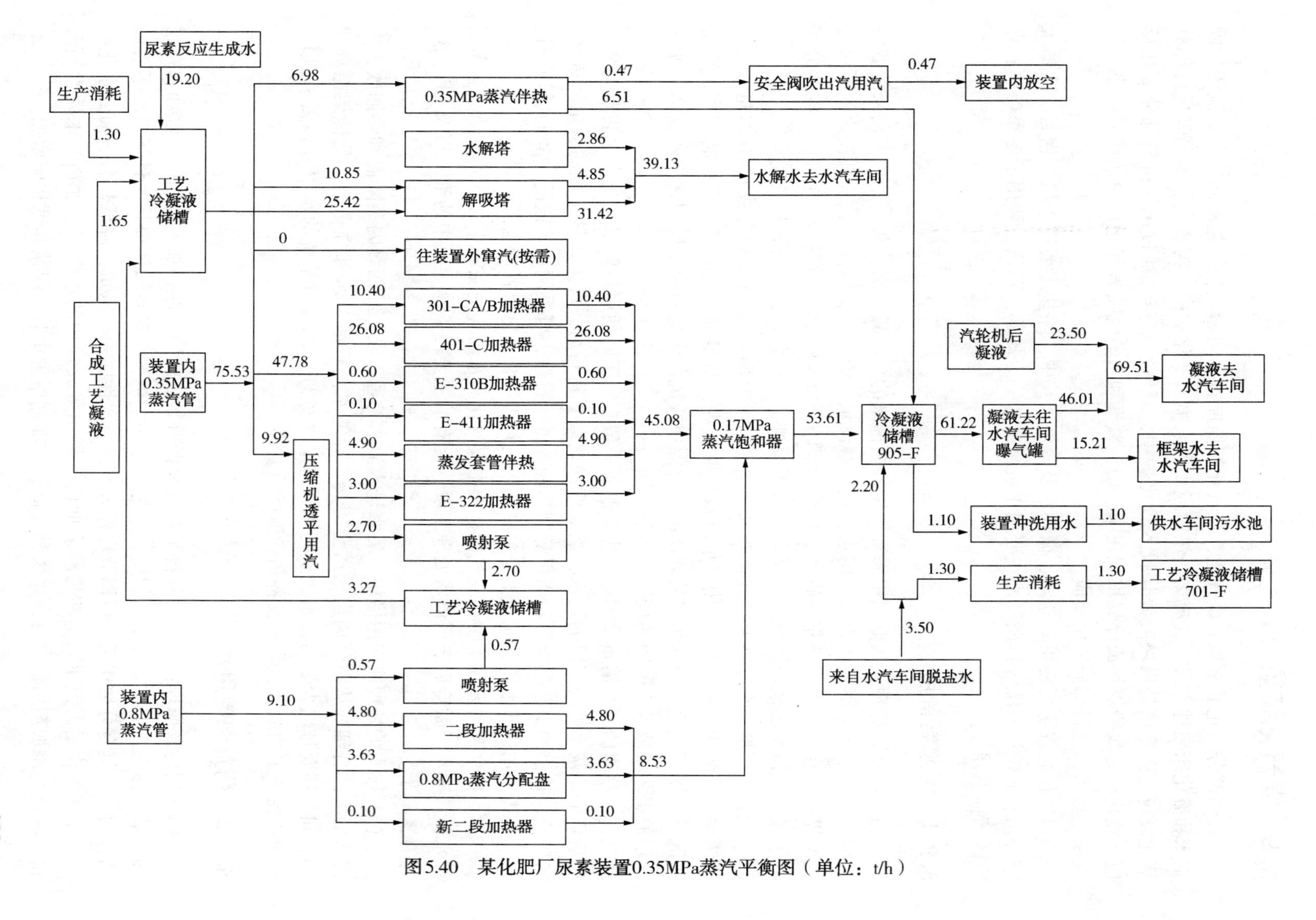

图5.40 某化肥厂尿素装置0.35MPa蒸汽平衡图（单位：t/h）

5.9 煤气化装置

煤的部分氧化通常称为煤气化，煤气化按照原料不同和气化工艺不同，有气流床、固定床和流化床三种方式。气流床是煤粉或水煤浆喷入气化炉中，与氧气、水蒸气进行部分氧化反应。固定床是煤块或碎煤投入气化炉中，氧气、水蒸气通过床层进行部分氧化反应。流化床是煤粉煤块或碎煤堆积在床层中，氧气和水蒸气喷入气化炉中使床层膨胀，形成粉尘雾状，进行部分氧化反应。

煤气化装置主要使用除盐水、循环水及蒸汽。其中，除盐水要用于机泵密封、冷却水槽补水、液位计冲洗等；循环水主要用于机泵冷却、冷却器；蒸汽主要用于冬季伴热、真空闪蒸抽引器等。

5.9.1 煤浆制备用水

（1）用途及原理：从低温甲醇洗、甲醇精馏来的含甲醇废水，灰水处理工段来的滤液及变换工段的工艺凝液作为磨煤用水；煤、磨煤水、添加剂、碱液、石灰水按比例同时进入磨煤机，在磨煤机内经充分研磨后成为含固量为64%±2%(质量分数)和一定粒度分布的水煤浆，该水煤浆经煤浆过滤器后进入煤浆槽，再由泵打到气化炉与氧气发生反应。

（2）用水量及水源要求：制备的水煤浆含固量为64%±2%(质量分数)，用水量一般为磨煤加工量的5%左右，实际用水量应根据原料煤含水量确定。对于煤浆制备用水，正常工况下采用煤气化工段的灰水处理滤液、低温甲醇洗及甲醇精馏工段的含甲醇废水、变换工段的工艺凝液及甲醇制烯烃净化水等。

（3）给水的节水措施及问题：煤浆制备一般在开工时使用新鲜水，当气化装置完全运行后可采用灰水处理工段的灰水；当后续净化装置运行后，可采用该工段的含甲醇废水、各闪蒸罐排出的工艺凝液等；当甲醇制烯烃装置运行后，可采用该工段的甲醇制烯烃净化水。是否采用这些水源，应当主要关注其水质是否符合气化装置用水需求。

（4）排水及主要污染物：在气化框架中煤气化和水煤气洗涤产生含有固体的高温高压黑水，该股水经激冷后送至渣水处理工段，含有的主要污染物为煤中的细灰以及Cl^-、S^{2-}等有害离子。

（5）排水的处理或回用措施：黑水进入渣水处理工段，经四级闪蒸降温和热回收，将黑水的大部分细灰从中分离出来送至渣场，经渣水处理后灰水部分送回气化框架循环使用，同时还要排出少量的污水送至污水处理装置处理，以维持系统的水中有害离子(Cl^-、S^{2-}等)在一定的浓度，防止设备和管道严重腐蚀。

5.9.2 药剂配制用水

（1）用途及原理：为了控制料浆黏度及保持料浆的稳定性，加入添加剂，添加剂在添加剂槽中储存并通过添加剂泵加压、计量后送入磨机。水煤浆添加剂是一种阴阳离子表面活性剂，其具有分散作用，可调节煤粒表面的亲水性能及荷电量，降低煤粒表面的水化膜和粒子间的作用力，使固定在煤粒表面的水溢出等，常用的水煤浆添加剂是木质素磺酸钠。一般当添加剂用量大时，煤浆黏度低；添加剂用量小时，煤浆黏度相应增加。

(2) 用水量及水源要求：添加剂用水量一般是磨煤量的0.5%左右。

(3) 给水的节水措施及问题：开工工况下使用新鲜水，正常工况下可使用灰水。

(4) 排水及主要污染物：该用水主要进入产品，在气化炉中反应，生成粗煤气和熔渣等。

(5) 排水的处理或回用措施：无。

5.9.3 气化炉激冷用水

(1) 用途及原理：煤浆和氧气在6.5MPa(表)、约1300℃条件下瞬间完成部分氧化反应生成粗煤气。反应后的粗煤气和熔渣一起出燃烧室后被水激冷，流至底部的激冷室，粗煤气和固态熔渣分开。用水激冷不仅使其温度降低，同时还可洗去固体杂质、易溶气相组分，但是使合成气组分发生了一定的变化，出口水含量达到饱和，同时未洗去的酸性组分对后续系统也会造成腐蚀。

(2) 用水量及水源要求：气化炉激冷用水量一般为投煤量的3~5倍。正常工况下，激冷水一般是洗涤塔底部流出的洗涤水，该洗涤水是由灰水处理工段处理经碳洗塔后进入激冷室。

(3) 给水的节水措施及问题：激冷用水可采用气化装置灰水处理工段的灰水，为防止结垢堵塞等问题，要多注意检测灰水水质，及时检测水质参数，确保灰水水质参数在可控范围内。

(4) 排水及主要污染物：该灰水经激冷后成为黑水，黑水中含渣量较大。

(5) 排水的处理或回用措施：黑水经闪蒸降温和热回收，将大部分细灰从中分离出来，送至渣场，经渣水处理后灰水部分送回气化框架循环使用。

5.9.4 锁斗冲洗水罐用水

(1) 用途及原理：锁斗是一个定期收集和排放固体渣的水封体系，集渣和排渣均遵照锁斗循环逻辑，并按一定时序完成。收渣阶段，激冷室底部渣水进入锁斗，从渣水处理系统来的灰水进入锁斗冲洗水罐，作为锁斗冲洗水，经锁斗排出的渣水进入渣池，澄清渣水溢流后送入闪蒸罐，粗渣经捞渣机送入灰车送出界区。

(2) 用水量及水源要求：此处主要是对锁斗进行冲洗，有助于排渣等，对水质要求不太高，开工工况下使用新鲜水，正常工况下使用灰水即可。

(3) 给水的节水措施及问题：冲洗水的主要问题是防止管线堵塞。

(4) 排水及主要污染物：经锁斗排出的渣水中，含渣量较大。

(5) 排水的处理或回用措施：排出的渣水进入渣池，澄清渣水溢流后送入闪蒸罐，粗渣经捞渣机送入灰车送出界区。

5.9.5 文丘里洗涤器用水

(1) 用途及原理：文丘里洗涤器又称文丘里管除尘器，由文丘里管凝聚器和除雾器组成。文丘里管包括收缩段、喉管和扩散段。含尘气体进入收缩段后流速增大，进入喉管时达到最大值。洗涤液从收缩段或喉管加入，气液两相间相对流速很大，液滴在高速气流下雾化，气体湿度达到饱和，尘粒被水湿润。尘粒与液滴或尘粒之间发生激烈碰撞和凝聚。在扩散段，气液速度减小，压力回升，以尘粒为凝结核的凝聚作用加快，凝聚成直径较大的含尘液滴，进而在除雾器内被捕集。

（2）用水量及水源要求：液气比取值范围为0.3~1.5L/m^3。洗涤水水源可使用洗涤塔底部流出的洗涤水等。

（3）给水的节水措施及问题：可选择合适的喷嘴，以减少洗涤水用量。

（4）排水及主要污染物：洗涤水及润湿后的粗煤气一起进入洗涤塔，主要污染物为煤灰等。

（5）排水的处理或回用措施：洗涤水直接回用，一部分作为文丘里洗涤器洗涤用水，一部分作为激冷炉激冷用水，一部分经闪蒸后进入灰水槽。

5.9.6 洗涤塔用水

（1）用途及原理：洗涤塔的作用是对高炉煤气进一步除尘，同时起到降温的作用。当煤气由洗涤塔下部入口进入自下而上运动时，遇到由上向下喷洒的水滴，煤气和水进行热交换，使煤气温度降低；同时煤气中携带的灰尘被水滴所润湿，小颗粒灰尘彼此凝聚成较大颗粒，由于重力作用，这些较大颗粒离开煤气流随水一起流向洗涤塔下部，与污水一起经塔底水封带走。经冷却和洗涤后的煤气由塔顶部管道导出。

（2）用水量及水源要求：洗涤塔用水量根据煤气出口温度进行调节，洗涤塔水源开工阶段使用新鲜水，后可使用灰水等。

（3）给水的节水措施及问题：工艺中产生的灰水可循环使用。

（4）排水及主要污染物：排水为洗涤塔排水，主要污染物为煤灰等。

（5）排水的处理或回用措施：排水直接回用，一部分作为文丘里洗涤器洗涤用水，一部分作为激冷炉激冷用水，一部分经闪蒸后进入灰水槽。

5.9.7 烧嘴及盘管冷却用水

（1）用途及原理：为了防止高温损坏烧嘴，在烧嘴上设置了冷却水盘管和头部水夹套，使用脱盐水进行冷却可保护烧嘴。

（2）用水量及水源要求：用水量可根据烧嘴温度进行调节，使用脱盐水即可。

（3）给水的节水措施及问题：冷却用水可循环使用。

（4）排水及主要污染物：冷却水中主要污染物为N_2及CO。

（5）排水的处理或回用措施：冷却水先经烧嘴冷却水分离罐分离掉气体后，依靠重力返回烧嘴冷却水槽，循环使用。

5.9.8 机泵密封及仪表冲洗水

（1）用途及原理：机泵的机械密封在工作中密封面是相对运动的，温度过高会导致汽化，损坏机械密封，必须有冷却水进行冷却。对冷却水水质要求较高，否则密封面易结垢导致冷却效果下降。为防止比较脏的物料堵塞仪表的安装口，导致传温、传压效果变差，仪表出现假指示等情况。

（2）用水量及水源要求：水源一般使用除氧水。

（3）给水的节水措施及问题：在甲醇制烯烃净化水处理合格的条件下，可使用甲醇制烯烃净化水代替除氧水，以减少除氧水耗量。

（4）排水及主要污染物：排水为清净废水，污染物较少。

（5）排水的处理或回用措施：排水可直接回用于气化炉。

5.9.9　气化炉开工抽引器及渣水真空抽引器

（1）用途及原理：抽引器由蒸汽喷嘴、缩径管、混合室及扩大管组成。蒸汽经喷嘴喷出，把静压能转化为动能，在扩大腔内产生负压将烟气吸入，吸入的烟气和蒸汽混合后进入扩大管，速度降低、压力增加，动能转化为静压能，最后从出口排出。

（2）用水量及水源要求：抽引器用汽量=被抽气体量/引射系数，引射系数一般根据喷嘴喉部和扩压器喉部处于临界工况（气体流速达到极限值）时，水蒸气流经前者所做的绝热膨胀功与混合气体流经后者时所做的绝热压缩功相等的原理并带入临界速度与压力的关系推导而来。一般用低压蒸汽作为水源。

（3）给水的节水措施及问题：无。

（4）排水及主要污染物：气化炉开工抽引器使用蒸汽直接放空，渣水抽引器使用蒸汽后进入渣水。

（5）排水的处理或回用措施：进入渣水的蒸汽凝液经渣水处理后，作为灰水可在系统内循环使用。

5.9.10　除氧器用水

（1）用途及原理：除氧器的主要作用是除去给水中的氧气，保证给水的品质。水中溶解了氧气，就会使与水接触的金属腐蚀；在热交换器中若有气体聚集就会妨碍传热过程的进行，降低设备的传热效果。蒸汽对水进行加热，使水达到一定压力下的饱和温度，即沸点。除氧器的空间充满着水蒸气，氧气的分压力逐渐降低为零，溶解于水的氧气将全部逸出，以保证给水含氧量合格。

（2）用水量及水源要求：除盐水站提供的除盐水和装置内的蒸汽凝结水，以及1.0MPa蒸汽和连续排污扩容器闪蒸蒸汽等。

（3）给水的节水措施及问题：高温凝结水回收直接进入除氧器。

（4）排水及主要污染物：排水主要是不凝气带出的部分水蒸气。

（5）排水的处理或回用措施：除氧器的排水主要是放空乏汽带走少量水蒸气，通过除氧器乏汽回收器回收放空乏汽。

5.9.11　工艺冷却用水

（1）用途及原理：工艺冷却用水主要是循环冷却水，通过换热器交换热量或直接接触换热方式交换介质热量，并经冷却塔凉水后循环使用，以节约水资源。煤气化装置工艺冷却水主要用于闪蒸冷却、产品冷却等。

（2）用水量及水源要求：根据热侧物料的进出口温度、热容流率等确定循环冷却水的用量，所用循环冷却水由循环水场提供。

(3) 给水的节水措施及问题：充分利用系统中的低温热以及使用空冷器，使热侧物流进入循环冷却器的温度合理，即冷热侧物流换热温差合理，采用循环水夹点技术优化循环水的换热网络，以减少循环水的使用量。

(4) 排水及主要污染物：工艺冷却用水经过换热后返回循环水场，通过调节循环水场的补充水量、加药、排污等措施控制循环水的水质，其主要污染物是盐类和油。

(5) 排水的处理或回用措施：工艺冷却水经过换热后返回循环水场，在循环水场统一处理，循环水场的排污水经过适度处理后回用于循环水场的补水。

5.9.12 设备冷却用水

(1) 用途及原理：设备冷却用水主要是循环冷却水，通过换热器交换热量或直接接触换热方式交换介质热量，并经冷却塔凉水后循环使用，以节约水资源。煤气化装置的机泵等设备在运行过程中需要冷却降温，以保持正常运转。

(2) 用水量及水源要求：设备冷却所需的冷却用水由循环水场提供。

(3) 给水节水措施及问题：采用循环水夹点技术优化循环水的换热网络，以减少循环水的使用量。

(4) 排水及主要污染物：设备冷却用水经过换热后返回循环水场，通过调节循环水场的补充水量、加药、排污等措施控制循环水的水质，其主要污染物是盐类和油。

(5) 排水的处理或回用措施：设备冷却水经过换热后返回循环水场，在循环水场统一处理，循环水场的排污水经过适度处理后回用于循环水场的补水。

5.9.13 煤气化装置水平衡图

煤气化装置水平衡图如图 5.41 至图 5.48 所示。

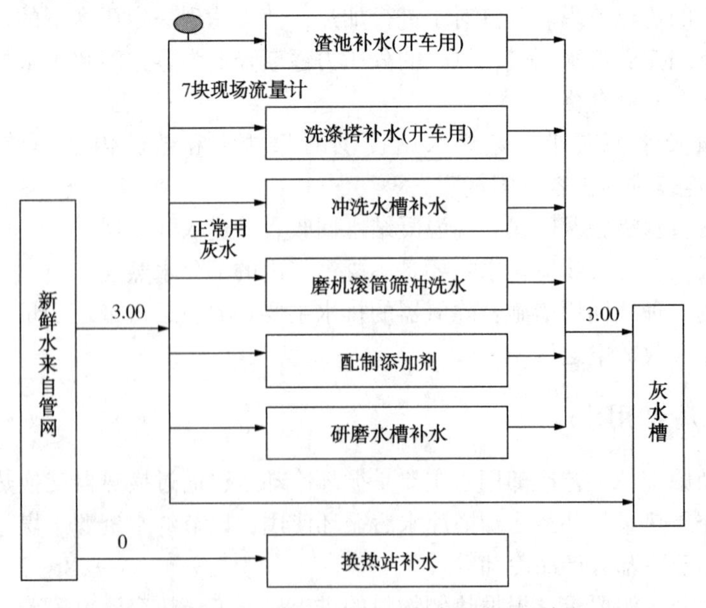

图 5.41 某煤化工厂煤气化装置生产水平衡图(单位：t/h)

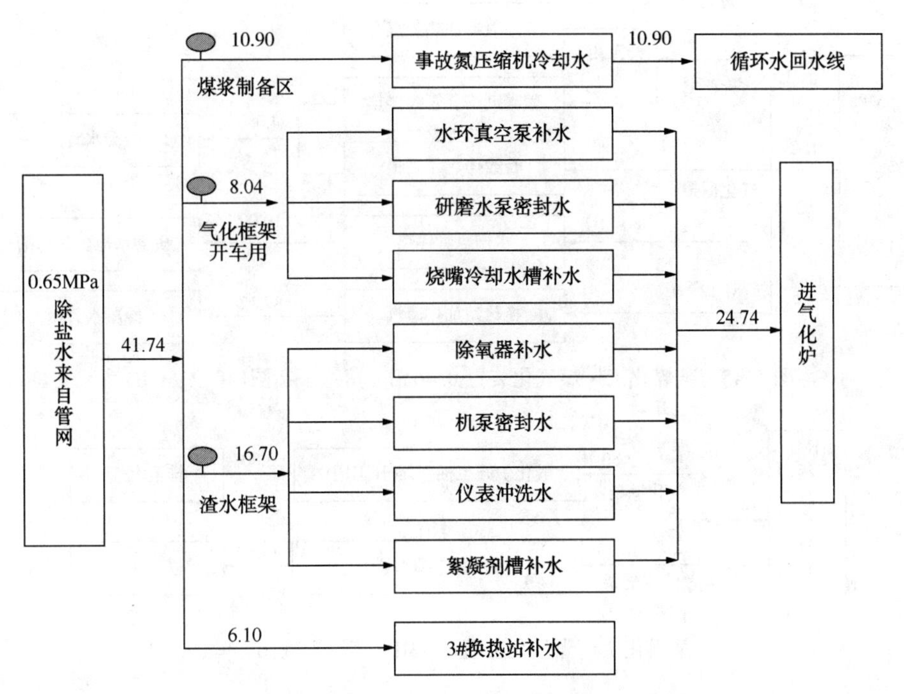

图 5.42 某煤化工厂煤气化装置 0.65MPa 除盐水平衡图(单位：t/h)

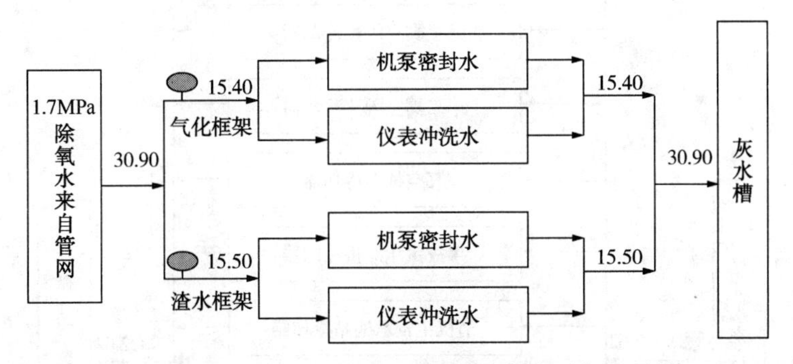

图 5.43 某煤化工厂煤气化装置 1.7MPa 除氧水平衡图(单位：t/h)

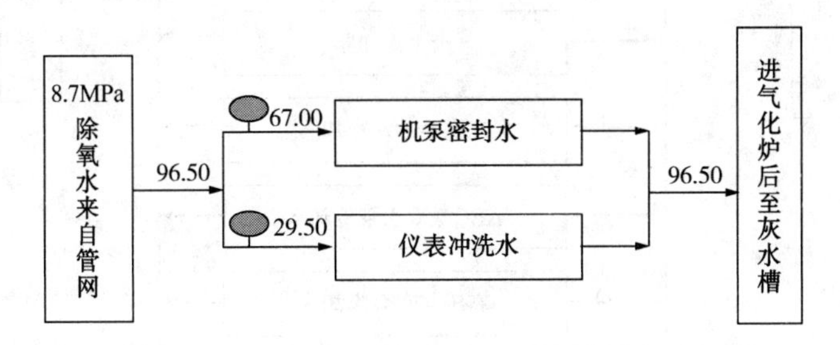

图 5.44 某煤化工厂煤气化装置 8.7MPa 除氧水平衡图(单位：t/h)

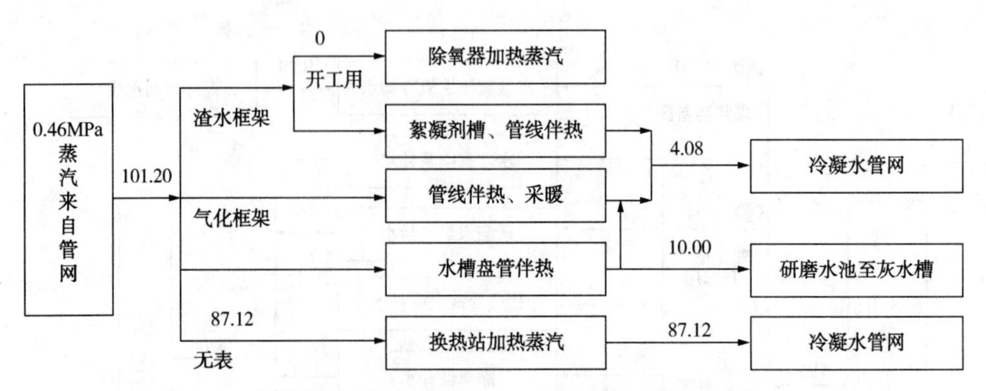

图 5.45　某煤化工厂煤气化装置 0.46MPa 蒸汽平衡图(单位：t/h)

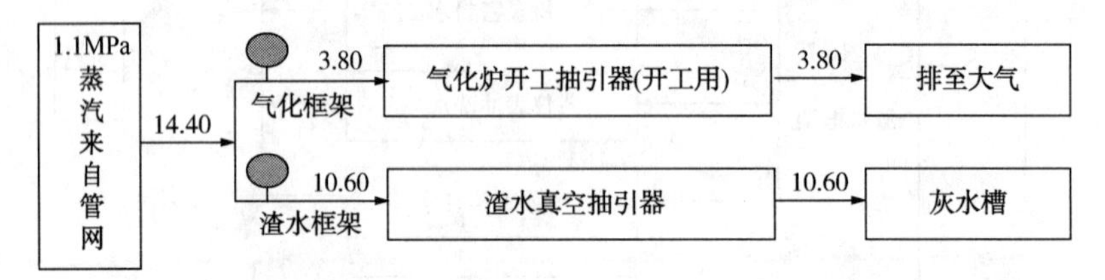

图 5.46　某煤化工厂煤气化装置 1.1MPa 蒸汽平衡图(单位：t/h)

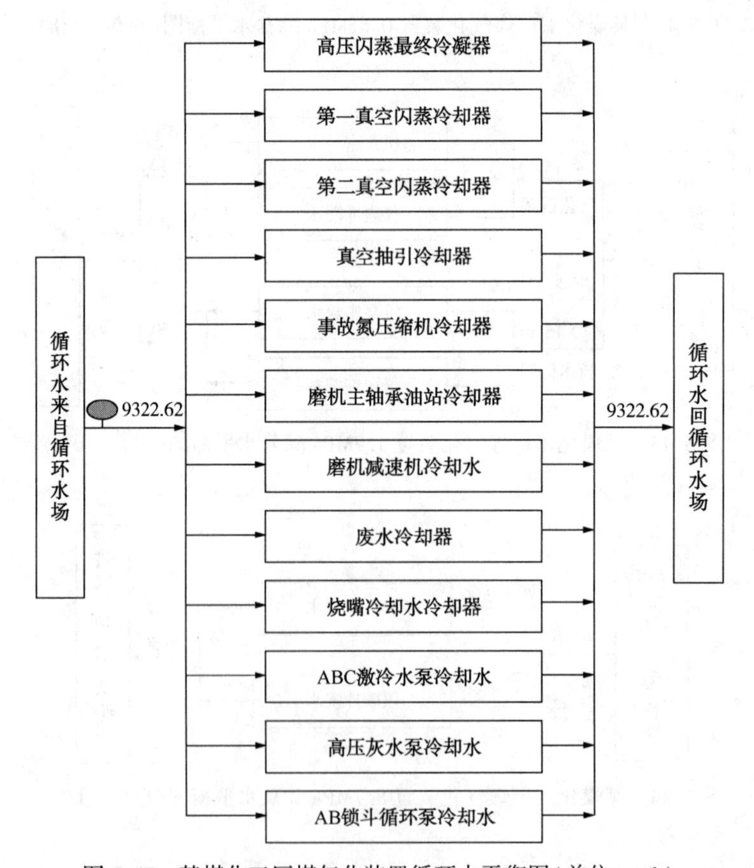

图 5.47　某煤化工厂煤气化装置循环水平衡图(单位：t/h)

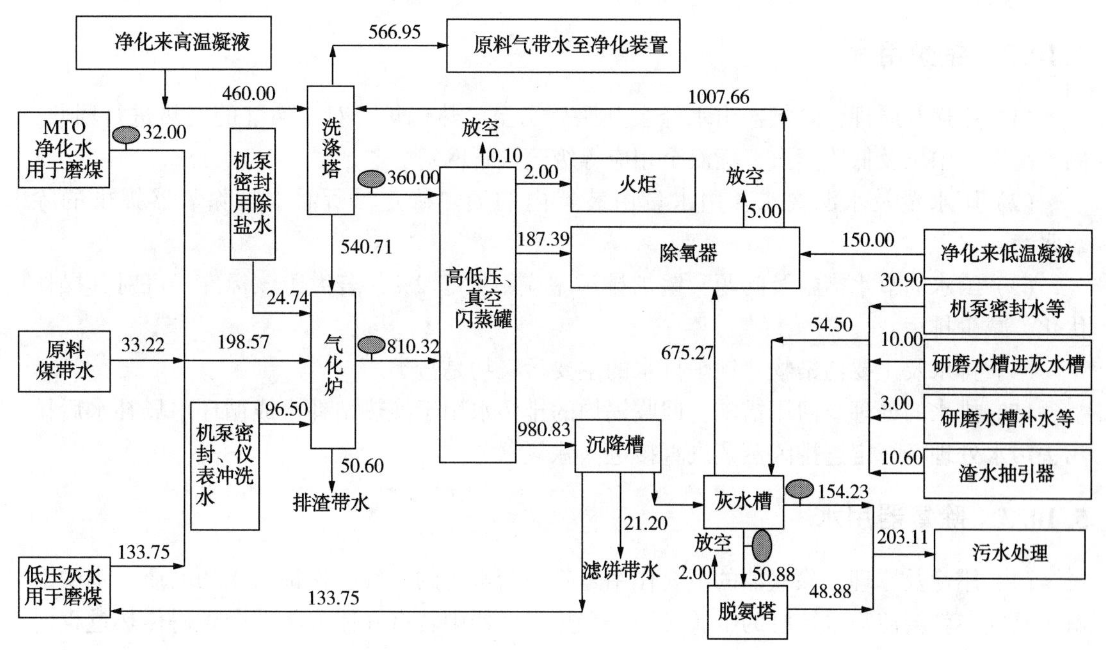

图 5.48 某煤化工厂煤气化装置灰水平衡图(单位：t/h)

5.10 净化装置

净化装置由变换、低温甲醇洗、冷冻、冷凝液回收汽提和锅炉给水等系统组成。其中，变换、低温甲醇洗、冷冻单元共设两系列，冷凝液回收汽提及锅炉给水系统为单系列共用辅助装置。

净化装置主要使用生产水、生活水、除盐水、循环水及蒸汽。其中，生产水主要用于过滤器清洗及地面冲洗；生活水主要用于洗眼器；除盐水要用于除氧器补水、尾气洗涤塔洗涤尾气、循环气压缩机缸体冷却；循环水主要用于工艺气换热；贫甲醇降温、循环气降温、丙烯气降温、透平乏汽降温；蒸汽主要用于冬季伴热、除氧器加热、汽提塔加热、再生塔再沸器加热、甲醇水分离塔再沸器加热、驱动透平。

5.10.1 尾气洗涤塔用水

(1) 用途及原理：主要用途是脱除甲醇，以满足环境法规的需求。尾气洗涤塔洗涤尾气主要为 CO_2气体，使用除盐水等水洗涤时，利用甲醇与 CO_2在水中溶解度不同，将甲醇从尾气中洗涤出来。

(2) 用水量及水源要求：洗涤水量根据塔顶产品质量或溶液中甲醇含量进行控制。水源一般使用除盐水。

(3) 给水的节水措施及问题：为了减少除盐水的用量，可使用工艺过程水，如甲醇水分离塔塔底水可进入洗涤塔进行洗涤。

(4) 排水及主要污染物：排水为生产污水，主要污染物为甲醇等。

(5) 排水的处理或回用措施：生产污水进入污水处理装置，经处理后可回用于循环水场等。

5.10.2 锅炉用水

(1) 用途及原理：除氧器出水经泵升压后送至废热锅炉，对变换气的废热进行回收，副产高压、中压及低压蒸汽，蒸汽至相应等级蒸汽管网。

(2) 用水量及水源要求：用水量由装置内的废热确定，所需水是除氧器提供的除氧水。

(3) 给水的节水措施及问题：锅炉排污率应不大于2%，若大于该标准，可对其操作优化，减少排污。

(4) 排水及主要污染物：锅炉排水的主要污染物是盐类。

(5) 排水的处理或回用措施：回收锅炉的排污水用于换热站补水或循环水场补水后排污去污水处理场，定连排闪蒸蒸汽直接进入除氧器。

5.10.3 除氧器用水

(1) 用途及原理：除氧器的主要作用是除去给水中的氧气，保证给水的品质。水中溶解了氧气，就会使与水接触的金属腐蚀；在热交换器中若有气体聚集就会妨碍传热过程的进行，降低设备的传热效果。蒸汽对水进行加热，使水达到一定压力下的饱和温度，即沸点。除氧器的空间充满着水蒸气，氧气的分压力逐渐降低为零，溶解于水的氧气将全部逸出，以保证给水含氧量合格。

(2) 用水量及水源要求：除盐水站提供的除盐水和装置内的蒸汽凝结水，以及1.0MPa蒸汽和连续排污扩容器闪蒸蒸汽等。

(3) 给水的节水措施及问题：高温凝结水回收直接进入除氧器。

(4) 排水及主要污染物：排水主要是不凝气带出的部分水蒸气。

(5) 排水的处理或回用措施：除氧器的排水主要是放空乏汽带走少量水蒸气，通过除氧器乏汽回收器回收放空乏汽。

5.10.4 汽提用汽

(1) 用途及原理：汽提蒸汽主要是降低轻组分的油气分压，促使其在较低的温度下从油品中分离；提供部分热量；蒸汽冷凝后可以与油品分层，易于分离。

(2) 用汽量及水源要求：直接汽提蒸汽用量一般为产品量的2%~4%，汽提蒸汽的压力一般为0.3~0.4MPa。

(3) 给水的节水措施及问题：通过调整汽提塔的操作条件来优化汽提蒸汽用量。

(4) 排水及主要污染物：排水水质较好，含污染物少。

(5) 排水的处理或回用措施：装置中汽提污水排放至装置除氧器，经除氧器处理后回用于洗涤塔作为洗涤水使用。

5.10.5 再生用汽

(1) 用途及原理：蒸汽用于提高塔釜温度，使塔底液相重组分汽化，气相向上流动，与从回流罐下来的轻组分液相在塔板或填料层上进行多次部分汽化和部分冷凝，从而使混合物达到高纯度的分离。再沸器用汽为再生塔的正常运行提供热量。

(2) 用水量及水源要求：用汽量与被加热的介质性质有关，根据介质需要的温度选择蒸汽品位，确定再沸器压力等级，水源是蒸汽系统提供的0.4MPa的蒸汽。

(3) 给水的节水措施及问题：尽可能利用系统的热源。

(4) 排水及主要污染物：排水为凝结水，水质较好。

(5) 排水的处理或回用措施：凝液经除氧器后可回用至锅炉等单元。

5.10.6 汽轮机用汽

(1) 用途及原理：装置内汽轮机使用高压蒸汽。高温高压蒸汽，经入口管进入汽轮机，在机内叶轮处膨胀做功，焓值下降，温度、压力下降，把蒸汽的热能、压力能转化为转子转动的机械能，通过联轴器带动压缩机旋转。

(2) 用水量及水源要求：汽轮机用汽量可由入口流量表读出，蒸汽等级为4.1MPa。

(3) 给水的节水措施及问题：出于全厂考虑，可减少凝气的使用量。

(4) 排水及主要污染物：抽凝式汽轮机产生凝液可回用至除氧器，用作除氧水。凝液较洁净，不含污染物。

(5) 排水的处理或回用措施：凝液一般回收至全厂凝液管网，后回用至化学水制水等单元。

5.10.7 仪表冲洗用水

(1) 用途及原理：为防止比较脏的物料堵塞仪表的安装口，导致传温，传压效果变差，仪表出现假指示等情况。

(2) 用水量及水源要求：水源一般使用除氧水。

(3) 给水的节水措施及问题：在甲醇制烯烃净化水处理合格的条件下，可使用甲醇制烯烃净化水代替除氧水，以减少除氧水耗量。

(4) 排水及主要污染物：排水为清净废水，污染物较少。

(5) 排水的处理或回用措施：排水可直接回用于汽化炉。

5.10.8 工艺冷却用水

(1) 用途及原理：工艺冷却用水主要是循环冷却水，通过换热器交换热量或直接接触换热方式交换介质热量，并经冷却塔凉水后循环使用，以节约水资源。净化装置工艺冷却水主要用于产品冷却等。

(2) 用水量及水源要求：根据热侧物料的进出口温度、热容流率等确定循环冷却水的用量，所用循环冷却水由循环水场提供。

(3) 给水的节水措施及问题：充分利用系统中的低温热以及使用空冷器，使热侧物流进入循环冷却器的温度合理，即冷热侧物流换热温差合理，采用循环水夹点技术优化循环水的换热网络，以减少循环水的使用量。

(4) 排水及主要污染物：工艺冷却用水经过换热后返回循环水场，通过调节循环水场的补充水量、加药、排污等措施控制循环水的水质，其主要污染物是盐类和油。

（5）排水的处理或回用措施：工艺冷却水经过换热后返回循环水场，在循环水场统一处理，循环水场的排污水经过适度处理后回用于循环水场的补水。

5.10.9 设备冷却用水

（1）用途及原理：设备冷却用水主要是循环冷却水，通过换热器交换热量或直接接触换热方式交换介质热量，并经冷却塔凉水后循环使用，以节约水资源。净化装置的机泵等设备在运行过程中需要冷却降温，以保持正常运转。

（2）用水量及水源要求：设备冷却所需的冷却用水由循环水场提供。

（3）给水节水措施及问题：采用循环水夹点技术优化循环水的换热网络，以减少循环水的使用量。

（4）排水及主要污染物：设备冷却用水经过换热后返回循环水场，通过调节循环水场的补充水量、加药、排污等措施控制循环水的水质，其主要污染物是盐类和油。

（5）排水的处理或回用措施：设备冷却水经过换热后返回循环水场，在循环水场统一处理，循环水场的排污水经过适度处理后回用于循环水场的补水。

5.10.10 净化装置水平衡图

净化装置水平衡图如图 5.49 至图 5.54 所示。

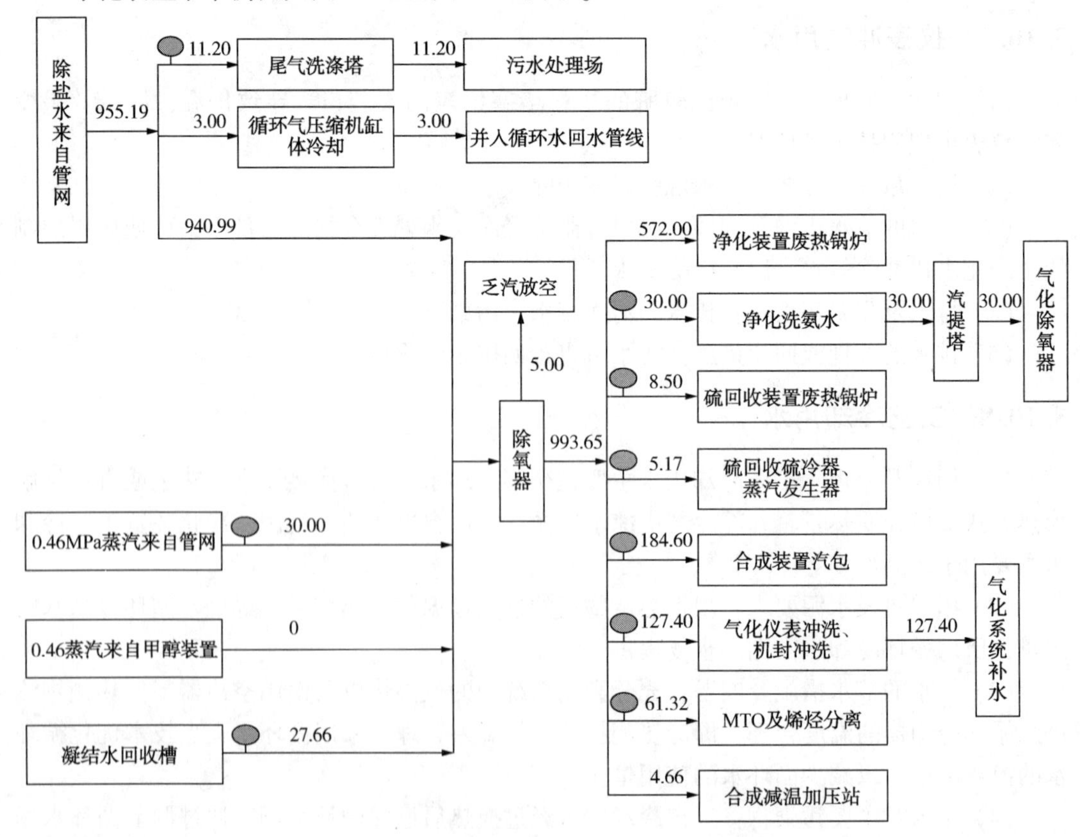

图 5.49 某煤化工厂净化装置除盐水平衡图（单位：t/h）

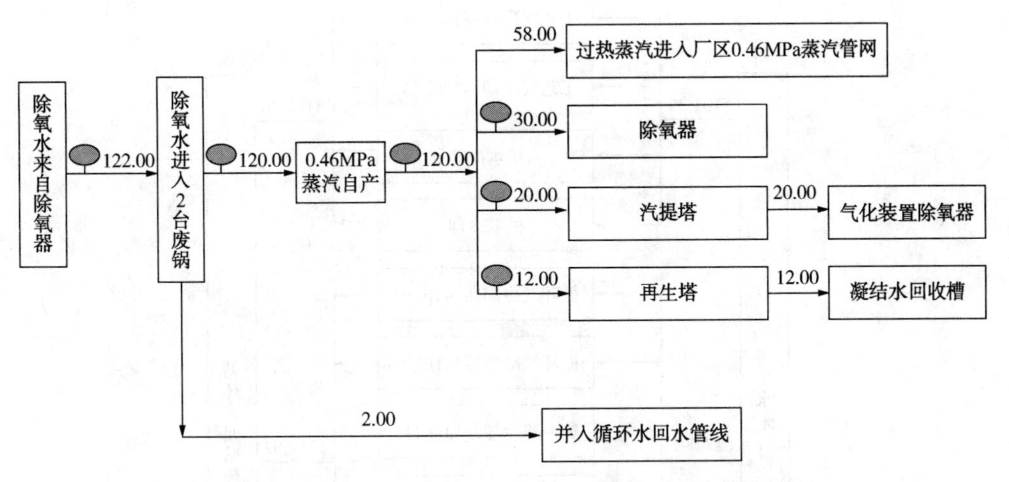

图 5.50 某煤化工厂净化装置 0.46MPa 蒸汽平衡图(单位：t/h)

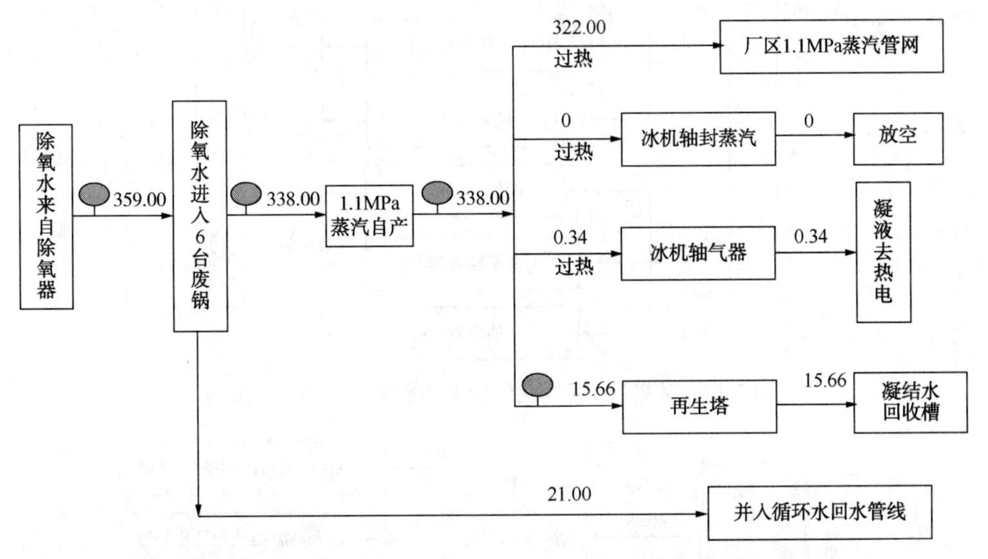

图 5.51 某煤化工厂净化装置 1.1MPa 蒸汽平衡图(单位：t/h)

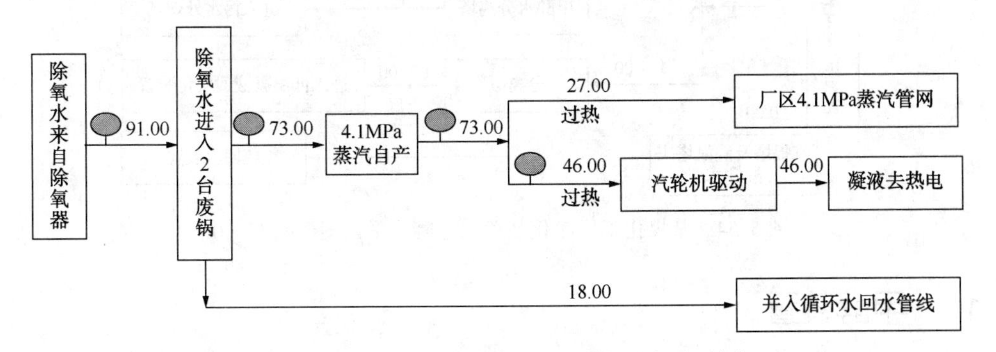

图 5.52 某煤化工厂净化装置 4.1MPa 蒸汽平衡图(单位：t/h)

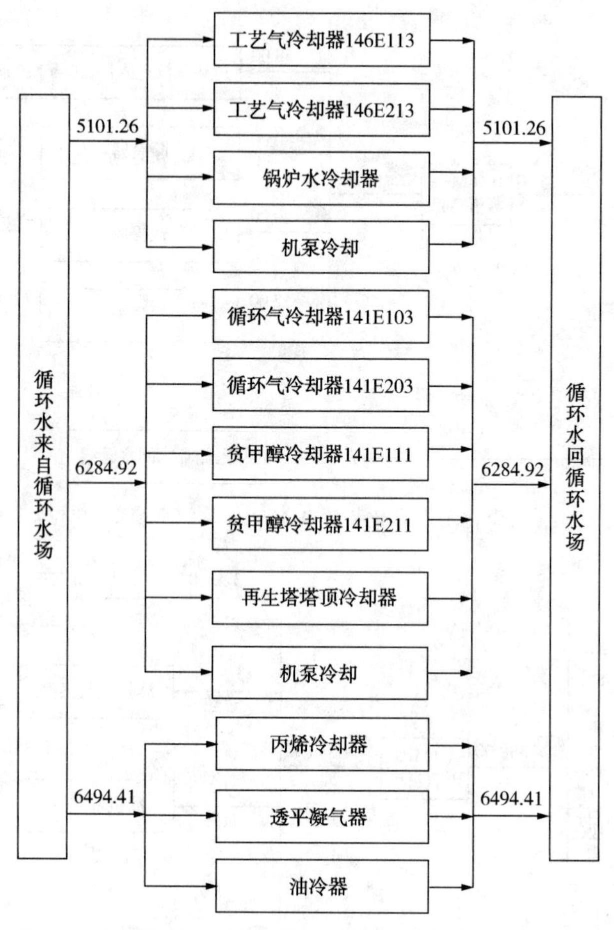

图 5.53　某煤化工厂净化装置循环水平衡图(单位：t/h)

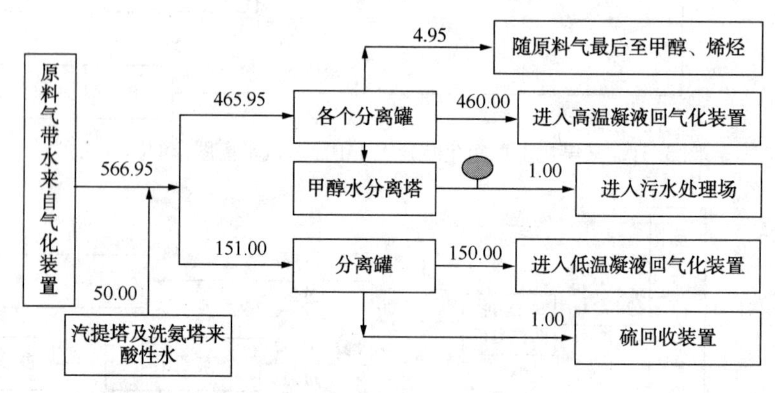

图 5.54　某煤化工厂净化装置工艺凝液平衡图(单位：t/h)

5.11　甲醇装置

甲醇装置主要工艺流程为：经甲醇洗脱硫脱碳净化后的合成气经甲醇合成气压缩机增压与来自甲醇合成回路的循环气被压缩至合成需要的压力，送入甲醇合成回路进行甲醇合成，CO、CO_2和 H_2在 Cu-Zn 催化剂作用下合成粗甲醇。出甲醇合成塔的热气体经回收热量和冷却后进入甲醇分离器，从分离器上部出来的未反应气体除少部分作为弛放气送至氢回收系统外，绝大部分进入循环气压缩机压缩，返回到甲醇合成回路。粗甲醇从甲醇分离器底部排出，送往甲醇精馏工段。在甲醇精馏工段经过脱轻组分塔，得到甲醇制烯烃级甲醇；部分粗甲醇送入精馏塔生产商品级的精甲醇，并副产甲醇油。精甲醇和甲醇制烯烃级甲醇送入甲醇制烯烃装置。

甲醇装置有生产用水、生活用水、循环水、除盐水、锅炉水和蒸汽。其中，生产用水主要用作装置区内各公用工程站供水及换热采暖补水等；生活用水主要用作装置及罐区内各洗眼器供水、机封冷却水、换热站的生活补水；循环水主要用作各水冷器及机泵填料的冷却水；除盐水用作膜分离水洗塔的洗醇水、粗甲醇排放槽的洗涤水、表面冷凝器的开车补水、粗甲醇中间罐的气相洗醇水、磷酸盐和碱液溶液的配药用水、换热站采暖补水以及各机泵的机封冷却水；锅炉水主要用作甲醇合成汽包补水、减温减压站减温水。

5.11.1 配药用水

（1）用途及原理：为了防止在锅炉中产生钙垢和碱性腐蚀，在锅炉给水中加入磷酸盐，使得随锅炉给水进入炉内的 Ca^{2+}不会形成水垢，而是生成水渣，并通过锅炉排污予以排除；为防止粗甲醇中酸性物质腐蚀塔设备，需要在粗甲醇中加入一定量的稀碱液。装置用磷酸盐和碱液等液态化学药剂由工厂系统供应，在装置内调配成需要浓度。

（2）用水量及水源要求：药剂配制用水主要是除盐水或除氧水，用水量由工艺所需磷酸盐、碱液浓度决定。

（3）给水的节水措施及问题：在水质满足要求的前提下，尽可能使用装置内的回用水。

（4）排水及主要污染物：配药用水进入药剂中。

（5）排水的处理或回用措施：无。

5.11.2 膜分离水洗塔洗醇水

（1）用途及原理：由甲醇合成单元来的高压驰放气进入高压水洗塔进行水洗，含甲醇的水从水洗塔塔底送出氢气回收系统，塔顶原料气进行膜分离进入氢气回收系统。水洗塔的运行效果对膜分离器的寿命很重要，如果不水洗，产品纯度将会有所下降。

（2）用水量及水源要求：洗涤水用量根据水洗塔塔顶气洗涤要求进行控制，洗涤水量太大，会增加膜分离工序处理难度；洗涤水量太小，会影响洗涤效果。一般使用脱盐水。

（3）给水的节水措施及问题：开、停车时使用新鲜脱盐水，正常工况下可使用甲醇精馏单元的工艺废水。

（4）排水及主要污染物：排水进入产品。

（5）排水的处理或回用措施：无。

5.11.3 粗甲醇排放槽用水

（1）用途及原理：粗甲醇分离器的粗甲醇进入粗甲醇闪蒸罐后，闪蒸气体经过粗甲醇排放槽洗涤后排入界外燃料气管网。

(2) 用水量及水源要求：洗涤水用量根据闪蒸气洗涤要求进行控制，一般使用脱盐水。

(3) 给水的节水措施及问题：开、停车时使用新鲜脱盐水，正常工况下可使用甲醇精馏单元的工艺废水。

(4) 排水及主要污染物：排水进入产品。

(5) 排水的处理或回用措施：无。

5.11.4 粗甲醇中间罐气相洗醇水

(1) 用途及原理：甲醇精馏单元生产的甲醇，合格甲醇进入精甲醇中间槽，不合格甲醇送入粗甲醇贮槽。甲醇槽的放空尾气经洗涤后排放，洗涤液为精馏工艺废水，开、停车时使用新鲜脱盐水。

(2) 用水量及水源要求：洗涤水用量根据放空尾气洗涤要求进行控制，一般使用脱盐水。

(3) 给水的节水措施及问题：开、停车时使用新鲜脱盐水，正常工况下可使用甲醇精馏单元的工艺废水。

(4) 排水及主要污染物：排水进入产品。

(5) 排水的处理或回用措施：无。

5.11.5 汽包用水

(1) 用途及原理：除氧器出水经泵升压后送至废热锅炉，对转化气及高变气的废热进行回收，副产超高压的蒸汽，蒸汽经过汽轮机背压后装置内自用。

(2) 用水量及水源要求：用水量由装置内的废热确定，所需水是除氧器提供的除氧水。

(3) 给水的节水措施及问题：锅炉排污率应不大于2%，若大于该标准，可对其操作进行优化，减少排污。

(4) 排水及主要污染物：锅炉排水的主要污染物是盐类。

(5) 排水的处理或回用措施：回收锅炉的排污水用于换热站补水或循环水场补水后排污去污水处理场，定连排闪蒸蒸汽直接进入除氧器。

5.11.6 汽轮机用汽

(1) 用途及原理：蒸汽通过汽轮机的喷嘴膨胀，膨胀时蒸汽的压力降低、流速增加，蒸汽热能转化为动能，同时以很高的流动速度射到叶片上，推动叶轮转动，即动能转化为机械能，再带动压缩机转子做功，将蒸汽的热能转化为压缩机工作的机械功。

(2) 用水量及水源要求：蒸汽用量可根据汽轮机的设计效率及其功率，结合蒸汽焓值利用情况和蒸汽泄漏等计算确定。用水一般为相应等级蒸汽。

(3) 给水的节水措施及问题：合理选择压缩机流量和出口压力，减少反飞动量，减少系统压降提高气压计入口压力，减少压缩机轴功率，减少蒸汽耗量。

(4) 排水及主要污染物：排水是凝液，凝液水质较好，不含污染物。

(5) 排水的处理或回用措施：凝液回厂区管网，供化学水制水等单元使用。

5.11.7 再沸器用汽

(1) 用途及原理：蒸汽用于提高塔釜温度，使塔底液相重组分汽化，气相向上流动，与从回流罐下来的轻组分液相在塔板或填料层上进行多次部分汽化和部分冷凝，从而使混合物达到高纯度的分离。再沸器用汽为精馏塔的正常运行提供热量。

(2) 用水量及水源要求：用汽量与被加热的介质性质有关，根据介质需要的温度选择蒸汽品位，确定再沸器压力等级，水源是蒸汽系统提供的相应等级的蒸汽。

(3) 给水的节水措施及问题：尽可能利用系统的热源。

(4) 排水及主要污染物：排水为凝结水，污染物主要为油类。

(5) 排水的处理或回用措施：凝液经除油除铁后可回用至化学水制水等单元。

5.11.8 汽轮机抽汽器、轴封、轴封抽汽器

(1) 用途及原理：汽轮机/轴封抽汽器是工作蒸汽在高压下从喷嘴以很高的流速喷出，在喷射过程中蒸汽的静压能转变成动能产生低压，将气体吸入，吸入的气体与蒸汽混合后进入扩散管，速度逐渐降低，压力随之升高，而后从背压出口排出。轴封蒸汽是在轴的两端形成密封，防止缸内气体逸入大气(高压侧即蒸汽入口侧)，或空气漏入缸体(低压侧即做功后的乏汽侧)，影响表冷器的真空度。

(2) 用水量及水源要求：一般使用低压蒸汽作为水源。

(3) 给水的节水措施及问题：轴封蒸汽过大，造成蒸汽浪费，如果密封蒸汽泄漏气回到疏水膨胀箱，会加大对空冷器(表冷器)负荷，不及时调整有可能影响到真空度；轴封蒸汽过小，密封效果不好，高压侧高压蒸汽容易泄漏出来，真空侧很有可能吸入空气影响到真空度。

(4) 排水及主要污染物：轴封及轴封抽汽器用汽后放空；透平开工抽汽器用汽后冷凝为凝液，凝液水质较好，不含污染物。

(5) 排水的处理或回用措施：凝液回厂区管网，供化学水制水等单元使用。

5.11.9 工艺冷却用水

(1) 用途及原理：工艺冷却用水主要是循环冷却水，通过换热器交换热量或直接接触换热方式交换介质热量，并经冷却塔凉水后循环使用，以节约水资源。甲醇装置工艺冷却水主要用于压缩机冷却、产品冷却等。

(2) 用水量及水源要求：设备冷却所需的冷却用水由循环水场提供。

(3) 给水节水措施及问题：充分利用系统中的低温热以及使用空冷器，使热侧物流进入循环冷却器的温度合理，即冷热侧物流换热温差合理，采用循环水夹点技术优化循环水的换热网络，以减少循环水的使用量。

(4) 排水及主要污染物：设备冷却用水经过换热后返回循环水场，通过调节循环水场的补充水量、加药、排污等措施控制循环水的水质，其主要污染物是盐类和油。

（5）排水的处理或回用措施：设备冷却水经过换热后返回循环水场，在循环水场统一处理，循环水场的排污水经过适度处理后回用于循环水场的补水。

5.11.10　甲醇装置水平衡图

甲醇装置水平衡图如图 5.55 至图 5.60 所示。

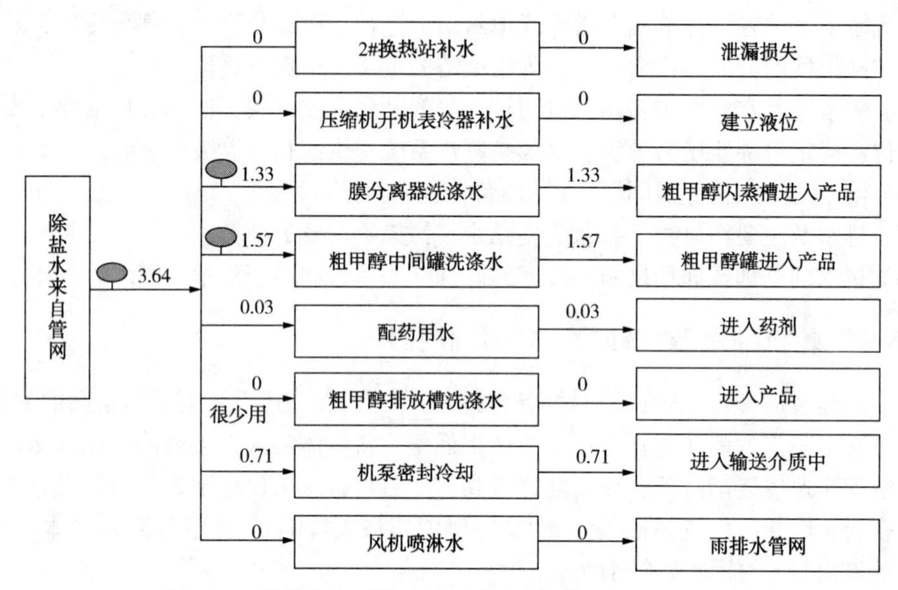

图 5.55　某煤化工厂甲醇装置除盐水平衡图（单位：t/h）

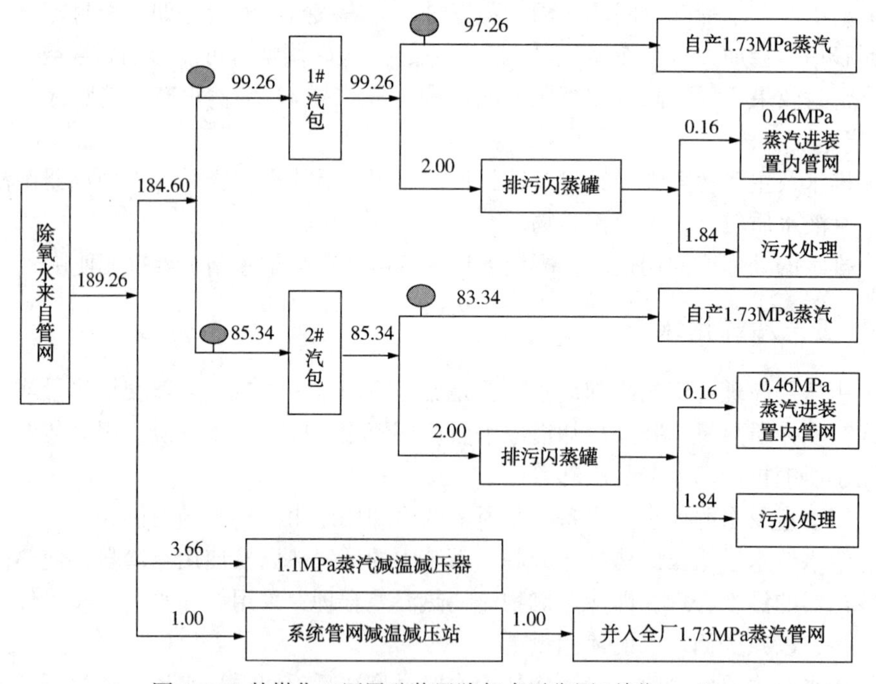

图 5.56　某煤化工厂甲醇装置除氧水平衡图（单位：t/h）

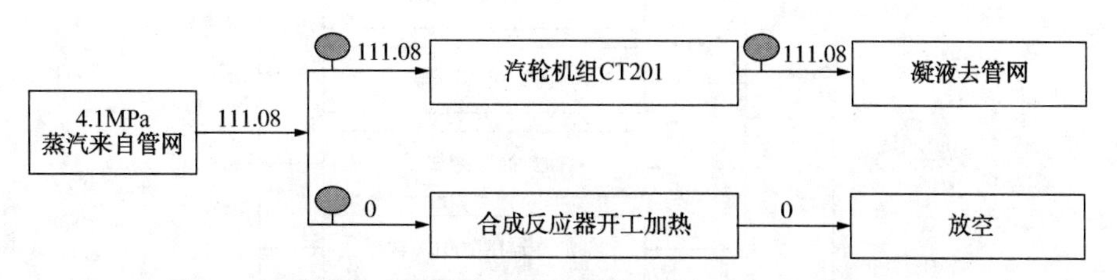

图 5.57　某煤化工厂甲醇装置 4.1MPa 蒸汽平衡图(单位：t/h)

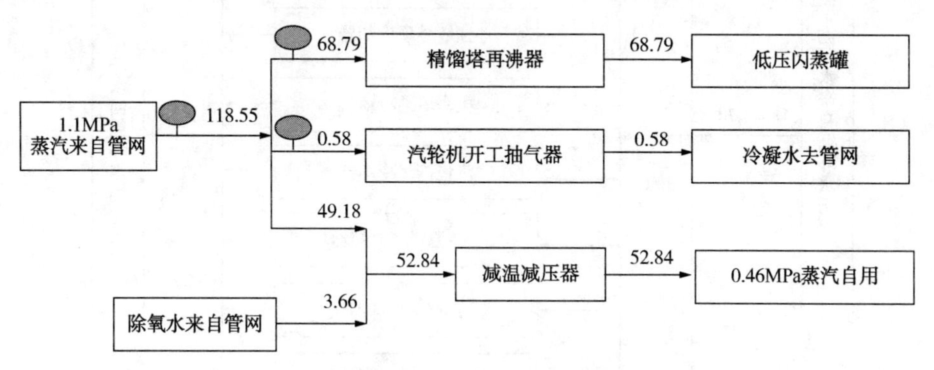

图 5.58　某煤化工厂甲醇装置 1.1MPa 蒸汽平衡图(单位：t/h)

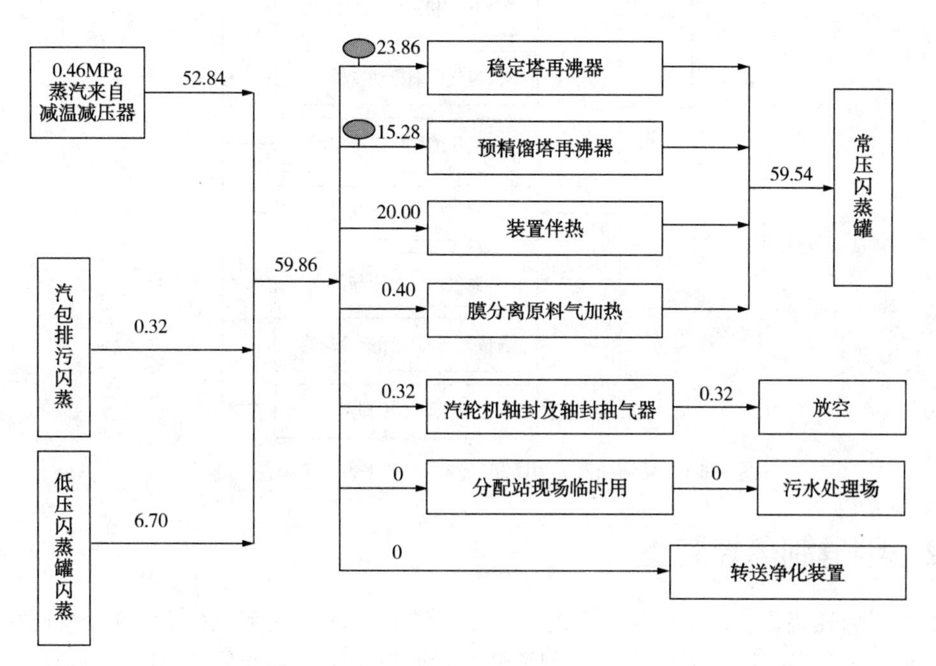

图 5.59　某煤化工厂甲醇装置 0.46MPa 蒸汽平衡图(单位：t/h)

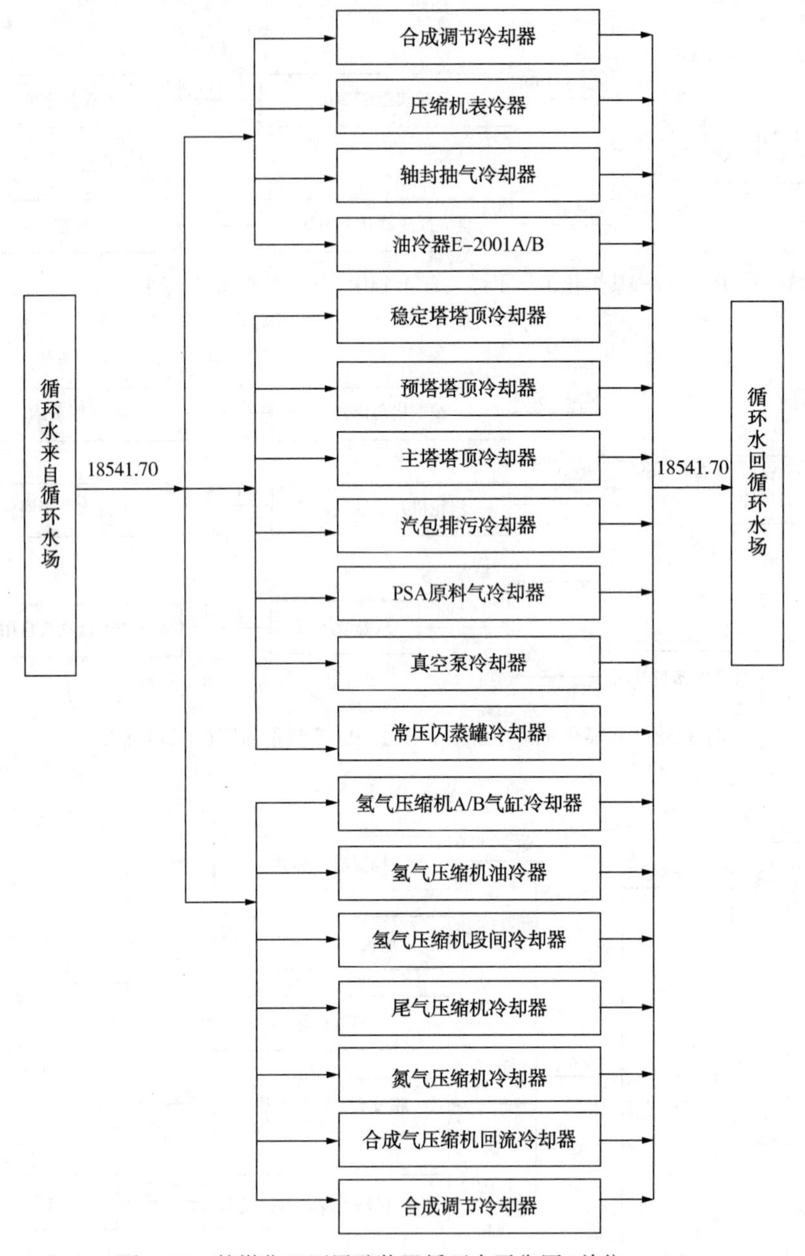

图 5.60 某煤化工厂甲醇装置循环水平衡图(单位：t/h)

5.12 甲醇制烯烃装置

甲醇制烯烃装置包括反应再生系统、急冷水洗和污水汽提系统(简称急冷汽提系统)、热量回收系统(简称热工系统)。甲醇制烯烃装置原料为甲醇，产品气经烯烃分离后，进入聚乙烯、聚丙烯装置生产聚烯烃产品。

甲醇制烯烃装置主要使用生产水、除氧水、循环水和蒸汽。其中，生产水主要用作装置的烟气水封罐、水洗水过滤器及软管站用水；循环水主要用于水洗水冷却器、净化水冷却器、汽提气冷却器、润滑油冷却器、滑阀油箱冷却水、汽包排污罐用水、机泵冷却水、采样冷却水；除氧水主要用作余热锅炉汽包和外取热器汽包产汽用水、过热蒸汽降温水、汽包加药罐用水；蒸汽主要用作甲醇—蒸汽汽化器、污水汽提塔重沸器用蒸汽，反应用蒸汽，再生用蒸汽，催化剂罐汽抽子用汽，仪表伴热、软管站消防用汽。

5.12.1 烟气水封罐用水

（1）用途及原理：自装置来的再生烟气经烟气水封罐进入CO焚烧炉，经补充空气燃烧后烟气进入余热锅炉，经余热锅炉取热降温后排入烟囱。水封罐主要由筒体和入口内伸管形成的大水封及一侧的小水封构成。当需要烟气通过水封罐(即导通作用)时，烟气从入口进入水封罐，直导入筒体下部，再经入口内伸管与筒体间的夹套折返，最后从出口流出，这时水封罐内没有注水。当需要水封罐阻断烟气(即阻断作用)时，水封罐内注水，这样会在水封罐入口管及夹套内形成一个液面。在外部烟气压力压缩下，夹套内的液位会下降，而入口管内的液位会上升，从而形成一个液位差。当外部烟气压力不大于该液位差形成的压差时，烟气被阻断。侧面的小水封起溢流及密封作用。小水封充水后，会在小水封入口和出口间形成一个恒定的压差，使大水封内的烟气不外泄。小水封与外界连通，为防止烟气外泄，小水封筒体内需始终注满水。此处的水封用水指的是小水封用水。

（2）用水量及水源要求：用水量与小水封的结构尺寸有关，一般使用新鲜水作为水封用水。

（3）给水的节水措施及问题：无。

（4）排水及主要污染物：排水为含油污水，主要污染物为盐类和油。

（5）排水的处理或回用措施：烟气水封罐的排水主要在污水处理系统进行含油污水处理，处理为达标污水后，再经过深度处理装置处理回用于循环水补水或除盐水系统。

5.12.2 水洗水过滤器用水

（1）用途及原理：水洗水过滤器的目的是洗涤除去水洗塔塔底水洗水中携带的催化剂，经过滤后进入污水沉降罐作为污水汽提塔的进料。水洗水过滤器是在外力作用下，使洗涤水通过过滤器，催化剂等固体颗粒被截留在过滤器介质上，实现固液分离。

（2）用水量及水源要求：过滤用水量根据过滤器尺寸及冲洗强度确定，一般使用新鲜水作为水源。

（3）给水的节水措施及问题：无。

（4）排水及主要污染物：水洗水过滤器排水的主要污染物为催化剂颗粒等。

（5）排水的处理或回用措施：水洗水过滤器排水主要在污水处理系统进行含油污水处理，处理为达标污水后，再经过深度处理装置处理回用于循环水补水或除盐水系统。

5.12.3 锅炉及汽包用水

（1）用途及原理：除氧器出水经泵升压后送至再生外取热器汽包及余热锅炉汽包，对甲醇制烯烃再生器及烟气余热进行回收，副产高压蒸汽，蒸汽送至装置内自用。

（2）用水量及水源要求：用水量由装置内的废热确定，所需水是除氧器提供的除氧水。

(3) 给水的节水措施及问题：锅炉及汽包排污率应不大于2%，若大于该标准，可对其操作进行优化，减少排污。

(4) 排水及主要污染物：锅炉排水的主要污染物是盐类。

(5) 排水的处理或回用措施：回收锅炉的排污水用于换热站补水或循环水场补水后排污去污水处理场，定连排闪蒸蒸汽直接进入除氧器。

5.12.4 重沸器用汽

(1) 用途及原理：重沸器的原理是使精馏塔底液相重组分汽化，气相向上流动，与从回流罐下来的轻组分液相在塔板或填料层上进行多次部分汽化和部分冷凝，从而使混合物达到高纯度的分离。重沸器用汽为精馏塔的正常运行提供热量。

(2) 用汽量及水源要求：用汽量与被加热的介质性质有关，根据介质需要的温度选择蒸汽品位，确定再沸器压力等级，水源是蒸汽系统提供的相应等级的蒸汽。

(3) 给水的节水措施及问题：尽可能利用系统的热源。

(4) 排水及主要污染物：排水主要是凝结水，污染物少。

(5) 排水的处理或回用措施：经过超微过滤、纤维吸附、混床处理后作为除盐水使用。

5.12.5 甲醇制烯烃工艺反应用汽

(1) 用途及原理：反应系统用汽一般为进料的提升蒸汽，提升段的作用就是通入一定量蒸汽，加速催化剂，使其在进入反应器时有一定的线速和催化剂在轴向有良好的分布。

(2) 用水量及水源要求：一般使用1.1MPa蒸汽作为反应用汽。

(3) 给水的节水措施及问题：可通过优化工艺、加强操作管理减少工艺耗汽量。

(4) 排水及主要污染物：随物料进入后续工艺，最后去污水汽提。

(5) 排水的处理或回用措施：无。

5.12.6 甲醇制烯烃工艺再生用汽

(1) 用途及原理：再生系统工艺用汽一般为再生系统的汽提用汽，对从沉降器到汽提段的催化剂用水蒸气进行汽提，汽提出催化剂颗粒间和空隙内的油气，减少油气损失，提高油品收率，降低焦炭产率，减少再生气烧焦负荷。汽提效果受水蒸气量和汽提段的结构影响。

(2) 用水量及水源要求：一般使用1.1MPa蒸汽作为再生用汽。

(3) 给水的节水措施及问题：可通过优化工艺、加强操作管理减少工艺耗汽量。

(4) 排水及主要污染物：一般从烟囱排放。

(5) 排水的处理或回用措施：无。

5.12.7 再生器内取热保护蒸汽用汽

(1) 用途及原理：再生器设置的内取热器用于发生蒸汽或过热蒸汽。内取热器包括肋片管和光管。正常生产操作中，若仅部分肋片管及光管投用即可满足生产需要，则剩余的光管需要投用低压蒸汽进行保护。

（2）用水量及水源要求：根据再生器的取热负荷计算内取热器保护蒸汽的用量，一般使用低压蒸汽作为内取热器保护蒸汽。

（3）给水的节水措施及问题：对再生器内取热器保护蒸汽和取热负荷进行核算，通过设计减温减压器，将保护蒸汽减压后作为进料汽化器的热源。

（4）排水及主要污染物：该保护蒸汽经过热后，一般进入后续工艺使用，如污水进入汽提塔作为汽提蒸汽。

（5）排水的处理或回用措施：无。

5.12.8 蒸汽汽化器用汽

（1）用途及原理：甲醇制烯烃装置反应器采用循环流化床工艺，进料甲醇采用气相进料，液相甲醇制烯烃级甲醇经加热汽化和过热后进入反应器进行反应。蒸汽汽化器用蒸汽为甲醇进料的热源。

（2）用水量及水源要求：用汽量一般根据甲醇进料热负荷进行计算，一般使用0.46MPa蒸汽作为水源。

（3）给水的节水措施及问题：尽可能使用装置内热源。

（4）排水及主要污染物：排水为冷凝水，污染物较少。

（5）排水的处理或回用措施：冷凝水进入冷凝水回收管网，经除油除铁后可回用至化学水制水等单元。

5.12.9 甲醇制烯烃急冷用水

（1）用途及原理：反应系统来的反应气经过热量回收后，富含乙烯、丙烯的反应气进入急冷塔下部，反应气自下而上与急冷塔顶冷却水逆流接触，洗涤反应气中携带的少量催化剂，同时降低反应气的温度。塔底急冷水一部分送至烯烃分离单元作为热源，再经换热后作为急冷剂返回急冷塔，另一部分送至污水沉降罐，后送入污水汽提塔。

（2）用水量及水源要求：急冷水系统的补充水量应与系统的排水量、反应系统生成水量、系统补气量相平衡。急冷水可用污水汽提塔净化水作为水源。

（3）给水的节水措施及问题：急冷水应尽可能循环使用，减少补水量。

（4）排水及主要污染物：急冷塔底排急冷水部分循环使用，排水部分主要污染物为微量的甲醇、二甲醚、烯烃组分和催化剂。

（5）排水的处理或回用措施：急冷水经污水汽提塔汽提后净化水可循环使用。

5.12.10 甲醇制烯烃水洗水

（1）用途及原理：经过急冷后的反应器经急冷塔顶进入水洗塔下部，反应气自下而上与水洗水逆流接触，降低反应气的温度。塔底水洗水分两路：一路进入水洗水过滤器，过滤出去水洗水中携带的催化剂后进入污水沉降罐，后进入污水汽提塔；另一路经取热后返回水洗塔作为水洗水循环使用。

（2）用水量及水源要求：急冷水系统的补充水量应与系统的排水量、反应系统生成水量、系统补气量相平衡。水洗水可用污水汽提塔净化水作为水源。

(3) 给水的节水措施及问题：急冷水应尽可能循环使用，减少补水量。

(4) 排水及主要污染物：水洗水中含有微量的甲醇、二甲醚、烯烃组分和催化剂。

(5) 排水的处理或回用措施：水洗水经污水汽提塔汽提后净化水可循环使用。

5.12.11 工艺冷却用水

(1) 用途及原理：工艺冷却用水主要是循环冷却水，通过换热器交换热量或直接接触换热方式交换介质热量，并经冷却塔凉水后循环使用，以节约水资源。甲醇制烯烃装置工艺冷却水主要用于产品冷却等。

(2) 用水量及水源要求：根据热侧物料的进出口温度、热容流率等确定循环冷却水的用量，所用循环冷却水由循环水场提供。

(3) 给水的节水措施及问题：充分利用系统中的低温热以及使用空冷器，使热侧物流进入循环冷却器的温度合理，即冷热侧物流换热温差合理，采用循环水夹点技术优化循环水的换热网络，以减少循环水的使用量。

(4) 排水及主要污染物：工艺冷却用水经过换热后返回循环水场，通过调节循环水场的补充水量、加药、排污等措施控制循环水的水质，其主要污染物是盐类和油。

(5) 排水的处理或回用措施：工艺冷却水经过换热后返回循环水场，在循环水场统一处理，循环水场的排污水经过适度处理后回用于循环水场的补水。

5.12.12 设备冷却用水

(1) 用途及原理：设备冷却用水主要是循环冷却水，通过换热器交换热量或直接接触换热方式交换介质热量，并经冷却塔凉水后循环使用，以节约水资源。甲醇制烯烃装置的机泵等设备在运行过程中需要冷却降温，以保持正常运转。

(2) 用水量及水源要求：设备冷却所需的冷却用水由循环水场提供。

(3) 给水节水措施及问题：采用循环水夹点技术优化循环水的换热网络，以减少循环水的使用量。

(4) 排水及主要污染物：设备冷却用水经过换热后返回循环水场，通过调节循环水场的补充水量、加药、排污等措施控制循环水的水质，其主要污染物是盐类和油。

(5) 排水的处理或回用措施：设备冷却水经过换热后返回循环水场，在循环水场统一处理，循环水场的排污水经过适度处理后回用于循环水场的补水。

5.12.13 甲醇制烯烃装置水平衡图

甲醇制烯烃装置水平衡图如图5.61至图5.66所示。

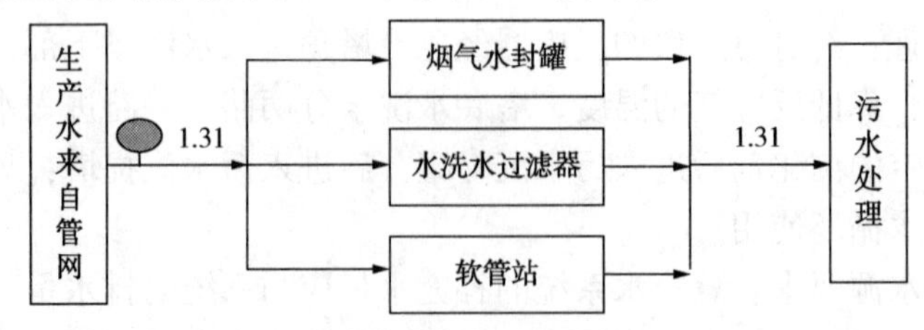

图5.61 某煤化工厂甲醇制烯烃装置生产水平衡图(单位：t/h)

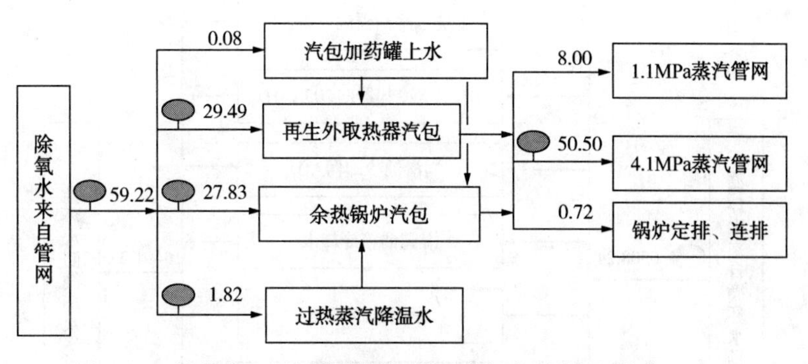

图 5.62　某煤化工厂甲醇制烯烃装置除氧水平衡图(单位：t/h)

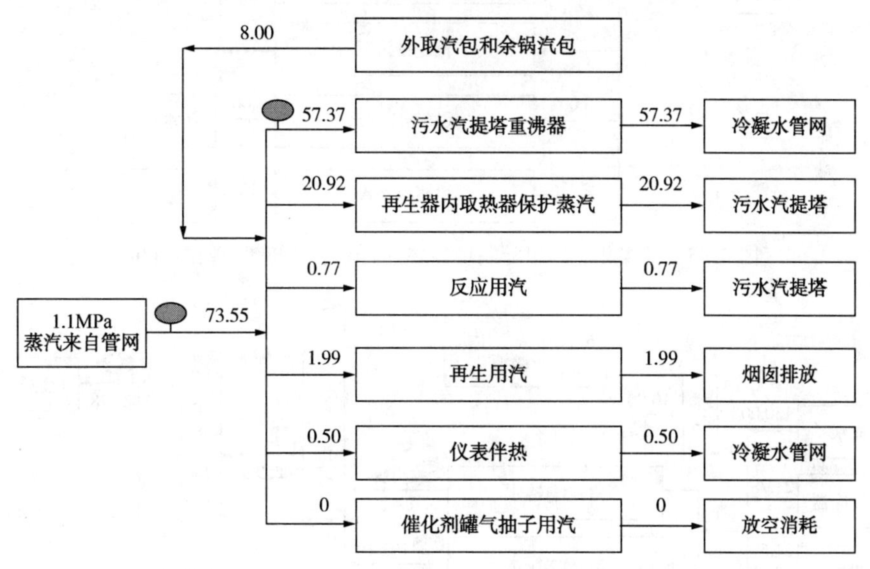

图 5.63　某煤化工厂甲醇制烯烃装置 1.1MPa 蒸汽平衡图(单位：t/h)

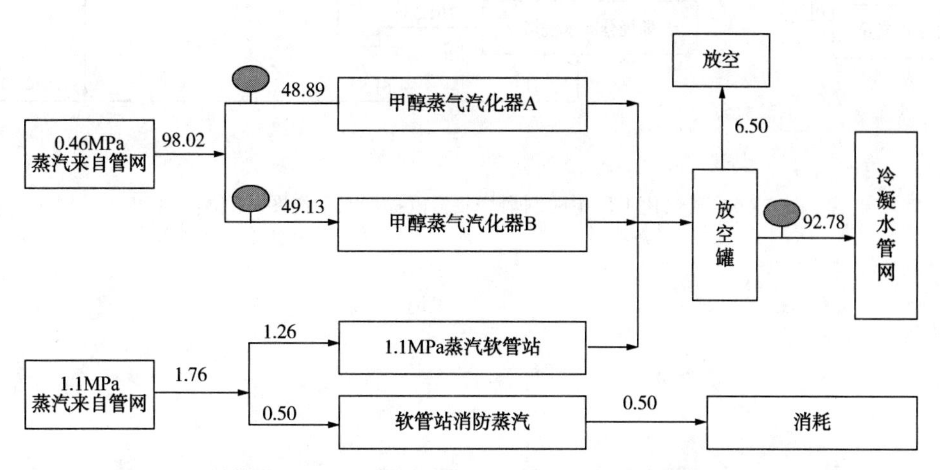

图 5.64　某煤化工厂甲醇制烯烃装置 0.46MPa 蒸汽平衡图(单位：t/h)

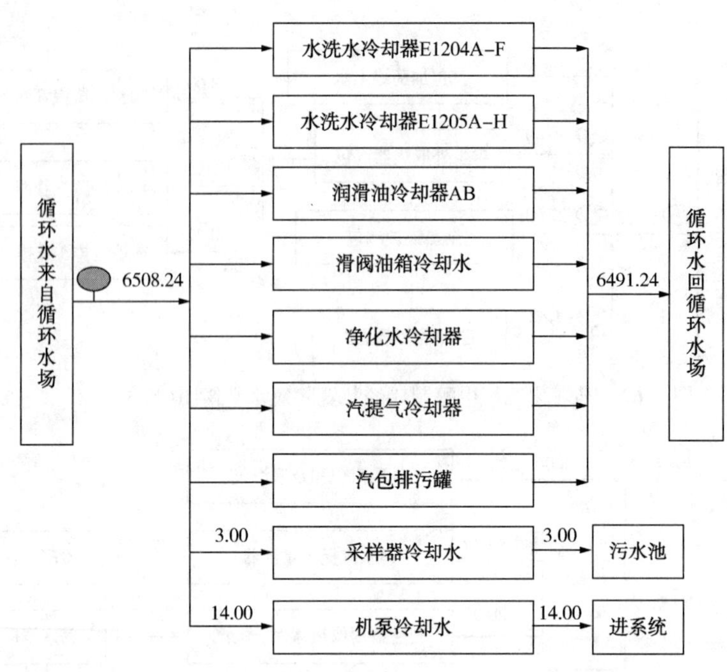

图 5.65 某煤化工厂甲醇制烯烃装置循环水平衡图(单位：t/h)

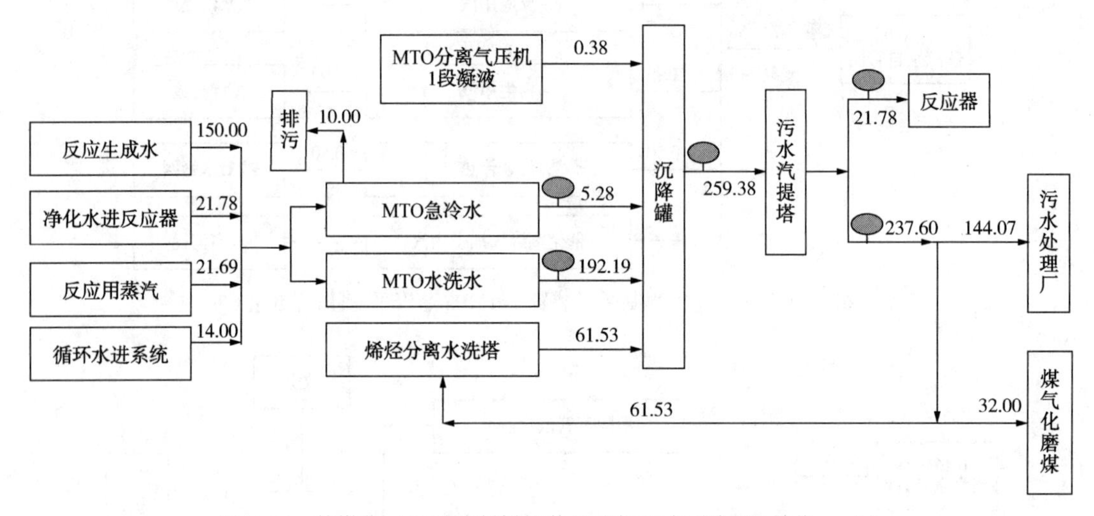

图 5.66 某煤化工厂甲醇制烯烃装置汽提污水平衡图(单位：t/h)

6 炼油化工辅助及附属生产单元用排水单元

前两章介绍了炼油化工企业主体生产装置用排水单元，它们属于企业生产用水中的主要生产用水。炼油化工企业除了主要生产装置外，还设置有为主要生产系统服务的辅助生产系统和为生产服务的各种服务、生活系统，包括循环水装置、化学水装置、锅炉及汽轮机装置、污水处理及回用装置、伴热、消防、采暖等。本章将从炼油化工企业常见的辅助生产装置和附属生产单元的各个用水点入手，详细介绍各项用水的用途和原理、对水源的要求、排水的去向及相关节水措施，并列举装置常见的水平衡图示例。

6.1 循环水装置

循环水装置是由冷却塔、集水池、冷水池、循环冷水泵、旁滤器、加药装置及循环供回水管网等组成，向生产用水单元输送具有一定温度、一定压力、一定水质要求的合格冷却水，供物料冷却及设备冷却用，以保证安全生产，提高产量，降低成本，节约水资源，提高综合经济效益。

循环冷却水系统可分为密闭式和敞开式两种。工业生产中循环水的冷却是靠冷却塔来完成的，循环回来的热水首先通过塔上配水管或配水槽均匀地分配到水塔的整个淋水断面上。然后下落的热水水滴再通过淋水填料多次溅散形成小水滴或形成水膜，以增大水和空气的接触面积，并延长接触时间，在热水下落的同时，空气通过自然抽力或机械通风，自下而上或水平方向在塔内流动，从而把热量带走。在塔内热水与空气之间发生两种传热作用，即蒸发传热和接触传热。蒸发传热是当水在其表面温度时的饱和蒸气压大于空气中水蒸气分压时水滴表面的水分子克服液态分子之间的吸引力而汽化逸入空气中，并带走汽化潜热，使液态水的温度下降。

循环水装置主要有水场补水、旁滤冲洗用水、循环水泵(气动泵)用汽、配药用水等用水点。水场补水主要为补充循环水场内因蒸发、飞溅及排污损失的水；旁滤冲洗用水是为冲洗滤料层中不断聚积的杂质；循环水泵用汽是用于驱动循环水泵的蒸汽；配药用水是配置设备处理过程中必需的化学药剂所用的水。

6.1.1 水场补水

(1) 用途及原理：对于因冷却塔蒸发、排污、风吹(飞溅)而从循环冷却水系统中损失的水量，进行必要补充的水称为补水。

（2）用水量及水源要求：循环水补水量为循环水量的2.3%左右，循环水补水一般为新鲜水、凝结水、净化水等。

（3）给水的节水措施及问题：应尽可能地提高浓缩倍数，减少循环水场排污及蒸发量，并用处理后达标污水作为循环水补水，以减少新鲜水补水量。

（4）排水及主要污染物：通过调节循环水场的补充水量、加药、排污等措施控制循环水的水质，其主要污染物是盐类和油。

（5）排水的处理或回用措施：循环水场统一处理，循环水场的排污水经过适度处理后，可回用于循环水场的补水。

6.1.2 旁滤反洗用水

（1）用途及原理：随着杂质在滤料层中不断聚积，压力损失不断增加，当压差增加到某一设定值时，系统将自动转换至反洗状态。加压水通过流化装置(即集水装置)进入滤料层，对其进行冲刷，使截留的污染物脱落并排出过滤系统所使用的水。

（2）用水量及水源要求：其水源可为循环水或市政水，反洗持续至少2min后，阀门自动将系统转至过滤状态。

（3）给水的节水措施及问题：可对循环水旁滤器进行旁滤水量的运行管理，旁滤水量由3%～5%增加至5%～10%，可保证旁滤效果，降低旁滤反洗水量。

（4）排水及主要污染物：主要为残留在过滤系统中的污染物，污水基本上全部排入厂区含油污水系统。增设旁滤器的循环水场基本上不会主动排污，排污水为旁滤器反冲洗水，其浓度比循环水场高，不适合进行简单净化后作为循环水补水。

（5）排水的处理或回用措施：排污水到含油污水中，随含油污水一同处理，处理达标后可排放或进行深度处理回用。

6.1.3 循环水泵用汽(汽动泵)

（1）用途及原理：循环水泵的作用是向各生产装置供给冷却水，而蒸汽用于驱动循环水泵，使循环水泵正常工作。

（2）用水量及水源要求：驱动循环水泵蒸汽一般使用3.8MPa蒸汽，也有使用1.73MPa蒸汽，用量大概为每万吨循环水用1t蒸汽。

（3）给水的节水措施及问题：循环水泵用中压蒸汽驱动后降为低压蒸汽，回到蒸汽管网，其间未有使用及损失，不涉及节水等问题。

（4）排水及主要污染物：驱动蒸汽驱动循环水泵后，降为低低压蒸汽(0.4MPa左右)，不排水。

（5）排水的处理或回用措施：驱动后的低压蒸汽回到蒸汽管网，供其他装置使用，如伴热等。

6.1.4　配药用水

(1) 用途及原理：循环水处理药剂是工业用水、生活用水、废水在冷却水塔、冷水机台等设备处理过程中必需的化学药剂，通过使用这些化学药剂，可使水达到一定的质量要求。它可保证冷却水塔、冷水机台等设备处于最佳的运行状态，有效地控制微生物菌群、抑制水垢的产生、预防管道设备的腐蚀，达到降低能耗、延长设备使用寿命的目的。

(2) 用水量及水源要求：主要使用除盐水，其用量很小，一般一星期或一个月才配制一次药剂，其用量应根据药品浓度及使用情况而定。

(3) 给水的节水措施及问题：无。

(4) 排水及主要污染物：配药用水一般直接进入产品，或者损失掉了，没有进入排水系统。

(5) 排水的处理或回用措施：无。

6.1.5　循环水装置水平衡图

循环水装置水平衡图如图 6.1 至图 6.3 所示。

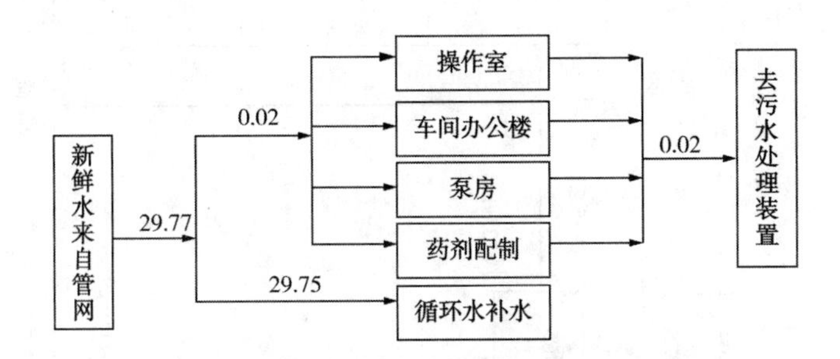

图 6.1　某炼油化工企业循环水装置新鲜水平衡图(单位：t/h)

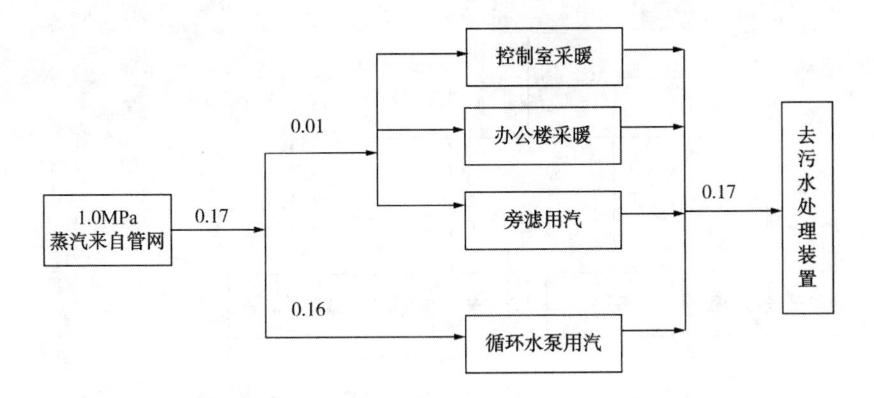

图 6.2　某炼油化工企业循环水装置蒸汽平衡图(单位：t/h)

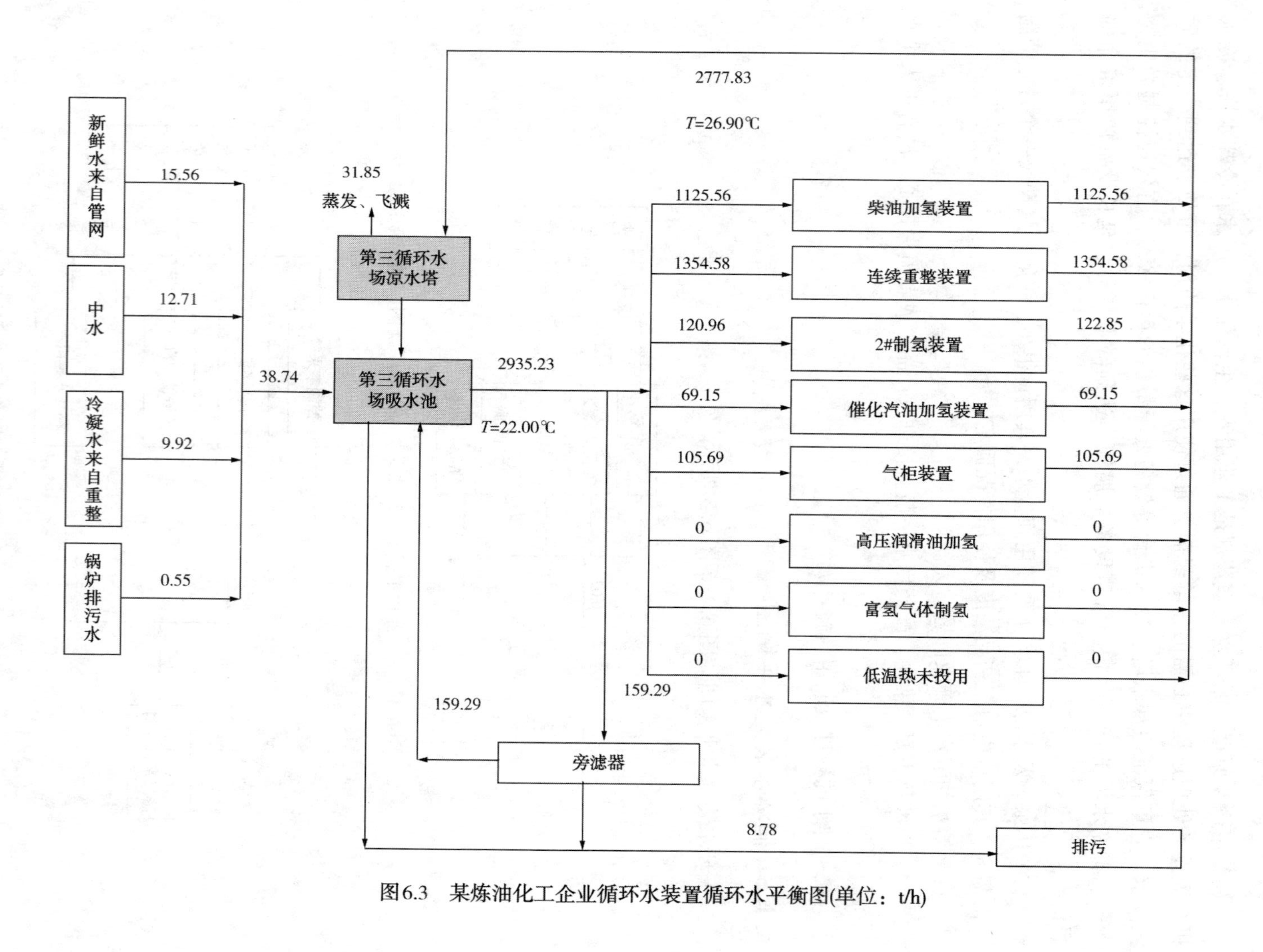

图6.3　某炼油化工企业循环水装置循环水平衡图(单位：t/h)

6.2 化学水装置

除盐水设备可以去除水中的盐分，现在广泛应用于各个行业中。除盐水设备技术的工艺方法多种多样，目前常用的主要是离子交换法、反渗透法等。

离子交换工艺是自20世纪70年代以来普遍采用的除盐工艺，它是靠离子交换工艺化学交换来完成除盐。含有各种离子的原水通过氢(H)型阳离子交换树脂(H^+)被交换到水中，与水中的阴离子组成相应的无机酸。将含有无机酸的水再通过氢氧(OH)型阴离子交换树脂时，水中的阴离子被树脂(OH^-)交换到水中，并与水中的氢离子(H^+)结合成水。这样，原水在经过离子交换除盐工艺处理后，即可将水中的成盐离子“完全”除去，从而获得除盐水。

反渗透工艺是当今先进的除盐技术，是膜分离技术的一种，它依靠反渗透膜在压力下使溶液中的溶剂和溶质分离的特性工作。反渗透装置是将原水经过精细过滤器、颗粒活性炭过滤器、压缩活性炭过滤器等，再通过泵加压，利用孔径为1/10000μm的反渗透膜(RO膜)使较高浓度的水变为低浓度水，同时将工业污染物、重金属等大量混入水中的杂质全部隔离，从而获得除盐水。利用反渗透工艺对水进行除盐，除盐率在97%以上。该工艺工作量轻，维护量极小，反渗透工艺实行自动操作，人员配置较少，操作管理方便。

化学水装置主要有制水用新鲜水、反冲洗水、正冲洗水、除氧蒸汽等用水点。制水用新鲜水主要是给化学水装置提供制水原水；正冲洗水和反冲洗水是为阴阳床及混床冲洗及再生后的冲洗水；除氧蒸汽是通入除氧器给除盐水加热用蒸汽。

6.2.1 制水用新鲜水

(1) 用途及原理：新鲜水经过过滤器、阴阳床及混床等装置或反渗透等装置，除去悬浮物、胶体和无机的阳离子、阴离子等水中杂质后，所得到的成品水。除盐水并不意味着水中盐类被全部去除干净，由于技术方面的原因以及制水成本上的考虑，根据不同用途，允许除盐水含有微量杂质。除盐水中杂质越少，水纯度越高。

(2) 用水量及水源要求：水源为新鲜水，经过处理后得到除盐水，水量按照厂内需求确定，制水量为制水所需新鲜水量的95%左右。

(3) 给水的节水措施及问题：制取除盐水时可以将再生水回用，再生水的水质比较高，适合回用代替新鲜水。

(4) 排水及主要污染物：排水为清净污水，是比较干净的污水，一般为含盐污水，一般随含油污水一起处理。

(5) 排水的处理或回用措施：清净污水可以处理后回用，或根据不同用水点的极限浓度直接回用。

6.2.2 反冲洗水

(1) 用途及原理：随着杂质在上层树脂不断聚积，达到一定程度时应转换至反洗状态。除盐水或净水自下而上反冲洗树脂，使上层树脂的悬浮物脱落并排出所使用的水。

(2) 用水量及水源要求：其水源为除盐水或净水，反洗持续至少2min后，关闭冲洗阀门。

(3) 给水的节水措施及问题：反冲洗后的水可回收利用，将刚出来的浓度较高的水排放掉，剩下的浓度较低的水重新进入原水箱产水。

(4) 排水及主要污染物：主要是残留在树脂中的污染物，污水基本上全部排入厂区污水系统。

(5) 排水的处理或回用措施：排污水到含油污水中，随含油污水一同处理，处理达标后可排放或进行深度处理后回用。

6.2.3 正冲洗水

(1) 用途及原理：阴、阳离子交换器再生完成后采用除盐水进行正洗，直至出水达到酸碱度不大于 0.5mmol/L。

(2) 用水量及水源要求：交换器再生后正洗用水的量是很大的，一般对于 H 型树脂而言，约为其树脂体积的 7 倍；强碱性 OH 型树脂约为其树脂体积的 10 倍。正冲洗水采用的是纯水或除盐水。

(3) 给水的节水措施及问题：阴床冲洗水是经阳床软化后的水，具有硬度小、碱度大的特点。在再生还原阴床时，当再生液进完、逆流冲洗后，进行小正洗时，冲洗水就可以回收利用。因对热水泵站补充水水质的要求是硬度不大于 100μmol/L，且有一定的碱度。在供热期间，回收水可作为热水泵站的补充水，以节约大量的软化水。在夏季回收后，还可考虑作为过滤器反冲洗水，以节约大量生水。

(4) 排水及主要污染物：主要是酸、碱性污水，应先中和酸碱废水，然后排入厂区污水系统。

(5) 排水的处理或回用措施：排污水到厂污水系统中，随生产污水一同处理，处理达标后可排放或进行深度处理后回用。或将废酸废碱液收集至集水罐，由于水质比较好，可根据其 pH 值按照需要回用，如酸液可回用至循环水场，代替硫酸。

6.2.4 除氧用蒸汽

(1) 用途及原理：蒸汽来加热给水，提高水的温度，使水面上蒸汽的分压力逐步增加，而溶解气体的分压力则渐渐降低，溶解于水中的气体就不断逸出，当水被加热至相应压力下的沸腾温度时，水面上全都是水蒸气，溶解气体的分压力为零，水不再具有溶解气体的能力，亦即溶解于水中的气体，包括氧气均可被除去。

(2) 用水量及水源要求：除氧蒸汽用量一般为除氧水量的 10%~15%，蒸汽压力一般为 1.0MPa 蒸汽，也有使用 0.3MPa 蒸汽的情况。

(3) 给水的节水措施及问题：无。

(4) 排水及主要污染物：无。

(5) 排水的处理或回用措施：无。

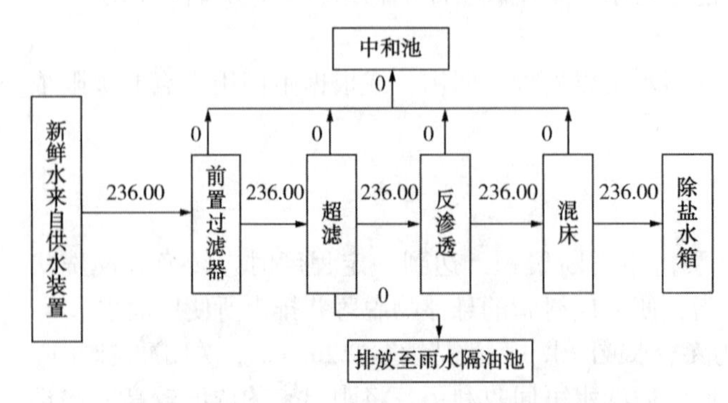

图 6.4 某炼油化工企业化学水装置反渗透法制除盐水平衡图(单位：t/h)

6.2.5 化学水装置水平衡图

化学水装置水平衡图如图 6.4 至图 6.6 所示。

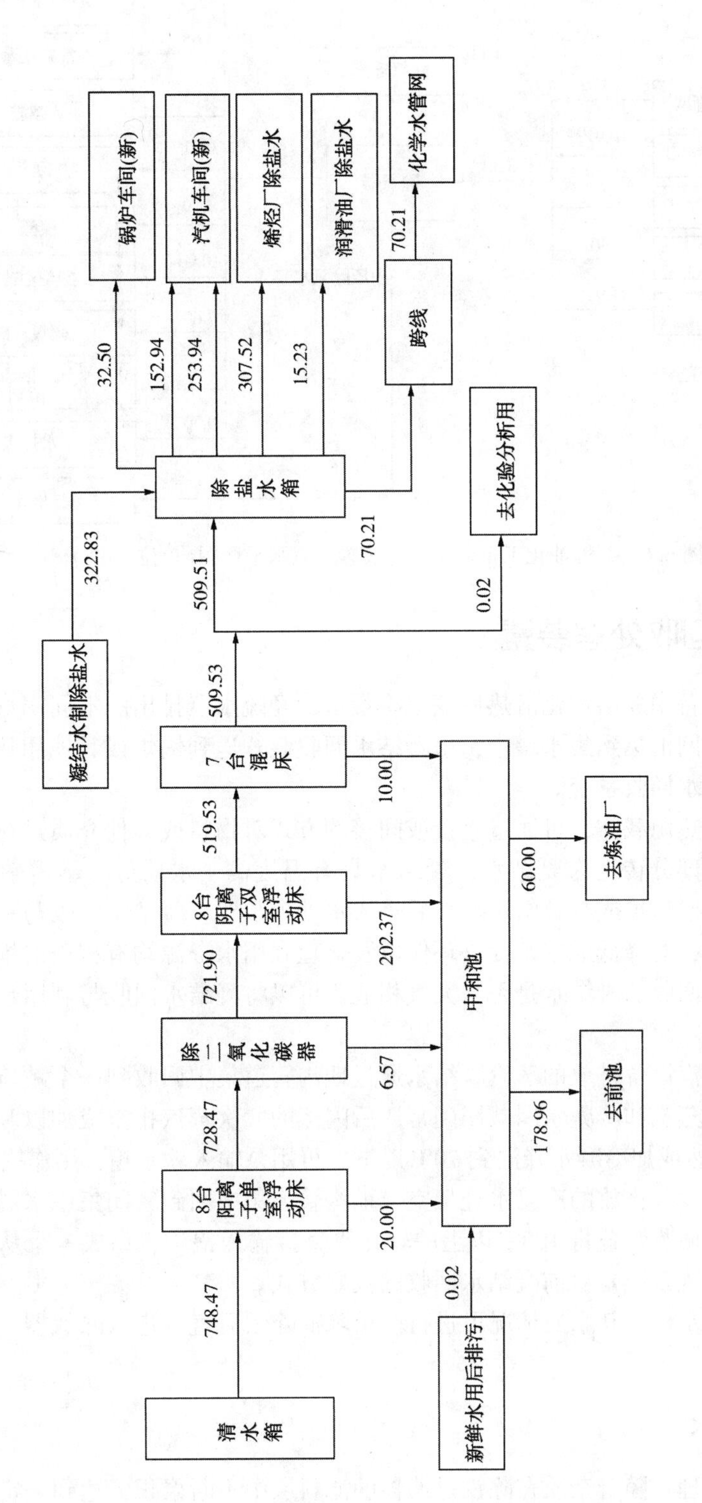

图6.5 某炼油化工企业化学水装置离子交换法制除盐水平衡图(单位：t/h)

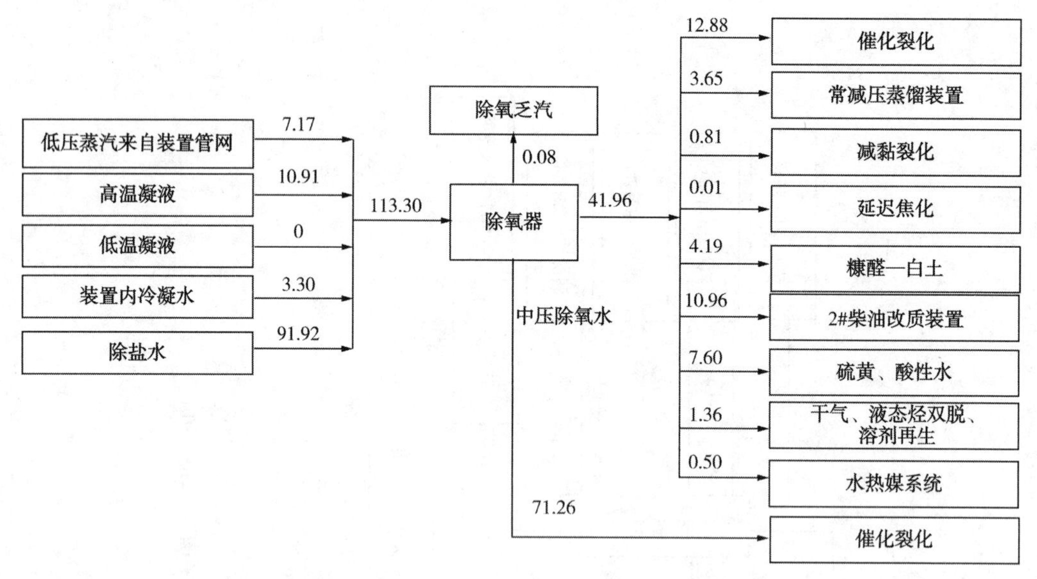

图 6.6　某炼油化工企业化学水装置除氧水平衡图(单位：t/h)

6.3　凝结水回收处理装置

蒸汽在用汽设备中放出汽化潜热后变成冷凝水，经疏水器排出。不同用汽设备排放的冷凝水通过回收管网汇集到集水罐中，由凝结水回收装置送到锅炉或其他用热处，如除氧器等，这就是凝结水回收系统。

蒸汽作为一种热源载体，可通过直接或间接的方式对物料或其他介质进行加热。蒸汽换热后温度下降，部分转化为凝结水，凝结水具有温度高、水质好、不需软化处理等优点，可将其直接送回锅炉或与补给水换热后进入水处理装置。凝结水回收与利用是节约能源的一项重要举措，对降低成本、促进环保以及合理利用水资源均有积极的推动作用。凝结水回收工艺根据回收的凝结水是否与大气相通，可以将凝结水回收与利用系统分为开放式和密闭式两种。

开放式即将用汽设备排放的蒸汽凝结水通过地沟管道集中回收到一个敞口的地下水池中，凝结水携带的蒸汽和冷凝水因减压到常压后闪蒸的二次蒸汽排空或加以利用，剩下的近 100℃凝结水自然或加冷凝水降温到 70℃以下，再用泵输入软水箱，用作锅炉补给水。

密闭式即用汽设备排放的冷凝水经架空或地沟管道集中回到密闭集中水罐中，然后利用高温冷凝水综合回收装置将 100℃以上的软化水直接输入锅炉，组成一个从供汽到回收的密闭循环系统，该系统是目前凝结水回收的较好方式。

回收后的凝结水根据其水质情况可进行简单除油除铁后直接进入除氧器，或通过凝结水精制系统。

6.3.1　反冲洗水

(1) 用途及原理：随着杂质在除铁过滤器的滤料层中不断聚积，达到一定程度时应转换至反冲洗状态。加压水通过流化装置(即集水装置)进入滤料层，对其进行冲刷，使截留的污染物脱落并排出过滤系统所使用的水。

（2）用水量及水源要求：其水源为凝结水或除盐水，反洗持续至少2min后，关闭冲洗阀门。

（3）给水的节水措施及问题：反冲洗后的水可回收利用，将刚出来的浓度较高的水排放掉，剩下的浓度较低的水重新进入过滤器产水。

（4）排水及主要污染物：主要是残留在过滤系统中的污染物，污水基本上全部排入厂区含油污水系统。增设旁滤器的循环水场基本上不会主动排污，排污水为旁滤器反冲洗水，其浓度比循环水场高，不适合进行简单净化后作为循环水补水。

（5）排水的处理或回用措施：排污水到含油污水中，随含油污水一同处理，处理达标后可排放或进行深度处理后回用。

6.3.2 凝结水回收处理装置水平衡图

凝结水回收处理装置水平衡图如图6.7所示。

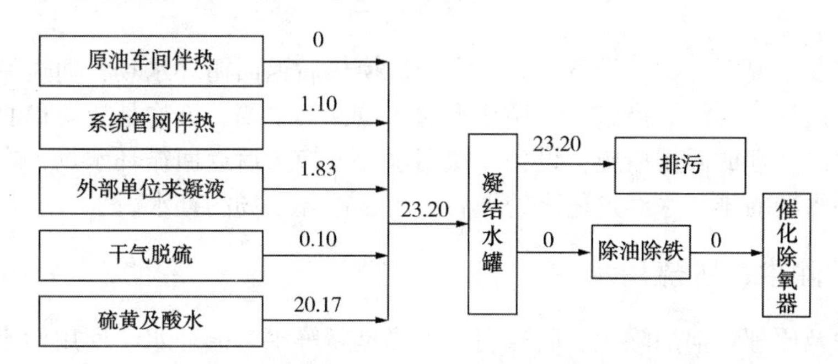

图6.7 某炼油化工企业凝结水回用处理装置凝结水除油除铁水平衡图（单位：t/h）

6.4 锅炉装置

锅炉装置是一种能量转换设备，向锅炉输入的能量有燃料中的化学能、电能，锅炉输出具有一定热能的蒸汽、高温水或有机热载体。锅炉中产生的热水或蒸汽可直接为工业生产和人民生活提供所需热能，也可通过蒸汽动力装置转换为机械能，或再通过发电机将机械能转换为电能。

锅炉装置在“锅”与“炉”两部分同时进行，水进入锅炉以后，在汽水系统中锅炉受热面将吸收的热量传递给水，使水加热成一定温度和压力的热水或生成蒸汽，被引出应用。在燃烧设备部分，燃料燃烧不断放出热量，燃烧产生的高温烟气通过热的传播将热量传递给锅炉受热面，而本身温度逐渐降低，最后由烟囱排出。

锅炉装置主要有除氧水，设备冷却用水，锅炉除尘、脱硫用水等用水点。除氧水主要为锅炉产汽提供原水；设备冷却用水是通过循环水冷却锅炉风机等设备；锅炉除尘、脱硫用水是用新鲜水或回用水进行烟气脱硫以及锅炉除尘。

6.4.1 锅炉给水

（1）用途及原理：除氧水进入锅炉，锅炉受热面将吸收的热量传递给除氧水，使水加热成一定温度和压力的热水或生成蒸汽。

（2）用水量及水源要求：水源为除氧水，产气量根据厂内需求而定，一般为除氧水用水量的90%～98%。

（3）给水的节水措施及问题：无。

（4）排水及主要污染物：定连排水为清净污水，是比较干净的污水，一般为含盐污水。

（5）排水的处理或回用措施：清净污水可以进行处理后回用（如经简单处理后作为循环水补水），或根据不同用水点的极限浓度直接回用。

6.4.2 设备冷却用水

（1）用途及原理：锅炉设备冷却用水主要是循环冷却水，通过循环水给锅炉风机等设备冷却，并经冷却塔凉水后循环使用，以节约水资源。

（2）用水量及水源要求：设备冷却所需的冷却用水由循环水场提供。

（3）给水节水措施及问题：采用循环水夹点技术优化循环水的换热网络，以减少循环水的使用量。

（4）排水及主要污染物：设备冷却用水经过换热后返回循环水场，通过调节循环水场的补充水量、加药、排污等措施控制循环水的水质，其主要污染物是盐类和油。

（5）排水的处理或回用措施：设备冷却用水经过换热后返回循环水场，在循环水场统一处理，循环水场的排污水经过适度处理后回用于循环水场的补水。

6.4.3 锅炉除尘、脱硫用水

（1）用途及原理：锅炉除尘、脱硫用水主要是新鲜水、循环水、回用污水等，也有部分企业使用新鲜水制备脱硫剂（如氢氧化钠溶液）。烟气进入脱硫除尘器内，由于截面积增加，烟气流速减缓，根据化学反应机理和流体力学原理设计的喷淋系统和流化床结构，将喷淋吸收和泡沫层吸收科学地结合在一起，使气液充分接触，烟气中的灰尘在碰撞、惯性、对流、扩散、净化机理综合作用下被截留在洗涤液中。

（2）用水量及水源要求：水源为回用污水、循环水等，多为循环使用，定期补水，氢氧化钠溶液浓度按10%计。

（3）给水的节水措施及问题：可采用凝结水或净化水。

（4）排水及主要污染物：沉渣由污泥泵打入渣液分离设施，沥干后采用人工或机械清渣，固体渣外运，滤液返回循环池。

（5）排水的处理或回用措施：无。

6.4.4 锅炉装置水平衡图

锅炉装置水平衡图如图6.8至图6.10所示。

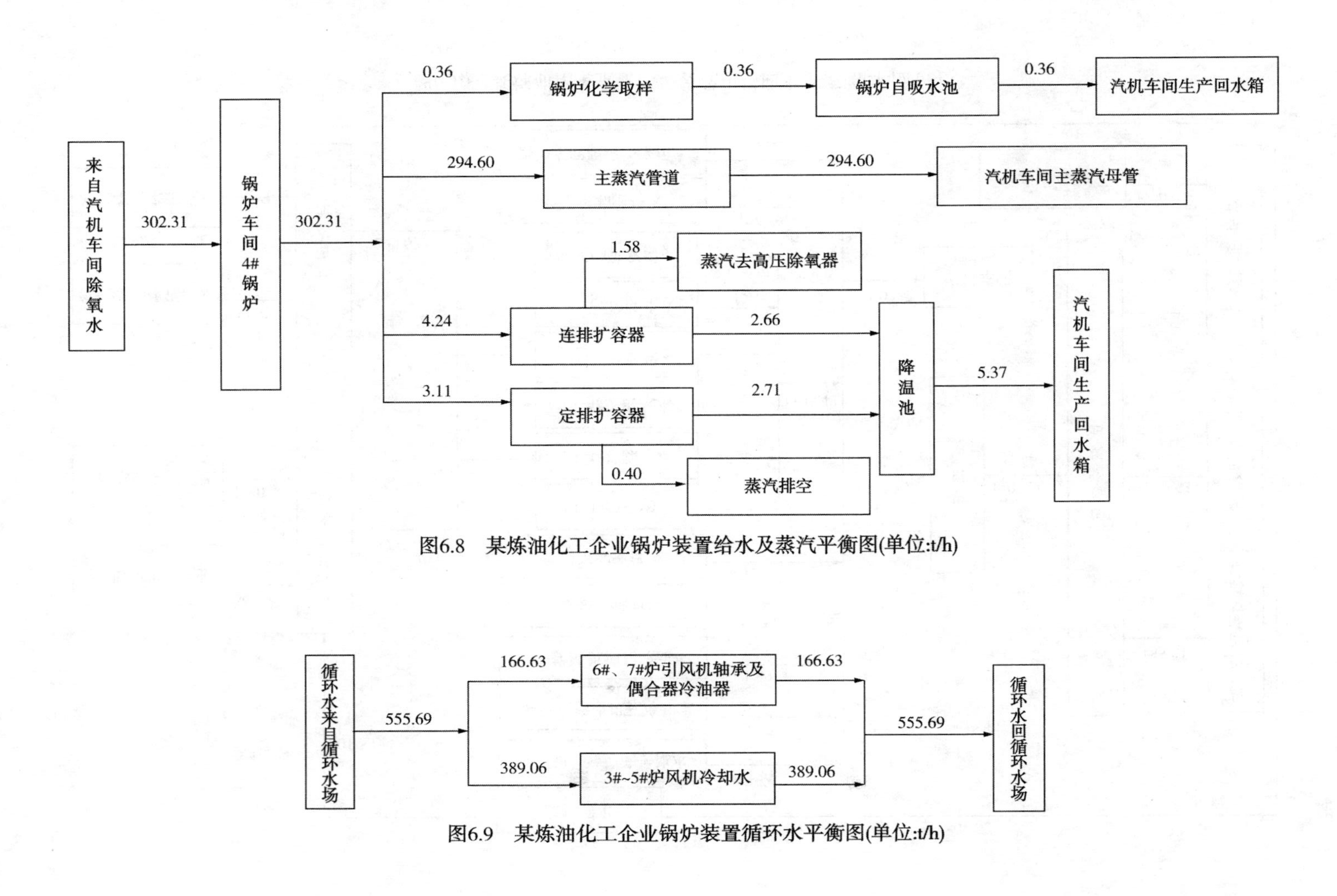

图6.8 某炼油化工企业锅炉装置给水及蒸汽平衡图(单位:t/h)

图6.9 某炼油化工企业锅炉装置循环水平衡图(单位:t/h)

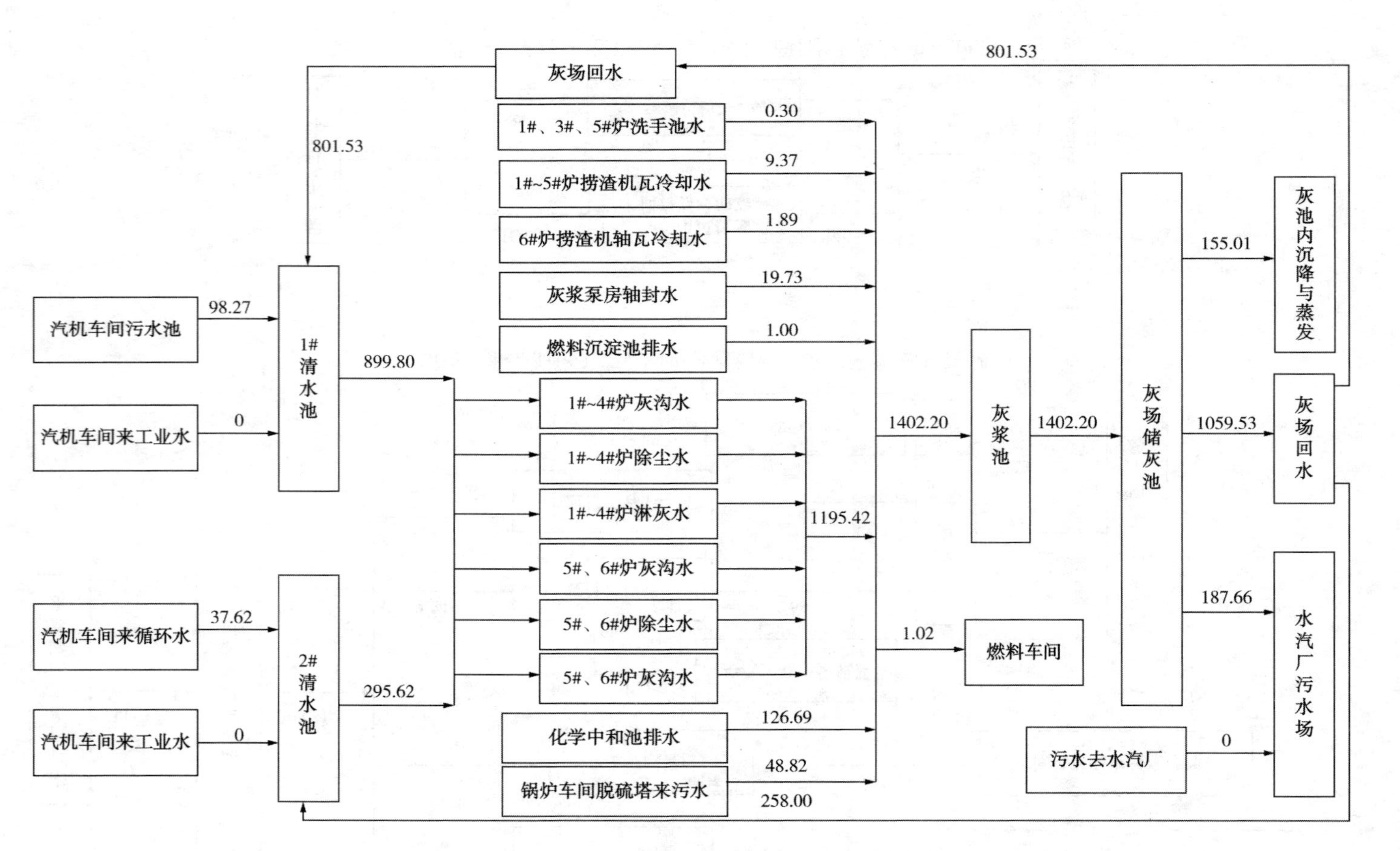

图6.10　某炼油化工企业锅炉装置灰场回水平衡图(单位:t/h)

6.5 汽轮机装置

汽轮机是将蒸汽的能量转换成为机械功的旋转式动力机械，又称蒸汽透平。主要用作发电用的原动机，也可直接驱动各种泵、风机、压缩机和船舶螺旋桨等，还可以利用汽轮机的排汽或中间抽汽满足生产和生活上的供热需要。

汽轮机按照工作原理分为冲动式汽轮机和反动式汽轮机。冲动式汽轮机蒸汽主要在静叶中膨胀，在动叶中只有少量的膨胀。反动式汽轮机蒸汽在静叶和动叶中膨胀，而且膨胀程度相同。

汽轮机装置主要有汽轮机用蒸汽、凝汽器冷却水等用水点。汽轮机用蒸汽主要是将蒸汽的热能直接转换成转动的机械能；凝汽器冷却水是通过循环水将蒸汽冷却为冷凝水所用的水。

6.5.1 汽轮机用蒸汽

(1) 用途及原理：汽轮机用蒸汽主要是将高压蒸汽转化为低压蒸汽，将蒸汽的热能直接转换成转动的机械能，还可以利用汽轮机的排汽或中间抽汽满足生产和生活上的供热需要。

(2) 用水量及水源要求：汽轮机可用1.47~22.17MPa的蒸汽，一般为9.8MPa，蒸汽用量根据所需动力及蒸汽量而定。

(3) 给水的节水措施及问题：无。

(4) 排水及主要污染物：汽轮机通过蒸汽驱动获得能量后，会使蒸汽降压甚至变为凝结水，没有排水。

(5) 排水的处理或回用措施：无排水，不处理。

6.5.2 凝汽器冷却水

(1) 用途及原理：凝汽器是指汽轮机排汽冷凝成水的一种换热器，又称复水器。凝汽器主要用于汽轮机动力装置中，其冷却用水主要是循环冷却水，通过直接接触换热方式交换介质热量，并经冷却塔凉水后循环使用，以节约水资源。

(2) 用水量及水源要求：凝汽器冷却所需的冷却用水由循环水场提供。

(3) 给水节水措施及问题：采用循环水夹点技术优化循环水的换热网络，以减少循环水的使用量。

(4) 排水及主要污染物：凝汽器冷却用水经过换热后返回循环水场，通过调节循环水场的补充水量、加药、排污等措施控制循环水的水质，其主要污染物是盐类和油。

(5) 排水的处理或回用措施：凝汽器冷却水经过换热后返回循环水场，在循环水场统一处理，循环水场的排污水经过适度处理后回用于循环水场的补水。

6.5.3 汽轮机装置水平衡图

汽轮机装置水平衡图如图6.11和图6.12所示。

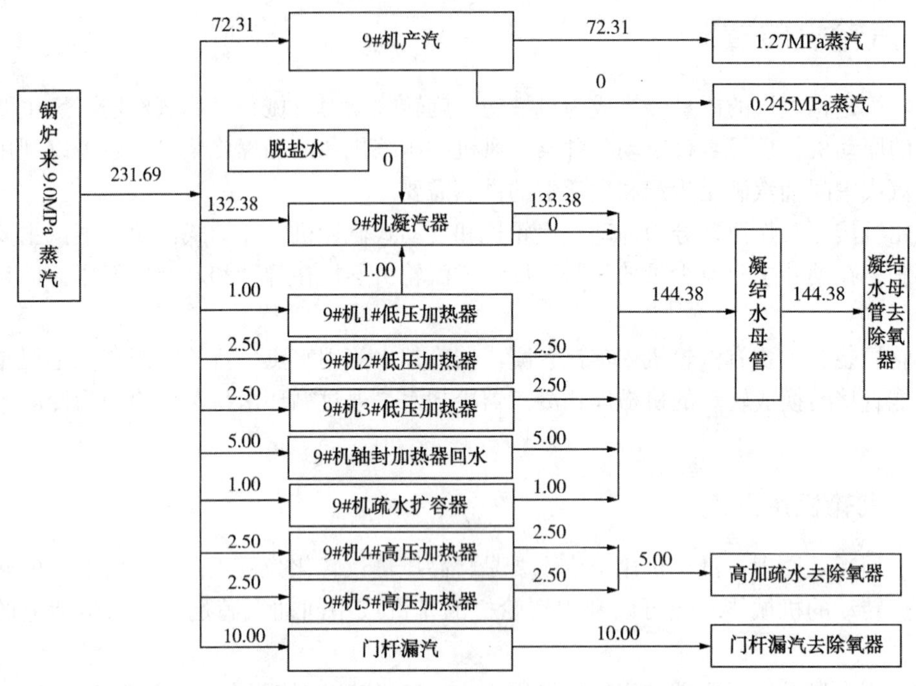

图 6.11　某炼油化工企业汽轮机装置蒸汽平衡图(单位：t/h)

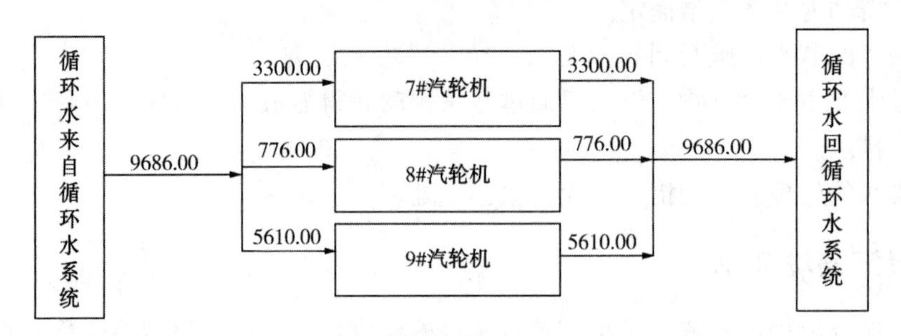

图 6.12　某炼油化工企业汽轮机装置循环水平衡图(单位：t/h)

6.6　污水处理装置

污水处理主要是处理各生产装置产生的生活污水、生产污水等，避免污水及污染物直接流入水域，对改善生态环境、提升城市品位和促进经济发展具有重要意义。

污水处理装置一般采用“隔油、浮选、水解、生化”等工艺，处理后水质达到《国家综合污水排放标准》指标，合格污水进入污水回用装置进一步处理。污水处理装置产生的污泥应送至油泥干化装置处理，经过离心脱水产生的“三泥”(浮渣、油泥和活性污泥)，再通过干化处理技术，可以实现污泥的减量化、无害化处置。

污水处理装置主要有污水处理用水、机泵冷却水、配药用水等用水点。污水处理用水主要为污水处理装置处理的原水；机泵冷却水通过循环水冷却机泵等设备用水；配药用水是配置设备处理过程中必需的化学药剂所用的水。

6.6.1 污水处理流程

(1) 用途及原理：污水处理用水主要是处理各生产装置产生的生活污水、生产污水，一般采用“隔油、浮选、水解、生化”等工艺，处理达标后可直接排放。

(2) 用水量及水源要求：水源为各生产装置产生的生活污水、生产污水，其用量与污水处理量的大小有关，处理量越大，所用水量越多。

(3) 给水的节水措施及问题：污水处理达标后，可回收到水回用装置进行深度处理后回用。

(4) 排水及主要污染物：污水处理装置的排水为达标污水，可直接排出厂外。

(5) 排水的处理或回用措施：排水无须处理，可直接排出厂外，也可根据达标污水的水质情况，回用于厂内对水质要求不高的装置，或回收到水回用装置进行深度处理后回用于各装置。

6.6.2 机泵冷却用水

(1) 用途及原理：机泵冷却用水主要是循环冷却水，通过换热器交换热量或直接接触换热方式交换介质热量，并经冷却塔凉水后循环使用，以节约水资源。

(2) 用水量及水源要求：此处循环冷却水用量较小，主要来源为循环水场，用量根据机泵数量而定。

(3) 给水的节水措施及问题：尽量使热交换的温差合理，采用循环水夹点技术优化循环水的换热网络，以减少循环水的使用量。

(4) 排水及主要污染物：机泵冷却用水经过换热后返回循环水场，通过调节循环水场的补充水量、加药、排污等措施控制循环水的水质，其主要污染物是盐类和油。

(5) 排水的处理或回用措施：机泵冷却用水经过换热后返回循环水场，在循环水场统一处理，循环水场的排污水经过适度处理后回用于循环水场的补水。

6.6.3 药剂配制用水

(1) 用途及原理：污水处理药剂是在污水处理过程中必需的化学药剂，使用这些化学药剂，便于后续工艺处理。例如，向中和池中加入96%浓硫酸溶液或30%氢氧化钠溶液，调节污水 pH 值至8~9，加入三氯化铁溶液，与污水中的硫化物发生凝聚反应生成凝聚体。

(2) 用水量及水源要求：主要使用除盐水，其用量很小，一般一星期或一个月才配制一次药剂，其用量应根据药品浓度及使用情况而定。

(3) 给水的节水措施及问题：无。

(4) 排水及主要污染物：配药剂用水一般直接进入污水，以便于后续处理，或者损失掉了，没有进入排水系统。

(5) 排水的处理或回用措施：无。

6.6.4 污水处理装置水平衡图

污水处理装置水平衡图如图 6.13 至图 6.15 所示。

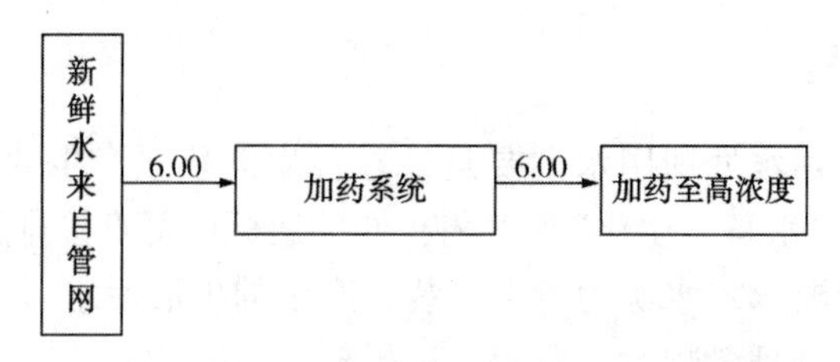

图 6.13　某炼油化工企业污水处理装置药剂配制用水平衡图(单位：t/h)

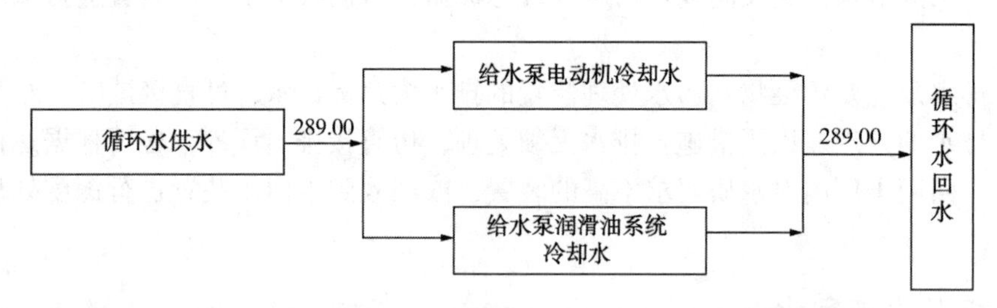

图 6.14　某炼油化工企业污水处理装置机泵冷却水平衡图(单位：t/h)

6.7　回用水装置

将废水或污水经二级处理和深度处理后回用于生产系统或生活杂用被称为污水回用。污水回用的范围很广，从工业上的重复利用到水体的补给水和生活用水。污水回用既可以有效地节约和利用有限的和宝贵的淡水资源，又可以减少污水或废水的排放量，减轻水环境的污染，还可以缓解城市排水管道的超负荷现象，具有明显的社会效益、环境效益和经济效益。

目前，污水处理技术尽管很多，但其基本原理主要包括分离、转化和利用。分离是指采用各种技术方法，把污水中的悬浮物或胶体微粒分离出来，从而使污水得到净化，或使污水中污染物减少至最低限度。转化是指对已经溶解在水中无法“取”出来或不需要“取”出来的污染物，采用生物化学、化学或电化学的方法，使水中溶解的污染物转化成无害的物质，或转化成容易分离的物质。

6.7.1　回用污水处理

(1) 用途及原理：将废水或污水经二级处理和深度处理后回用于生产系统或生活杂用的水。

(2) 用水量及水源要求：用水量根据回用水装置处理能力而定。水源是经污水处理装置处理后的达标污水。

(3) 给水的节水措施及问题：无。

(4) 排水及主要污染物：回用水装置的排水为达标污水，可直排出厂外。

(5) 排水的处理或回用措施：无。

6.7.2　回用水处理装置水平衡图

回用水处理装置水平衡图如图 6.16 所示。

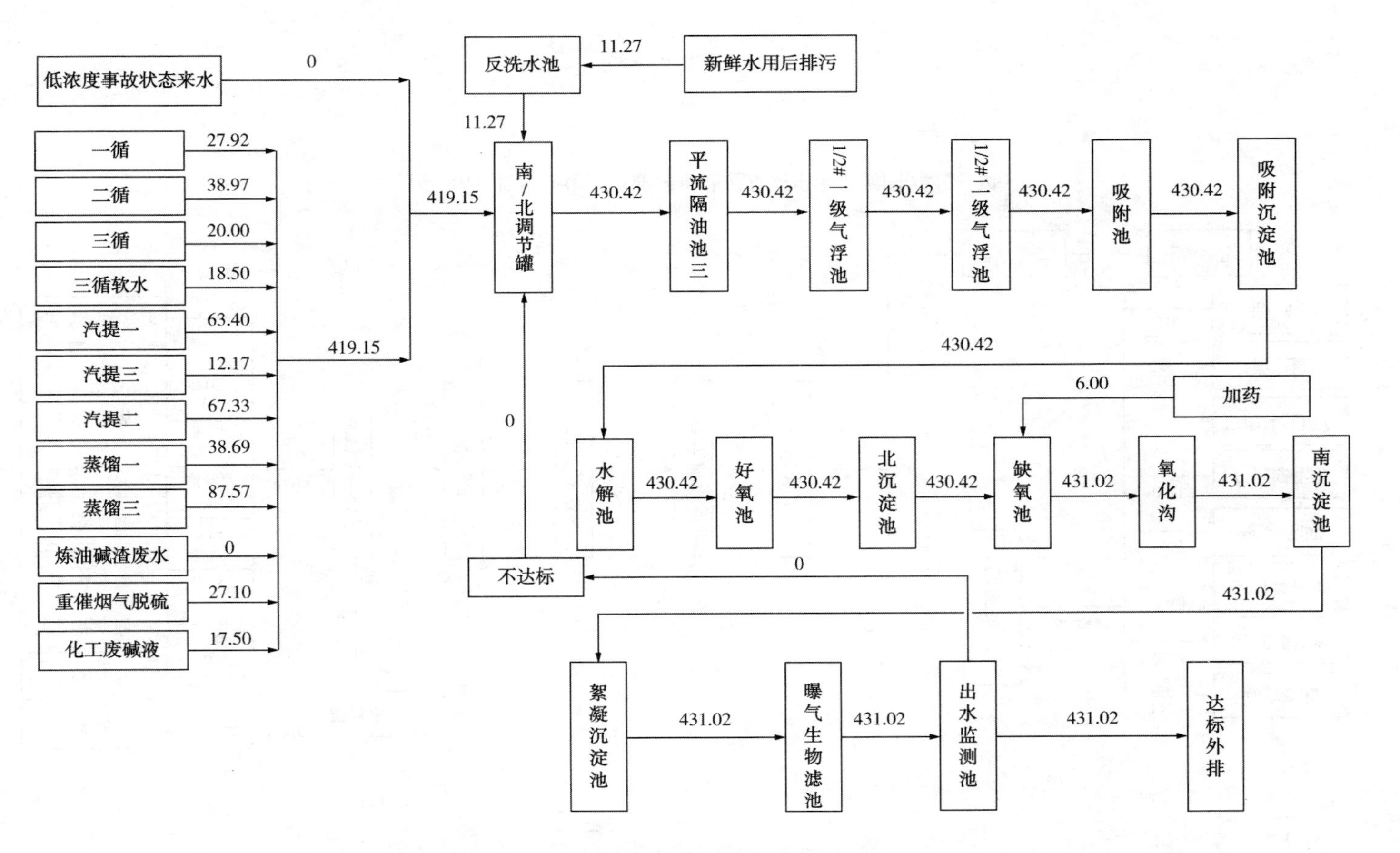

图6.15　某炼油化工企业污水处理装置污水处理平衡图(单位：t/h)

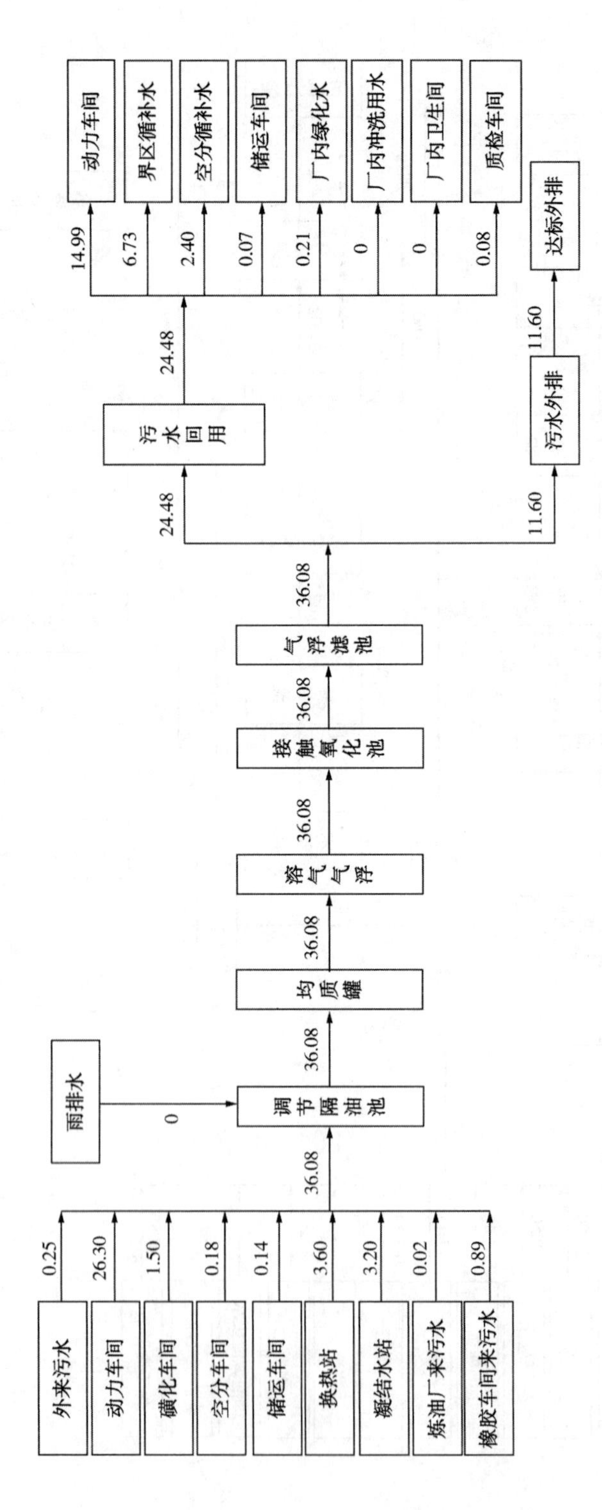

图6.16 某炼油化工企业污水处理及回用水平衡图(单位：t/h)

6.8 储运系统

储运系统主要指对原料及产品的储存和运输。

储运系统有伴热用蒸汽、机车冲洗用水、生活用水、生产用水、循环冷却水。其中，伴热用蒸汽主要用作装置罐区伴热、消防蒸汽等；机车冲洗用水主要用作站台用水、洗槽站用水及机车冲洗用水；生活用水主要用作办公楼生活用水，装置内的安全淋浴、洗眼器用水；生产用水主要用作消防水补水等；循环水主要用作机泵冷却用水；机车冲洗用水主要用作洗槽站用水以及站台用水等。

6.8.1 伴热用蒸汽

(1) 用途及原理：石油、化工物料在管道中长距离输送过程中会因散热而造成物料温度降低，对于高黏度油品，温度下降意味着物料的黏度升高，其后果是造成输送困难，严重的会造成管道系统堵塞；而对于易凝结的油品，温度下降会导致物料结晶。若要保持油品的温度不降低，可行的方法是通过伴热给系统连续不断地补充热量，以维持管内物料的温度。

(2) 用水量及水源要求：一般情况下，轻油不用蒸汽伴热，高黏度油品才使用蒸汽伴热，夏季伴热蒸汽量一般为0.012t/t(油)。

(3) 给水的节水措施及问题：可使用伴热水代替蒸汽伴热的方法来节约蒸汽的使用量，水伴热投用后所用蒸汽明显下降，节能效果明显。

(4) 排水及主要污染物：伴热蒸汽主要冷却为凝结水，其排水中污染物主要为含油污水，污水基本上全部排入厂区含油污水系统。

(5) 排水的处理或回用措施：伴热蒸汽排水主要在污水处理系统进行含油污水处理，处理为达标污水后，再经过深度处理装置处理回用于循环水补水或除盐水系统。

6.8.2 机车冲洗用水

(1) 用途及原理：主要用作站台用水、洗槽站用水及机车冲洗用水，主要作为冲洗用水(也可用蒸汽清洗)，以达到清洗的目的。

(2) 用水量及水源要求：冲洗水用新鲜水即可，一般为间歇用水，作为冲洗水用水量比较小，大概为1.5t/h。

(3) 给水的节水措施及问题：冲洗水可使用污水达标处理回用水或清净污水，以节约新鲜水的用量。

(4) 排水及主要污染物：排水的主要污染物为含油污水，污水基本上全部排入厂区含油污水系统。

(5) 排水的处理或回用措施：机车冲洗排水主要在污水处理系统进行含油污水处理，处理为达标污水后，再经过深度处理装置处理回用于循环水补水或除盐水系统。

6.8.3 机泵冷却用水

(1) 用途及原理：机泵冷却用水主要是循环冷却水，通过换热器交换热量或直接接触换热方式交换介质热量，并经冷却塔凉水后循环使用，以节约水资源。

（2）用水量及水源要求：此处循环冷却水用量较小，主要水源为循环水场，用量为40~50t/h。

（3）给水的节水措施及问题：尽量使热交换的温差合理，采用循环水夹点技术优化循环水的换热网络，以减少循环水的使用量。

（4）排水及主要污染物：机泵冷却用水经过换热后返回循环水场，通过调节循环水场的补充水量、加药、排污等措施控制循环水的水质，其主要污染物是盐类和油。

（5）排水的处理或回用措施：机泵冷却水经过换热后返回循环水场，在循环水场统一处理，循环水场的排污水经过适度处理后回用于循环水场的补水。

6.8.4 储运系统水平衡图

储运系统水平衡图如图6.17至图6.19所示。

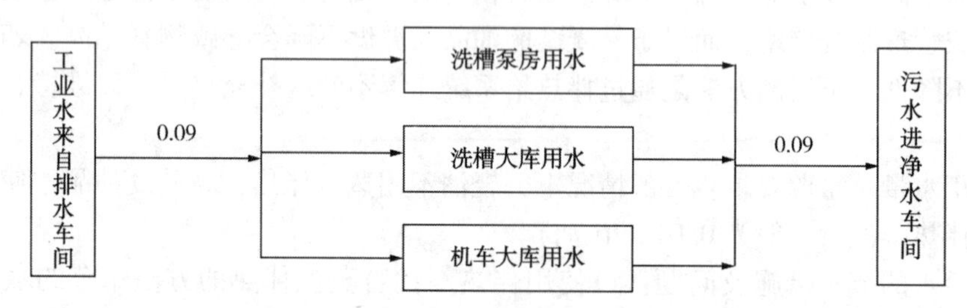

图6.17　某炼油化工企业储运系统新鲜水平衡图(单位：t/h)

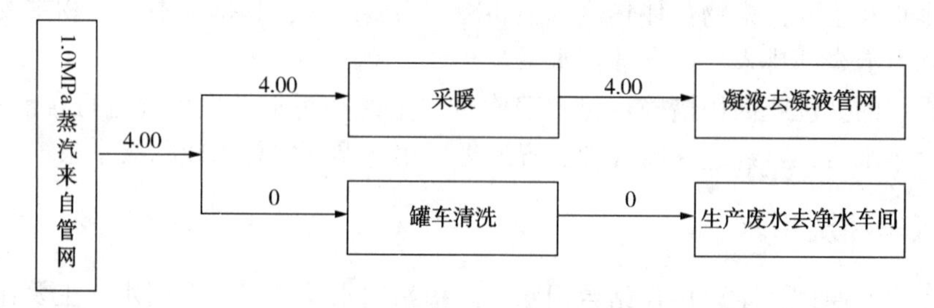

图6.18　某炼油化工企业储运系统1.0MPa蒸汽平衡图(单位：t/h)

6.9 火炬系统

火炬系统是通过燃烧方式处理排放可燃气体的一种设施，分为高架火炬、地面火炬等，由排放管道、分液设备、阻火设备、火炬燃烧器、点火系统、火炬筒及其他部件等组成。

火炬系统有水封补水、伴热及消防蒸汽、设备冷却水等。其中，水封补水用作水封罐补水；伴热及消防蒸汽主要用作火炬、气柜伴热以及消防蒸汽等；设备冷却水主要用作机泵、机组等冷却用水。

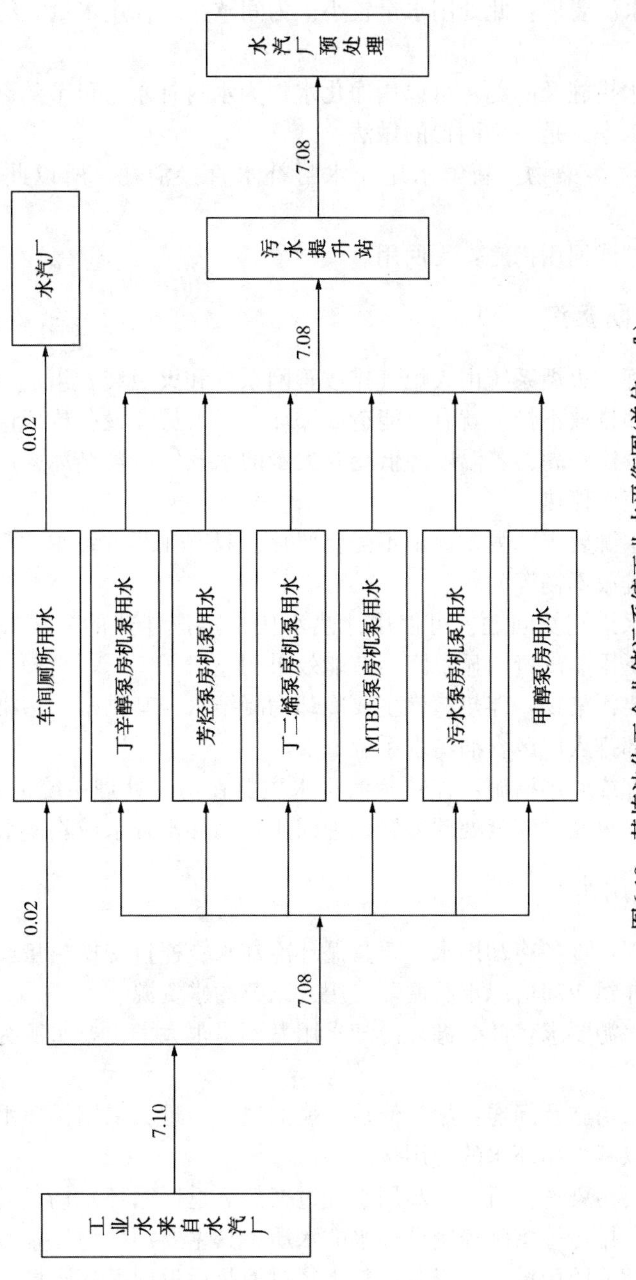

图6.19 某炼油化工企业储运系统工业水平衡图(单位：t/h)

6.9.1 水封补水

（1）用途及原理：生产用水主要用新鲜水，用于补充水封用水的蒸发及损失。

（2）用水量及水源要求：此处用水量较小，为间歇用水，用水量大约在1t/h左右，其水源主要为新鲜水。

（3）给水的节水措施及问题：可以用净化水作为水封补水，可节约新鲜水的用量，同时可提高重复利用水率，是一举两得的做法。

（4）排水及主要污染物：新鲜水用作水封补水直接消耗，所以此处不存在排水的状况。

（5）排水的处理或回用措施：无回用。

6.9.2 伴热及消防蒸汽

（1）用途及原理：火炬系统由火炬气排放管网系统和火炬装置组成，其自身工艺技术安全性非常重要，如排放不畅，就有可能造成爆炸，对人员和设备构成巨大的威胁。火炬系统排放气中水含量比较高，若温度降低会有大量的水蒸气冷凝结冰，所以对于北方火炬的部分管线，需要蒸汽伴热。

（2）用水量及水源要求：夏季火炬不需要伴热，只有在北方冬季才需要伴热，防止水蒸气冷凝结冰造成排放不畅等问题。

（3）给水的节水措施及问题：可使用伴热水代替蒸汽伴热的方法来节约蒸汽的使用量，水伴热投用后所用蒸汽量明显下降，节能效果明显。

（4）排水及主要污染物：伴热蒸汽主要冷却为凝结水，其排水中污染物主要为含油污水，污水基本上全部排入厂区含油污水系统。

（5）排水的处理或回用措施：伴热蒸汽排水主要在污水处理系统进行含油污水处理，处理为达标污水后，再经过深度处理装置处理回用于循环水补水或除盐水系统。

6.9.3 设备冷却用水

（1）用途及原理：设备冷却用水主要是循环冷却水，通过交换热量或直接接触换热方式交换介质热量，并经冷却塔凉水后循环使用，以节约水资源。

（2）用水量及水源要求：此处循环冷却水用量不是很大，主要水源为循环水场，用于机泵、机组冷却等。

（3）给水的节水措施及问题：尽量使热交换的温差合理，采用循环水夹点技术优化循环水的换热网络，以减少循环水的使用量。

（4）排水及主要污染物：机泵冷却用水经过换热后返回循环水场，通过调节循环水场的补充水量、加药、排污等措施控制循环水的水质，其主要污染物是盐类和油。

（5）排水的处理或回用措施：机泵冷却水经过换热后返回循环水场，在循环水场统一处理，循环水场的排污水经过适度处理后回用于循环水场的补水。

6.9.4 火炬系统水平衡图

火炬系统水平衡图如图6.20至图6.22所示。

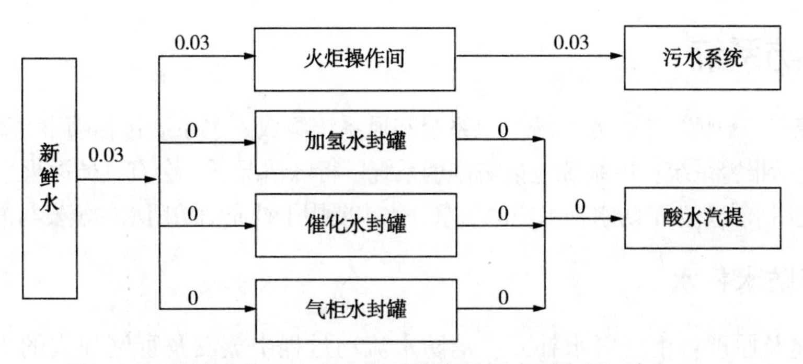

图 6.20 某炼油化工企业火炬系统水封补水平衡图(单位：t/h)

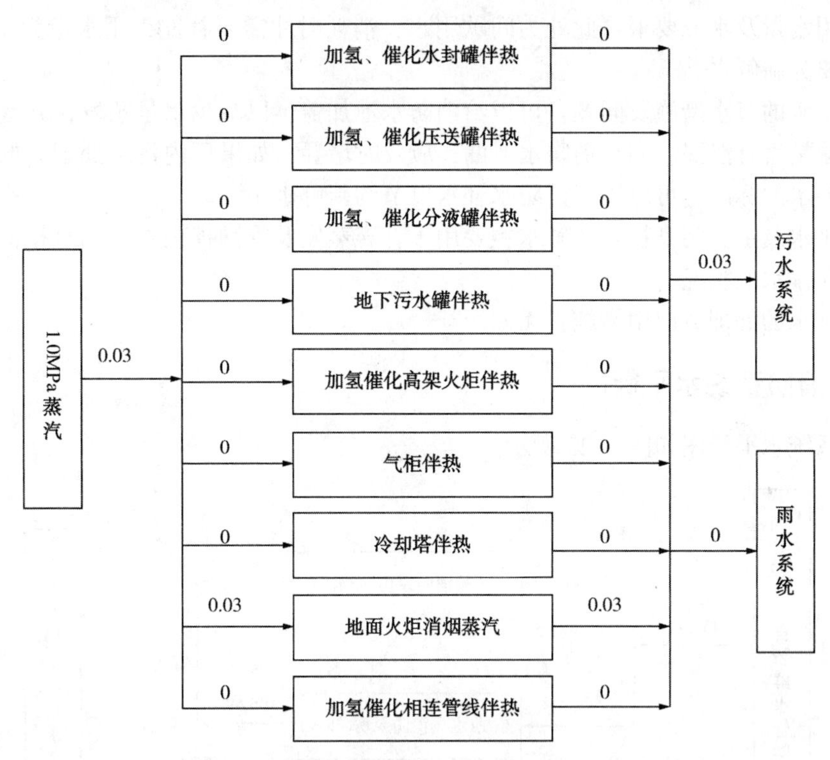

图 6.21 某炼油化工企业火炬系统伴热及消防蒸汽平衡图(单位：t/h)

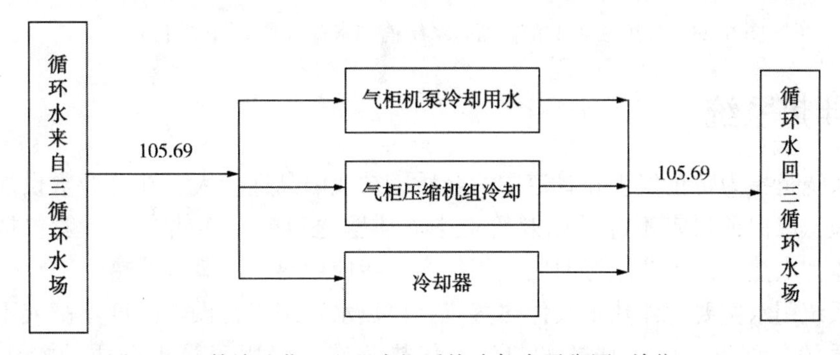

图 6.22 某炼油化工企业火炬系统冷却水平衡图(单位：t/h)

6.10 消防系统

消防系统在一般情况下由水系统、电系统和风系统组成。水系统包括喷淋系统和消火栓系统；电系统包括报警系统；风系统包括防排烟系统。特殊情况下，会有气体灭火系统。

消防系统用水主要为消防水补水，消防水补水主要用于补充消防用水的蒸发与消耗的水量。

6.10.1 消防水补水

（1）用途及原理：由新鲜水补充在消防水流动过程中蒸发及管网损失的水，以及消防工作中消耗的水。

（2）用水量及水源要求：此处为间歇用水，消耗时才需要补充，用水量为 10~20t/h，其水源主要为新鲜水。

（3）给水的节水措施及问题：可以给消防水池加盖，以减少水量蒸发，并普查消防水管线，查看是否有泄漏，如有消防水泄漏，应及时堵漏。如果厂内污水处理后的水可以达到消防水补水的标准，可以用于消防水补水以节约新鲜水用量。

（4）排水及主要污染物：新鲜水主要用于补充蒸发及管网损失量，属直接消耗，所以此处不存在排水的状况。

（5）排水的处理或回用措施：无回用。

6.10.2 消防系统水平衡图

消防系统水平衡图如图 6.23 所示。

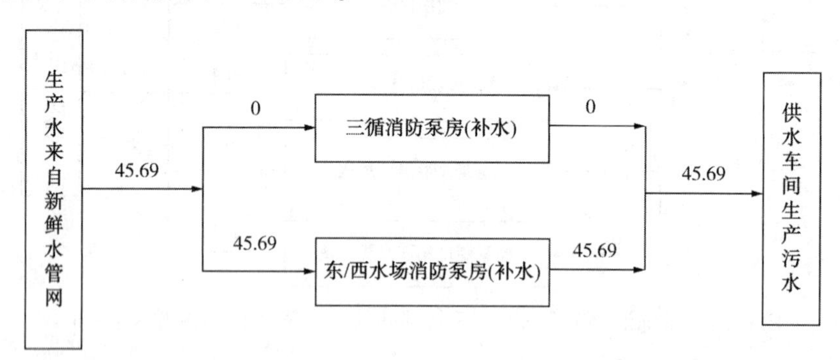

图 6.23 某炼油化工企业消防系统消防水补水平衡图(单位：t/h)

6.11 伴热系统

伴热系统是指为防止仪表和管道中的介质冻结或因黏性较大，在其旁敷设加热源进行加热的措施，以保证仪表不冻结以及管道中介质输送流畅。伴热介质一般包括热水、蒸汽、热载体和电热，由于费用等原因，工厂内一般使用热水及蒸汽伴热。

伴热系统用水主要为伴热水及伴热蒸汽，伴热水适用于在操作温度不高或不能采用高温伴热介质的条件下，作为伴热的热源。伴热蒸汽一般用于管内介质的操作温度小于150℃的伴热。

6.11.1 伴热水

（1）用途及原理：伴热是利用伴热管线紧靠在管线外壁，通过热量传递把热量传给原被伴热的介质，以达到保温伴热的目的。低温热水伴热是传统的伴热形式，其温位较低热量可从其他装置中大量的工艺余热中获得，而且伴热后的回水可重复利用，热水伴热温度较低，温度调控要求不高。

（2）用水量及水源要求：伴热水一般为循环利用水，一般可从其他装置中大量的余热中获得热量，然后到需要伴热的装置伴热，循环往复，需定期补充蒸发损失及管网损失的水量。

（3）给水的节水措施及问题：使热交换温差合理，定期去除管道内部结的垢，使热量利用最大化，同时应减少蒸发及管网损失，定期普查是否有泄漏，以减少伴热水的用量。

（4）排水及主要污染物：无因水质排污案例。

（5）排水的处理或回用措施：无回用。

6.11.2 伴热蒸汽

（1）用途及原理：伴热是利用伴热管线紧靠在管线外壁，通过热量传递把热量传给原被伴热的介质，以达到保温伴热的目的。在蒸汽伴热系统中，伴热在主管道保温之前固定于主管上，将低压蒸汽运入伴管，蒸汽伴热系统为管道提供大量的热。

（2）用水量及水源要求：伴热蒸汽为低压蒸汽，一般用于管内介质的操作温度小于150℃的伴热。

（3）给水的节水措施及问题：在蒸汽伴热系统及蒸汽放空尾部安装疏水阀，减少“小白龙”现象，并根据气温的变化情况适时投用或停用伴热蒸汽。

（4）排水及主要污染物：伴热蒸汽主要冷却为凝结水，其中部分排水中污染物主要为含油污水，污水基本上全部排入厂区含油污水系统。

（5）排水的处理或回用措施：伴热蒸汽排水主要在污水处理系统进行含油污水处理，处理为达标污水后，再经过深度处理装置处理回用于循环水补水或除盐水系统。

6.11.3 伴热水补水

（1）用途及原理：对于因蒸发损失及管网损失而从伴热系统中损失的水量，进行必要补充的水称为伴热水补水。

（2）用水量及水源要求：其补水量是伴热水系统蒸发损失及管网损失量，水源一般为新鲜水、蒸汽或凝结水等。

（3）给水的节水措施及问题：应定期进行伴热水管网普查，及时发现伴热管网泄漏点，以避免因管网泄漏而损失水量。

（4）排水及主要污染物：伴热系统为循环系统，基本不排水。

（5）排水的处理或回用措施：无。

6.11.4 伴热系统水平衡图

伴热系统水平衡图如图 6.24 和图 6.25 所示。

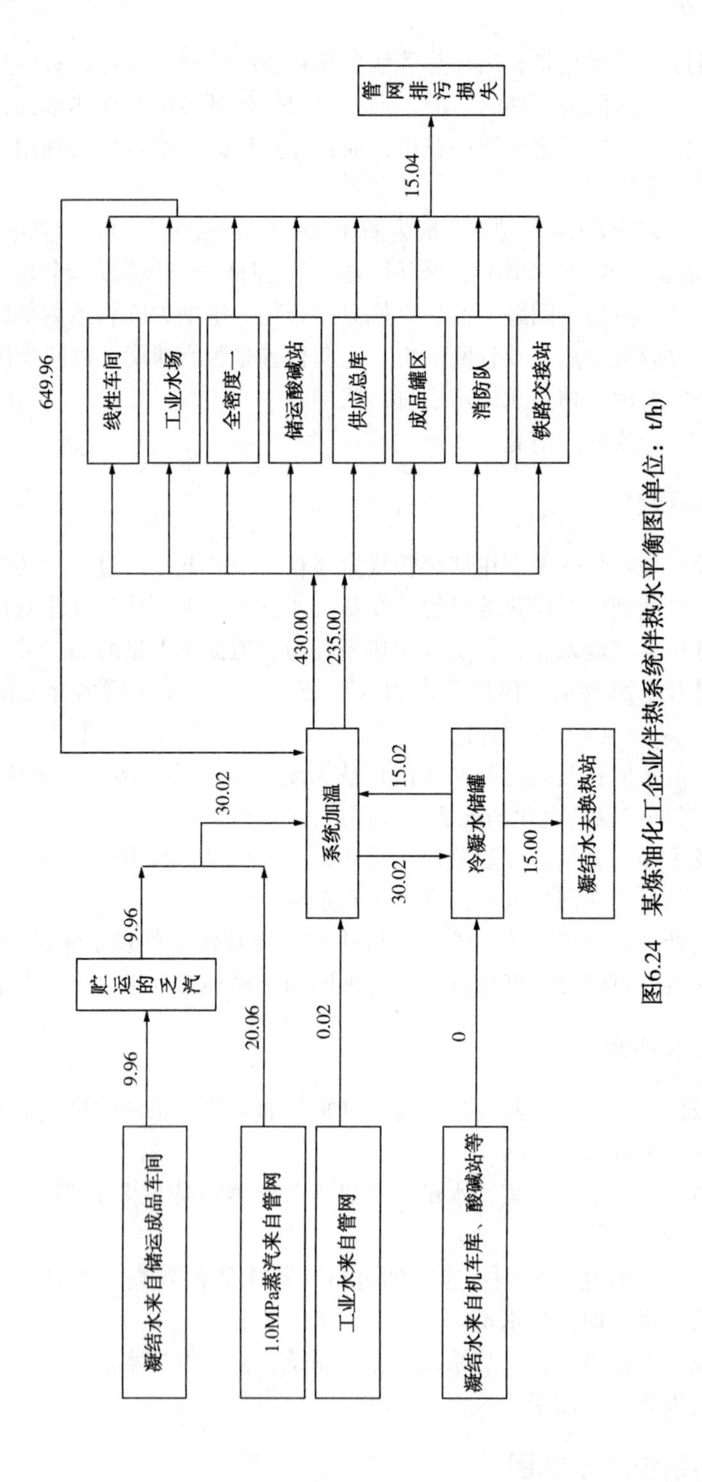

图6.24　某炼油化工企业伴热系统伴热水平衡图(单位：t/h)

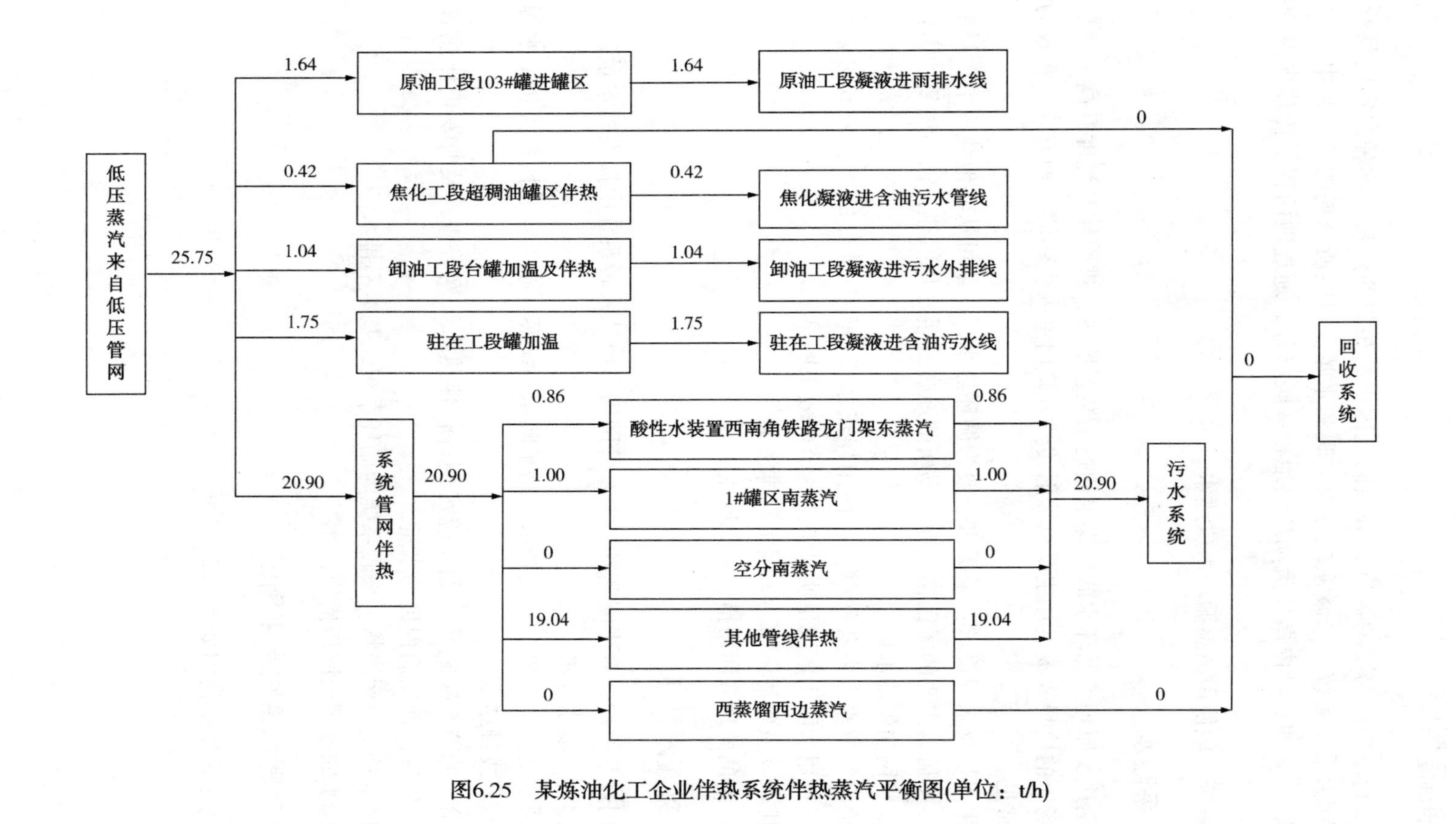

图6.25 某炼油化工企业伴热系统伴热蒸汽平衡图(单位：t/h)

6.12 采暖系统

为了维持室内所需要的温度，必须向室内供给相应的热量，这种向室内供给热量的工程设备称为采暖系统。采暖系统分为电暖和水暖。电暖所消耗的能量是电。水暖是以热水为热媒，在加热管内循环流动加热地板或暖气片，通过地面辐射传热向室内供热的方式。

采暖系统一般使用高温循环水或热水。

6.12.1 采暖水

(1) 用途及原理：循环水或热媒水通过去装置取热，进而使其温度升高，然后给居民楼及办公场所的地暖或暖气片主要以辐射传热方式向室内供热的一种方式。在较为寒冷的北方比较常见。

(2) 用水量及水源要求：采暖水一般为循环热水，一般可从其他装置中大量的余热中获得热量，然后为需要的居民楼及办公场所的地暖或暖气片供热，循环往复，需定期补充蒸发损失及管网损失的水量。

(3) 给水的节水措施及问题：可使用伴热水代替蒸汽伴热的方法来节约蒸汽的使用量，水伴热投用后所用蒸汽量明显下降，节能效果明显。

(4) 排水及主要污染物：无因水质排污案例。

(5) 排水的处理或回用措施：无回用。

6.12.2 采暖水补水

(1) 用途及原理：对于因蒸发损失及管网损失而从采暖系统中损失的水量，进行必要补充的水称为采暖水补水。

(2) 用水量及水源要求：其补水量是采暖水系统蒸发损失及管网损失量，水源一般为新鲜水、蒸汽或凝结水等。

(3) 给水的节水措施及问题：应定期进行伴热水管网普查，及时发现伴热管网泄漏点，以避免因管网泄漏而损失的水量。

(4) 排水及主要污染物：采暖系统为循环系统，基本不排水。

(5) 排水的处理或回用措施：无。

6.12.3 采暖水系统水平衡图

采暖水系统水平衡图如图 6.26 所示。

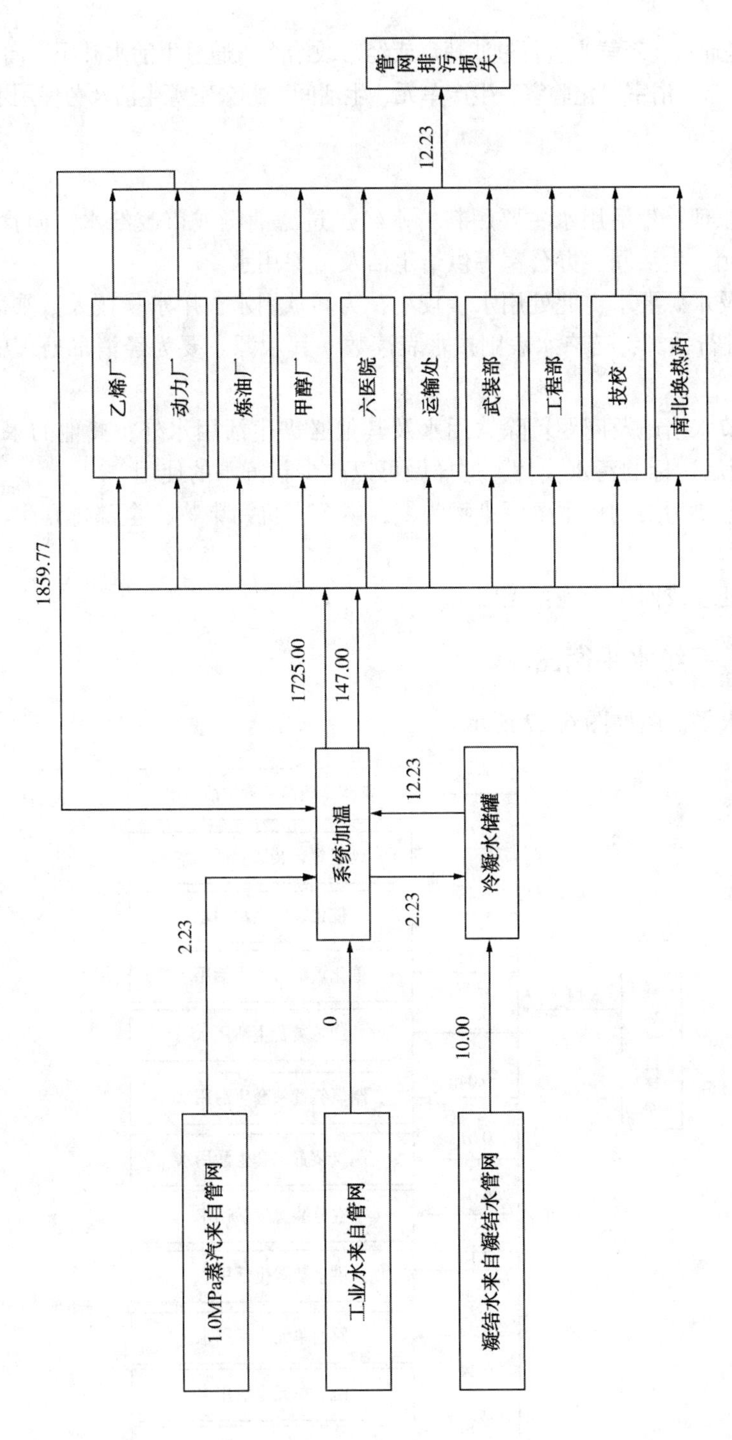

图6.26 某炼油化工企业采暖系统水平衡图(单位：t/h)

6.13 生活水系统

生活水系统是通过将新鲜水进行过滤消毒或经市政给水，通过生活水升压泵向全场提供生活用水，以满足食堂、浴室、化验室、生产单元、生活间、办公室等生活及劳保用水。

6.13.1 生活水

(1) 用途及原理：生活用水主要用新鲜水经过过滤消毒或市政给水，向食堂、浴室、化验室、生产单元、生活间、办公室等供给生活及劳保用水。

(2) 用水量及水源要求：此处用水量较小，为间歇用水，用水量按人数乘以每人每天50L的生活用水进行估算，若有水表则按水表读数，其水源主要为经消毒处理的新鲜水或市政给水。

(3) 给水的节水措施及问题：除饮用水及其他必需生活用水外，其他的水(如厕所冲洗水)可使用处理后达标的污水代替，这样做可以减少新鲜水的使用。

(4) 排水及主要污染物：主要污染物为氮、磷等有机污染物，全部排到生活污水处理系统进行处理。

(5) 排水的处理或回用措施：无回用。

6.13.2 生活水系统水平衡图

生活水系统水平衡图如图6.27所示。

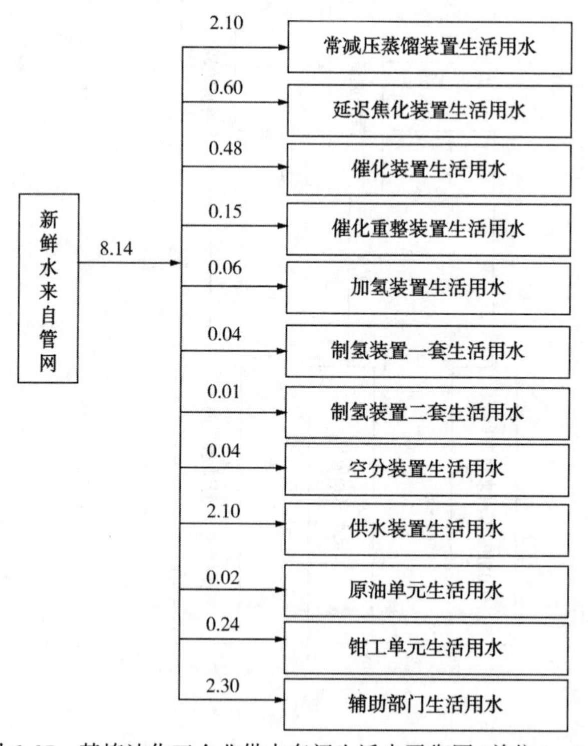

图6.27 某炼油化工企业供水车间生活水平衡图(单位：t/h)

7　炼油化工企业水平衡及节水优化案例

当前，炼油化工企业水平衡测试和水系统优化工作已经被企业普遍开展，为企业节水管理工作提供了较大助力。本章分享了作者在实际工作中实施的部分实例，以供读者参考和讨论。

7.1　炼油企业水平衡及节水优化案例

7.1.1　炼油企业水平衡及节水优化案例一

过程系统工程是一门综合性的边缘学科，它以处理物料—能量—资金—信息流的过程系统为研究对象，其核心功能是过程系统的组织、计划、协调、设计、控制和管理。过程系统工程于20世纪60年代形成基本体系，随着计算机的应用普及开始推广应用到各类过程工业部门，90年代后开始应用在工业节水工作中。

过程系统工程方法已经广泛用于炼油化工企业的节水减排优化工作中，而且已经开始应用于煤化工等新兴化工企业。目前，很多设计院已经开始在设计阶段考虑节能节水，但采用过程系统工程方法对尚处于设计阶段的炼油企业进行系统节水优化，本案例尚属首次应用。

7.1.1.1　节水减排的过程系统工程方法

炼油企业节水减排的过程系统工程方法是：水平衡测试→水网络系统集成优化→外排污水深度处理回用。从系统的角度考虑水的有效利用，将炼油企业的全部用水部门当成一个整体水网络来优化，考虑如何分配各用水单元的水量和水质，使水的重复利用率达到最大，同时废水排放量达到最小。

在设计阶段采用过程系统工程方法进行全厂水系统优化，与运行中的企业相比，关键的区别在于以下两点：首先，所有水量及水质等数据都来源于设计单位的设计数据，是按照工艺理论和设计规范得出的数据，虽然也参考了同类工艺装置的实际运行数据，但仍留有设计余量，且不存在计量误差和泄漏损失；其次，优化分析后得出的改造方案建议，不需要企业再次申请投资，可直接应用于设计工作，由设计单位调整原设计内容，从工厂建设初始阶段就保障了企业用水节水的先进性。

7.1.1.2　过程系统工程方法的应用

（1）水平衡计算。

在水平衡计算阶段，汇总该炼油厂各套生产装置及辅助部门的设计数据，以代替水平衡测试数据。经过水平衡数据计算分析，该新建炼油厂用水技术经济指标现状与GB/T 26926—2011《节水型企业　石油炼制行业》对比情况见表7.1。

表 7.1　某新建炼油厂用水计算经济指标对照

指标名称	炼油厂设计值	国标考核值
重复利用率(%)	97.9	>97.5
浓缩倍数	≥3	≥4
软化水、除盐水制取系数	1.27	≤1.1
蒸汽冷凝水回收率(%)	76.86	≥60
加工吨原油取水量(t)	0.51	≤0.7
加工吨原油排水量(t)	0.08	≤0.35
含硫污水汽提净化水回用率(%)	75.91	≥60
污(废)水回用率(%)	81.61	≥50

从表 7.1 中可以看出，该新建炼油厂用水技术经济指标中，重复利用率、含硫污水汽提净化水回用率、加工吨原油取水量、加工吨原油排水量和污(废)水回用率均优于国家节水型企业考核标准，但循环水浓缩倍数和软化水、除盐水制取系数未达到国家节水型企业考核标准。总体来说，该项目用水现状总体处于达标水平，还存在一定的节水优化潜力。

(2) 水网络系统集成优化。

该炼油厂的水网络集成优化分析，主要集中在厂内净化水回用上。该厂净化水回用率设计为 78.7%，优于《节水型企业　石油炼制行业》中要求大于 60%的水平，但仍有部分净化水排到了污水处理装置。此外，催化裂化装置锅炉定连排污水水质也较一般污水要好，可以进行二次利用。利用夹点计算分析得出优化后的水网络图如图 7.1 所示。

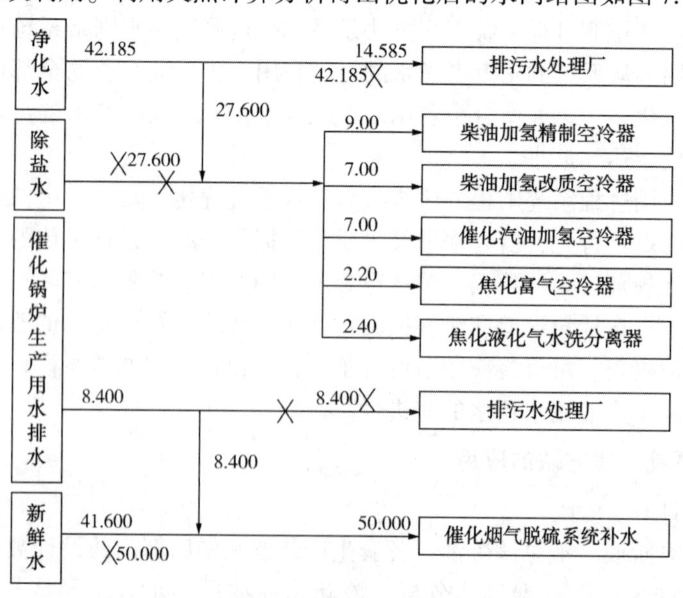

图 7.1　水网络系统集成优化效果示意图

(3) 外排污水深度处理回用。

经过全厂水网络集成优化，提高了工业水重复利用率，同时减少了排向污水系统的污水。在此基础上，考虑外排污水深度处理制成中水的回用方案，可降低污水深度处理装置的设计规模和投资成本。

7.1.1.3 节水减排“七环节”优化

对于炼油企业来说，可将水系统分为水汽输送环节、制水环节、工艺水环节、循环水环节、蒸汽冷凝水环节、生活水环节和污水回用水环节7个环节。根据各个环节的特点并结合集成优化结果进行详细分析，以达到企业水系统的先进性和科学性。“七环节”优化分析步骤也是首次应用于设计阶段的炼油厂节水优化工作。

(1) 水汽输送系统优化改进建议。

该炼油厂设计中，水输送管道材质的选取符合相关规范。但碳钢金属管材的使用量较大，设计的金属管道管材防腐方式，虽然也符合相关标准及规范，但长期运行后，管网的腐蚀泄漏问题还是会逐渐出现。建议设计中还应该考虑管道阴极保护，可进一步降低埋地金属管道的腐蚀速率，减少水输送管网的漏失量。

(2) 制水系统优化改进建议。

① 制水系统工艺优化：该炼油厂除盐水制水工艺设计采用超滤反渗透加混床处理工艺，同时该厂不单独建设中压锅炉，中压蒸汽采用外购+余热锅炉自产模式。但除盐水装置处理规模考虑到开车阶段需求大等原因，处理规模设计较大，稳定工况下超滤反渗透系统将有75%处于闲置状态。根据生产经验，反渗透膜只要通水试运行以后，即使闲置，其寿命也将不断减短，造成项目投资浪费。同时该厂新鲜水水质较好，水中溶解性总固体在178~458mg/L，完全可以采用离子交换工艺制水。建议设计改用离子交换工艺替代超滤反渗透工艺，每小时可节省新鲜水量66t。

② 锅炉排污水优化及改进：该炼油厂部分余热锅炉排污率设计较高，高于GB/T 1576—2008《工业锅炉水质》中排污率不大于2%的要求。建议调整设计排污率，每小时可节省新鲜水量4.78t。

(3) 工艺水系统优化改进建议。

根据水网络系统集成优化结果，建议该炼油厂调整加氢装置空冷前注水设计内容，同时考虑到加氢装置回用净化水导致的铵盐结晶风险，建议用净化水掺兑除盐水作为注水，减少除盐水用量，同时减少净化水的排污量。

净化水主要回用于柴油加氢精制空冷器、柴油加氢改质空冷器、催化汽油加氢空冷器、焦化富气空冷器和焦化液化气水洗分离器，该项设计内容优化后，每小时可减少除盐水用量27.6t，同时将净化水排污量减少至每小时14.59t。

(4) 循环水系统优化改进建议。

① 循环水系统补水优化：该炼油厂设计循环水场的补水由新鲜水、回用水等构成，回用水水质比新鲜水水质好，并优于循环水场补水水质标准很多，甚至在一个数量级以上。

建议从回用水中取出一部分作为除盐水站制水所需的原水，剩余的回用水再作为循环水补水。同时，将除盐水站所用的新鲜水送到循环水场作为循环水补水，新鲜水水质比回用水差，但完全可以满足循环水补水要求。这样不仅可以较合理地利用高品质水，而且可以减少除盐水系统生产负荷，降低反洗频率，提高除盐水制水率。

② 循环水浓缩倍数优化：该炼油厂循环水场浓缩倍数设计为 $N=3$，未达到炼油厂循环水场浓缩倍数 $N\geqslant4$ 的考核要求。建议循环水场将循环水设计浓缩倍数提高到 $N\geqslant4$。同时，设计单位对该炼油厂循环水场设计时参考的气候条件错误，凉水塔蒸发量设计偏小，建议重新调整凉水塔蒸发系数。设计调整后，每小时可减少新鲜水补水量及循环水排污量各 18.72t。

③ 循环水中油分在线监测优化：炼油装置在实际生产过程中，由于生产装置换热器不可避免地会发生漏油现象，导致循环水被污染，从而需要利用新鲜水对循环水场的循环水进行置换，排放大量的循环水，对污水处理装置的正常运行造成冲击。同时也造成了循环水补水及药剂的浪费。

该炼油厂设计中未考虑循环水系统漏油监测，建议炼油装置循环水回水管线上安装在线油分监测仪及远传报警系统，实时监测循环水回水中的油分浓度。同时配套便携式油分检测仪，检测漏油现象，出现换热器漏油后，及时切换管线，降低换热器泄漏对循环水系统的污染危害程度。

④ 循环水中 COD 在线监测优化：实际生产中，硫黄回收装置存在含硫污水及净化水中氨氮超标风险，净化水在冷却过程中会存在泄漏进循环水的情况，从而会导致循环水场中集水池氨氮含量上升，对细菌滋生产生影响。目前对氨氮含量的监测也是人工取样化验的手段，时间滞后十分严重，泄漏点排查较为困难。

建议设计中硫黄回收装置循环水回水总管上加装一台 TOC 分析仪，及时分析硫黄装置循环水回水中 COD 的含量变化，从而判断是否发生泄漏，避免泄漏时有机物及氨氮进入回水，影响循环水系统正常运行。

（5）冷凝水系统优化改进建议。

该炼油厂设计内容中，冷凝水在进入冷凝水处理装置前设置了 pH 值、电导和 TOC 在线分析仪表，合格的工艺冷凝水回收至除盐水站处理后，再与除油除铁后的透平冷凝水一起进入混床处理，最后作为脱盐水使用。经检测，不合格的冷凝水排入事故冷凝水罐。该回收工艺设计尚存在不足之处，虽然在冷凝水处理前设置了水质监测分析仪，但当某一个装置的冷凝水被严重污染时，由于该股冷凝水没有设置单独的水质监测分析仪，会导致冷凝水汇总后，使其他清洁冷凝水也被污染而无法进行回收利用，造成冷凝水的浪费。

建议设计中对冷凝水回收量较大的装置，在其冷凝水回收线上分别安装水质监测分析仪，并配备增加冷凝水切换阀门、管线等。当冷凝水水质不合格时，直接进行切换排放，从而避免与其他装置冷凝水混合污染。此外，建议对冷凝水处理工艺进行优化选择，适当提高冷凝水处理装置的允许进口油含量，将目前设计的进口水质 TOC 从不大于 30mg/L 提高至 50~80mg/L，可以有效减少冷凝水的排放量。

（6）生活水系统优化改进建议。

国家正在提倡居民冲厕用水不再使用生活水，而是用中水或海水等水质较低的水代替。该炼油厂在设计中并没有这方面的相关考虑，生活用水只有一条管网同时供给生活及冲厕用水，使用生活水管网的新鲜水作为冲厕用水属于高水低用的浪费现象。

建议设计中增加敷设一条输水管网供给冲厕用水，水源采用生产水代替外购的生活水，避免高水低用，并降低生活水的外购量，节约成本。

(7) 污水系统优化改进建议。

该炼油厂设计中污水排放和收集为清污分流的方式，这种设计适合采用含盐污水和含油污水单独处理工艺，然后对含油污水进行适度处理回用，对含盐污水进行深度处理回用。这样可减小污水深度处理装置设计规模，减少投资。但该炼油厂目前所设计的污水处理方式为“全混”处理+深度处理组合工艺，而且已不能改动。

建议设计中为循环水场排污水适度处理系统预留空间，为今后的工艺改造提供基础条件。循环水场排污水相对较干净，适度除盐处理费用不高，运行成本只有 0.7～1.0 元/t(水)，节水量可观，经济也比较合算。循环水排污水直接处理回用后，使循环水系统最大限度地独立运行，在一定程度上减轻了污水厂运行效果好坏产生的干扰，提高了系统的安全性、管理的合理性。

(8) 小结。

上述提出的优化改进建议，全部被设计单位采纳。通过改进设计中的除盐水制水工艺、降低锅炉排污率、提高净化水回用量、提高循环水浓缩倍数等措施，每小时节省新鲜水量 119.86t，全厂加工吨原油取水量由 0.51t 降低到 0.43t，优于国家标准考核水平。

7.1.1.4 结论

(1) 本书对处于设计阶段的炼油厂采用过程系统工程方法进行水系统优化，真正做到了源头优化，从图纸阶段即保证了企业用水水平的先进性。

(2) 当前大型炼油厂设计普遍采用总体院拿总、分包院分头设计的方式开展，分包院重点关注的是工作是否符合设计规范，虽然已经开始在各自分包的范围内采取优化设计，但也是各自为战。这就要求总体院具有系统优化的能力，统一协调各分包院调整初始设计，达到设计项目的系统最优化。

(3) 随着各项节水国家标准和政策文件陆续出台，国家对工业企业节水减排工作要求的进一步加大，炼油化工作为节水减排重点关注行业，承担的压力显而易见。采用过程系统工程方法，从设计阶段优化企业全厂水系统，对企业的节水减排工作意义重大。该工作方法若推广到目前正在兴起的新型煤化工行业，对国家的节水减排工作将会产生深远影响。

7.1.2 炼油企业水平衡及节水优化案例二

我国是一个水资源短缺的国家。按 2004 年人口计算，我国人均水资源拥有量只有 2185m^3，不足世界人均水平的 1/4，是世界上 13 个主要缺水国家之一。而且我国水资源分布不均匀，从东南向西北递减，长江以北广大地区人口占全国 46%，但水资源只占全国的 19%。这就造成全国 400 多个城市供水不足，其中严重缺水的城市有 110 座。据预测，到 21 世纪中叶，我国人口达到 16 亿峰值时，人均水资源拥有量将减少到 1750m^3，届时全国的大部分地区将面临水资源更加紧张、严重缺水的局面。

为了使节水减排工作逐步走向深入，对许多工业企业来说，应该由一般管理节水深入系统工程节水。因为一个炼油企业的供水—用水—废水处理系统是一个庞大的水网络系统，仅凭借管理经验，“头痛医头，脚痛医脚”，来提出节水减排措施已经难以有显著效果，必须将水网络系统当成一个系统工程进行全面分析，才能找出最优解决方案。

具体来说，老厂节水减排技术改造，可以采用“三步策略”。第1步：全面做好基础计量工作，做好全厂水平衡测试，在摸清底细的基础上，提高操作管理水平，将最容易挖掘的节水潜力“浮财”挖到手，实现投资少、见效快、收益高的节水减排。第2步：深入进行水网络的系统工程分析，大大提高水的回用率。第3步：污水再生回用。

7.1.2.1 过程系统工程在节能减排工作中的发展

过程系统工程是20世纪60年代在系统工程、运筹学、化学工程、过程控制及计算机技术等学科边缘上发展起来的一门新兴技术学科。20世纪80年代以来，过程系统工程学的发展使人们认识到，要把一个过程工业的工厂设计得能耗最小、费用最小和环境污染最少，就必须把整个系统集成起来作为一个有机结合的整体来看待，达到整体设计最优化。由此进入过程系统节能的时代，过程集成成为热点话题。

20世纪90年代，随着社会环保意识的加强和国家节水减排压力的加大，过程系统工程开始应用在工业节水工作中。过程系统工程思想在工业企业节水优化工作上的应用，是将工业企业的水系统作为一个整体考虑，以新水用量最小化和废水流量最小化为最终目的，以“源头节水、分质利用、凝水回收、污水回用”为指导原则，按照节水优化工作“七步法”，对工业企业用水“七环节”进行优化研究，重点是利用过程系统集成优化思想在节水过程中的理论方法——水系统优化集成理论，来优化改造企业水系统网络，实现工业水的多次重复利用。同时，通过对论证可行的节水优化改造方案进行施工改造，最终实现企业节水优化的目标。

7.1.2.2 工业企业节水优化工作的实施步骤

过程系统工程思想，实际应用在工业企业节水优化工作中，是按照“七步法”来分步实施的。具体实施步骤如图7.2所示。

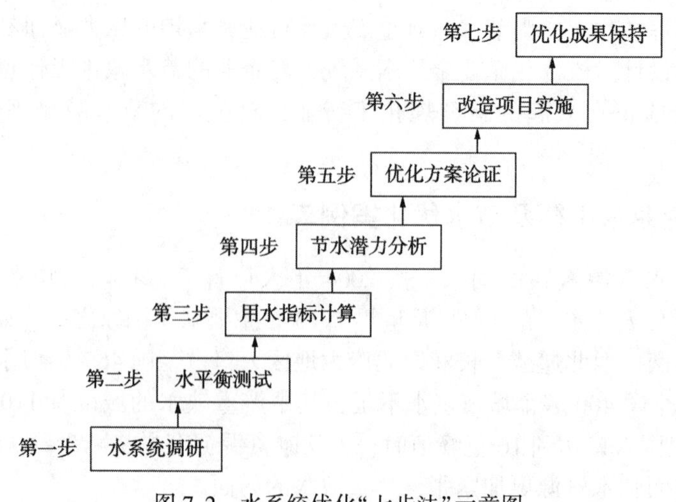

图7.2 水系统优化“七步法”示意图

（1）水系统调研。

在企业水系统调研阶段，主要调研企业的生产能力、生产结构、水系统构成、水源地情况、近几年用水指标及已实施的节水优化措施等资料，目的是了解企业的生产情况和给排水情况。在调研阶段完成绘制装置/车间/公司级的水平衡图，为下一步的水平衡测试做好准备。同时，在和企业技术人员交流时，可初步识别企业的节水潜力点和节水需求。

（2）水平衡测试。

在企业水平衡测试阶段，按照《企业水平衡测试通则》的要求，挑选企业生产负荷比较稳定的时间段，在统一的时间内，集中测试装置/车间/企业取水、用水及排水量，一般测试时间为24h/48h/72h。在测试过程中，普遍采用的测试手段为读取计量仪表。当计量仪表配备率不高或计量准确度较低时，可采用超声波便携式仪表测量、公式计算和经验估算的方式或从设计资料中提取数据的方法，来确定相关水系统数据。在测试装置用水量的同时，还需要对部分生产装置排水、循环水、污水处理后回用水、凝结水的水质和水温进行检测分析，水质和水温数据作为优化方案论证的技术数据基础。

测试完成后，将测试数据填入绘制好的水平衡图及水平衡表中。

（3）用水指标计算。

在用水指标计算阶段，首先需要对企业的水平衡测试数据进行装置/车间/公司级平衡计算。在数据平衡过程中，由于企业的水系统计量仪表配备条件及完好状态的原因，会出现测试数据不平衡的现象，在综合考虑仪表计量误差率和企业水管网使用年限的情况下，对各用水单元的用水量校正后，可将剩余不平衡量归入企业管网综合漏失量中。

当全厂测试数据平衡后，按照相关行业标准或企业标准，计算工业水重复利用率、吨产品取水量、吨产品排污水量、凝结水回收率、污水回用率、企业综合漏失率、循环水浓缩倍数、万元工业增加值取水量等用水技术经济指标，并结合国内外先进水平对计算结果进行对标分析和评价。

（4）节水潜力分析。

节水潜力分析，主要是根据用水技术经济指标计算结果并结合前期现场调研所得资料，对企业水系统的7个环节，即水管网系统、制水系统、工艺水系统、凝结水系统、循环水系统、生活水系统和污水回用系统进行分析，结合水系统调研阶段发现的节水潜力点和企业节水需求，找出各个用水环节的节水机会，为下一步的优化方案论证做准备。

（5）优化方案论证。

优化方案论证，是按照已经分析出的节水潜力点，从用水管理、水系统计量手段、节水工艺及设备、凝结水回收及处理回用、水夹点优化、循环水浓缩倍数、污水处理回用等方面，提出节水优化方案，并对提出的方案进行技术和经济可行性分析及论证，形成最终可行的企业节水优化方案研究报告。

（6）改造项目实施。

改造项目实施，是按照已经论证可行的节水优化改造方案，通过具体的实际投资及施工改造，完成企业相关工艺及设备的优化改造，以达到节水的目的。

（7）优化成果的保持。

优化成果保持，是在企业最终完成节水优化改造工作后，通过实施用水管理考核办法和水系统在线监测等手段，来保持节水优化改造的工作成果，使企业的用水水平始终处在先进行列。

7.1.2.3 过程系统工程在炼油化工企业节水优化中的应用案例

（1）企业简介。

东北某炼油化工企业，是20世纪30年代建厂的老炼油化工企业，目前拥有炼油、芳烃、烯烃三条生产线61套主体装置，炼油部分拥有加工俄罗斯原油为主的全加氢炼厂，一次加工能力900×10^4t/a；大部分生产装置已有近40年的历史。该企业设计之初采用传统的老模式，即新鲜水采集到企业，先经过供水预处理，达到用水标准后，供给工艺装置、循环水场、消防设备和车间员工生活之用。如果要作为锅炉用水或供某些对水质要求较高的设备，则还要进一步对新鲜水进行除盐、除氧精制。各装置和辅助单位排放的污水大部分经过达标处理后，排出厂外。

（2）水平衡测试及指标计算结果。

在对该企业进行现场调研后，于2009年12月17日9时至12月18日9时，该企业所有单位进行统一的水平衡测试。通过对水平衡测试数据的整理和计算，得出以下结果：该企业供水单位动力厂共从水库及井群取水6755.34t/h，配出新鲜水（含生活水、工业水、消防水）共6154.33t/h，其余601.01t/h为从取水源头到各厂之间管路的损失量（图7.3）。该企业10个测试分厂在本次水平衡测试期间消耗新鲜水4633.74t/h，其他1520.59t/h为外供其他单位水量。按分类统计，生产用新鲜水共计3738.46t/h，生活用新鲜水共计505.07t/h，消防水共计390.21t/h。

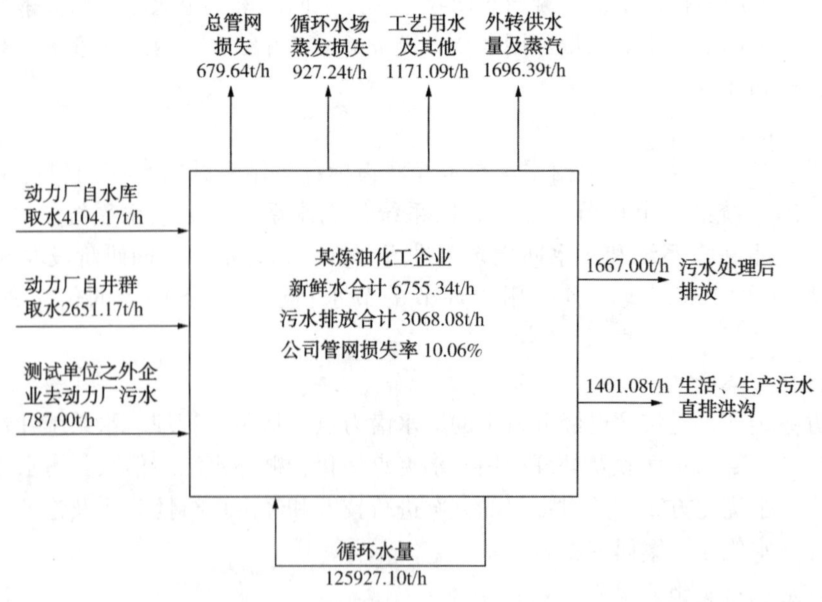

图7.3 某炼油化工企业总用水平衡图

该企业用水技术经济指标计算结果见表 7.2。

表 7.2 某炼油化工企业用水技术经济指标现状对照表

指标类别	计算指标	先进指标
重复利用率(%)	96.75	>98.5
循环水浓缩倍数	4.85	炼油企业 4/化工企业 5
蒸汽冷凝水回收率(%)	43.22	>55
加工吨原油新水量(t)	0.877	<0.5
加工吨原油污水排放量(t)	0.42	<0.3
加工吨乙烯新水量(t)	15.32	<7
加工吨乙烯污水排放量(t)	5.87	—
工业污水回用率(%)	22.84	>40
企业管网综合漏失率(%)	10.06	<5

从表 7.2 中可以看出，该企业的工业水重复利用率还未达到集团公司要求的 98.5%，这说明公司在重复用水方面采取的措施还是不够的。

该企业是一家采取循环水场外包措施的石化公司。循环水场平均浓缩倍数也比较高，接近于 5。

蒸汽冷凝水回收率还达不到先进指标的一半，这说明该企业在冷凝水回收方面所做的工作还不够。

在加工吨产品用水排水方面，该企业也和先进指标差距较大。该企业加工吨原油的新水量为 0.877t，高于先进指标，加工吨乙烯的新水量为 15.32t，更是远远高于先进指标。但是，该企业并没有上中水回用装置，所以上述指标在增建中水处理和回用装置后还会有很大的改进。

该企业的污水回用率为 22.84%，与先进指标还有较大差距。而且这部分回用的污水，只是经过简单处理后的排放污水，回用的途径也只是用作除灰水。没有经过深度处理，也就无法采用先进的中水回用技术。这就直接导致了公司新水用量偏大。

该企业公司管网综合漏失率为 10.06%，已超过 8%的管网测漏警戒值。

(3) 节水潜力分析和优化方案论证。

根据企业现场调研和水系统数据分析，得出该企业用水“七环节”的节水优化思路：

① 提高公司制水率，在公司制水车间进行技术改造，提高新鲜水和除盐水的制水率。制水车间是全厂用水流程的源头，这部分的水量很大，制水效率提高 10%，就会节省很大一部分水量，节水效果十分明显。

② 减小用水管网的漏损率，在水输送的过程中节水，减少不必要的损失。在这段流程中节水，投资小、见效快；而且越是建成时间早的企业，管线和用水设备腐蚀越严重，管网漏失率越大，通过管网检漏能节省的水量越大。同时，还要完善公司水管网计量仪表

的安装，加强公司用水的监督管理，杜绝挪用浪费现象。

③ 工艺用水过程节水，尽可能提高工艺过程的用水回用率，实现高水高用、低水低用、清污分流、中水回用。此外，还要对工艺用水过程中的某些用水设备进行改进和替换，包括含硫污水汽提塔的改造，拓宽含硫污水净化水的回用途径；同时，利用水夹点计算工具，合理优化公司用水网络。

④ 提高循环水场的操作水平。循环水场应尽量提高循环水的浓缩倍数，同时降低循环量，提高冷热水温差；改造凉水塔，降低循环水蒸发量；合并小型循环水场。采取上述一系列措施，降低循环水场的补水量。

⑤ 提高冷凝水回收率，特别是高温回收率，将车间排放的乏汽及冷凝水全部回收，同时增建凝结水除油除铁装置，提高凝结水的回用价值，充分利用凝结水中的残余热量，在节水的同时进行节能。

⑥ 生活用水的节约，保持生活用水量所占总用水量的比率不大于3%~5%，同时还要严格生活水的使用监督，防止生活水被挪用浪费。

⑦ 污水深度处理回用：由于该企业的水价偏低，因此污水回用的水费比新鲜水价高。但是从社会效益考虑，不能不回用。因此，需要对该企业部分外排污水进行处理回用，提高污水回用率。

按照上述的节水优化思路，经过技术可行性论证和经济可行性论证，共提出节水优化措施18项，年节水量为1270.506×10^4t，总投资额为12536.88万元，每年可产生的效益为6044.63万元，节水减排优化项目整体投资回收期为2年。具体措施见表7.3。

表7.3 某炼油化工企业节水技术措施项目汇总

<table>
<tr><th>项目名称</th><th colspan="2">技术措施</th><th>节水量（t/h）</th><th>节水量（10^4t/a）</th><th>投资（万元）</th><th>效益（万元/a）</th><th>回收年限（a）</th></tr>
<tr><td>制水系统</td><td colspan="2">替换凝结水处理装置</td><td>—</td><td>36.04</td><td>2538</td><td>824.81</td><td>3.08</td></tr>
<tr><td rowspan="3">管网系统</td><td>1</td><td>完善计量仪表</td><td>—</td><td>—</td><td>921</td><td>—</td><td>—</td></tr>
<tr><td>2</td><td>厂区水管网查漏</td><td>398.2</td><td>318.56</td><td>50.1</td><td>500.14</td><td>0.1</td></tr>
<tr><td colspan="2">小计</td><td>398.2</td><td>318.56</td><td>971.1</td><td>500.14</td><td>1.94</td></tr>
<tr><td rowspan="6">工艺水系统</td><td>1</td><td>拓宽含硫污水回收途径</td><td rowspan="3">37.7</td><td rowspan="3">30.16</td><td>76.15</td><td rowspan="3">307.39</td><td rowspan="3">0.85</td></tr>
<tr><td>2</td><td>改造含硫污水汽提塔</td><td>100</td></tr>
<tr><td>3</td><td>炼油厂水夹点计算优化</td><td>83.65</td></tr>
<tr><td>4</td><td>烯烃厂更换换热器</td><td>15</td><td>12</td><td>150</td><td>706.8</td><td>0.21</td></tr>
<tr><td>5</td><td>烯烃厂锅炉改造</td><td>20</td><td>16</td><td>70</td><td>106</td><td>0.66</td></tr>
<tr><td colspan="2">小计</td><td>72.7</td><td>58.16</td><td>479.8</td><td>1120.19</td><td>0.43</td></tr>
</table>

续表

项目名称	技术措施		节水量(t/h)	节水量(10^4t/a)	投资(万元)	效益(万元/a)	回收年限(a)
循环水系统	1	烯烃厂循环水场查漏	86.5	69.2	10.86	108.64	0.1
	2	动力厂7#循环水场改造	10	8	511	132.56	3.85
	3	烯烃厂凉水塔改造	26.9	21.52	240	33.78	7.01
	小计		123.4	98.72	761.68	274.98	2.77
凝结水系统	1	增建凝结水回收装置	268.41	214.73	942	2411.42	1.8
	2	炼油厂和芳烃厂增建凝结水处理装置			3384		
	小计		268.41	214.73	4326	2411.42	1.8
生活水系统	1	按照国家标准进行考核	368.8	295.04	—	507.22	—
	2	严格界定生活水使用范围					
	3	生活水设施查漏					
	小计		368.8	295.04	—	507.22	—
污水系统	1	直排/雨排水管网改造	—	—	590	—	—
	2	污水深度处理	311.57	249.256	2810	305.87	9.38
	3	达标中水回用			60.3		
	小计		311.57	249.256	3460.3	305.87	11.31
总计			1543.08	1270.506	12536.88	6044.63	2.07

(4)改造项目实施及优化成果保持。

该项目为水平衡及优化方案研究项目，不涉及具体的企业施工改造，所以只是对该企业提出简单的优化改造实施规划(表7.4)。

表7.4 节水减排技术措施项目实施规划表

序号	技术措施	实施年限	节水量(10^4t/a)	投资(万元)	效益(万元/a)
1	替换凝结水处理装置	2011年	36.04	2538	824.81
2	完善计量仪表	2011年	—	921	—
3	厂区管网查漏	2011年	318.56	50.1	500.14
4	拓宽含硫污水的回收利用	2011年	30.16	76.15	307.39
5	改造含硫污水汽提塔	2011—2012		100	
6	炼油厂净化水回用	2011—2012		83.65	

续表

序号	技术措施	实施年限	节水量(10^4t/a)	投资(万元)	效益(万元/a)
7	烯烃厂更换换热器	2011 年	12	150	706.8
8	烯烃厂锅炉改造	2011 年	16	70	106
9	烯烃厂循环水场查漏	2011 年	69.2	10.86	108.64
10	动力厂 7#循环水场改造	2011 年	8	511	132.56
11	烯烃厂循环水场凉水塔改造	2011—2012 年	21.52	240	33.78
12	分厂增建凝结水回收装置	2011 年	214.73	942	2411.42
13	炼油厂和芳烃厂增建凝结水处理装置	2011 年		3384	
14	直排污水/雨排水管网改造	2011 年	—	590	—
15	污水深度处理	2011—2012 年	249.256	2810	305.87
16	达标中水回用	2011—2012 年		60.3	

对于优化成果的保持，需要该企业加强对用水管理考核办法的实施力度，同时辅助水系统在线监测等手段，提高管理水平。

7.1.2.4 结论及展望

该企业优化改造项目全部实施后，每年可节约新鲜水 1270×10^4t，吨油耗水指标可降为 0.363t，吨乙烯耗水指标可降为 4.08t，达到国内先进水平。

由此可见，过程系统工程思想在炼油化工企业节水优化工作中可发挥重要作用，可对炼油化工企业的节水减排工作提供具体的、实际的工作指导路线和指导思想。在“十二五”期间，国内炼油化工企业面临着更大的节水减排压力，各企业可将过程系统工程思想应用到企业的节水工作当中，确保节水减排任务的按时按质完成。

7.1.3 炼油企业水系统集成优化案例

本小节介绍利用炼油厂水系统优化数学模型优化炼油企业水系统的案例。为了验证 3.3.4.2 小节数学模型的适用性，选取国内某大型石化企业的炼油厂水系统作为研究对象。它的生产装置可分为主要生产装置和辅助生产装置。其中，主要生产装置包括常减压蒸馏装置(CDU)、催化裂化装置(FCCU)、气分装置(GFU)、烷基化装置(Alkylation)、MTBE 装置、蜡油加氢装置(WHU)、煤柴油加氢装置(KDHU)、汽柴油加氢装置(GDHU)、制氢装置(HP)、重整装置(CRU)、芳烃联合装置(Aromatics)、延迟焦化装置(DCU)、脱硫联合装置(DSU)、硫黄回收装置(SRU)、酸性水汽提装置(SWTU)、废酸再生装置(ARU)、储运装置(STUS)，共 17 个。主要生产装置在生产过程中需消耗水。辅助生产装置包括新鲜水站(FWS)、循环水场(CWS)、污水处理厂(WTS)、动力站(PS)和除盐水站(DWS)，共 5 个。辅助生产装置可以为生产过程提供符合水质要求的水。输入数据见表 7.5 和表 7.6，计算参数见表 7.7。下面对新鲜水源用量最小化和部分年度费用最小化这两种情景下的水系统优化分别进行研究。

表 7.5 辅助生产装置及主要生产装置的入口输入数据 单位：t/h

入口	外购水	雨水	间接冷却循环水	其他循环水	生产给水	除盐水	除氧水	9.5MPa蒸汽	3.5MPa蒸汽	1.0MPa蒸汽	0.45MPa蒸汽	蒸汽冷凝水	生活污水	含硫污水	含油污水	含盐污水	回用水	其他水
常减压蒸馏装置			3118		0.03	13.79	41.49			19.08	16						135	2
催化装置			3118		0.25	43.85	41.95		34.85	23.9		5.51						
气分装置			1497.21	392							9.53							
烷基化装置			1589.33			5.29				14.54	2.59							
MTBE 装置			421.28		0.61	0.02				6.44								
蜡油加氢装置			2432		0.26	47.27	32.56	104.75		9.4		1						
煤柴油加氢装置			3483.61		0.26	17.91	7.17		18.15	2.2								
汽柴油加氢装置			1726		0.26		11.65		9.17	0.47							23	
制氢装置			884.25		0.26	166.63	166.71	7.2	59.94	6.75							108.82	
重整装置			5292.95			96.84	79.54	138.18	45	5.2								
芳烃联合装置			2493.75		8.91	0.1	11.3		97.02									
延迟焦化装置			4082.24		28.29	4.03	29.69		28.5	39.25							28.5	
脱硫联合装置			950.62		0.1	7.51					24.18							
硫黄回收装置			681.85		1.63		13.71		8.5	1.06	4.74							
酸性水汽提装置			1602.53		0.81		0.3			44.19	81.51			242.47				
废酸再生装置			403.45		0.84													
储运系统			123.47		3.28					8.48								9.09
新鲜水站	504.405																	
循环水站		137.33	39139.45		213.88												586.611	
污水处理场					39.73								1.43		40.01	145.7		150.38
动力站			1717.79			317.11			67.17									
除盐水站		332.03	1945.39		157.095							303.26						

表 7.6　辅助生产装置及主要生产装置的出口输入数据

单位：t/h

出口	间接冷却循环水	其他循环水	生产给水	生活用水	消防用水	施工用水	除盐水	除氧水	9.5MPa蒸汽	3.5MPa蒸汽	1.0MPa蒸汽	0.45MPa蒸汽	蒸汽冷凝水	含硫污水	含油污水	含盐污水	回用水	排水	漏失水
常减压蒸馏装置	3118										19	16		50.87	0.03	135		6.49	
催化装置	3118							41.95		47.21	34.85		10.3	13.6	0.33			0.17	1.9
气分装置	1497.21	392											9.53						
烷基化装置	1589.33												17.13			5.29			
MTBE 装置	421.28												4.01		0.63		2.43		
蜡油加氢装置	2432									103.75		28.86	1	53.37	0.26		8		
煤柴油加氢装置	3483.61											6.17	20.15	17.91	0.46		1		
汽柴油加氢装置	1726											10.65	9.64	23	0.26		1		
制氢装置	884.25							166.71	128.97				2.24		0.26		108.82	33.6	75.71
重整装置	5292.95							90.84		201.44			50.2	4			18.28		
芳烃联合装置	2493.75										37.05		60		9.01				11.27
延迟焦化装置	4082.24										19.69	10	6.58	78.5	3		28.5		11.99
脱硫联合装置	950.62											12	13.18		6.61				
硫黄回收装置	681.85									15.9		3.48	6.5		3.76				
酸性水汽提装置	1602.53											44.49	81.52		0.81		238.57		3.89
废酸再生装置	403.45														0.84				
储运系统	123.47												6.76				1.67	10.49	1.93
新鲜水站			456.495	6.91	40.76	0.24													
循环水站	39139.45																	44	354.48
污水处理场																	13.46	359.79	4
动力站	1717.79							136.57	154.72		72.38	9.3	0.11		1		3.1		7.1
除盐水站	1945.39						720.35								12.95			42.62	1.5

表 7.7 参数和数值

参数	数值	单位	参数	数值	单位
α_{PT}	1		e_{FWS}	0.3	元/t
α_{DWS}	1.1		e_{DWS}	2.8	
α_{HP}	0.5		e_{WTS}	4.68	元/t
α_{T1}	1		e_{Fuel}	1.5	元/(t·m³)
α_{T2}	1		R	70	m³
α_{T3}	0.7		A_1	0.82	美元/kg
N	4		A_2	185	美元/$m^{0.48}$
C_p	4180	J/(kg·℃)	A_3	6.8	美元/kg
ΔH	2.326×10^6	J/kg	A_4	295	美元/kg
T_{in}	35	℃	u^{HP}, u^{MP}	45	m/s
T_{out}	25	℃	ρ^{HP}	25.9086	kg/m³
T_{WB}	22	℃	ρ^{MP}	10.8842	kg/m³
w_{in}	45%		u^{LP}, u^{LLP}	20	m/s
w_{out}	65%		ρ^{LP}, ρ^{LLP}	3.903	kg/m³
fi	0.04		ρ^{water}	1000	kg/m³
ny	20		α	696.58	
e_{water}	1	元/t	β	1.215	
H	6600	h/a	L	1000	m

7.1.3.1 情景 1：新鲜水源用量最小化

目前的炼油厂已经做出了很大努力来达到新鲜水源量最小化这一目标。在这种情况下，我们将展示所提模型的优点，即它可以一步获得最小的新鲜水源量。此外，还将研究水资源最小流量与不同类型水的替代率之间的相关性，并进行相关的经济分析。水源(如生产给水、除盐水、凉水塔和锅炉的排污、汽提净化水、再生水等)的水质通过分析测试能够很容易获取到。在此列出了几种水源(如新鲜水、汽提净化水)的分析测试水质数据，见表 7.8。然而，确定水阱或用水过程入口的准确水质范围是一件非常复杂的事。Wang 和 Smith 提出了几种可能的最大进口和出口污染物浓度极限数据的考虑因素(即溶解度、结垢、腐蚀)。Foo 提出了关于流量和水质数据提取的指导方法。水源的历史水质数据可以作为数据提取的良好参考，但并不总是适用于每个水阱。化工厂和催化剂厂的水系统集成可以基于工程经验提取水质的极限数据。但通过这种方法来提取的极限水质数据是非常不精确的。避免了对本书中用水单元的最大进出口极限数据进行估计。本书中的例外情况是，循环冷却水系统补充水的最大水质限制是通过国家标准和企业标准进行规定的。当水中杂质浓度过高时，可能会对设备造成堵塞、腐蚀等，因而用水过程入口的水质需要满足一定的要求。但通常杂质数据不易获取，本书则是针对锅炉排污、循环水站补水的测试数据和再生水水质指标进行对比，作为水能否回用的参考基础，见表 7.8。

表 7.8　循环冷却水系统的几种水源水质及补充水极限水质

参数	pH 值	COD (mg/L)	浊度 (NTU)	电导率 (μS/cm)	溶解固体 (mg/L)
制氢装置锅炉排污	8.2	21	0	14	7
循环水站补充水	8~8.7	0~150	0~20	0~5000	—
再生水	6.0~9.0	80	10	—	1000
汽提净化水	8.18	882.7	4.57	119.2	26
新鲜水	7.49	—	1	1164.67	—
除盐水	8.57	—	—	2.9	—

在参考其他炼油厂采用的节水策略基础上本企业的节水潜力见表 7.9。值得注意的是，常减压蒸馏装置和硫黄回收装置的锅炉排污可以直接回用作为循环水站的补充水。根据标准可知，锅炉排污的 pH 值、COD 浓度和浊度均在标准规定的循环水站补充水的极限水质范围内。酸性水来源于各种装置，诸如常减压蒸馏装置、催化裂化装置、延迟焦化装置、催化重整装置、蜡油加氢装置、煤柴油加氢装置和加氢裂化装置。它们分为非加氢过程(即常减压蒸馏、催化裂化、延迟焦化)和加氢过程(催化重整、蜡油加氢、煤柴油加氢和加氢裂化)两种类型。加氢过程产生的酸性水中硫和氨氮的浓度通常高于非加氢过程产生的酸性水。有两个汽提塔，它们用来分别处理两种酸性水来生产汽提净化水。汽提净化水Ⅰ由非加氢装置的酸性水生产，汽提净化水Ⅱ由加氢装置的酸性水生产。目前，135t/h 的汽提净化水Ⅰ用于原油电脱盐，是炼油厂水再生回用最成功的案例。此外，汽提净化水Ⅱ被广泛用于加氢装置的注水工艺，也有许多工业应用案例。然而，工程师出于汽提净化水Ⅱ代替原来的除盐水而引起管道腐蚀的担心，如果必要的话，他们会调整汽提净化水Ⅱ的替代率。采用相同的概念并引入替代水的替代率，并且在式(3.53)中定义。炼油厂的所有节水策略均由现场的工程师进行检查。表 7.9 给出了替代水的类型、节约水的类型和节水潜力。应当注意的是，将节约不同类型的水，表明本书中提出的带有多种类型水的用水单元模型是实用的。

表 7.9　具有节水潜力的用水过程

序号	装置(单元)	节水措施	替代水类型	节水类型	最大节水潜力(t/h)
1	常减压蒸馏	排污水回用循环水系统	锅炉排污	生产给水	6.49
2	MTBE	蒸汽冷凝水进冷凝水管网	蒸汽冷凝水	蒸汽冷凝水	2.43
3	蜡油加氢	加氢型净化水代替除盐水	汽提净化水Ⅱ	除盐水	47.27
4	蜡油加氢	蒸汽冷凝水进冷凝水管网	蒸汽冷凝水	蒸汽冷凝水	1
5	煤柴油加氢	加氢型净化水代替除盐水	汽提净化水Ⅱ	除盐水	17.91
6	制氢	排污水经处理后回用循环水系统	蒸汽冷凝水	生产给水	33.6
7	重整	加氢型净化水代替除盐水	汽提净化水Ⅱ	除盐水	4
8	芳烃联合	非加氢型净化水代替除盐水	汽提净化水Ⅰ	除盐水	0.1

续表

序号	装置(单元)	节水措施	替代水类型	节水类型	最大节水潜力(t/h)
9	延迟焦化	非加氢型净化水和生产给水代替蒸汽冷凝水	汽提净化水Ⅰ	蒸汽冷凝水	12.5
10	脱硫联合	非加氢型净化水代替除盐水	汽提净化水Ⅰ	除盐水	6
11	硫黄回收	排污水回用循环水系统	锅炉排污	生产给水	1.5
12	循环水场	处理后含油污水代替生产给水	再生水	生产给水	70.44

接下来，利用表7.5和表7.6中给定的输入数据和表7.7中的相关参数，再设定不同替代水的替代率，就可以通过模型P1来确定水资源的最小流率。总共有12个替代率，每个潜在用水单元可以设定一个替代率。它们可以彼此不同，为了简单起见，本书假定不同用水单元的替代率是相同的。替代水的替代率的上限(k^{UP})从0变化到1，变化步长为0.1。LP模型(P1)通过使用GAMS 24.2.2软件的CPLEX求解器在0.01 CPUs中求出结果(计算机信息：英特尔®酷睿™i5-3330 3.2 GHz和8.00 GB内存，Windows 10，64位操作系统)。整个炼油厂水系统的最小新鲜水源量的计算结果见表7.10，所有12个实际替代率均达到上限。图7.4给出了最小新鲜水源量随替代率上限的变化关系。如图7.4所示，随着替换水量替代率的增加，最小新鲜水源量呈线性减小。当所有的替换率为0时，表示当前的水系统没有任何优化。此时的水资源流率为504.405t/h。当所有置换比例达到1时，表明原水的类型完全被替代水的类型所取代，此时的水资源流率降至293.637t/h。正是由于式(3.36)至式(3.41)中包含的不同类型水的关联性，才能够通过模型P1一步求解，从而确定整个炼油厂中使用的水资源的流率。在本案例中，469.360t/h的雨水被视为一种重要的水资源，并且假定它的量是不变的。最终水资源的节水率达到了21.6%{=[(504.405+469.360)-(293.637+469.360)]/(504.405+469.360)}。

表7.10 情景1中不同替代率下水源的最小流率

替代率上界k^{UP}	最小水资源量(t/h)	实际替代率k
0	504.41	0
0.1	483.33	0.1
0.2	462.25	0.2
0.3	441.17	0.3
0.4	420.1	0.4
0.5	399.02	0.5
0.6	377.94	0.6
0.7	356.87	0.7
0.8	335.79	0.8
0.9	314.71	0.9
1	293.64	1

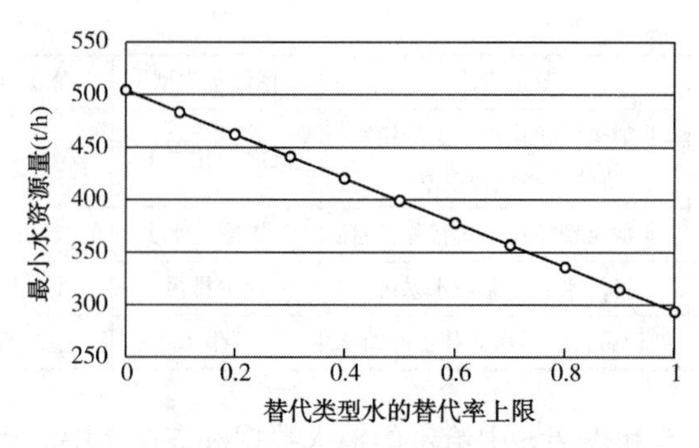

图 7.4　情景 1 的最小水资源量与替代类型水替代率上限的关系

优化前后的生产用水、除盐水和回用水的流率比较见表 7. 11。注意到，随着常减压蒸馏装置(6. 49t/h)、制氢装置(33. 6t/h)、硫黄回收装置(1. 5t/h)和再生水(70. 44t/h)的回用，循环水站的回用水流率从 586. 611t/h 增加到 698. 641t/h。循环水站生产给水的流率从 213. 88t/h 降至 101. 85t/h。此外，由于 MTBE 装置(2. 43t/h)和蜡油加氢装置(1t/h)冷凝水的回用，以及蜡油加氢装置、煤柴油加氢装置、催化重整装置、芳烃和脱硫装置中汽提净化水的回用，这些装置除盐水的流率降低，因而除盐水站所需的生产给水量由原来的 157. 095t/h 减少到 70. 857t/h。

表 7. 11　优化前后生产给水、除盐水和回用水之间的流率比较

装置	优化前($k=0$)流率(t/h)			优化后($k=1$)流率(t/h)		
	生产给水	除盐水	回用水	生产给水	除盐水	回用水
常减压蒸馏	0. 03	13. 79	135	0. 03	13. 79	135
催化	0. 25	43. 85	—	0. 25	43. 85	—
气分	—	—	—	—	—	—
烷基化	—	5. 29	—	—	5. 29	—
MTBE	0. 61	0. 02	—	0. 61	0. 02	—
蜡油加氢	0. 26	47. 27	—	0. 26	0 (↓)	—
煤柴油加氢	0. 26	17. 91	—	0. 26	0 (↓)	—
汽柴油加氢	0. 26	—	23	0. 26	—	23
制氢	0. 26	166. 63	108. 82	0. 26	163. 63 (↓)	108. 82
重整	—	96. 84	—	—	92. 84	—
芳烃联合	8. 91	0. 1	—	8. 91	0(↓)	—
延迟焦化	28. 29	4. 03	28. 5	15. 79	4. 03	28. 5
脱硫联合	0. 1	7. 51	—	0. 1	1. 51(↓)	—
硫黄回收	1. 63	—	—	1. 63	—	—
酸性水汽提	0. 81	—	—	0. 81	—	—
废酸再生	0. 84	—	—	0. 84	—	—
储运系统	3. 28	—	—	3. 28	—	—

续表

装置	优化前(k=0)流率(t/h)			优化后(k=1)流率(t/h)		
	生产给水	除盐水	回用水	生产给水	除盐水	回用水
新鲜水站	—	—	—	—	—	—
循环水站	213.88	—	586.611	101.85(↓)	—	698.641(↑)
污水处理场	39.73	—	—	39.73	—	—
动力站	—	317.11	—	—	317.11	—
除盐水站	157.095	—	—	70.857(↓)	—	—
合计	456.495	720.35	881.931	245.727(↓)	642.07(↓)	993.961(↑)

下面进行经济分析，年度总费用的构成可以通过式(3.58)至式(3.70)计算。年度各项费用分布如图7.5所示。需要注意的是，水资源的年度费用为194万元，仅占年度总费用(2.22亿元/年)的0.87%。年度操作费用和年度投资费用分别为1.99亿元和2100万元，分别占年度总费用的89.68%和9.45%。正如图7.5所示，年度操作费用占了年度总费用的主要部分。年度操作费用的费用分布如图7.6所示。动力站的年度操作费用占了年度总操作费用最大的一部分，这归因于蒸汽生产过程中大量的燃料消耗，它的年度费用为1.1亿元。但在本案例中，没有优化蒸汽系统，因此动力站的操作费用是固定的，不需要将它考虑进优化模型。年度操作费用第二大部分是循环水站，这与高循环量导致的高耗电量密不可分，它的年度费用为6400万元。投资费用的分布情况如图7.7所示。其中，投资费用最小的部分是新鲜水站，为300万元。这是由于新鲜水的预处理工艺比较简单，投资成本低。相比之下，投资费用最大的部分是污水处理厂，为2.1亿元，这归因于废水处理过程的复杂配套设施。辅助生产装置的投资费用是固定的参数，因而不可优化。为了使经济分析体现得更加直观，剔除了不可优化的费用的影响，在接下来的经济分析中目标函数从最小年度总费用(*TAC*)转换为最小部分年度费用(*PAC*)。*PAC*的费用分布情况如图7.8所示。图7.8(a)所示的*PAC*分布比例与图7.4所示的*TAC*的比例相似。但*PAC*的总量仅为9260万元，比*TAC*的2.22亿元要小得多。

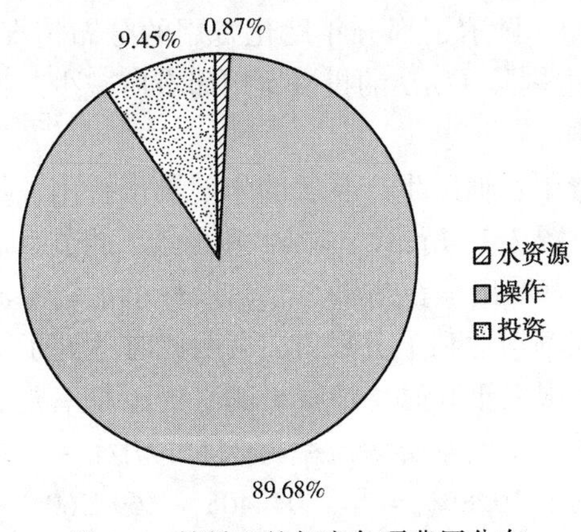

图7.5 情景1的年度各项费用分布

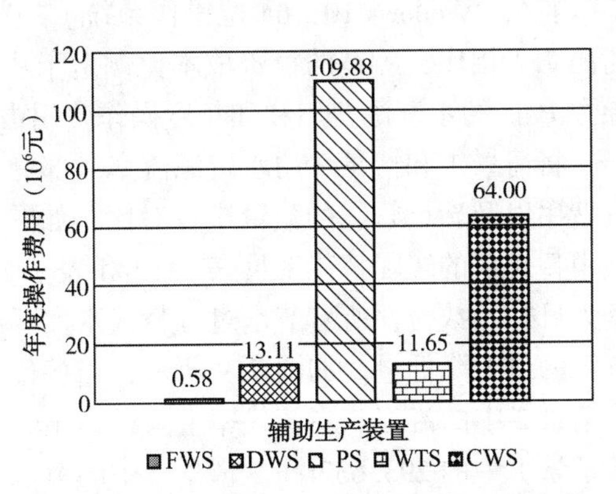

图7.6 情景1的辅助生产装置操作费用分布

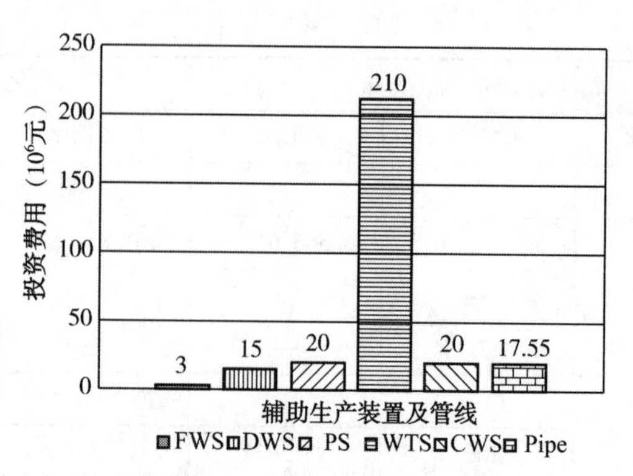

图 7.7　情景 1 的辅助生产装置投资费用分布

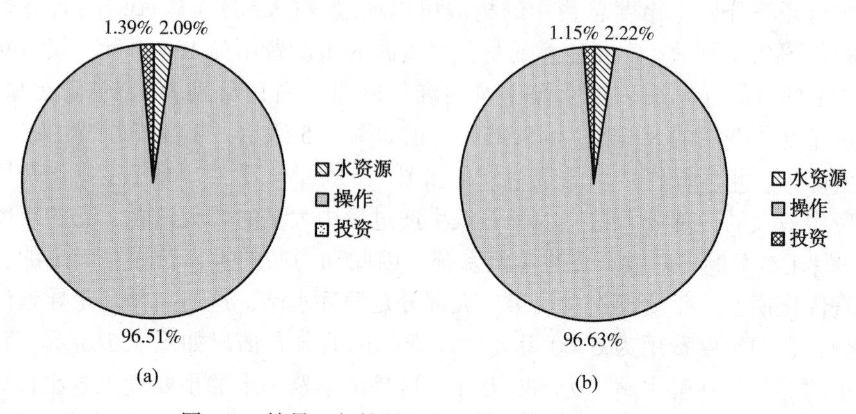

图 7.8　情景 1 与情景 2 的部分年度费用分布对比

7.1.3.2　情景 2：部分年度化费用最小化

模型 P2 可以通过使用表 7.5 和表 7.6 中的给定输入数据和表 7.7 中的参数来设置不同替代水替代率上限(k^{UP})，来确定最小部分年度费用(*PAC*)。类似地，水的替代率(k^{UP})的上限从 0 变化到 1，步长为 0.1。模型为 NLP 问题，可以通过 GAMS 24.2.2 软件平台的 BARON 求解器在 0.02 CPUs 中求解(计算机信息：英特尔®酷睿™i5-3330 3.2 GHz 和 8.00 GB 内存，Windows 10，64 位操作系统)。图 7.8(b)显示了部分年度化费用的分布情况。与图 7.4 相比，*PAC* 的投资成本比例由于从 *TAC* 中剔除了 *AU* 的投资费用而有所减少。这导致 *PAC* 的水资源费用和和年度操作费用占比增加。

将情景 1 和情景 2 的水资源流率、部分年度费用、辅助生产装置的年度操作费用、投资费用以及新增管线的数量进行对比，如图 7.9 至图 7.13 所示。情景 1 和情景 2 的节水措施中替代水的实际替代率见表 7.12 和表 7.13。可以看出，在情景 1 中当以最小水资源流率为目标函数时，所有节水过程替代水实际的替代率均达到了上限值，表明此时达到了水资源的最大降低量。如图 7.9 所示，当替代率的上限大于 0 时，情景 1 的水资源流率要低于情景 2 中的流率。当替代率上限设为 1 时，情景 2 中的水资源流率为 311.177t/h，略高于情景 1 中的 293.637t/h。情景 2 中的节水率达到了 19.8%{=[(504.405+469.360)-(311.177+469.360)]/(504.405+469.360)}。当以 *PAC* 为目标函数时，情景 2 的费用略低于情景 1，如图 7.10 所示。情景 2 中辅助生产装置的总操作费用比情景 1 中略低，

表 7.12 情景 1 中以最小水资源流率为目标函数时过程的实际替代率随替代率上限的变化

替代率上界	实际替代率											
	1	2	3	4	5	6	7	8	9	10	11	12
	常减压蒸馏装置	MTBE装置	蜡油加氢装置	蜡油加氢装置	煤柴油加氢装置	制氢装置	重整装置	芳烃联合装置	延迟焦化装置	脱硫联合装置	硫黄回收装置	循环水站
0	0	0	0	0	0	0	0	0	0	0	0	0
0.1	0.1	0.1	0.1	0.1	0.1	0.1	0.1	0.1	0.1	0.1	0.1	0.1
0.2	0.2	0.2	0.2	0.2	0.2	0.2	0.2	0.2	0.2	0.2	0.2	0.2
0.3	0.3	0.3	0.3	0.3	0.3	0.3	0.3	0.3	0.3	0.3	0.3	0.3
0.4	0.4	0.4	0.4	0.4	0.4	0.4	0.4	0.4	0.4	0.4	0.4	0.4
0.5	0.5	0.5	0.5	0.5	0.5	0.5	0.5	0.5	0.5	0.5	0.5	0.5
0.6	0.6	0.6	0.6	0.6	0.6	0.6	0.6	0.6	0.6	0.6	0.6	0.6
0.7	0.7	0.7	0.7	0.7	0.7	0.7	0.7	0.7	0.7	0.7	0.7	0.7
0.8	0.8	0.8	0.8	0.8	0.8	0.8	0.8	0.8	0.8	0.8	0.8	0.8
0.9	0.9	0.9	0.9	0.9	0.9	0.9	0.9	0.9	0.9	0.9	0.9	0.9
1	1	1	1	1	1	1	1	1	1	1	1	1
最大节水潜力(t/h)	6.49	2.43	47.27	1	17.91	33.6	4	0.1	12.5	6	1.5	70.44

表 7.13　情景 2 中以最小部分年度费用为目标函数时过程的实际替代率随替代率上限的变化

替代率上界	实际替代率											
	1	2	3	4	5	6	7	8	9	10	11	12
	常减压蒸馏装置	MTBE装置	蜡油加氢装置	蜡油加氢装置	煤柴油加氢装置	制氢装置	重整装置	芳烃联合装置	延迟焦化装置	脱硫联合装置	硫黄回收装置	循环水站
0	0	0	0	0	0	0	0	0	0	0	0	0
0.1	0	0	0.1	0	0.1	0.1	0	0	0	0	0	0.1
0.2	0	0	0.2	0	0.2	0.2	0	0	0	0.2	0	0.2
0.3	0	0	0.3	0	0.3	0.3	0.3	0	0	0.3	0	0.3
0.4	0	0	0.4	0	0.4	0.4	0.4	0	0	0.4	0	0.4
0.5	0	0	0.5	0	0.5	0.5	0.5	0	0	0.5	0	0.5
0.6	0.6	0	0.6	0	0.6	0.6	0.6	0	0	0.6	0	0.6
0.7	0.7	0	0.7	0	0.7	0.7	0.7	0	0	0.7	0	0.7
0.8	0.8	0	0.8	0	0.8	0.8	0.8	0	0	0.8	0	0.8
0.9	0.9	0	0.9	0	0.9	0.9	0.9	0	0	0.9	0	0.9
1	1	0	1	0	1	1	1	0	0	1	0	1
最大节水潜力(t/h)	6.49	2.43	47.27	1	17.91	33.6	4	0.1	12.5	6	1.5	70.44

如图 7.11 所示。情景 1 的投资费用总是高于情景 2，如图 7.12 所示，这是由于情景 1 中新增的管线更多一些。表 7.13 中的第 2、4、8、9、11 号节水所能带来的效益不能抵消新增管线的投资费用。它们替代水的替代率始终为 0，因而情景 2 中的最大管线连接数为 7，如图 7.13 所示。另外，节水策略 1 中的替代率上限达到 0.6，节水策略 8 中的替代率上限达到 0.3，节水策略 10 中的替代率上限达到 0.2 时，实际替代水的替代率达到上界值。这些节水策略中节水的效益能够超过新增管线所增加的投资费用。而且，对于表 7.13 中的节水策略 3、5、6、12 而言，这些策略中水回收的效益始终超过了新增管线的费用，因此替代水的替代率始终达到上界值。可以注意到在图 7.10 中，当替代水的替代率达到 0.1 时，情景 1 的新增管线数增加到 12，且随着替代率的上限增加，新增管线的数量保持 12 不变。而情景 2 中当替代水的替代率上限从 0 增加到 0.3 时，新增管线的数量是逐渐增加的；当替代率的上限为 0.3~0.5 时，新增管线数保持 6 不变；当替代率上界增加到 0.7 以上时，新增管线数增加到 7 且保持不变。

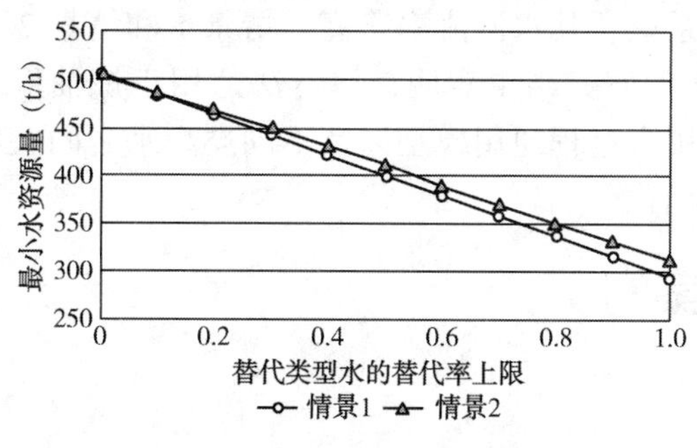

图 7.9　情景 1 和情景 2 的水资源流率对比

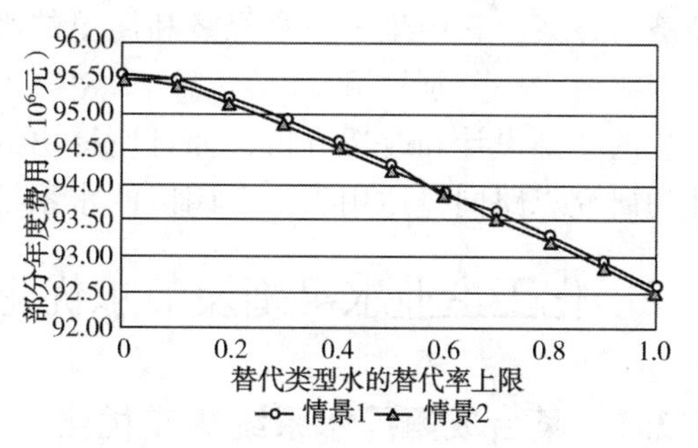

图 7.10　情景 1 和情景 2 的部分年度费用对比

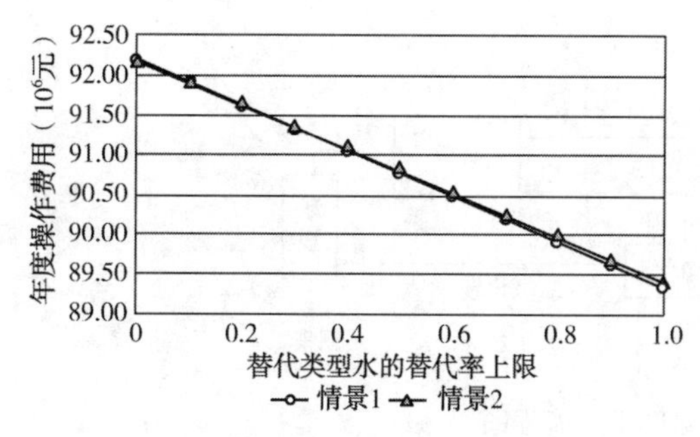

图 7.11　情景 1 和情景 2 的辅助生产装置年度操作费用对比

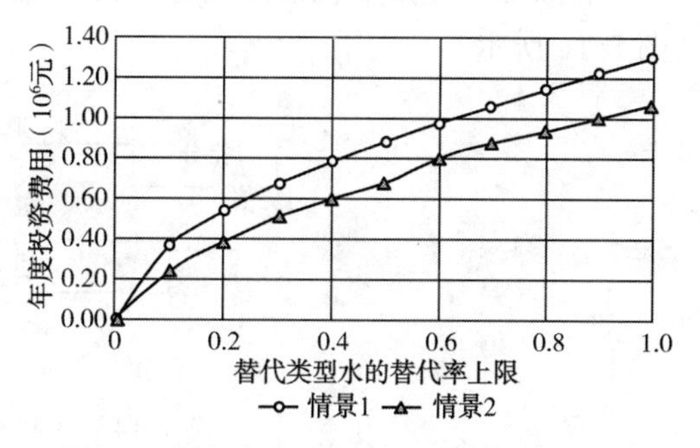

图 7.12　情景 1 和情景 2 的投资费用对比

我们提出了考虑多种类型水（即除盐水、冷凝水、不同压力等级的蒸汽、循环冷却水、酸性水和汽提净化水）的炼油厂用水过程的通用模型。提出了炼油厂水系统的通用简图，其中包括主要生产装置（PU）（即常减压蒸馏装置、催化裂化装置、煤柴油加氢装置、催化重整装置、制氢装置等）和辅助装置（AU）中的用水过程，例如新鲜水站、除盐

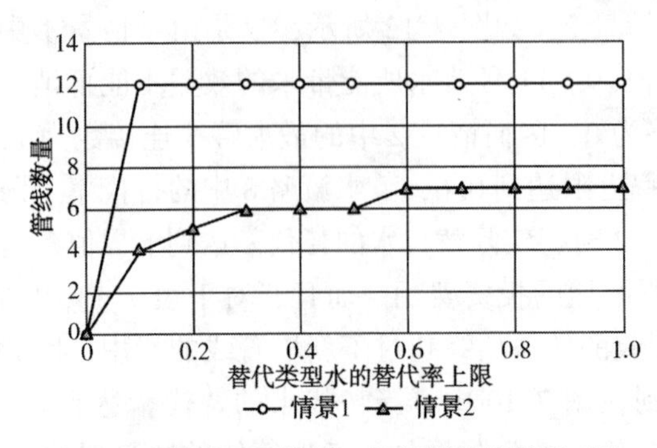

图 7.13 情景 1 和情景 2 的新增管线数量对比

水站、循环水站、动力站等，可以作为预处理系统和废水处理系统。模型中集成了整个炼油厂水系统的流率平衡方程式和各类型水之间的关联性方程，经济分析中还加入了操作费用、投资费用、管线费用以及水资源的费用。为了避免对极限水质数据不精确提取，并使该方法在实践中更容易应用，在水的回用中引入了一个非常简单的概念。通过工程经验，应用实践和水质测试提出相应的节水策略，并且可以明确地计算出替代水的潜力。替换比率可以根据改变水的水质进行调整。对中国某个大型炼油厂的水系统作为研究案例进行分析，对最小水源流量(情景 1)和最小部分年度费用(情景 2)进行分析和比较。情景 1 可以实现水资源的最小流率。情景 2 中避免了几项不经济的方案，它产生了一个经济和简单的水系统，其水源流率略高。情景 1 和情景 2 的水资源节水率分别达到 21.6%和 19.8%。案例研究结果表明，该方法适用于炼油厂水系统的基础设计和改造分析，而且所提出的用水过程通用模型以及不同类型水之间关联性的研究思路同样适用于工业园区的水系统优化。

7.2 化工企业水平衡及节水优化案例

7.2.1 某合成氨厂水系统集成优化

7.2.1.1 现行水系统概况

某合成氨厂生产工艺以美国德士古水煤浆加压气化技术为核心，其主要生产工艺流程如图 7.14 所示。

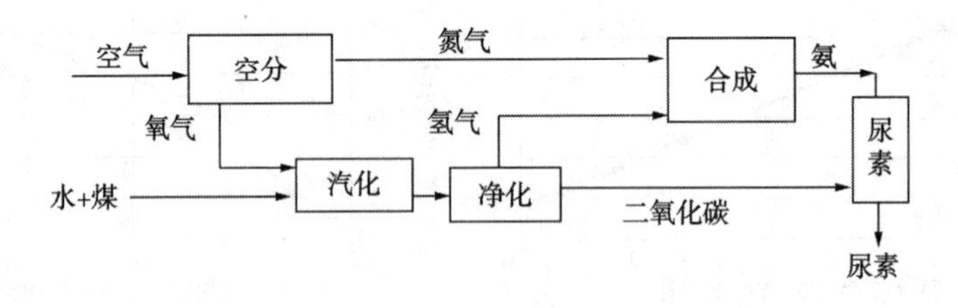

图 7.14 某合成氨厂生产流程图

其水系统主要由原水(一次水)、循环水、脱盐水、蒸汽、冷凝液、生活水、消防水和废水 8 种类别组成。其循环过程如图 7.15 所示。

主要生产车间有供排水车间、原料车间、动力车间、汽化车间、合成车间和尿素车间。

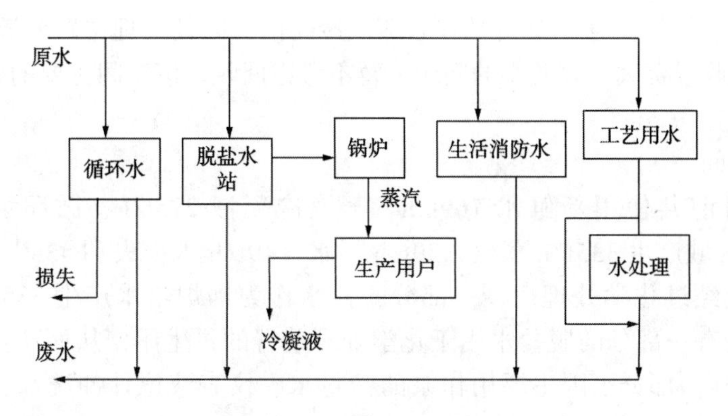

图 7.15 水系统循环示意图

7.2.1.2 现行水系统用水状况分析

（1）供排水车间。

供排水车间主要负责提供全厂的新鲜水和循环水。外来水经处理后提供给其他车间作为生产用水，同时将一部分送给循环水系统，作为循环水系统的补充水。该车间共输入 1130t/h 的外来水，产生 1080t/h 的新鲜水供全厂使用(590t/h 作为循环水的补充水，490t/h 新鲜水供给其他生产车间)。在原水预处理过程中有泥沙含量高、浊度大的 50t/h 的废水产生并排放。循环水系统在冷却降温过程中自然挥发损失 510t/h。为避免循环水中各离子浓度太高对系统腐蚀产生影响，因此需要直接排放 80t/h 的循环水以便将循环水的浓缩倍数控制在合理的指标范围内。这两股污水总计 130t/h，目前企业直接作为废水排放。

通过排放废水的分析结果可以看出，其既可代替汽化炉中使用的 30t/h 的原水，也可以代替灰水处理工段以及煤浆注水工段的原水。因此，至于这几股水如何循环利用，还要在做完全厂的水系统集成分析后才能得出结论。

（2）原料车间。

原料车间主要负责全厂煤炭和化工原材料的储送。现使用新鲜水 3t/h、蒸汽 3t/h、循环水量为 275t/h。该车间应用的蒸汽为低压蒸汽(0.34MPa，165℃)，主要用于化工原料甲醇、柴油的保温以及调节液化石油气汽化器的温度；循环水主要用于油料罐区的降温，此部分水基本没有消耗，全部循环重复利用；新鲜水主要应用于机泵的密封冷却以及降低液化石油气储罐的温度。在该装置区域，蒸汽和新鲜水使用后，一部分损失，一部分作为废水排放。该车间产生废水 3t/h，有较好的水质。由于目前存在回收投资大、收益小的问题，故暂不考虑回收。但从中长期规划来看，应考虑予以回收。该车间新鲜水用量小，废水排放量不大。

（3）公用工程。

公用工程系统目前使用新鲜水 222t/h，其中生活用水 180t/h、消防用水 40t/h 以及用于密封放空燃烧气体的水 2t/h。另外，还消耗 10t/h 低压蒸汽，主要用于生产装置的蒸汽伴热和供暖系统。该部分产生 2t/h 污水、5t/h 回收的蒸汽冷凝液、5t/h 蒸汽伴管的冷凝液损失。该区域所产生的 2t/h 污水氨含量较高，对环境有一定影响，从中长期规划来看，应考虑予以回收。另外，对于5t/h的伴管蒸汽冷凝液，因其地理位置分散、流量波动大，所以目前存在回收投资大、收益小的问题，暂不考虑回收。该车间主要的新鲜水用户是生活用水。

（4）动力车间。

动力车间目前共使用新鲜水169t/h、蒸汽冷凝液225t/h、循环水980t/h、蒸汽42t/h。该装置区域产生335t/h蒸汽、39t/h污水、19t/h水损失和43t/h回收水。其中，新鲜水和冷凝液经过化学处理后，一部分脱盐水作为锅炉给水产生335t/h蒸汽，供生产装置使用，还有一部分的脱盐水用于化学处理装置的再生用，从而产生含盐量较高的35t/h污水，另外一部分水因主要用作泵的密封水、仪表液位计冲洗水、系统加入水等而消耗。由于这19t/h冷凝液用户分散，因此目前暂不考虑回收，但从中长期规划来看，应予以回收。42t/h蒸汽主要用作锅炉除氧器除氧以及锅炉给水透平泵的动力蒸汽。这些蒸汽基本上全部转变成蒸汽冷凝液（或锅炉给水）回收。循环水在该区域内循环使用。

该车间生产的335t/h蒸汽提供全厂的动力，其中305t/h是10MPa蒸汽，30t/h是4MPa蒸汽。从全厂看，尿素车间产生的41t/h工艺冷凝液可以代替该车间的原水使用。而该车间产生的35t/h含盐污水和从大小锅炉出来的含固体的4t/h污水也具有回收余地。含固体的污水可以通过沉降再生，含盐污水也可以直接用在煤浆注水上，最后是否回用，还要看全厂水系统的具体情况，用水系统集成技术分析后，才能得出最后结果。

（5）汽化车间。

汽化车间目前共使用新鲜水96t/h、蒸汽冷凝液65t/h、蒸汽18t/h、循环水2095t/h。该车间还产生62t/h的蒸汽，其中18t/h是4.0MPa蒸汽，44t/h是0.34MPa蒸汽。作为煤浆注水的18t/h原水、48t/h灰水处理的补充水以及30t/h汽化炉烘炉的冷却水，因为其对水质的要求不高，可以由其他水来代替。纵观全厂，该车间水的重复利用率是最高的，由于灰水处理工段对水的处理，整个车间的循环水使用量高达164.8t/h。但从汽化炉里排出的30t/h污水，具有较好的水质，可回用在其他车间。去生化处理工段的30t/h水，水质较差。灰水处理工段的48t/h原水，也可用循环水的排出水代替。

（6）合成车间。

合成车间基本上新鲜水使用量很少，主要使用297t/h蒸汽、52t/h蒸汽冷凝液以及27945t/h循环水。该车间目前产生276t/h蒸汽冷凝液、49t/h中压蒸汽、8t/h水损失、11t/h回收水以及5t/h污水。水损失主要为加热工艺气体后混合放空以及部分蒸汽管网的导淋、疏水损失。这部分水回收成本较高，技术难度较大，因此暂不予考虑。5t/h污水若回用投资成本大，短期暂不予回收。但从中长期考虑，应予回收。

该车间的蒸汽主要用来驱动压缩机透平，做功后蒸汽冷凝液基本回收。该车间污水排放量很小。

（7）尿素车间。

尿素车间在设计之初就考虑了节水，因此，对于尿素车间不需要考虑车间内的用水优化，而需要考虑与其他车间之间的集成。尿素车间不用新鲜水，在尿素合成工段中产生

22t/h 的反应生成水，循环水用量为 6950t/h，蒸汽用量为 4.0MPa 管网的蒸汽 76t/h，主要用于驱动 CO_2压缩机透平。循环水主要用于冷却工艺液和 CO_2气体。排出蒸汽冷凝液 51t/h，返回到化学水处理装置循环使用。另有 47t/h 的污水排放，其中有 41t/h 是工艺冷凝液，其水质比原水的水质还要好，本来可代替脱盐水使用，但由于该水中含有少量的离子，不可直接进入锅炉产蒸汽，因此可在脱盐水站脱除离子后作为锅炉用水。

7.2.1.3　水系统集成优化方案

（1）优化步骤。

用水网络优化的方法，按以下步骤实施：

① 以现行水系统评价与分析为基础，确定所研究的用水单元，经过对用水单元的分析，确定水源与水阱；

② 在现有的用水单元杂质浓度数据基础上，通过分析、对比、简化、假设等手段完善各单元的极限数据；

③ 首先仅考虑废水的直接回用，根据水系统集成技术原理，确定对应废水直接回用的最优用水网络；

④ 考虑再生循环，确定对应再生循环的最优用水网络；

⑤ 根据实际情况对用水网络进行适当的调整，确定最终采用的用水网络。

（2）确定用水单元的水源与水阱。

根据对现行水系统的分析，所确定的水源及水阱分别见表 7.14 和表 7.15。

表 7.14　主要水源列表

编号	所在车间	用水工序	流量(t/h)
S1	供排水车间	沉淀池冲洗水	50
S2	供排水车间	循环池排放水	80
S3	原料车间	蒸汽冷凝水	3
S4	原料车间	原水冲洗水	3
S5	动力车间	锅炉排放水	9
S6	汽化车间	去生化处理水	30
S7	汽化车间	汽化炉排水	30
S8	动力车间	脱盐水站排水	35
S9	汽化车间	灰渣含水	2.5
S10	汽化车间	蒸汽冷凝液	4
S11	动力车间	蒸汽冷凝液	1
S12	公用工程	伴管系统冷凝液	6
S13	尿素车间	工艺冷凝液	41
合计			294.5

表 7.15　主要水阱列表

编号	所在车间	用水工序	流量(t/h)	目前用水
R1	供排水车间	原水处理	50	新鲜水
R2	供排水车间	循环水池	590	新鲜水
R3	公用工程	生活水	180	新鲜水
R4	公用工程	消防水	40	新鲜水
R5	公用工程间	火炬系统	2	新鲜水
R6	原料车间	原料罐区	3	新鲜水
R7	汽化车间	制浆水槽	18	新鲜水
R8	汽化车间	灰水处理	48	新鲜水
R9	汽化车间	汽化炉	30	新鲜水
R10	动力车间	锅炉	9	新鲜水
R11	动力车间	脱盐水站	160	新鲜水
合计			1130	

在表 7.14 中，水源流量一栏为该单元实际可提供的水量，而不是该单元的总流量；同样地，在表 7.15 中，水阱列表中流量一栏指的是该单元除去目前已经回用的废水流量后需要补充水的流率。个别单元既是水源，又是水阱，为了清楚起见，在表 7.14 和表 7.15中分开表示，但在计算时仍作为一个单元。

(3) 完善各单元的极限数据。

在工厂的实际运行情况下，各用水单元的极限浓度比较缺乏，只有在现有已知数据的基础上，通过假设、分析和对比，确定关键杂质组分以及各用水单元的极限进出口浓度。

为了简化问题，首先将该水系统考虑为单杂质系统，采用水夹点技术进行优化。当前全厂各水源控制指标见表 7.16。

表 7.16　主要水阱列表水质控制指标

名称	项目	控制指标	备注
厂外来水	pH 值	6.5~9.2	
	浊度(mg/L)	<100	
	细菌总数(个/L)	<1000	
	总大肠菌群(个/L)	<1000	
经预处理过的水	pH 值	6.5~9.2	
	浊度(mg/L)	<20	
	电导率(μS/cm)	<200~700	

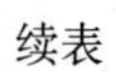

续表

名称	项目	控制指标	备注
循环水	pH 值	8.2~9.2	
	总碱度(mg/L)	>200	
	浊度(mg/L)	<10	
	总磷(mg/L)	4~5	
	亚硝酸菌(个/L)	<100	
	异氧菌(个/L)	$<5\times10^5$	
	总固体(mg/L)	<1500	
	总硬度(mg/L)	<800	
	氯离子(mg/L)	<500	
	NO_3^-(mg/L)	<300	
	NO_2^-(mg/L)	<5	
脱盐水	SiO_2(μg/L)	<20	
	电导率(μS/cm)	<5	
	总铁(μg/L)	<20	
	Cu^{2+}(μg/L)	<5	
	总硬度(mg/L)	0	
冷凝液	电导率(μS/cm)	<40	
	SiO_2(μg/L)	<80	
	总铁(μg/L)	<80	
	总硬度(mg/L)	<2	
	油(mg/L)	<1	
蒸汽	电导率(μS/cm)	<40	低压蒸汽，电导率小于100μS/cm，钠离子小于20μg/L
	SiO_2(μg/L)	<20	
	钠离子(μg/L)	<10	
炉水	pH 值	9~10	
	SiO_2(mg/L)	<2	
	PO_4^{3-}(mg/L)	2~10	
汽化灰水处理补充水	悬浮物(mg/L)	<100	
	pH 值	<8~10	
	总硬度(mg/L)	<1000	
	总碱度(mg/L)	<1000	
	NH_3-N (mg/L)	<250	
	氯离子(mg/L)	<100	
去生化处理废水	COD (mg/L)	<1000	
	NH_3-N(mg/L)	<500	

对主要的用水单元来说，因浊度是水质浑浊程度的指标，在一定范围内可以直观表示水的水质状况且容易分析，因此，在模型中取浊度为关键杂质指标。

在确定各单元极限数据时，采用了以下一些规则：

(1) 对于已知的明确禁止引入某种杂质的单元，将其极限进口浓度设为0；对于排水，由于进入产品、含某种禁止杂质等原因不可被其他单元再利用的单元，认为它的出口浓度为极大值。

(2) 一些单元的极限进出口浓度为估计值，待找到系统的夹点后视其离夹点位置的远近决定是否需要进一步定量分析，对整个系统的优化没有影响。

(3) 对于一般单元，由于损失水量相对较小，可以忽略，因此暂不考虑损失，在最终设计网络时加上损失的影响即可。

(4) 对于存在明显损失的单元，如循环水系统，将其分为两个单元：一个视为水阱，只考虑进水，其排水浓度按极大值计算；另一个视为水源，只考虑其排水，进水浓度按0计算(计算新鲜水量时要扣除这部分水量)。最后的结果需要根据这些假设进行还原，以反映实际情况。

各单元的进出口极限浓度数据见表7.17。

表7.17 各单元进出口极限浓度数据

用水工序	现用水型	进口水量(t/h)	出口水量(t/h)	进口极限浓度(mg/L)	出口极限浓度(mg/L)
原水预处理	新鲜水	50	50	0	20
循环水池	新鲜水	80	80	2	10
汽化炉	新鲜水	30	30	15	25
脱盐水站	新鲜水	160	35	5	30
灰水处理	新鲜水	52	30	25	50
工艺冷凝液	新鲜水	0	41	0	0
煤浆注水	新鲜水	18	0	45	100

(5) 仅考虑废水直接回用的最优用水网络。

将表7.11中的极限数据代入“用水网络设计与优化”软件，计算得到初始网络图，如图7.16所示。

上述网络为网络设计提供了基本的思路，下面根据实际情况对用水网络进行适当的调整，以使得网络简洁、实用、经济。对用水网络进行调整的原则如下：

① 在一个水阱所在车间内部可以找到合适水源的，一般从该水源引水，即使节水量会稍微下降；

② 尽可能地减少供水水源数，对水量相当的水源与水阱优先进行匹配；

③ 删除水量过小的水流。

根据以上原则以及先前的分析，调整后的用水网络如图7.17所示(流量数据以t/h为单位)。

说明：

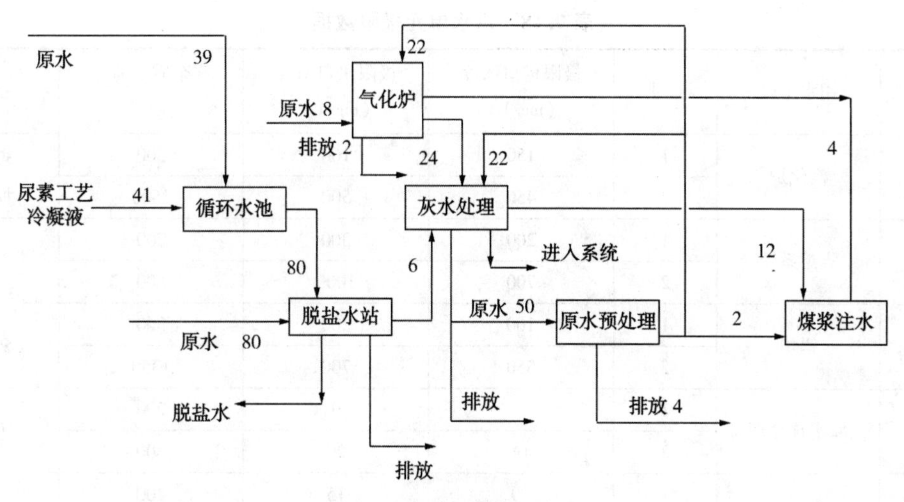

图 7.16 初始用水网络图(单位：t/h)

① 采用中间水道是考虑到某些用水单元的水量不稳定，消除因某一用水单元水量的变化，导致后续单元无法正常生产的情况出现。

② 原水预处理工段的生产过程是将 1130t/h 的外来水通过加絮凝剂后沉淀所产生的浊度较大的 50t/h 水，所以这 50t/h 水不可由其他水代替。因此，虽然对水质的要求不高，但仍只能用原水。

③ 中间水道仍有 60t/h 的水直接排向废水道，这在目前看来有点可惜，没有做到水质的充分利用。但考虑到企业即将投产，这部分水可以作为扩产部分的用水。

从优化后的网络看，中间水道水的浊度为 15mg/L，最小新鲜水流量为 249t/h，比用水夹点技术确定的最小新鲜水流量多出了 72t/h，这主要是因为循环水池的排放水的浊度较低，而离子浓度却较高，单从浊度一个污染指标很难反映出其真正的水质。与原用水方案比较，它可节约新鲜水 141t/h，减排污水 141t/h，节水效果显著。

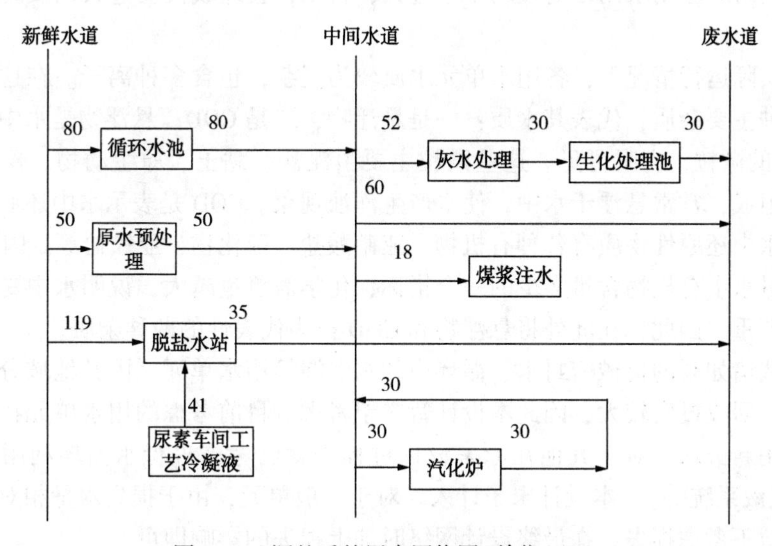

图 7.17 调整后的用水网络图(单位：t/h)

表 7.18　用水单元极限数据

用水单元	用水工段	杂质	极限进口浓度（mg/L）	极限出口浓度（mg/L）	杂质负荷（g/h）	备注
1	汽化炉	1	150	160	300	30t/h 原水
		2	450	500	1500	
2	火炬系统	1	200	300	200	2t/h
		2	700	1000	600	
3	锅炉	1	160	200	360	9t/h
		2	550	700	1350	
4	原水预处理	1	5	9	200	50t/h
		2	14	20	300	
5	循环水池	1	10	15	400	80t/h
		2	60	80	1600	
6	脱盐水站	1	10	105	3325	35t/h
		2	25	70	1575	
7	煤浆制备	1	400	5000	82800	18t/h
		2	2000	10000	144000	
8	灰水处理	1	110	150	1920	48t/h
		2	300	400	4800	

（6）考虑废水再生循环利用的最优用水网络。

为了进一步节水并减少排污，还可以考虑废水的再生循环利用。

根据废水再生循环水网络优化数学模型，进行废水再生循环水网络的设计。此外，还需考虑用水网络对原用水网络的改动不宜过大，否则，会造成投资过大以及施工周期过长等不利因素。

在工厂实际运行情况下，各用水单元水质较为复杂，包含多种离子。在这里，将其归纳概括为两种主要杂质，代表其水质：一是悬浮物，二是 COD。悬浮物是水中颗粒直径在 10^{-4}mm 以上的微粒，肉眼可见。这些微粒主要由泥沙、黏土、原生动物、藻类以及高分子有机物等组成，常常悬浮于水中，使水产生浑浊现象。COD 是表示水中还原物质多少的一个指标。水中还原性物质有各种有机物、亚硝酸盐、硫化物、亚铁盐等。因此，COD 又往往作为衡量水中有机物含量多少的一个指标，化学需氧量越大，说明水中受到有机物污染的程度越严重。因此，在此处将悬浮物和 COD 作为代表性的两种杂质。

对于一些诸如泵的机械密封水、循环冷却水泄漏等用水单元，因其地域分散较广，用水流量较小，回收投资较大，因此本设计暂未予考虑。目前考虑的用水单元在生产实际情况下全部使用新鲜水。对于其他在原来设计过程中就已考虑进行水循环利用的用水单元（如蒸汽冷凝液系统等），本设计未予计入。对于一般单元，由于损失水量相对较小，可以忽略，因此暂不考虑损失，在最终设计网络时加上损失的影响即可。

单元的极限进出口浓度是根据生产实际情况加以调整后得到的。杂质负荷是根据实际流量计算得到的，由此得到用水单元的极限数据，见表 7.18。

将表 7.18 中数据代入相应数学模型中用 Lingo 程序求解，得到的计算结果见表 7.19。

因为水中的悬浮物通过相对较为简单的水处理工艺(如添加絮凝剂后静置、沉淀、过滤等方法)就可达到其指标，处理投资成本相对较低。而 COD 是表示水中还原物质多少的一个指标，处理工艺复杂，投资成本高。因此，针对该企业水杂质的自身特点，此处选取 $\lambda_1^R=0.1$，$\lambda_2^R=0.9$ 作为其加权因子值。

根据计算结果建立的用水网络如图 7.18 所示。

表 7.19　模型的计算结果

λ_1^R	λ_2^R	新鲜水用量(t/h)	再生流量负荷(g/h)	再生前浓度(mg/L)		再生后浓度(mg/L)		杂质处理量(g/h)		目标函数值(g/h)
				1	2	1	2	1	2	
0	1	22.22	115.00	35.65	44.97	10	25	2949.443	2296.60	2196.60
0.1	0.9	22.22	115.00	32.52	44.10	10	25	2589.44	2196.60	2235.89
0.2	0.8	22.22	115.00	32.52	44.10	10	25	2589.44	2196.60	2275.17
0.3	0.7	22.22	115.00	32.52	44.10	10	25	2589.44	2196.60	2314.46
0.4	0.6	22.22	115.00	32.52	44.10	10	25	2589.44	2196.60	2353.74
0.5	0.5	22.22	115.00	32.52	44.10	10	25	2589.44	2196.60	2393.02
0.6	0.4	22.22	115.00	32.52	44.10	10	25	2589.44	2196.60	2432.31
0.7	0.3	22.22	115.00	32.52	44.10	10	25	2589.44	2196.60	2471.59
0.8	0.2	22.22	115.00	34.45	44.63	10	25	2811.66	2258.33	2510.88
0.9	0.1	22.22	115.00	37.58	45.51	10	25	3171.67	2358.33	2550.16
1	0	22.22	91.82	46.72	130.73	10	25	3371.67	9708.15	2589.44

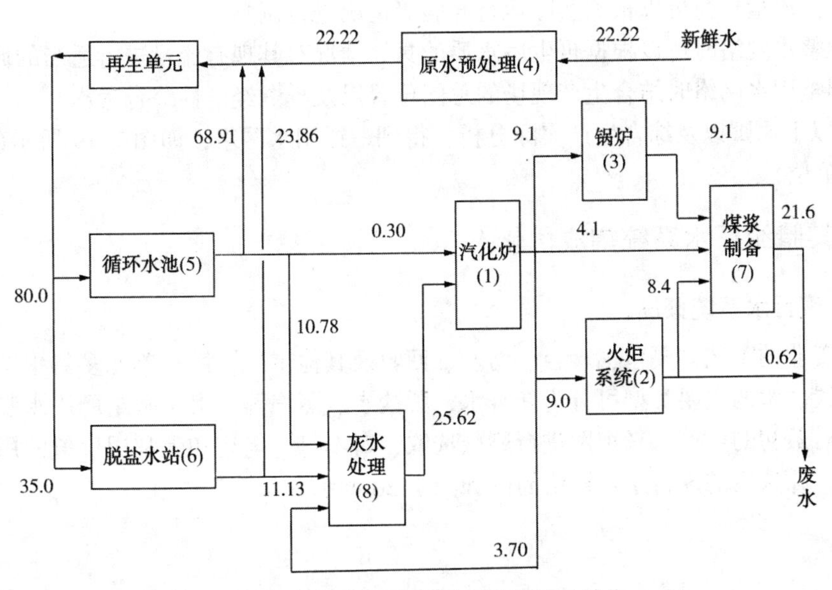

图 7.18　考虑废水再生循环的用水网络图(单位：t/h)

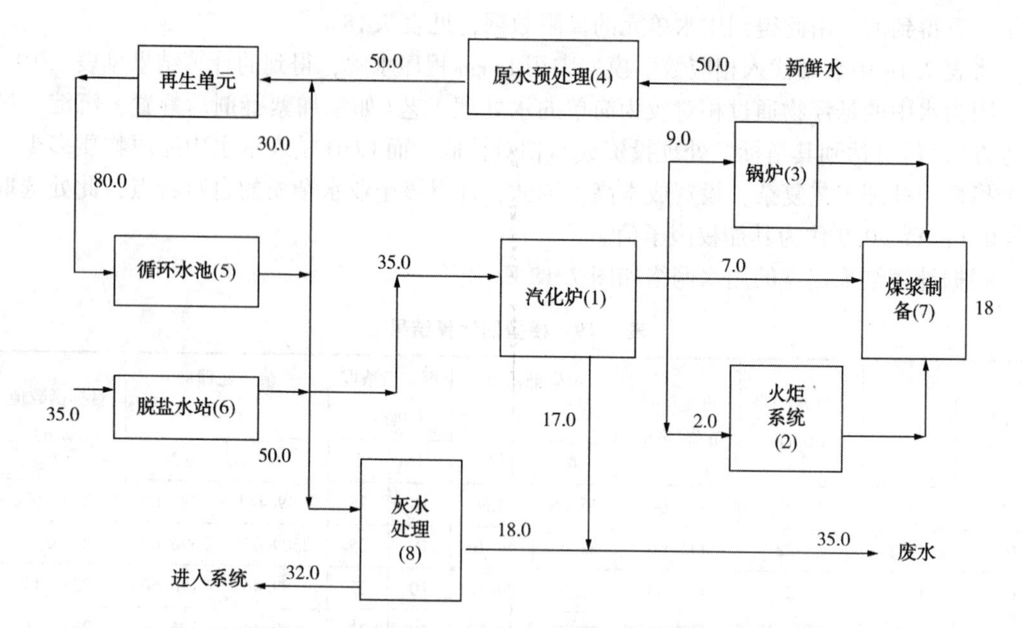

图 7.19　考虑废水再生循环调整后的用水网络图(单位：t/h)

图 7.18 的用水网络为实际用水网络的设计提供了基本的思路。下面根据实际情况对用水网络进行适当的调整，以使得网络简洁、实用、经济。对用水网络进行调整的原则如下：

① 在一个水阱所在车间内部可以找到合适水源的，一般从该水源引水，即使节水量会稍微下降；

② 尽可能地减少供水水源数，对水量相当的水源与水阱优先进行匹配；

③ 删除水量过小的水流；

④ 再生流量负荷可以根据实际运行经验等情况进行调整；

⑤ 调整水网络时可以根据再生后水质的具体情况对其现有流量进行适当的调整；

⑥ 调整用水网络时结合生产现场的总图位置以及投资经济性综合考虑。

根据以上原则以及综合生产实际分析，得到最终用水网络，如图 7.19 所示(流量数据以 t/h 为单位)。

7.2.2　某腈纶厂水系统集成优化

7.2.2.1　现行水系统概况

腈纶工业的工艺主要包括聚合、纺丝、回收及其他工序，用水单元多集中于聚合装置和纺丝装置。水的主要类型可分为新鲜水、脱盐水、蒸汽等。由于腈纶厂用水装置单元较多，首先对最初的生产水平衡图进行删减选取，对不符合优化和无利用价值的用水单元不予以考虑，筛选后的现行用水网络简图如图 7.20 所示。

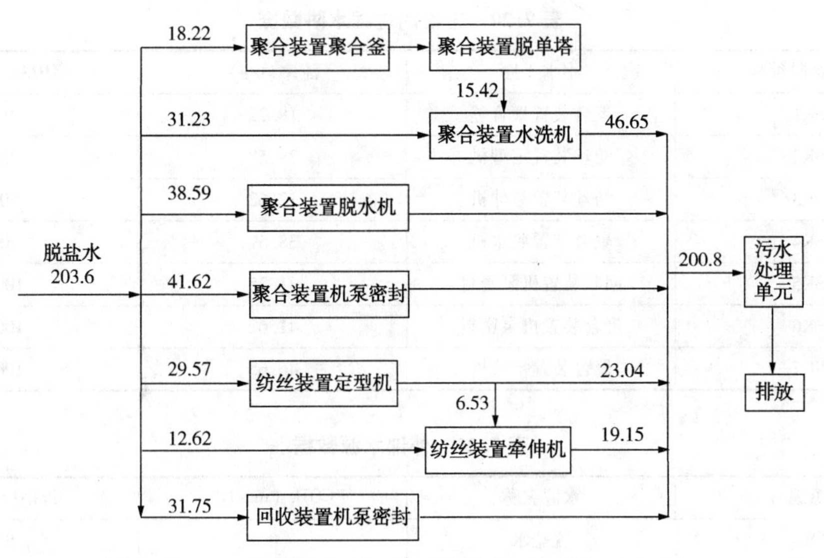

图 7.20　某腈纶厂现行用水网络简图(单位：t/h)

7.2.2.2　水系统集成优化方案

(1) 初始水网络的生成。

① 确定污染物组分。

污染物组分的选取应该遵循的原则：选取对废水回用有影响的组分浓度或物理化学性质(pH 值、COD_{Cr}等)。腈纶工艺排放的废水相当复杂，废水中的污染物包括丙烯腈(AN)、低聚物单体、COD_{Cr}、悬浮物等。综合考虑下，对于该腈纶厂，选取COD_{Cr}作为最影响系统用水的关键性质参数。

② 确定水源水阱及极限进出口浓度。

水网络的水源可包括两部分，即过程水源和外部水源。过程水源是指能满足其他用水过程对水质需求的各用水单元的排水。对于该腈纶厂，除聚合装置水洗机、纺丝装置牵伸机外的各用水单元的排水均是潜在的过程水源。聚合装置水洗机和纺丝装置牵伸机出水水质中COD_{Cr}的浓度过高，因此，两个单元的出水不适于作为水源。外部水源是指用于各工艺过程的新鲜水源。该水网络的外部水源主要是脱盐水，考虑该厂新鲜水水质(COD_{Cr}浓度)满足要求，最终，将新鲜水引入，作为第二股外部水源。

需要使用新鲜水或废水的单元为水阱。对于该水网络，除聚合装置脱单塔外，其余各用水单元均是潜在的水阱。同时，聚合装置聚合釜、聚合装置脱水机、聚合装置机泵密封、纺丝装置定型机及回收装置机泵密封 5 个单元既是潜在的水阱，又是潜在的水源。

鉴于极限数据的缺乏，通过充分利用现有信息，采取分析、对比、试验研究等方法获得。

表 7.20 至表 7.22 分别列出了腈纶厂主要的过程水阱、外部水源、过程水源以及相应的COD_{Cr}极限浓度。

表 7.20 主要的过程水阱数据

过程水阱编号	用水工序	流率(t/h)	COD_{Cr}(mg/L)
SK1	聚合装置聚合釜	18.22	0
SK2	纺丝装置定型机	29.57	25
SK3	纺丝装置牵伸机	12.62	60
SK4	聚合装置脱水机	38.59	70
SK5	回收装置机泵密封	31.75	100
SK6	聚合装置机泵密封	41.62	100
SK7	聚合装置水洗机	46.65	100

表 7.21 外部水源数据

水源编号	水源名称	COD_{Cr}(mg/L)	价格(元/t)
FW1	脱盐水	0	9
FW2	新鲜水	30	3.5

表 7.22 过程水源数据

过程水源编号	用水工序	流率(t/h)	COD_{Cr}(mg/L)
SR1	回收装置机泵密封	31.75	120
SR2	聚合装置机泵密封	41.62	120
SR3	聚合装置脱水机	38.59	120
SR4	纺丝装置定型机	29.57	120
SR5	聚合装置脱单塔	15.42	200

(2) 确定初始水网络。

由于引入了第二股外部水源，常规的水夹点方法在求解上相对烦琐，故采用改进的问题表法(Improved Problem Table，IPT)来确定该多源水网络新鲜水源的目标值。表 7.23 列出了通过改进的问题表法计算的结果。

表 7.23 多源水网络改进的问题表

COD_{Cr}(mg/L)	净流率(t/h)	净负荷(g/h)	累计负荷(g/h)	新鲜水源 FW1(t/h)	新鲜水源 FW2(t/h)
0	—	0	0	—	—
25	18.22	455.50	455.50	18.22	—
30	47.79	238.95	694.45	23.15	—
60	47.79	1433.70	2128.15	35.47	24.64
70	60.41	604.10	2732.25	39.03	32.87
100	99.00	2970.00	5702.25	57.02	53.47
120	219.02	4380.40	10082.65	84.02	85.23

续表

COD_{Cr}(mg/L)	净流率(t/h)	净负荷(g/h)	累计负荷(g/h)	新鲜水源FW1(t/h)	新鲜水源FW2(t/h)
200	77.49	6199.20	16281.85	81.41	72.62
220	62.07	1241.40	17523.25	79.65	4.87

根据表7.17中计算得到的数据，绘制出该水网络的夹点图，结果如图7.21所示。

由图7.21可知，夹点处的COD_{Cr}浓度是120mg/L，新鲜水源FW1(脱盐水)最低耗水量为23.15t/h，新鲜水源FW2(新鲜水)最低耗水量为85.23t/h。然后，采用近邻算法(NNA)生成初始网络，如图7.22所示。

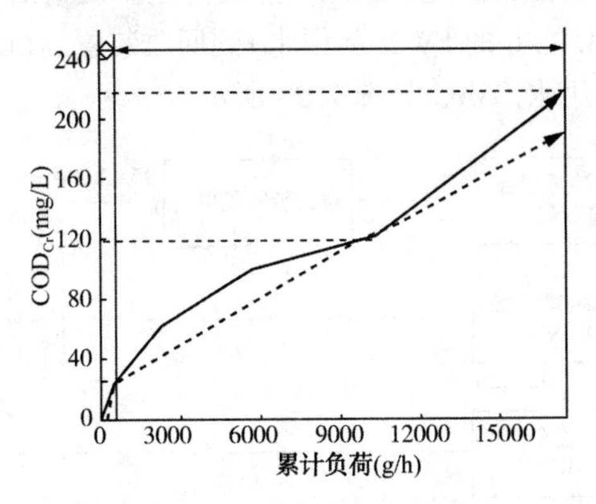

图7.21　水网络的夹点图

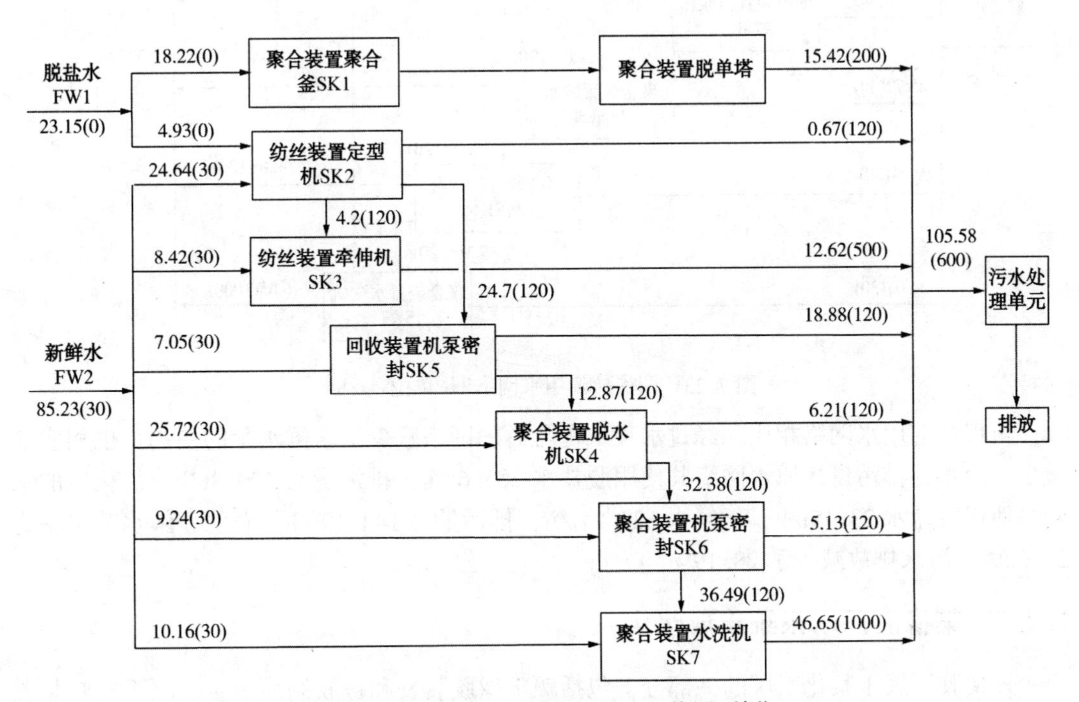

图7.22　近邻算法(NNA)生成的初始水网络图(单位：t/h)

括号中的数字表示COD_{Cr}浓度，单位为mg/L

(3) 用水网络的调优。

为了使设计出的用水网络简洁、实用、可行，有必要根据实际情况对理论网络图进行适当的调整。

根据厂里实际情况可知，聚合装置脱单塔工序与水洗机工序为连续工序，出脱单塔工序的排水应直接注入水洗机装置中，而不能排入污水系统。若满足水质的要求，则需向水洗机工序中增加 13.91t/h 的 FW2(新鲜水)或 10.43t/h 的 FW1(脱盐水)，相应地，排污量也会同等地增加。综合考虑新鲜水源的成本及污水处理的成本，应增加 13.91t/h 的新鲜水注入聚合装置的水洗机工序中。

纺丝装置定型机工序的出水中含有 NaSCN，如果将这部分水回用到除纺丝装置外的其他工序中，会造成装置的腐蚀，因此，删除纺丝装置定型机到回收装置机泵密封的回用水流股。相应地，需增加 24.7t/h 的 FW2(新鲜水)到回收装置的机泵密封工序中。

最终形成的调优后的用水网络，如图 7.23 所示。

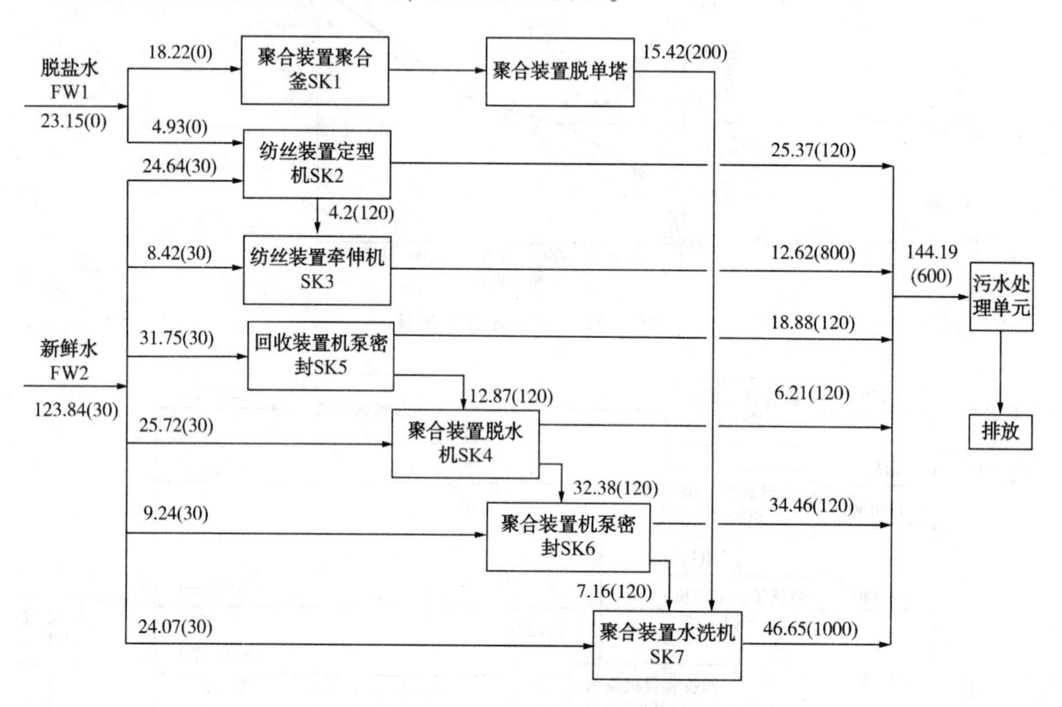

图 7.23　调优后的用水网络图(单位：t/h)

与现行的用水网络相比，经过水集成优化后的网络减少了新鲜水量的使用，也相应地减少了废水的排污量。原水网络共使用脱盐水 203.6t/h，排污量为 200.8t/h；优化后的水网络使用脱盐水 23.15t/h，新鲜水 123.84t/h，排污量为 144.19t/h。总的新鲜水节水率为 29.62%，污水排放减少了 28.19%。

7.2.3　某橡胶厂水系统集成优化

该橡胶厂属于某化工厂的一部分，包括顺丁橡胶装置和橡胶制品装置。顺丁橡胶装置生产规模为 8×10^4t/a，采用国内自行开发的镍系催化剂溶液聚合工艺。

顺丁橡胶装置工艺流程是以来自抽提装置的1，3-丁二烯为单体原料，以重整抽余油的62~87℃馏分为溶剂，以环烷酸镍、三异丁基铝和三氟化硼乙醚络合物为催化剂进行溶液聚合。生产过程包括催化剂及防老剂配制、三釜连续聚合、双釜凝聚、六塔溶剂及丁二烯回收、后处理及成品库等单元。其中，凝聚、后处理单元均为三条生产线。橡胶制品为顺丁橡胶装置的后续部分。

顺丁橡胶厂主要使用生活用水、循环冷却水、脱盐水(均来自化肥厂)和1.0MPa蒸汽(来自热电厂)。生活用水主要用于热水泵冷却及车间生活，去往化肥厂污水装置。循环冷却水主要用于换热器及机泵冷却，使用后回聚合车间循环水系统。脱盐水用于洗涤水罐，去往化肥厂供水车间进行污水处理。1.0MPa蒸汽用于风机干燥箱加热、再沸器加热、凝聚釜加热、预凝器加热及干燥机的筒体升温，经橡胶聚合车间污水池，最后送到化肥厂供水车间。

由水平衡测试可知，橡胶厂使用新鲜水13t/h，其中生活用水0.7t/h、生产用水12.3t/h，主要用于热水泵冷却。使用循环冷却水4380t/h、除盐水2.48t/h、1.0MPa蒸汽36.65t/h，装置产生蒸汽冷凝液10.82t/h，剩余25.83t/h进行排污，其他的生产污水(17.92t/h)来自除盐水和生活用水。橡胶厂现行用水网络简图如图7.24所示。

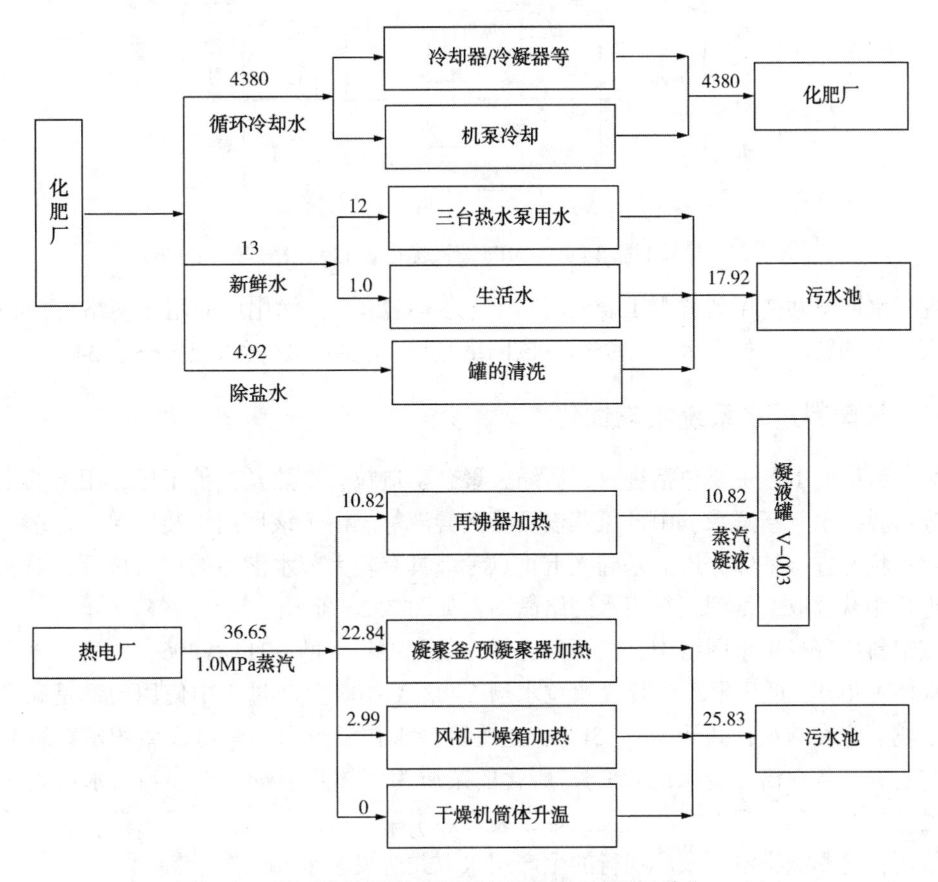

图7.24　顺丁橡胶装置现行用水网络流程简图(单位：t/h)

在橡胶制品装置中，三台热水泵冷却各使用新鲜水4t/h，共12t/h，产生污水经化肥厂供水车间污水转运泵站送入水汽厂污水处理厂。考虑到高温结垢等原因不能用循环水代替新鲜水。但其排污水可以考虑补入循环水系统。优化后的水网络如图7.25(a)所示。

1.0MPa蒸汽用于风机干燥箱加热，产生2.99t/h凝液进入橡胶聚合车间污水池，与橡胶聚合车间凝聚釜、预凝器等加热蒸汽污水混合，最后经化肥厂供水车间污水转运泵站送入水汽厂污水处理厂。这部分水水质较好，可考虑作为循环水补水。优化后的水网络如图7.25(b)所示。

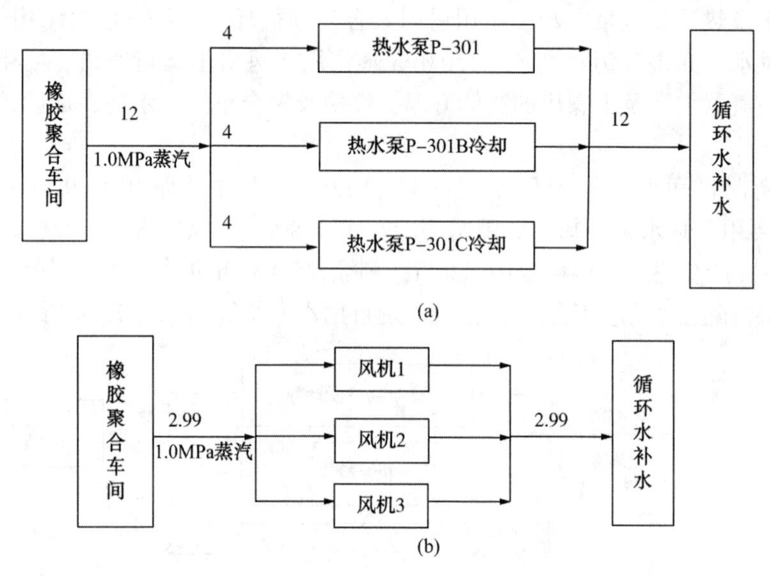

图7.25　橡胶制品车间1.0MPa蒸汽优化后用水网络(单位：t/h)

现行水网络共使用新鲜水13t/h，排污量为43.75t/h，优化后的用水网络可使得循环冷却水站节约新鲜水补充水14.99t/h，该网络减排14.99t/h。污水减排率达34%。

7.2.4　某塑料厂水系统集成优化

某塑料厂的工艺主要包括进料、压缩、聚合、造粒、换热及其他工序，用水的主要类型可分为脱盐水、新鲜水、中低压蒸汽及蒸汽凝液等。由于该厂用水装置单元较多，在对全厂用水状况进行整体分析的基础之上重点考虑具有较大节水潜力的用水单元，对实际水系统进行删减选取，得到现行用水网络简图，如图7.26所示。

该塑料厂现行用水网络中，高压聚乙烯一装置颗粒水槽V311/V306、线型低密度装置颗粒水槽V5001、低压聚乙烯装置颗粒水槽V403/V3108生产过程中使用的都是高品质的脱盐水或蒸汽凝结水，共计14.713t/h，这些脱盐水在溢流水槽中对成型的塑料颗粒进行冷却和清洗，各水槽溢流出的“废水”所含的杂质为固体悬浮物，直接到污水站处理后外排。另外，全厂蒸汽凝液在高压聚乙烯二装置热水罐V1012中闪蒸产生的蒸汽，冬季供腈纶厂使用，夏季则排空。该厂现行的生产用水方式造成了水的浪费。

高压聚乙烯一装置颗粒水槽V311/V306、低压聚乙烯装置颗粒水槽V403/V3108、线型低密度聚乙烯装置颗粒水槽V5001均使用高品质的脱盐水，外排的含有固体悬浮物的溢

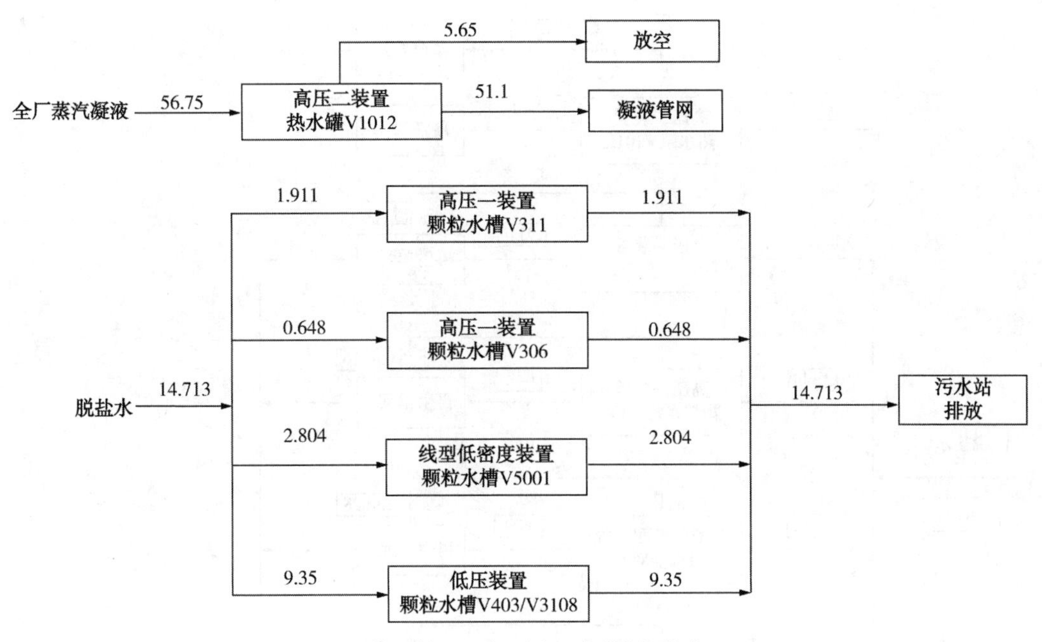

图 7.26 某塑料厂现行用水网络简图(单位：t/h)

流水可通过简单的过滤处理后经泵打回各操作单元循环使用。而如果混入其他单元的颗粒，会影响产品质量。因此，选用分布式再生单元对各装置所排废水进行处理后循环使用。规定分布式再生单元的再生率均为70%，即各操作单元排放废水经过与其对应的再生单元处理后，占原废水量70%的再生水量可循环回用至本操作单元，忽略生产过程中的水损失。

如上所述，高压聚乙烯一装置颗粒水槽 V311/V306 的循环水量分别为1.3377t/h、0.4536t/h，低压聚乙烯装置颗粒水槽 V403/V3108 的循环水量为 6.545t/h，线型低密度聚乙烯装置颗粒水槽 V5001 的循环水量为 1.9628t/h，各装置排污量累计为 4.4139t/h。

对于高压聚乙烯二装置热水罐 V1012，热水罐 V1012 闪蒸产生的冷凝水已经直接回用到其他用水单元，闪蒸产生的蒸汽在夏季直接排空，造成了低压蒸汽损失，应将该热水罐 V1012 闪蒸产生的蒸汽(0.3MPa，5.65t/h)并入 0.3MPa 蒸汽管网使用。若夏季 0.3MPa 蒸汽过剩，应考虑合适的应用方案，如采用凝汽式透平产生动力，或采用吸收式制冷等方式回收能量。但该方案的确定应基于整个企业的蒸汽系统平衡与优化来进行。

根据以上分析，结合该厂实际生产情况采用分布式再生循环方案优化后的用水网络(图 7.27)。与现行的用水网络相比，经过集成优化后的网络最大限度地减少了高品质脱盐水的消耗量以及废水的排放量，提供给整个用水网络的新鲜脱盐水的量是整个系统所排污水的量。原用水网络共使用脱盐水 14.713t/h，排污量为 14.713t/h，优化后的用水网络使用脱盐水 4.4139t/h，排污量为 4.4139t/h，并回收低压蒸汽 5.65t/h。相关用水单元总的脱盐水节水率为 70%，污水减排率达 70%。

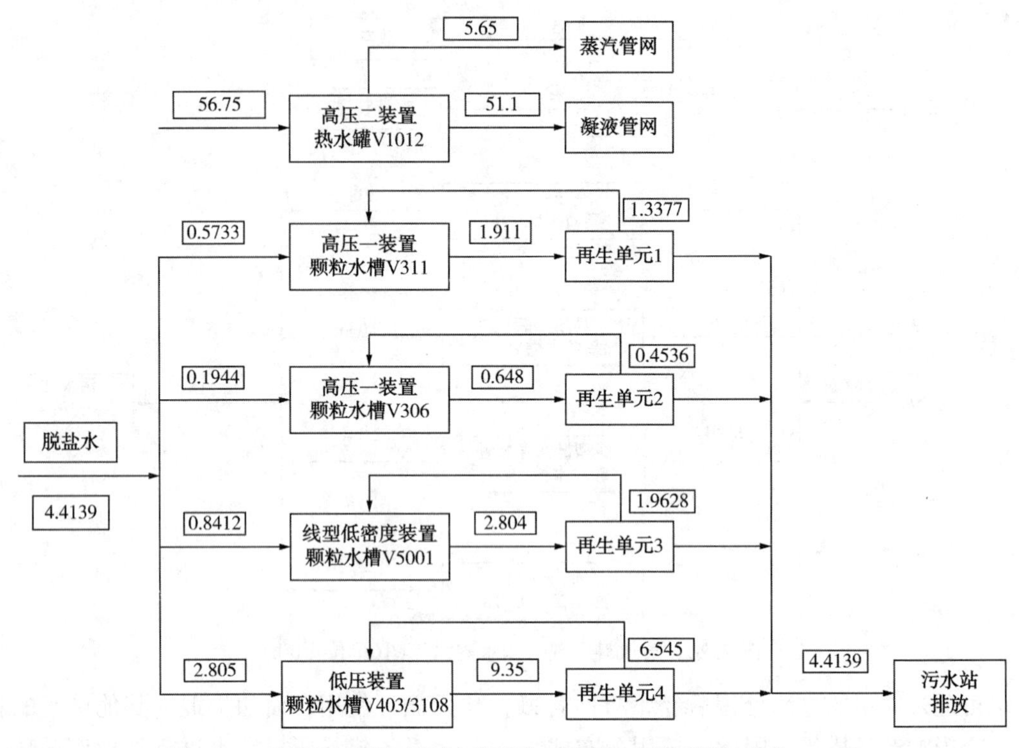

图 7.27　某塑料厂再生循环方案优化后的用水网络简图(单位：t/h)

7.3　新型煤化工企业水平衡及节水优化案例

7.3.1　某新型煤化工企业水平衡及节水优化案例

我国煤炭资源与水资源呈逆向分布，煤炭主要蕴藏在水资源短缺地区，水资源成为煤化工产业发展的重要制约因素。煤化工企业在用水方面正面临严峻考验，节水减排刻不容缓。要实现煤化工企业节水减排的目标，不仅需要最优化的水处理工艺和设施，还要采用先进的方法优化用水系统。采用过程系统工程优化煤化工企业用水网络，不仅可确保企业用水系统的先进性和科学性，同时对减少污染、提高效益、保护环境、实现可持续发展具有重要意义。

7.3.1.1　节水减排的过程系统工程方法

做好煤化工企业的节水减排工作，应从系统的角度考虑水的有效利用。将煤化工企业的全部用水部门当成一个整体水网络来优化，考虑如何分配各用水单元的水量和水质，使水的重复利用率达到最大，同时废水排放量达到最小。

煤化工节水减排的过程系统工程方法是：水平衡测试→水网络系统集成优化→外排污水深度处理回用。水平衡测试是基础，通过加强完善、校对计量仪表，做好全厂水平衡测试，计算用水技术经济指标，对比自己企业用水水平与先进水平的差距，将最容易挖掘的节水潜力挖到手，实现投资少、见效快、收益高的节水效果；水网络系统集成优化是关键，利用“水夹点”方法按水质逐级利用，合理配置水源和水阱，降低新鲜水用量，从而使排水量也大幅度下降；外排污水深度处理回用是最后一步，经过前两步的处理，污水排出量已大为减少，对不得不从末端排出的污水，通过污水深度处理等手段进行处理，使其达到回用标准，再返回系统中使用。这一步特点是设备投资大，投资回报周期长。

7.3.1.2 过程系统工程方法的应用

（1）水平衡测试。

选取西北某煤化工企业进行冬、夏两季水平衡测试。冬季测试期间，新鲜水总用水量为1795.55t/h，单位产品取水量为24.38t(水)/t(产品)；夏季测试期间，新鲜水量总用水量为2725.00t/h，单位产品取水量为36.54t(水)/t(产品)。新鲜水用水过程包括循环水系统补水、除盐水制水、其他工艺用水过程、厂内生活用水、高压消防水、基建及绿化、仪表误差及损失。冬、夏两季各用水过程所占新鲜水比例如图7.28所示。从图7.28中可以看出，除盐水制水和循环水系统补水所占比例较大。

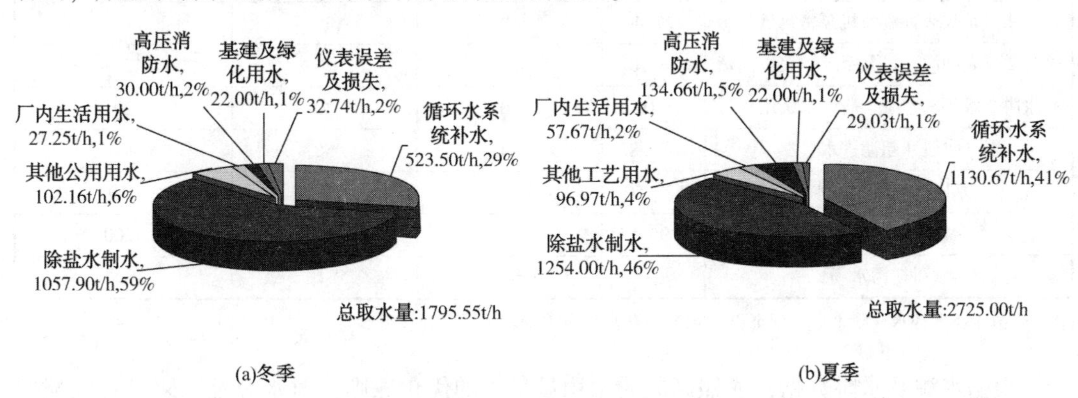

图7.28 某新型煤化工企业冬、夏季新鲜水用水分布图

（2）水网络系统集成优化。

基于冬季水平衡测试数据，依据水夹点技术的基本分析步骤，将该企业所有用排水过程进行分析，确定水源与水阱。根据水源的水质特点和水阱的设备及工艺要求，选取硬度、COD_{Cr}、电导作为关键污染物组分。水源统计及水源水质分析数据见表7.24。

表7.24 某煤化工企业水源统计及水质分析表

用水工序/种类	水量(t/h)	水质分析		
		硬度(mg/L)	COD_{Cr}(mg/L)	电导(μS/cm)
水源1事故氮压缩机冷却排水	10.09	—	20	20
水源2循环气压缩机缸体冷却排水	3.00	—	10	12
水源3净化废锅污水	41.00	5.03	—	31
水源4 A锅炉排污水	1.37	2.01	—	21
水源5汽包排污水	3.68	6.04	—	21
水源6 B锅炉排污水	0.72	—	—	15
水源7汽提净化水	144.1	未检出	20①	15

续表

用水工序/种类	水量(t/h)	水质分析		
		硬度(mg/L)	COD_{Cr}(mg/L)	电导(μS/cm)
水源 8 超滤反洗水	53.39	261.8	6.85	879
水源 9 锅炉排污水	66.64	6.04	—	29

①水源 5 污水汽提塔净化水 COD 的含量是经过处理装置处理后的含量，原 COD 含量为 600mg/L。

水阱对关键杂质组分要求的进口浓度极限数据，主要是借鉴国内相似设备的数据。水阱统计及关键杂质组分进口浓度极限数据见表 7.25。

表 7.25　某煤化工企业水阱统计及关键污染组分极限进口浓度

用水工序	用水量(t/h)	关键污染组分极限进口浓度		
		硬度(mg/L)	COD_{Cr}(mg/L)	电导(μS/cm)
水阱 1 仪表冲洗及机泵密封 A	127.40	10	30	20
水阱 2 仪表冲洗、机泵密封、絮凝剂槽	16.70	20	30	20
水阱 3 水环真空泵、研磨水泵用水	8.04	20	30	20
水阱 4 超滤进水	1057.82	300	50	900
水阱 5 循环水补水	523.50	180	9	600
水阱 6 净水场	1795.55	300	20	1200
水阱 7 污水场	—	不限	不限	不限

注：循环水补水极限水质在保证循环水场循环水水质不变的情况下计算得到。

根据水源及水阱数据，遵照高品质水用量最小的优化原则，对水源及水阱进行匹配优化，得到初始优化水网络匹配关系并进行调优后，最终得出对该企业水系统优化具有实际指导意义的优化方案：

① 水源 1 和水源 2 冷却排放水以及水源 7 汽提净化水回用于水阱 1 和水阱 2 的仪表冲洗、机泵密封等，降低水阱 1 和水阱 2 优化前所用除氧水的流量。

② 水源 4、水源 5 和水源 6 的锅炉排污水可并入各装置的循环水回水线，回用至水阱 5 循环水补水。

③ 水源 3 和水源 9 的锅炉排污水优化前作为循环水补水，将这两股锅炉排污水回用至水阱 4 超滤装置。

④ 将水源 8 超滤反洗水回用至水阱 6 净水场作为原水，取消水源 8 排向水阱 7 的污水。

(3) 外排污水深度处理回用。

经过全厂水网络集成优化，提高了工业水重复利用率，同时排向污水系统的污水减少了 216.35t/h。在此基础上，考虑外排污水深度处理制成中水或脱盐水回用方案，可降低污水深度处理装置的设计规模和投资成本。

7.3.1.3　节水减排“七环节”优化

对于煤化工企业来说，可将水系统分为水汽输送环节、制水环节、工艺水环节、循环水环节、蒸汽冷凝水环节、生活水环节和污水回用水环节 7 个环节。根据各个环节的特点并结合集成优化结果进行详细分析，以达到企业水系统的先进性和科学性。

(1) 水汽输送环节。

完善公司水管网计量仪表的安装，达到国标要求；测试期间该企业高压消防水用量偏大，应加强公司用水的监督管理，杜绝挪用浪费现象。

(2) 制水环节。

① 制水工艺流程优化。

制水装置采用超滤+反渗透+阴床+阳床+混床的制水工艺组合，其中反渗透为一级二段，整个工艺过程排放水量大于双膜工艺和离子交换工艺，导致制水系数较高。为降低制水系数，将一级二段反渗透流程改造为一级三段反渗透流程。制水系数可由1.543优化至1.36。

② 锅炉排污水去制水原水。

根据水网络集成优化分析结果，敷设管线将净化装置和动力装置的锅炉排污水作为制水装置的原水。锅炉排污水温度较高，作为循环水补水会增加冷却塔的冷却负荷，但作为制水装置的原水使用，既可以合理利用锅炉排放的高品质废水，同时又减少了加热生水所用的蒸汽量。

③ 超滤反洗水去净水原水。

根据水网络集成优化分析结果，超滤反洗水可以用作净水场的原水，两套装置距离较近，管线敷设难度小，回用方便，同时还可减少排向污水处理场的污水。

(3) 工艺水环节。

根据水网络集成优化分析结果，机泵密封水、仪表冲洗水、絮凝剂槽补水等改用汽提净化水，可节省除氧水；水环真空泵补水、研磨水泵用水等改用事故氮压机冷却排水，节省除盐水。

(4) 循环水环节。

① 循环水场蒸发水汽回收。

循环水场蒸发飞溅量占循环水补水量的80%以上，所占比例巨大。利用水汽冷凝回收设备回收水量可达到蒸发量的25%以上。该设备收水水质优良，可用于补充锅炉水、循环水等各种用途，降低企业新鲜水用量。

② 循环水场排污水适度处理回用。

将循环水场排放污水单独回收，采用污水适度处理回用技术，产水回用于循环水场，浓水排放污水处理场，可减轻污水处理场的运行负荷，同时最大限度实现循环水场的独立运行，提高了循环水系统的安全性和补水水质的稳定性。

(5) 蒸汽及冷凝水环节。

① 夏季乏汽回收优化改造。

该企业夏季存在低压蒸汽过剩现象，放空量很大，每小时达可80t。建议企业选用高速透平发电机组回收利用这部分富余蒸汽发电，达到既回收蒸汽能量，又回收凝水的目的。

② 除氧器乏汽回收优化改造。

高压锅炉除氧器采用热力除氧，除氧器上方大量含氧蒸汽放空。对除氧器放空乏汽进行回收，既可实现节能节水，又有利于安全生产。在除氧封头乏汽排空处安装一个封头，利用除盐水对乏汽进行冷却，冷却后的水回用至锅炉除氧器，使产生的乏汽量最小时再通过上乏汽回收装置，减少乏汽的排放量。

③ 凝结水放空罐乏汽回收优化改造。

对于凝结水放空罐的乏汽，可以利用乏汽与凝结水闭式回收技术回收，减少乏汽的排放量。

④ 水槽盘管伴热蒸汽凝结水回收优化改造。

该企业冬季水槽盘管伴热后的10t/h蒸汽凝结水水质较好，可敷设管线去工艺凝结水回收管网。

(6) 生活水环节。

该企业厂区内设置了倒班宿舍、食堂和浴室，由厂内生活水管网统一供水，但只安装了一块水表作为计量手段。建议企业完善生活水计量仪表安装，同时制定生活用水考核制度，减少生活水的浪费。

(7) 污水回用环节。

制水环节、工艺水环节、循环水环节等用水优化后，排向污水回用装置的污水量大大减少。此时对厂区外排的浓盐水采用浓缩结晶技术处理达标后回用，可实现95%的污水回收率，污水可实现“近零排放”。

(8) 小结。

在全厂水网络系统优化后的技改措施建议全部实施后，该企业每年可节省新鲜水1257.38×10^4t，节水率为63%。冬季单位产品取水量可降至7.01t(水)/t(产品)，夏季单位产品取水量可降至11.18t(水)/t(产品)。各项节水措施所对应的指标变化情况如图7.29所示。

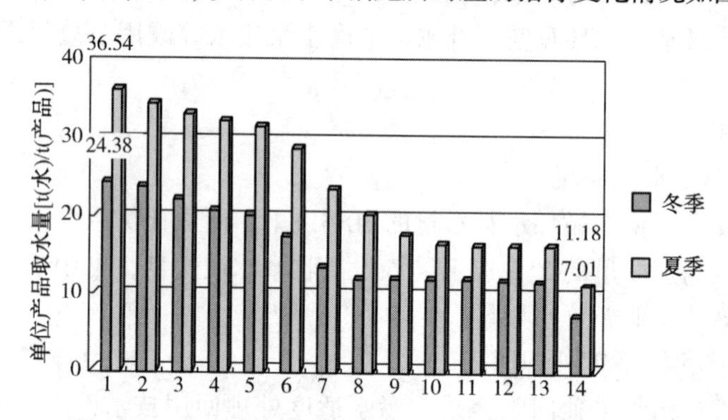

图7.29　各项节水措施依次实施后对应的指标变化图

7.3.1.4　结论

煤化工示范项目建设中，企业普遍重视工艺流程的打通，而忽视了水系统的优化设计与运行。从本书中过程系统工程方法对煤化工用水网络进行整体优化的方案效果可以看出，煤化工产业节水的空间很大，过程系统工程方法对于促进煤化工企业节水减排具有重要意义。

7.3.2　某煤化工企业水系统优化案例

为了说明3.3.4.3小节所提出模型的适用性，对中国的某个煤化工企业的水系统进行了分析。该煤化工的水系统由公用工程、用水系统和水处理系统三部分组成。其中，公用工程系统包括新鲜水站(FWS)、除盐水站(DWS)、动力站(PS)和循环水站(CWS)，它们为煤化工企业中的用水系统提供水公用工程[新鲜水(FW)、除盐水(DW)、蒸汽冷凝水(CDW)等]；用水系统包括原水分厂、汽化分厂、甲醇分厂、尿素分厂、醋酸分厂等生产装置，水源、水阱的数据可从这些生产装置中提取得到；水处理系统包括一个污水处理厂(WTS)，它能够用来降低TSS和TOC浓度。TSS和TOC分别表示水的浑浊程度和污染程度的代表性质。由于工业水系统非常复杂，对它进行了一定程度简化，从而能更好地阐明问题。模型并没有对循环冷却水和蒸汽的流率与利用进行优化，而是在现有水系统节水分析的基础上，提取了5种过程水源(即SR1、SR2、SR3、SR4和SR5)的流率和性质，见表7.26。此外，除盐水站、循环水站和动力站装置的污水流率在这里也看成是过程水源，也列在表7.26中。这些过程水源排放至市政污水处理系统，如果它们的性质符合过程水阱要求，可以对它们进行回用或对其做进一步处理。在这里也提取了4个消耗水公用工程(即FW、DW)的过程水阱(即SK1、SK2、SK3和SK4)，可以考虑让它们回用的过程水源，从而减少公用工程的用量，列于表7.26中。根据用水性质的历史数据和工程师的经验，提取了要求的流率和入口性质(即TSS和TOC)的上限值，并列于表7.26中。表7.26中还列出了工业水系统中4种公用工程的性质，即FW、DW、CDW和prod(污水处理过程的产品水，也看成是一种公用工程)。

表7.26 公用工程、过程水源和水阱的提取数据

项目	公用工程流率(t/h)	出口TSS浓度(mg/L)	出口TOC浓度(mg/L)
FW		5	6
DW		1	0
CDW		2	2
prod			
项目	水源流率(t/h)	出口TSS浓度(mg/L)	出口TOC浓度(mg/L)
DWS		28	35
CWS		20	22
PS		10	8
S1	15.5	8	5
S2	2	10	8
S3	20	40	90
S4	30	4	27
S5	20.5	1	5
项目	水阱流率(t/h)	入口TSS浓度(mg/L)	入口TOC浓度(mg/L)
K1	35	2	2
K2	20	12	30
K3	5.5	45	80
K4	32.5	22	24

初步设计中过程水源和过程水阱的流率分配见表7.27。其中，水阱SK1、SK3和SK4

最初由除盐水(DW)供给，而水阱 SK2 使用新鲜水(FW)。动力站(PS)产生的冷凝水(CDW)被完全循环回用至除盐水站(DWS)。循环水站(CWS)的循环流率为 42812t/h，循环水站的补充水量、蒸发水量和飞溅损失可分别通过式(3.82)至式(3.84)计算得到，流率分别为 1006.938t/h，755.204t/h 和 1.284t/h。需要注意的是，所有的补充水都是由新鲜水提供，循环水站的废水排放量可以通过计算得出，为 250.45t/h(=1006.938-755.204-1.284)。233.33t/h 的除盐水(DW)供应到动力站(PS)入口处，并在锅炉中产生了 210t/h 的蒸汽和 23.333t/h 的锅炉排污，排污率为 0.1。在动力站中，蒸汽可作为再沸器的加热介质或用作透平发电。它产生的冷凝水高达 40t/h，可以回用至除盐水站。其他过程也可以使用蒸汽进行汽提或作为反应物(如煤气化)等。蒸汽损失量达到了 60t/h，其他 110t/h 蒸汽最终转化为废水，通常排放到废水处理系统(WTS)。除盐水供应给动力站(233.33t/h)以及 SK1(35t/h)、SK3(5.5t/h)和 SK4(32.5t/h)的入口。除盐水的总量达到了 306.333t/h。除盐水站中新鲜水制取除盐水的比例规定为 1.25，因此除盐水站的新鲜水摄入量可计算为 342.917t/h[=306.333×1.25-40(CDW)]，可进一步确定除盐水站的排污量为 76.583t/h(=306.333×1.25-306.333)。新鲜水的总流率为 1369.855t/h，可通过除盐水站入口的新鲜水流率(342.917t/h)、循环水站入口新鲜水流率(1006.938t/h)和 SK2 入口新鲜水流率(20t/h)的总和确定。在初步设计中，除盐水站、循环水站和动力站以及过程水源 SR1 至 SR5 的污水排放到市政污水处理系统或环境(*MOE*)，总流率达到了 438.367t/h。排放废水的 TOC 为 25.511mg/L，TSS 为 19.324mg/L。

表 7.27　初始设计的流率分配情况　　单位：t/h

项目	DWS	CWS	PS	K1	K2	K3	K4	T1	MOE
FW	342.917	1006.938			20				
DW			233.333	35		5.5	32.5		
CDW	40								
DWS									76.583
CWS									250.45
PS									23.333
S1									15.5
S2									2
S3									20
S4									30
S5									20.5
T1									

进一步对初始设计的工业水系统进行经济分析，估算它的年度总费用(*TAC*)。各项费用参数可从企业中获取，见表 7.28。外界水源的单价(E_{water})为 1 元/t，市政污水系统的处理单价为 15 元/t，公用工程系统各装置的处理单价分别是：新鲜水站 E_{FWS}0.2 元/t，除盐水站 E_{DWS}2.8 元/t，动力站 E_{PS}50 元/t，循环水站 E_{CWS}0.2 元/t。假设所有管线长度一致，为 500m，管线中各处水的密度也都相同，为 1000kg/m^3，年操作时长取 8000h，则初始设

计的工业水系统的 *TAC* 可通过式(3.98)和式(3.99)计算得出，为 1.825 亿元。

表 7.28 出现的参数及参数的数值

参数	值	参数	值	单位
α_{FWS}	1	Δt	12	℃
α_{DWS}	1.25	AWH	8000	h
α_{PS}	0.1	ρ	1000	kg/m^3
α_t	0.7	L	500	m
CN_k	4	E_{water}	1	元/t
DF	0.00003	E_{MOE}	15	元/t
K	0.00147	E_{FWS}	0.2	元/t
Af	0.231	E_{DWS}	2.8	元/t
		E_{PS}	50	元/t
		E_{CWS}	0.2	元/t
		E_t	4.68	元/t

当以最小年度总费用(*TAC*)为目标函数对工业水系统进行优化时，过程水源不仅可以送到市政污水处理系统，还可以送到污水处理厂进行处理，甚至可以在性质符合要求的情况下直接循环回用至过程水阱。这样会降低从过程水源分配到市政污水处理系统的流率。此外，随着过程水源或污水处理厂产品水的循环回用，过程水阱的入口水公用工程流率将会降低。污水处理厂的处理单价(E_t)为 4.68 元/t。因为模型 P 为 NLP 问题，可通过商业软件 GAMS 24.2.2 的 BARON 求解器获得全局最优解，在 0.01 CPUs 内得到结果(计算机信息：英特尔®酷睿™i5-3330 3.2 GHz 和 8.00 GB 内存，Windows 10，64 位操作系统)。根据求解的结果，可以绘制优化后的工业水系统，如图 7.30 所示。

如图 7.30 所示，由于过程水源 SR1、SR2、SR4 和 SR5 的水质较好，可以全部直接回用给过程水阱使用。相对而言，SR3 的水质稍差，因而 SR3 只有部分被循环回用，SR3 剩余的部分送到污水处理厂(WTS)进行处理。SR5 通过与 21t/h 的除盐水公用工程混合，TSS 和 TOC 性质得到稀释，从而满足过程水阱 SK1 的性质要求。除盐水站和循环水站的公用工程排污在系统中水质较差，因而需要送到污水处理厂进行处理。相对而言，动力站的排污(23.333t/h)水质较好，因而可以直接回用至循环水站装置作为补水，这将导致循环水站入口的新鲜水公用工程流率减少 23.333t/h。需要注意的是，过程水阱 SK1、SK3 和 SK4 入口除盐水的用水量分别从 35t/h、5.5t/h 和 32.5t/h 降至 21t/h、0t/h 和 0t/h。这导致整个系统的除盐水用量总共减少了 52t/h，与初始工况相比降低了 17.0%。这表明除盐水站将使用较少的新鲜水生产除盐水，相应地除盐水站的排污量也会有所减少。SK2 的新鲜水用量从 20t/h 降至 0t/h。此外，来自污水处理厂的 231.024t/h 的再生水被循环回用至除盐水站，导致除盐水站中新鲜水用量大幅下降。因此，整个系统的新鲜水用量总共减少 339.357t/h(= 23.333t/h + 52t/h×1.25 + 231.024t/h + 20t/h)。也就是说，新鲜水源的流率从 1369.855t/h 最终减少到 1030.498t/h，减少率为 24.8%。由于 *MOE* 的处理单价(15 元/t)远远高于厂内污水处理厂的处理成本(4.68 元/t)，因此过程水源将优先分配给

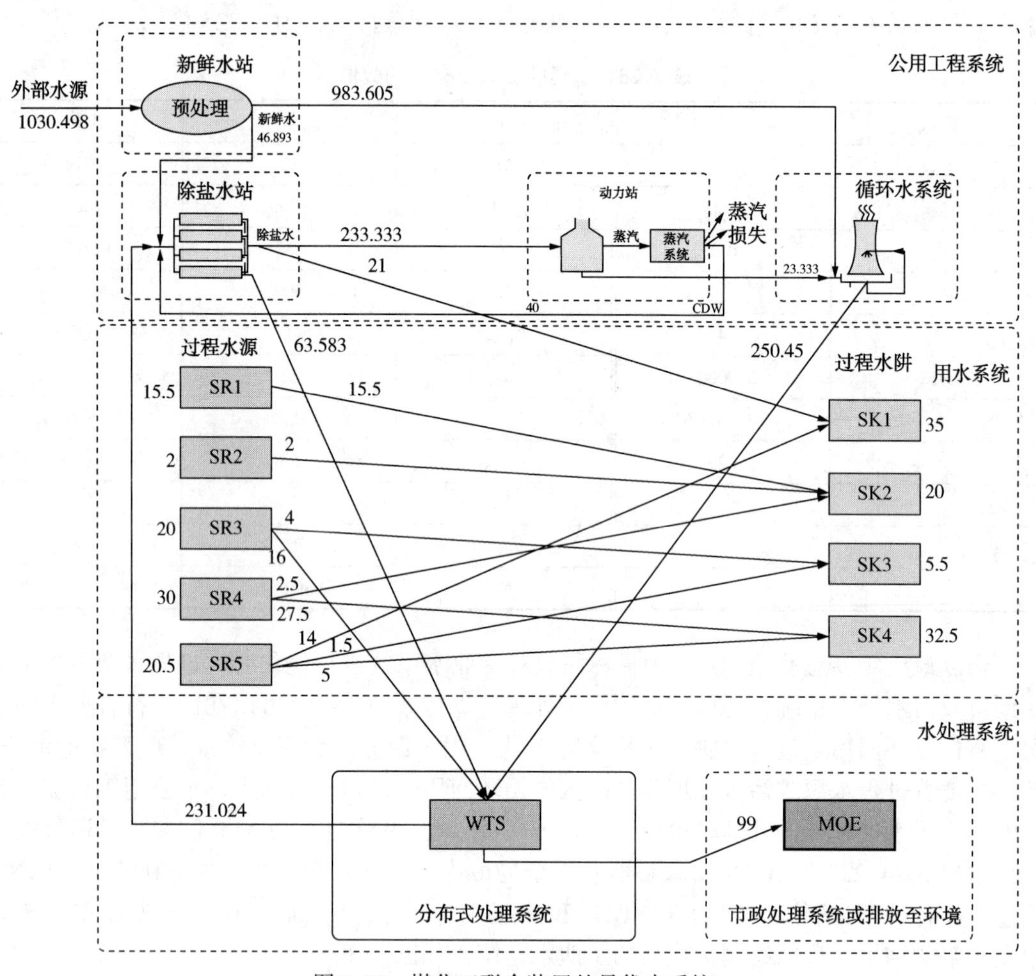

图 7.30　煤化工联合装置的最优水系统

厂内的污水处理厂处理以降低费用。污水处理厂的 99t/h 浓水具有非常高的性质(即 TSS 63.370mg/L，TOC 81.004mg/L)，全部排放到 MOE，与初始设计相比减少率达 77.4%。水系统的 *TAC* 则从 1.825 亿元减少到 1.494 亿元，减少率为 18.1%。优化前后水系统的新鲜水、除盐水和废水排污量的比较关系如图 7.31 所示。

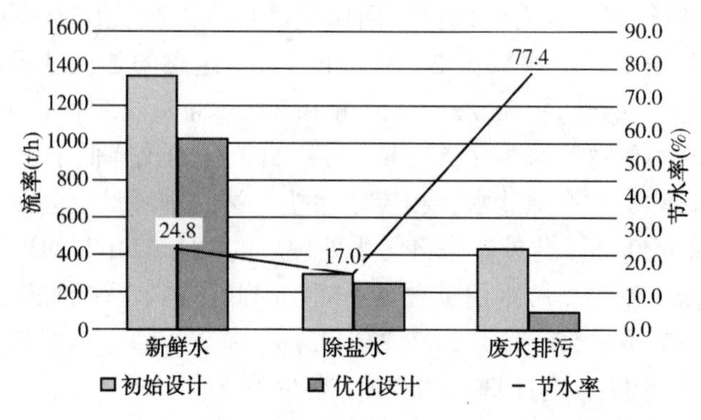

图 7.31　优化前后不同类型水之间的流率比较

如果利用传统的数学模型(即固定流率的水源/水阱)来优化实际工业水系统，那么数据提取时过程水阱的入口流率和过程水源的出口流率则是固定的。但实际上，随着除盐水量的降低，除盐水站的公用工程排污量也从76.583t/h降至63.583t/h。此外，随着动力站和循环水站系统的优化，它们除盐水和新鲜水的摄入量以及动力站和循环水站的排污量都将进一步降低。因此，传统的数学模型不能直接应用在实际工业水系统的优化中。

性质集成的工业水系统的新型超结构，包含公用工程系统、用水系统和水处理系统。基于这种新型的超结构，开发了相应的数学模型。模型考虑了质量集成和性质集成约束，以及不同公共工程(包括新鲜水、除盐水和蒸汽冷凝水)之间的关联性。对中国某个煤化工企业的水系统进行了优化，优化前后年度总费用从1.825亿元降低至1.494亿元，降低了18.1%。优化前后新鲜水用量从1369.855t/h减少到1030.498t/h，除盐水量从306.333t/h减少到254.333t/h，废水排污量从438.367t/h减少到99.00t/h。新鲜水、除盐水和废水排污的减少率分别为24.8%、17.0%和77.4%。案例分析结果显示了所提出方法对实际工业水系统优化的适用性。此外，研究过程能够减少水资源的使用和废水排放，这对石油、煤化工和电力等行业的可持续发展和环境保护有很大帮助。

参 考 文 献

[1] 水利部综合事业局，水利部水资源管理中心．工业企业水平衡测试技术与方法[M]. 北京：中国水利水电出版社，2017.

[2] 韩政．炼化企业水系统集成优化研究——以大连石化为例[D]. 北京：清华大学，2011.

[3] 翟青，雷长群．中油股份公司抓节水工作的经验对高耗水行业具有重要的指导意义[J]. 节能与环保，2001(2)：5-6.

[4] 中国石化集团公司节水领导小组．提高认识统一思想扎扎实实做好节水工作[J]. 石油化工环境保护，2011(4)：1-5.

[5] 杜志炎．镇海炼化：惜水亦如油[J]. 中国石油石化，2011(12)：66-67.

[6] 成思危，杨友麒．过程系统工程的昨天、今天和明天[J]. 天津大学学报，2007，40(3)：321-328.

[7] 宏晓晶，刘雪鹏，吴盛文，等．过程系统工程方法在煤化工节水优化中的应用[J]. 工业水处理，2015，35(8)：107-109.

[8] 陈鑫，夏蕾．水夹点技术在煤化工企业节水减排中的应用[J]. 石油石化节能与减排，2011(1)：33-40.

[9] 鄢凯．煤化工园区单杂质水网络系统集成的探讨[J]. 山东化工，2016，45(16)：133-137.

[10] 林长喜．大型煤化工项目节水技术进展和应用前景分析[J]. 煤炭加工与综合利用，2014(6)：58-67.

[11] 朱元臣，栾新晓，朱超凡．某大型炼油工程设计采取的节水措施[J]. 工业用水与废水，2012，43(2)：64-66.

[12] 杨友麒，庄芹仙．节水减排的过程系统工程方法[J]. 现代化工，2008，28(1)：8-12.

[13] 冯霄，刘永忠，沈人杰，等．水系统集成优化：节水减排的系统综合方法[M]. 2版．北京：化学工业出版社，2012.

[14] 王彧斐，邓春，冯霄．化工节能节水改造案例[M]. 2版．北京：化学工业出版社，2018.

[15] 江苇，周晶，邓春，等．通用炼油厂水系统优化模型开发与应用[J]. 化工学报，2017，68(3)：932-940.

[16] DENG C，JIANG W，FENG X. Deciphering Refinery Water System Design and Optimization：Superstructure and Generalized Mathematical Model[J]. ACS Sustainable Chemistry & Engineering，2018，6(2)：2302-2315. DOI：10.1021/acssuschemeng.7b03754.

[17] DENG C，JIANG W，ZHOU W，et al. New Superstructure-Based Optimization of Property-Based Industrial Water System[J]. Journal of Cleaner Production，2018，189：878-886. DOI：10.1016/j.jclepro.2018.03.314.